蒙汉儿童青少年个性与社会性发展研究

七十三　主编

中央民族大学出版社

图书在版编目（CIP）数据

蒙汉儿童青少年个性与社会性发展研究/七十三主编. —北京：中央民族大学出版社，2011.3

ISBN 978-7-81108-850-2

Ⅰ.①蒙… Ⅱ.①七… Ⅲ.①儿童心理学-对比研究-蒙古族、汉族②青少年心理学-对比研究-蒙古族、汉族 Ⅳ.①B844

中国版本图书馆 CIP 数据核字（2010）第 116278 号

蒙汉儿童青少年个性与社会性发展研究

主　　编　七十三
责任编辑　李苏幸
封面设计　布拉格
出 版 者　中央民族大学出版社
　　　　　北京市海淀区中关村南大街 27 号　邮编:100081
　　　　　电话:68472815(发行部) 传真:68932751(发行部)
　　　　　　　68932218(总编室)　　　　68932447(办公室)
发 行 者　全国各地新华书店
印 刷 者　北京宏伟双华印刷有限公司
开　　本　787×1092(毫米)　1/16　印张:26.125
字　　数　442 千字
版　　次　2011 年 3 月第 1 版　2011 年 3 月第 1 次印刷
书　　号　ISBN 978-7-81108-850-2
定　　价　58.00 元

前 言

儿童心理发展研究中一向存在着两个大的领域，一个是儿童的智慧发展，即皮亚杰所说的儿童与物理世界的相互作用过程中所形成的认知能力的发展；另一个就是儿童个性和社会行为的发展，也就是儿童与周围人们相互作用过程中所形成的个性和社会适应能力的发展。心理学家对前一领域的关注开始得比较早，成果也丰厚，影响也比较大，特别是较晚近的心理学家如皮亚杰和信息加工流派的许多心理学者的研究对当代发展心理学产生了更大影响。他们所做的工作在经验、形式和概念解释等三个方面[①]的确远远超过了对个性和社会性的研究。因此，有的心理学者把这些研究儿童智慧和认知发展的理论称作“强理论”。相比之下，弗洛伊德、埃里克森等人的个性和社会化理论，往往被称作“弱理论”。

进入20世纪末期以后，由于儿童青少年个性与社会性发展问题在人类社会生活中所占据的地位和该领域本身的发展，“弱理论”的情况有了根本的改观。在儿童青少年个性与社会性发展的各个方面进行了很多开拓性研究，取得了丰厚的研究成果。但蒙汉民族儿童青少年个性与社会性发展的比较研究，特别是蒙古族儿童青少年个性与社会性发展的专门系统研究，还是不多见的。直到20世纪90年代以后，扎巴等老一辈学者对该领域进行了初步的探索性研究。在扎巴、陈中永等学者的带领下，内蒙古师范大学先后主持完成了“蒙古族儿童青少年心理发展特点与教育”、“中国多民族认知活动方式的跨文化研究”等多项国家、自治区级课题，发表了多项研究成果和研究报告，取得了丰硕的研究成果。《蒙汉儿童青少年个性与社会性发展研究》，是七十三同志主持的自治区高校人文社会科学重点研究基地重点项目《蒙古族学生人格发展特征及其心理教育研究》和白乙拉同志主持的教育厅高校项目“内蒙古蒙汉大学生人格特征及教育对策

① 根据科学哲学的一般看法，一门科学要解决的问题有三个大的方面：经验、形式和概念解释。

的跨文化研究”的部分成果，是在陈中永教授、关树文教授、张慕蕴教授、七十三教授和白乙拉教授的带领下，和他们的同事和研究生共同完成的专题研究报告。

该成果共由四个部分组成：第一部分主要是系统阐述个性的概念、结构、形成与发展的一系列理论问题；第二部分主要是幼儿合作性行为及其培养、蒙汉儿童性别意识的发展、蒙汉儿童同伴交往心理、蒙古族青少年依恋发展与父母教养方式的关系、影响蒙古族初中生学业成绩的性格特征研究等蒙汉儿童青少年社会性发展的一系列问题；第三部分主要探讨了蒙汉儿童青少年自我概念的发展、蒙汉青少年气质特征及影响因素、蒙古族大学生自我同一性发展特征和蒙古族大学生的人格发展特点等个性发展的不同方面。显然，第二部分和第三部分是该书的主成分。最后，进行简要地回顾和展望。

该书是集体劳动的成果。七十三和白乙拉同志负责全书的总体设计、统稿和组织协调工作，解翠玲和尹慧同志协助主编做了大量的整理资料与校对工作。具体第一章由关树文撰写，第二章由解翠玲和陈中永撰写，第三章由赵文华和关树文撰写，第四章由陈旭东和张慕蕴撰写、第五章由杨丽娜和七十三撰写，第六章由尹慧和七十三撰写，第七章由吴建平和关树文撰写，第八章由牡丹和陈中永撰写，第九章由格根图雅和白乙拉撰写，第十章由张金钟和七十三撰写，第十一章由苗一梅和七十三撰写，第十二章由高宝梅和白乙拉撰写，第十三章由尹慧和七十三撰写。

本书的问世得到了内蒙古师范大学科技处、内蒙古自治区高校人文社科重点研究基地——心理教育研究中心、内蒙古民族教育研究中心和中央民族大学出版社的大力支持，以及许多同志和朋友的帮助，在写作过程中参阅了大量的文献，在此一并表示感谢。

由于时间和水平所限，书中难免存在疏漏和错误，恳请读者与同行批评指正。

作　者

2008年8月27日

目　录

第一章 个性的概念、结构、形成与发展

当考虑儿童青少年的人格发展时，有必要区分两个不同的发展过程：社会化（socialization）和个性化（individuation）。社会化是指儿童通过学习和内化其所处环境中的主导价值观和习俗，从而融入所处社会的所有过程。这些过程包括如何和别人保持关系、与人在理解的基础上相互交流、以可以被接受的方式调节自己的情绪等。社会化保证儿童会变得像其他人，而个性化却与儿童不同于其他人的方面有关，因为它指的是儿童借以获得（自我）同一性的过程。正是这一同一性，使他们和别人区分开来，并保证他们成为一个独立的社会个体。

认识自己并回答“我是谁”这个问题，是人一生中始终要不断面对和解决的问题。但是儿童和青少年时期，这一问题更加重要。这是一个复杂而多方面的过程，从最初使儿童区别于其他人的生物特征开始，直到自我感觉的确立以及个人认同和社会认同的逐步获得。这一过程不仅包含了儿童客观存在的独特性，也包含了每个个体关于他们独特性的主观感受。这一章将系统介绍个性的概念、结构以及影响儿童青少年个性形成和发展的因素。

第一节 个性的概念

一、个性定义述评

个性一词，俄语可译为个性、个人或人物。英语为 personality，可译为个性、人格、有个性的人。中华人民共和国成立前我国心理学界习惯用人格一词，港台心理学界一直沿用人格一词。中华人民共和国成立后，由于受苏联心理学的影响，采用个性一词。目前，有些人用个性，有些人用人格，一般认为二者可以通用。张春兴教授就认为：“人格的同义词即为

个性（individuality）”。人格一词含有道德品格意味，为了避免误解，有些心理学家宁用个性而不用人格[①]。个性或人格都来自拉丁语（persona），原意为演员在舞台上戴的面具，表现剧中所扮演的不同角色。后来这个词演变为一个专门的概念，表示一个人与他人不同的特征。人类是在远古时代就对人的个性问题发生了兴趣。这主要表现在文学、戏剧和艺术作品中。正如墨菲所说：“个性的研究从戏剧和传记素描开始”。从 20 世纪 30 年代起，随着临床心理学与变态心理学的兴起与发展，个性一词才在心理学中广泛地使用。20 世纪三四十年代，西方出了三本个性心理学名著：奥尔波特（G·Allport）的《个性的心理学解释》、麦瑞（H·Murray）的《个性的研究》和卡特尔（R·B·Cattel）的《对人格的描述和测量》。这三本书有助于我们对个性的研究。但是，心理学家还没有一致的关于人格的确切的定义。国内外心理学家的著作中，对个性概念的解释很不统一。G·奥尔波特于 1937 年曾列举出 50 个个性定义。这么众多的个性定义，我们可以把它分为三大类：

第一类主要有“个人特质说”和“个别差异说”。个性的个人特质说认为，个性是个人的特质。这种定义的代表是英国的人类学家、心理学家弗朗西斯·高尔登（Galton Francis），1869 年高尔登发表了《天资的遗传》一书。由于个性的研究在历史上开始于对人的特质的研究，又加上近代在个性特质测定方面所取得的重大进展，所以很多心理学家把个性看作是人的特质。“特质”英语为 trait，可译为特性、性格等。例如心理学家盖茨（A·I·Gates）认为，个性是“具有社会意义，并可影响他人的特质”。盖茨的个性定义强调了个性的社会性一面，这无疑是正确的。但却忽视了个性对自身活动和意识的调节的一面。把个性只看作是人的心理特点，这样理解个性概念未免过分狭窄。我国的心理学家张焕庭把个性与性格等同起来，也是把个性概念看得过分狭窄的一种表现。如他说：“个性的心理特征，即人的心理特点的独特结合，包括完成某种活动的潜在可能性和特征，也就是能力、气质、态度等，也可以说是人们的性格”（张焕庭，1987）。

个性的个别差异说和特质说同样有相同缺点。例如我国苏州大学吴增芥教授认为：“从心理学角度看，个性是个别差异。就是每个人具有的不同于他人的心理特点。是指决定一个人适应环境的行为模式和思想方法的

---

① 参看宋维真、周冠生、高玉祥的相关个性论著。

特点……对个性的全面理解是：个性包括许多因素，它们是智力、动机、情绪活动、态度、信仰和对道德的评价。由于这些因素的不同结合，产生不同的个性（个别差异）”（吴增芥，1983）。英国心理学家高尔登 1869 年发表了《天资的遗传》一书，成为举世闻名的差异心理学家。他运用测量法和家谱法对人们之间的巨大差异进行了轰动一时的研究，并使研究个别差异的天才学说大放异彩。可是我们绝不能把个性只归结为人的个别差异性。因为人的个性不仅存在有个别差异的一面，而且还存在着共同性的一面。我国心理学家陈孝禅教授说：“一个人的精神主体或个性，乃是社会历史的产物。”把个性和个别差异不加区别，也使个性概念造成不必要的混淆。

综上所述，“个性特质说”和个性个别差异说，在对个性概念的理解上犯了一个共同的错误，就是都缩小了个性概念的外延和扩大了个性概念的内涵。

第二类个性概念，是把个性概念的内涵缩小了，把个性的外延扩大了。主要有个性的“个人说”和“整个精神面貌说”。

个性的“个人说”主要表现在原苏联的心理学著作中[①]。如苏联运动心理学家鲁吉克认为：“当我们说到个性时，我们经常是指作为社会成员的人”。波果斯洛夫斯基主编的苏联高师心理学课本中也说：“个性”这个概念比“人”这个概念要狭窄一些。个性是社会历史范畴。在评述个性的时候，它的社会本质和社会职能是主要标志。个性是社会科学——历史、哲学、社会学、伦理学、美学、心理学、教育学等的研究对象。个性是有一定的社会地位和起一定社会作用的有意识的个体。彼得罗夫斯基主编的《普通心理学》中也认为，“个体的概念包含着人类所固有的事实。我们既可以把成年的正常人和新生儿叫做个体，也可以把不能掌握语言和最简单的白痴叫做个体。但是，只有前一类个体才是个性，也就是参与社会关系并成为社会发展的活动者的社会生物”。我国台湾著名心理学家杨国枢也有类似的观点。他认为“人格是个体与其环境交互作用的过程中，所形成的一种独特的身心组织”。这个“身心组织”指的也是个体的人。

个性的“个人说”把个性概念放在一定的社会关系中去理解是它的长处，从学派上考察把个性的含义与个人、人物、角色的含义加以运用，固然是可以允许的。但是作为专门的心理学科学的定义，就有些粗糙了。这

---

① 王洪礼：《苏联主要的个性理论之我见》，《心理学探新》1988 年第 2 期。

个定义不是个性的心理学定义，而是生物学或哲学的定义。

个性的“全部心理组织”说。行为主义心理学的创始人华生认为：个性是“个人在发展的任何阶段中的全部心理组织。”我国的一些心理学家也有相似的看法。如有人把个性说成是一个人的整个精神面貌。认为个性除包括个性特点外，还包括心理过程和心理状态等。“全部心理组织”说或“整个精神面貌”说，他们强调个性的整体性是无可非议的。但是把个性和整个心理现象等同起来也是不妥当的。人的整个心理现象包括两大类：一类为心理过程，一类为个性心理。这两大类有联系，也有区别，不能混淆。个性心理是相对稳定的、一贯表现的心理现象。而心理过程则是一种动态的现象。不区分动态与静态的心理活动，就很难把握个性的内涵。

第三类个性定义是“人的内部条件的总和”说。原苏联心理学家鲁宾斯坦就是持这种观点的。他认为：个性是在解释任何心理现象的时候，个性表现为联系在一起的内部条件的总和。而一切外部影响都是通过这些内部条件折射出来的（高级神经活动的特征、个性的定式等都包括在内部条件之列）。鲁宾斯坦的个性定义，把个性看做是外部影响和内部条件相互作用的结果。把个性内部的能动性和外部条件的制约性联系起来，表现出个性的复杂性、广阔性和积极性，符合辩证唯物主义的观点。这是它的优点，但是也有缺陷。首先，他指的“内部条件”一词，内涵模糊不清。人的内部条件很广泛，有生理生物的活动，也有心理的活动，还有知识、经验、立场、态度等。究竟是指什么说的却不清楚，令人费解。其次，“总和”一词，也容易产生数量上简单相加的误解。我国心理学家杨清教授的观点也与此相同。他说：“所谓个性，就是一个人的各种心理特征的综合。”贺淦华也把个性理解为“个人的全部品质（traits）”，“集合各个属性而形成一个人的个性组织”。他认为这些品质是很广泛的，既包括外显的行为特征，也包括内在的心理倾向以及身体的生理特征。诸如健康、能力、语言、思想、兴趣、情绪以及行动等都包括在个性的范围之内。这不免有些机械论的思想，对个性内部成分间的复杂辩证关系缺乏必要的体现。完整的个性虽然包含许多个性特点，但是它绝不是许多个性特点的机械的无秩序的堆积，或简单的集合。①

① 黄乃松：《关于个性问题的探讨》，《心理学报》1988年第1期。

二、个性概念及其特点

我们认为个性是个体在生理基础上和一定社会生活中形成的特有的意识倾向性和心理特征的稳定系统。个性应当是一个包括许多相互联系的具有内在结构的完整系统[①]。马克思曾指出："人是一个特殊的个体，并且正是他的特殊性使他成为一个个体，成为一个现实的、单个的社会存在物，同样的他也是总体，观念的总体，被思考和被感知的社会的主体的自为存在，正如他在现实中既作为社会存在的直观和现实享受而存在，又作为人的生命表现的总体而存在一样。"马克思说的"总体"就是一个系统。

个性的特点表现在以下几个方面：

第一，个性是独特性与共同性的统一。人与人之间有心理上的共同性。这是因为人们具有共同的生理特点，都生活在特定的社会条件下，并从事共同的活动。人与人之间无论个性的内容，或个性的结构，又都有差异，表现出每个人具有与众不同的独特的心理面貌。个性有不同的层次，除人性外，还包括民族性、阶级性以及个体的心理差异性。因此，个性是人与人之间共性与个性的辩证统一。从哲学的角度研究个性，着眼于个性中的共性；而从心理学角度来研究个性，则着眼于共性中的个性。

第二，个性是心理动态和心理静态的统一。从个性的形成角度来看，个性是人的意识倾向、对事物的态度和行为方式概括化和定型化的结果。人的思想观点、思维品质和方式，以及情感意志品质等的形成都要经过这样的过程。这个过程开始是动态的、具体的、不稳定的心态。通过心理与动作的相互调节作用，当转化为概括的一般的稳定的心态时，就成为个性心理。我国已故著名心理学家潘菽教授认为："心理过程是指心理的一时动态表现；心理状态则是指心理的比较经久的静态存在。譬如，认识或识知是指知的动态过程。而知识或'智'则是指知的静态状况……个性指的就是一个人（或每个人）所有心理静态或较稳定的状况的全部内容。忽视了这一点，个性心理问题无论如何都说不清楚"。他还认为："先有动态后才能有静态。动态改变了才有静态方面相应的改变。两方面的动态和静态

---

① 刘金平：《个性结构的系统分析》，《心理学探新》1988年第2期。凌培炎：《从系统论观点看个性实质》，《河南大学学报》（社会科学版），1985年6月。党皓：《从控制论观点看个性》，《心理学探新》1987年第1期。

还可以互相转化。”“一个人个性的种种成分也就是他的种种‘性’。这种成分的全部也就是他整个的性。由此，可以看到‘个性’这个词是十分恰当的，‘人格’这个词则很欠恰当。”人格概念在我国社会生活中道德含义较浓，很难明确包含个性的全部内涵。因此潘菽教授不主张使用“人格”。个性是静态的稳定的心理特征。但它在一定的内外条件发生变化时也会逐渐地发生变化。人的个性乃是稳定性与可变性的辩证统一。人的个性特点可以随着生理、年龄的变化而发生变化。社会生活中的重大刺激也能引起个性的变化。这正是个性可变性的例证。但这并不意味着一切个性特点都能溶解在心理活动的关系的动力之中，而完全排除相对稳定的特性的静态。

第三，个性是人的自然性和社会性的统一。马克思在批判黑格尔法哲学时，明确指出：“特殊的人格的本质不是人的胡子、血液、抽象的肉体的本性，而是人的社会特质。”马克思在强调个性的社会特性的同时，并没有忽视人性的自然特性。他认为人既是社会存在物，又是一个特定的类的存在物。人的个性表现为人的社会性和自然性的统一。社会性是人的个性的本质特征。人的个性品质反映着人在社会生活中所处的地位以及他与周围环境的相互关系。西方心理学家过分强调自然性在个性中的作用，提出了一些个性学说。例如克莱西买（E·Kretschmer）提出的“体型说”就是一种个性的生物观。他把人的体型分为瘦长型、圆胖型、强壮型、虚弱型，并认为人的体型决定着人的性格。美国心理学家卡特尔则主张个性双重因素决定论，认为人的个性受生物因素和社会因素双重决定。双重因素论最终不是回到生物决定论，就是回到机械的社会决定论。他认为关键在于确定这两种因素在个性形成中各自的比重。他估计在个性的智力特质中，大约五分之四取决于遗传，五分之一取决于环境。

第四，个性是能动性与受动性的统一。人的心理是人脑对客观现实的主观能动反映。心理对人的实践活动又有影响，对人的活动产生定向、推动、维持、引导、调节、强化等作用。这些都是心理能动性的表现。个性的心理内容受有意识心理动机推动，表现出对某种活动准备状态的倾向以及自我意识的调节，是个性能动性的重要标志。从人的习惯行为到人的社会关系方面的心理品质，对人的心理和行为的影响作用，都表现出人的个性的不同水平的能动性。但是，人的心理活动又受一定的客观条件所制约。个性的形成与发展总是与一定的自然与社会条件相联系，表现出一定的受动性。可以说，个性是受动性与能动性的统一。机械论者只强调个性的受动性，唯心论者只强调个性的能动性。只有辩证唯物论的个性观，才科学地把受动性和能动性辩证统一起来。

第五，个性是有意识与无意识活动的统一。只有当人形成自我意识，具有一定的知识经验、立场、态度和社会活动能力时，才表现出自己的个性。个性是以自我意识为核心的。但人的个性心理内容并不限于有意识的活动的动机，它还包括有多种多样无意识的倾向，如未被意识到的心理定势、直觉、动作反应等等。

第六，人的个性又是系统性与层次性的统一。从个性结构内容来说，个性是以意识倾向、心理特征和自我意识三种基本要素组成的心理系统。从个性的动力要素来说，反映社会关系的意识倾向，包括需要、动机、兴趣、理想、信念、世界观。在个性中占有相当重要的地位，起着统治作用，而需要又是意识倾向的核心。其他各种意识倾向，都是在需要的基础上发展起来的，是需要的各种表现形态。从个性的自我调节要素来说，有意识的自我比无意识的自我更加重要。列昂节夫说："个性实际上是分两次产生的：第一次是当儿童明显地表现出行动有多种动机和并列从属关系的时候，第二次是儿童产生自觉的个性的时候。"可见需要和自觉的动机在个性心理中占有何等重要的地位。个性是一个自我调节、自我完善的能动的系统，自我意识在这个系统中起核心作用。从个性的特征结构来说，性格是个性中最基本的心理特征，它反映着人的社会实质。性格在个性特征中占主导地位，它对能力和气质特征具有很大的影响，甚至可以左右一个人能力和气质的发展变化。我们认为"核心"性的东西是事物的本质特征，它规定着概念的运用范围。它处于一定的层次关系之中，不同层次有不同的核心。整个个性系统的核心是人的需要。需要本身有高低层次，它与个性的高低层次是相适应的。

三、个性学说或个性理论

目前对个性心理学的研究盛况空前。1976 年美国心理学会第八分会——个性与社会心理学分会专门成立了个性委员会。在卡特尔主编的《现代个性理论手册》（1977）中列出的文献约 2700 篇。1970 年达尔斯罗姆研究指出，当时的个性理论已达 366 种之多。但是没有一个理论能够完全正确地对人的个性作出解释。同年赫尔和林兹对当时流行的个性理论进行了认真的分析，他们认为有影响的就有 17 种，而且其中的 12 种理论就已概括了各种个性理论。

12 种个性理论为：

1. 心理分析理论；
2. 个体心理学理论；
3. 分析心理学理论；
4. 以人为中心的理论；
5. 人格主义理论；
6. 行为主义理论；
7. 操作强化理论；
8. 人的结构理论；
9. 存在主义的个性理论；
10. 个性的社会学习理论；
11. 个性的体质理论；
12. 亚洲个性理论和苏联个性理论。

在以上的派别中，又有人把它派生出一些次要的 12 种派别：

1. 霍妮的心理社会论；
2. 莫里诺的社会测量理论；
3. 马斯洛的自我实现论；
4. 麦瑞的需要—逼迫论；
5. 伯尼的相互作用分析论；
6. 埃里克森的发展论；
7. 帕尔斯的完形疗法说；
8. 埃里斯的理智—情感论；
9. 艾森克的类型学理论；
10. 格林互尔德的直接决定论；
11. 班杜拉的社会学习论；
12. 格拉泽的现实论。

心理学家卡斯奇尔曾把个性理论比喻为一个大阵营，这个阵营以弗洛伊德的理论为其雏形，到 20 世纪 40 年代已经成熟。弗洛伊德于 1923 年发表了《自我和本我》一书，他的完整的个性理论基本确立。个性理论包括四个基本理论系统。

第一个理论体系是特质论。包括谢尔顿的体质心理学、卡特尔的因素理论和奥尔波特的个人心理学。他们的理论基本上是：人的行为是有机体的先天遗传功能发挥作用的结果。

第二个理论体系是精神分析个性理论。包括弗洛伊德的性欲发展的精神分析理论，阿德勒的个体心理学，埃里克森的适应心理学理论和荣格的分析心理学。他们的基本观点是："伊特"是人的行为的决定因素。人的早期经验对人的个性有极大的影响。

第三个理论体系是学习理论，也称社会学习理论。包括多拉德和米勒的强化理论，班杜拉的社会学习理论和斯金纳的激进行为主义。他们的基本观点是：人的行为是后天学习的结果，行为产生于有机体对当时情景的知觉和高级的思维过程。

第四个理论体系是人本主义。包括罗杰斯的个人中心理论，马斯洛的整体理论。他们认为人的行为只有通过对自己或他人自我满足程度的理解方能得以解释。

个性心理学在目前尚未形成严整的科学体系，一些个性心理学理论还经常受到人们的抨击。这一方面说明个性理论还不够成熟，另一方面也表明它有强大的生命力，是有发展前景的。因为它吸引了众多的科学家在从事这方面的研究。

第二节　个性的结构

个性结构（又称人格结构）是指个性所包括的成分以及这些成分之间的相互关系。个性和任何事物一样，也具有自己的结构。研究个性结构是个性心理学的一项重要任务。个性结构的研究主要阐明以下三个问题：

1. 如何把整体的个性分解为各组成部分；
2. 如何评价每一个部分在个性整体结构中的地位；
3. 各个部分之间的相互关系。

下面谈谈西方、原苏联以及我国在个性结构方面的研究。[①]

一、西方较有影响的五种个性结构理论

（一）精神分析理论的个性结构

奥地利精神病学家、心理学家弗洛伊德最早提出了系统的个性理论。

---

① 姜秀娟：《国内外心理学关于个性结构的研究》，《辽宁师大学报》（社会科学版）1985 年 5 月。

他的个性理论以无意识为基础，起初他认为人的个性是由无意识、前意识和意识三个不同水平的系统所构成。他把无意识区分为二种：前意识和潜意识。弗洛伊德说："'潜意识'一词的最古而最妥适的意义为描写的；无论何种心理历程，我们倘由其所产生的影响而不得不假定其存在，但同时又无从直接觉知，我们即称此种心理历程为：'潜意识'……我们称仅属隐潜而不难复成意识的材料为'前意识'(preconscious)，而称其他为潜意识的。"

弗洛伊德认为，潜意识是心理的深层的基础和人类活动的内驱力，它为人类社会、伦理道德、宗教法律所不容，具有强烈的心理能量的负荷，它只按照"快乐原则"去寻求满足。它能决定人的全部有意识的生活，甚至个人和整个民族的命运。前意识，是指无意识中可召回的部分，即人们能回忆起来的经验。它处于无意识和意识之间，担负着"检查员"的任务。严密防守，卡住关口，不许无意识的本能和欲望随便闯入意识之中。但是当"检查员"丧失警惕时，有时被压抑的本能或欲望也会通过伪装而迂回地渗入意识。意识，是指心理同外界接触的表面表现，是与直接感知有关的心理部分。它根据"现实原则"调节着进入意识的各种印象，压抑着心理中那些先天的兽性本能与欲望。

图 1-1 表明：意识只是前意识的一部分，从前意识到意识，或相反，都是转眼间的事。二者虽然有界限，但却无不可逾越的鸿沟，因此用虚线表示。可是潜意识的东西回到意识中来就很困难。从理论上来说，它们往往是不能被人们所接受的。

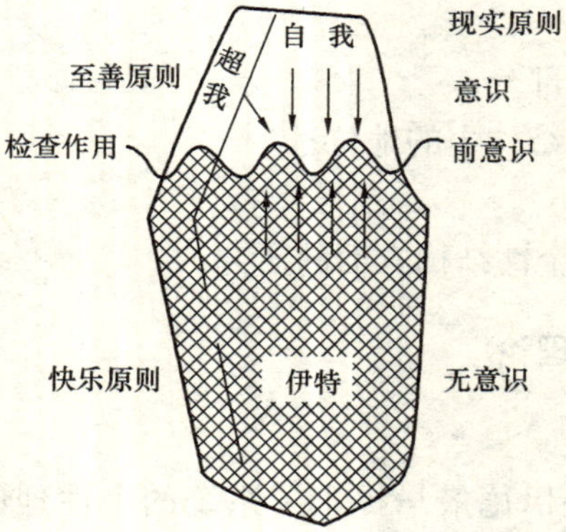

图 1-1　弗洛伊德个性结构图

弗洛伊德认为人的个性是后天形成的，而不是先天就有的。他认为人的个性的形成也就是人的自我的形成。1923 年他在《自我与伊特》一书中，对上述理论作了修正，进一步提出个性结构三因素说，认为个性是由"伊特"(id，可译为本我、它我、潜我)、自我(ego)和超我(super-ego)三部分所组成。

弗洛伊德认为"潜意识"这个词不合适，把它改称为"伊特"，这样可避免歧义。"伊特"(id)是借用尼采的名词。伊特仿佛是"一口本能和欲望沸腾的大锅”，“带有动力性和内躯性的一团混乱的力量并力求发泄”。通俗地说，伊特是一切内驱力和本能的舞台，是与缓解饥饿、自我保存、爱、种系保存有关的。伊特依据快乐原则行事，即它期望直接满足和减轻紧张。伊特借助一种低级思维过程达到上述目的。所谓低级思维，就是缺乏真实性、时间、秩序或逻辑限制的思维。例如梦、意象、幻想。当一个成人用孩子气的行为（不恰当的笑和哭、幻觉等）来反应极其紧张的刺激时，这就是通过让伊特占统治地位而缓解了紧张。也是通过低级思维过程实现的。

自我，是指意识的结构部分。它处于伊特和超我之间，它根据外部世界的现实原则行事。儿童刚出生时只有伊特而没有自我，伊特和环境相互作用后才逐渐发展起自我。自我的能量大部分消耗在对伊特的控制和压抑上，推迟或限制伊特的能量发泄。例如儿童的伊特感觉饥饿时，正是自我告诉他必须极力克制自己的愿望，等到开饭时才能进餐。弗洛伊德形象地对此比喻说：伊特像匹马，自我像骑手，通常骑手控制着马行进的方向，但也有马支配骑手的时候。

超我，是自我的变式。超我是由自我对父母控制的反应中产生出来的。超我依据“至善原则”来行事，它代表人的心理活动中的良心和道德部分，控制行为追求完善，以期待符合社会规范。

弗洛伊德用“一仆同时事三主”来表明自我的机能。自我一方面受伊特的鞭策，一方面受超我的包围，还要受外界的挫折，它只得力图减少敌方的势力以求得调和。弗洛伊德认为，伊特、自我、超我三个个性成分保持平衡，则个性才能得到正常发展。假如三者关系失调，就会导致心理变态或神经病。

从个性发展的历程看，超我处于个性的最高层，它形成于自我，自我处于个性的核心，它又来源于伊特。他说：“自我究竟只是伊特的一部分，因接近实在的影响而有所改变的部分。由动的观点看来，它是软弱的，它的势力盖借自伊特。”

弗洛伊德认为人的个性是按照四个时期逐渐发展的。即口唇期、肛门期、生殖器期、潜伏期与生殖期。这些阶段的划分主要由有机体降低紧张并获取愉快体验的先天倾向所决定。每一阶段都和一个特殊的冲突相联系，必须解决这一冲突，儿童的个性发展才能进入下一阶段。虽然上述四个阶段之间并没有明确的界限，但他深信人的个性有可能固着在某一特殊阶段上或倒退至先前的阶段上。如果当前的需要未能获得适当的满足，或需要可能得到过分满足，都会固着在这一阶段上，代表这阶段特征的行为会继续存在下去。如果心理受到过强的创伤或挫折，就容易引起倒退的行为特征。

弗洛伊德的个性结构理论是建立在泛性论的基础之上的。他从生物本能观出发，过分夸大本能在个性中的作用和地位，并把它看作是个性积极性的源泉和主动活动的动力，无视人的个性的社会本质，这是非常错误的。

弗洛伊德也为个性理论作出了贡献，虽然对无意识的科学研究并不是从他开始的。但他的研究具有自己的特色，并作出了新的贡献。无意识的心理活动形式是客观存在的。催眠暗示、定势理论、直觉和灵感都是和无意识的心理活动有关的。现代心理科学从三方面研究无意识：从生理方面研究无意识活动，即研究有机体的植物性功能的无意识性；从结构方面研究无意识活动，即研究自动化动作和意识内容的形成所依靠的那种潜隐的神经活动的无意识性；从动力方面研究无意识活动，即研究在心理内容上虽为意识所不容，但可用象征化的迂回方法突入意识的一种无意识性。这第三点正是弗洛伊德研究的独特的基本内容。

弗洛伊德重视早期经验在个性形成中的作用。认为个性是在与环境作斗争的过程中逐渐形成起来的，这种见解有唯物主义的因素和辩证的色彩。

对弗洛伊德的个性结构理论既不能像西方那样全盘肯定，也不能像原苏联有些人那样全盘否定。而应采取一分为二的观点，合理批判和继承。

（二）特质理论的个性结构

“特质”一词大体上可当作特征或特性的同义词。有些心理学家认为，个性结构是指人的最普通的和不变化的特质。卡特尔（R·B·Cattel）的特质因素分析论和奥尔波特（G·W·Allport）的特质倾向论，就是这种个性结构理论的典型代表。

卡特尔说：“人格的基本结构因素是特质。特质便是从行为推论而得的人格结构，它表现出特征化的或相当持久的行为属性。”人格结构是由两部分组成的。一部分叫做表面特质，如人格的外在表现；一部分叫做根源特质，如决定表面特质的最基本的人格特质。卡特尔用因素分析的方法得出 16 种根源特质，认为这 16 种特质是构成不同个性的元素。他深受斯皮尔曼运用数学方法研究心理学的影响。他创制了著名的个性测量法——

《十六种个性因素问卷》，简称“16PF”。这是他的一大贡献，影响很大，但尚不够深化和完善。

奥尔波特认为个性是由许多特质所组成的。所谓特质，就是指一个人的行为中一贯地表现出来的具有倾向性的东西。他同样也把组成个性结构的特质分为两部分：一部分叫共同特质，这是某一社会文化条件下所有人共有的；另一部分叫独有特质，这是个体所独有的。代表个体行为倾向的独有特质又分为首要特质、中心特质和次要特质。

每一种特质对个性影响的程度又都不相同，有的影响大，有的影响小。

第一种是首要特质。也可译为基本特质。虽然它只有很少的数目，但是它表现整个个性的特征，表现出一个人的“生活的风格”。例如，如果一个人身上存在一种“丑角”的特质，那他随时随地都会表现出一种“丑角”的人物风格。

第二种是重要特质。也可译为主要特质或核心特质。它与首要特质相比不大突出。对个性也不起支配作用，但它在个性结构中也有重要作用。它代表着个人几个方面的内在倾向，是构成个性具有完整性的重要特质。奥尔波特通过调查认为每个人重要特质最多10个，最少是3个，平均为7.2个。如果说某人聪明、能干、勤奋、谦虚等，通过这些重要品质，就会把他的个性特征概括出来。

第三种是次要特质。它的数量最多，但不起重要作用。只是个人在适应环境时的某些暂时性的行为倾向，不是决定人的个性的决定性的因素。例如，容易激动、心直口快等。

奥尔波特认为，人与人之间的个性差异，是由于有的人的个性是由某个特性所支配，而其余特性则是围绕着它而发挥作用。他对独有特质的分类是任意性的划分，只是为讨论的方便而进行划分的，并无统计学上的标准。他还认为个性特质并不是以杂乱无章的方式组成个性的，而是有一个被他称为“自我统一体”的统一的自我，这种统一的自我是随时间的推移而不断发展的。他认为人的个性是通过八种心理功能之间的相互作用形成的。八种心理功能是：

1. 身体感觉——感觉到人的身体是“我”的一部分；

2. 自我身份感——“凭自己的身份我是一个人”；

3. 自我美化——感到自我满意和自豪；

4. 自我扩展——通过自居作用，把自我扩展为父母、朋友等这种自我感；

5. 推理能力——合理地、“不加歪曲”地解决问题的能力；

6. 自我形象——意识到自己的能力，并有所追求；

7. 适当的奋斗目标——具有长期的目标和动机；

8. 自知之明——“我知道我能够懂得些什么。”

奥尔波特个性理论的核心表明人是一个“开放性系统”。这意味着人的个性是在社会活动和社会关系中形成起来的。认为个性是在人们之间广泛联系中派生出来的现象。假如没有人和人际关系的存在，也就不可能使人形成谦虚的特点。人是不会对树木花草、日月山川表示谦虚的。奥尔波特特别重视观察法在研究人的个性中的作用，认为人的特征不能通过演绎的推论加以揭示，而只能通过观察才能发现。他还提出了“暂时的横断面”的观察法。即两三个人在同样的或不同的条件下观察一个被试，然后互相交换印象。如果对被试的印象越是一致，则观察的结果越可靠。他特别强调要在不同条件下对人的特性进行观察，还举出一个有趣的例子加以说明。有一位博士，在遵守家庭常规和处理公务方面总是认真、仔细、毫无缺点。有一次，当他离开研究所时却忘记了锁门，结果一些贵重的公文资料等被盗。这是属于偶然的遗忘吗？于是一些研究者从不同的情境来观察这位博士的行为。根据多方面的观察，结论是他的基本特征是利己主义、自我中心主义。他的工具性特征——认真仔细、循规蹈矩只是使其行为固定化。如果按照已经形成的条件，他必然表现出他的基本特征，暴露其完全不认真仔细，不循规蹈矩；然而在另一些条件下，他的一些工具性特征又会暴露出来，从而掩盖基本特征，使人不见其庐山真面目。他认为人有两类特征：基本特征和工具性特征。基本特征是指激发起人们的行为的那些特征。工具性特征是使人的行为固定化的那些特征。例如谦虚和沉着是工具性特征虽然并不激起人们的行为，只是固定人们的行为。他认为工具性特征虽然并不激起行为，但具有重大意义。只有当工具性特征同基本特征交织在一起时，才会影响个性的形成。因为这种交织本身正是形成新的动机的根源。动机不断形成、转化，个性也在不断地发展。新动机的形成不是由人的生物动机转化过来的。工具性特征正是在交往当中引起的。

奥尔波特指出“抵抗平衡”的能力是个性发展的最重要的条件。对于紧张状态应该维持而不应当退避。他用挪威著名的地质学家阿蒙逊的生活为例，证明所有杰出人物的生活都是在不断地克服各种各样的困难，才取得事业的成功。

奥尔波特根据自己的观察分析，提出健康的个性有下列七个特征：

1. 对于现实采取积极的立场；

2. 经验对意识的易于理解性——即对自己生活方面的事件能够理解其真相的能力，而不必借助于“精神防御”；

3. 自我认识；

4. 抽象能力；

5. 不断个性化过程；

6. 各特征功能上的自主性；

7. 对挫折的不屈不挠性。

奥尔波特的个性理论包含有某些唯物辩证因素，但也不是完美无缺的。其主要的缺点是：1. 人的行为并非像他所设想的那样与各种情境都相一致，即任何特定的行为举止是无数因素决定的产物。在这些因素中，不仅有特性还有情境的强迫性因素。2. “暂时的横断面”观察法，虽然能洞察一些人的特性，但也会渗入观察者的心理投射。研究个性的方法不应只强调观察，还有实验法等。

（三）人本主义理论的个性结构

人本主义心理学是20世纪50—60年代在美国兴起的一种心理学理论，近年来又有迅速的发展。它由于强调人的本性及其主观经验的重要性，称为人本主义心理学。1962年美国心理学会设立了编号为32的人本主义心理学会。

人本主义心理学的创始者马斯洛和罗杰斯都根据“自我实现”的理论来解释个性及其结构问题。他们既反对行为主义把人看作单纯由外界环境决定的机械还原论，也反对弗洛伊德把人看作受本能冲动支配的生物还原论。而认为人是有能动思维的，是有巨大自我实现潜能的正常健康的有机体。在西方人本主义心理学派被称为心理学的“第三种力量”，舒尔茨认为人本主义心理学是心理学发展的“一种新的方向”，国内外都很风行。罗杰斯是另一位人本主义心理学的大师，他是个性现象学理论的最著名的代表人物。现象学是一种唯心主义学说。这种个性理论认为一个人在一定时间里的行为主要是由这个人对世界的知觉所决定的。人与人之间不同是由于对现实的看法不同。每个人都存在于以他的经验为中心的世界之中。罗杰斯的个性理论深受现象学的影响，他把个体经验叫做现象场（Phenomenal field）。现象场是由知觉的总体所组成的。因为每一个人都以独特的方式知觉世界，所以各个人的现象场是不同的。正是这种主观的现实指导着一个人的行为。个人的现象场既包括意识到的知觉，也包括意识不到的知觉。或者说既包括可以用语言符号表达的知觉，也包括不能用语言符号表达的知觉。意识到的或可能意识到的知觉是决定人的行为的最重要的因素。自我是现象场中在内容上与个体自身明显有关的一部分，它是由现象场中逐渐分化出来的。婴儿早期的现象场是一个混乱的、没有分化的简单的整体。以后通过语言媒介，开始自觉地认识到在他整个经验中包含着“自我”这部分经验。因而这部分现象场就分化为自我，自我形成后表现有自己的特征。自我概念首先出现在罗杰斯1947年的一篇论文中。他认为个性结构是建立在“自我”与“自我实现”两大概念系统之上的。他说自我是指“由下面几方面的东西构成的、有机的、前后一贯的概念格式塔。这几方面的东西包括：对作为主体或客体的‘我’的各种特征的知觉，对‘我’与别人以及‘我’与生活的各个方面的诸种关系的知觉。以及附于这些知觉的各种价值标准”。“自我实现就是有机体力图在遗传的限度内充分发展自己潜能”，是“有机体实现和完成增长的一种趋向”。在马斯洛看来，“自我实现”就是个人充分而和谐地发展自己的个性，它是个性发展的最高阶段。

现象学个性理论强调以人为本的自我论，同特质理论、精神分析理论、行为主义理论相比都有很大的进步。他们强调人的价值，人与动物的根本区别，这是有积极意义的。但是他们把人性抽象化了。认为人有天赋善良的本性，有天然自我实现的趋向。而不把人性的本质看做是由社会存在决定的。他们关于人的特性的观点，实质上仍然是指人的自然特性，自我实现的能力只是指人的生物潜能。可见，现象学理论的个性结构与马克思主义心理学的个性结构是根本不同的。

（四）社会学习理论的个性结构

社会学习理论是在学习理论基础上发展起来的一种行为心理学。华生、赫尔和斯金纳等都是著名的学习理论家。他们都强调学习的重要性，主张用十分客观的严谨的方法来测量行为。华生完全从外显行为方面来解释个性问题。他认为人格就是行为的总和，个性结构就是习惯系统，根据占优势的习惯系统就可以制定一个人的人格。当代著名的社会学习理论的代表人物有：多拉德、米勒、班杜拉和米谢尔等人。

班杜拉（Bandura）和米谢尔（Mishel）不但从外部行为来说明个性，而且还特别强调个性结构中的认识因素。班杜拉认为研究个性结构，应当从个人在认识和行为上的独特性入手。米谢尔则强调人和环境这两大因素在个性结构中的相互作用。他把个性结构假设为“……指行为的不同类型（包括思维和情绪），这些类型具有每个人适应他的环境和他的生活的特征”。他认为个性是以环境因素为外围基础，以人的认知结构变量为核心内容。班杜拉认为个性结构是以认知和自我调节为基础的。后来他又提出自我和目标两个新概念。米谢尔提出的人和环境相互作用的观点，克服了只强调人或环境因素的片面性。班杜拉提出从认知过程和行为两方面来研究个性结构，克服只注重个性静态结构而忽视个性动态结构研究的片面性。这种既重视社会环境因素又重视人的认知因素的相互作用理论，是西方个性理论研究的一大进步。社会学习个性理论发展很快。最近愈来愈强调认知过程和自我调节的重要性。社会学习理论重视人的因素在行为中的作用，使行为主义和人本主义心理学理论的目标逐渐接近和一致。班杜拉本人声称要发展一种人本主义的行为主义。

社会学习的个性理论只强调人的认知因素，不重视个性结构中的动力因素，更没有气质和性格的合理位置。而个性的动力因素是个性结构的主导因素，因此不能不说这是它的明显缺陷。可以说它并没有真正解决个性整体结构问题。社会学习理论目前还处于年轻时代，还没有形成统一的个性理论，缺乏一个完整的理论体系。社会学习理论的某些研究还刚刚起步，得出的结论是初步的。一般认为，这种理论代表心理学发展的一大主流，方兴未艾，是值得注意并努力开拓的领域。

（五）原西德的“人格层”理论

人格层理论，在原西德人格心理学中是占统治地位的理论。克劳斯（F·kraus）于1926年提出了“人格层理论”的雏形。提出了“深层人”和“皮层人”的个性结构思想。1948年蒂莱（R·Thiele）把地层空间概念应用到个性结构上。他把个性分为两层，即情意层和理智层。莱谢尔（Ieschr）和卢特考尔（E·Rothacker）的人格理论是现代最著名的人格医学理论。莱谢尔在《人格的构造》一书中提出了人格包括两层结构：即生命基础层和人格上层建筑层。生命基础层包括身心发展的生物因素；人格上层建筑层，包括身心发展的社会因素。卢特考尔认为人格是由五层构成的，即生命层，指有机体最基本的生命力；植物层，指有机体的植物性自主调节活动；动物层，指有机体积极适应环境的能力；心理层，是人所特有的，超越生物机能之上的人格层；自我层，是通过社会生活改造过的最高层，它形成了人的语言、智慧和人格等特征，以及理想、道德和宗教等社会观念。

这种个性理论把个性结构看成一个整体，并分成若干层来加以说明。这种研究方法可以借鉴。这种个性理论强调个性的发展和进化，看到各层次间相互制约的关系。高层对低层有控制作用，并试图引用神经生理学研究成果来证明自己的理论。对该理论的合理成分，应给予肯定。

西方“人格层”理论主要缺点是：第一，它只是从比拟中提出的，即把个性的结构的发展简单地比作和地质层的不同层次的叠积一样（蒂莱和卢特考尔）。把人格层之间的关系比作基础同上层建筑一样（莱谢尔）。这种理论缺乏具体分析，只从表面现象上说明个性结构。第二，他们把个性的生物因素和社会因素等同对待，没有看到社会因素的决定作用。因此，还不是理想的个性结构理论。

综上所述，西方人格心理学家关于人格结构的研究，在理论上是混乱的，在方法上也有很大局限性。因此，至今还没有真正科学地解决个性整个结构问题。

二、原苏联心理学家关于个性结构的研究

原苏联心理学家很重视对个性问题的研究。早在20世纪50年代就取得了一定的成果。出版过《个性心理学》（费多罗娃著）、《个性心理学问题讨论集》等书。近些年来在个性研究上比较占上风的思想是系统—结构观。它是原苏联个性心理学研究的指导原则。但是，原苏联心理学界对个性的系统—结构观的具体理解也有一些分歧，认识并不一致。

早在20世40年代鲁宾斯坦在其《普通心理学》一书中，就提出了个性系统—结构观的轮廓。他认为个性整个系统结构由四个部分组成：1. 个性倾向性系统；2. 能力系统；3. 气质和性格系统；4. 自我调节系统。他的个性结构观对原苏联心理学界具有深远的影响。1979年波果斯洛夫斯基编的《普通心理学》，在鲁宾斯坦观点的基础上提出了个性结构的五个系统说：1. 个性倾向性（包括需要、动机、兴趣和世界观）；2. 个性的心理过程（包括知情意过程的个性特点以及心理状态）；3. 个性心理特征的能力系统；4. 性格系统；5. 自我。

1974年鲁利亚在其《心理学》一书中，提出了他的个性结构观，他认为个性结构由四部分组成。1. 气质；2. 性格；3. 能力；4. 个性方向性。

他指出在个性结构中，既包含着个性的生物学特征，也包含着个性的社会学特征。“生物性和社会性彼此相互联系，并在一定程度上互为条件。所有这些心理特征构成现实个性心理结构”。

米亚西舍夫提出了在心理品质系统中“起主导作用的个人主观态度”的个性结构观。他认为个性系统—结构包括两大系统：一为个性品质系统；二为在个性品质中起主导作用的个人态度系统。他说：“人的心理生活是一个整体。科学分析区分其个别方面领域。心理生活的这类基本方面，就是心理过程、个人态度、状态和特性。”他还说：“表现着人的气质与性格的反应特性，只有在对引起反应的客体抱积极态度时才表露出来。甚至可以这样说，缺乏对某个事物的反应与其说是说明人的气质或性格，不如说是说明人的态度。”1980年彼得罗夫斯基在其主编的《年龄与教育心理学》一书中，把个性的系统—结构也分为两大部分。一是核心结构，即动机和需要的系统；二是外围结构，即聚积在核心结构周围的所有个性特征和特点。他还认为：“在各种年龄中个性都具有一定的核心，在它的周围集聚着所有其余的特质。当儿童从一个年龄阶段向另一个阶段过渡时，不仅增长了某些特性和品质，而且也改变了个性结构及其动机”。因此，各年龄阶段都有其特殊的个性结构系统。

原苏联心理学界用系统论和结构论的观点来研究个性结构问题，是当代个性心理学研究的重大发展。他们都强调个性的动力系统在个性结构中的主导作用，也都重视个性特征在个性结构中的重要地位。特别是彼得罗夫斯基从发展的角度来研究个性结构观点，更值得我们重视。原苏联心理学界关于个性系统—结构的研究，还存在不少分歧，说法很不统一。说明这种理论还不成熟。另外对个性结构中各子系统之间的关系也缺乏具体说明。

原苏联心理学家普拉托诺夫的个性结构理论颇具代表性，他把个性结构区分为四个亚结构。见个性亚结构一览表（表1-1）。

普拉托诺夫的个性结构理论的最大优点是具有辩证的、发展的观点。他把个性结构中的社会的东西和生物的东西，有机地联系在一起。他在“个性结构中的社会性东西和生物性东西”一文中指出：“我认为要理解人的生物性东西和社会性东西的相互关系，不应通过二者中的一个变为另一个的过渡点，而应通过它们的各个方面的相互影响和相互渗透……理想是只受社会制约的，但是理想的形成却依赖于已形成的兴趣；而兴趣的基础是在动物中就出现了的定向反射。这是众所周知的。”

表 1-1 个性亚结构一览表

基本亚结构名称	亚结构	社会因素与生物因素的关系	与下列各项的基本联系				培养方式	分析水平
			反映	意识	需要	积极		
倾向性	信念世界观 理想爱好兴趣愿望	几乎没有生物因素	在经验的基础上进行反映	基本上是通过对未来事物的理解	通过对社会需要的反映	通过爱好和信念	教育	社会心理水平
经验	习惯技能熟练知识	在相当大的程度上是社会的	通过反映形式的动态变化	通过对过去事物的理解	通过习惯	通过有意的熟练	教学	心理教育水平
心理特点	意志情感知觉思维感觉情绪记忆	大约一半对一半	通过心理的反映	通过对现在事物的理解	通过个人需要	通过情绪和意志	练习	个体心理水平
生物心理特点	气质性别特点 年龄特点	几乎没有社会的东西	通过心理的反映		通过生物需要	通过过程的强度和灵活性	训练重复	生理心理水平 神经心理水平

他批评苏联心理学界属于主导地位的把“个性”与“个体”形而上学割裂开的机械主义的观点，因而在原苏联学术界受到推崇。他认为人的个性结构始于生物心理特点，终于倾向性这个总的轮廓也是正确的。他的理论不足之处是：（1）心理特点与经验以及它与倾向性之间的关系不能是并列的。经验与倾向性，广义地说同属心理特点。如果把四个亚结构合并为三个则更为合理。即生物心理特点、一般心理特点及社会意识特点。（2）缺乏对立统一的核心观点。还不能说明个性与外部世界以及个性内部诸因素的矛盾统一辩证法。因而不能解释个性的实质及形成的复杂问题。原苏联另一位心理学家谢尔巴可夫也提出了个性四层次学说。见四层次模式图（图 1-2）。

他的个性结构理论缺点是：（1）这个个性结构图只是原苏联人的个性结构模式，概括性不高；（2）把倾向性概念与集体主义、人道主义、爱劳动等品质对立起来，对倾向性理解得过分狭隘了；（3）独立性、能力、性格并不能并列。气质态度、智力与知识等，也不是同一个心理层次。

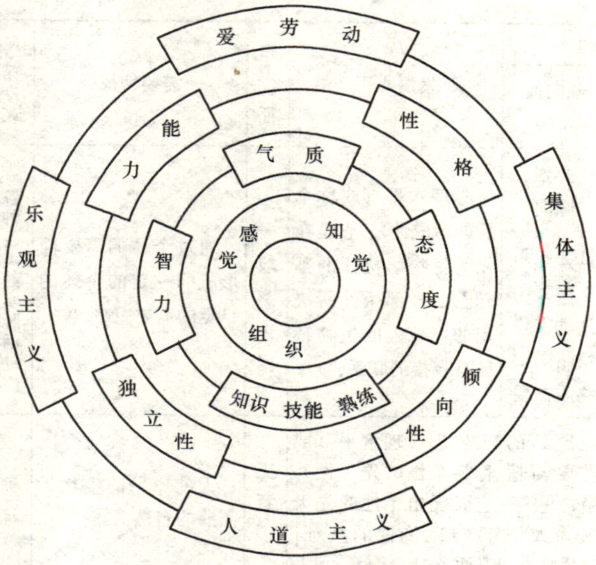

图 1-2　谢尔巴可夫个性结构模式

三、中国心理学家关于个性结构的研究

我国心理学界关于个性结构的研究，只是近些年的事。20 世纪 50 年代至 80 年代可以说是一片空白。我国自编的心理学教材，基本上都是采用原苏联的个性结构模式。

表 1-2　个性的对立统一体的三个层次一览表

层次	亚结构		发展水平	意识特征	需要特征	培养方式	形成的特征
	感受性系统	倾向性系统					
最高层次	才能 品质	意识 倾向	社会心理水平（或称社会洗染性），它的形成决定于社会生活条件以及教育的条件，与生物学方面的特征无直接关系。	社会意识	通过对社会需要的正确反映而转化为一定的自觉的需要	教育与教学活动	“由上到下”即“由外到内”。它鲜明地体现出社会制约性。
	天才 英才 优才 通才	信仰 理想 态度 立场					

续表

层次	亚结构		发展水平	意识特征	需要特征	培养方式	形成的特征
	感受性系统	倾向性系统					
中间层次	认识能力	心理倾向	心理水平（或称个性的后成性）。它是在人的生物学特征的基础上由外部条件所决定的，与人的生物特征有直接的联系。	一般意识	通过个体的需要而形成的一定的个体的自觉的需要	各种各类的实际活动	“由下而上”和“由上而下”的交互作用，它体现出个性受先天的生物学因素和后天的社会因素的辐合。
	思维力 想象力 记忆力 认知力	社会关系需要 活动需要 情绪需要 物质需要					
最低层次	原始的感受性，它表现为人的智能特点	原始的需要与情绪，它表现为人的气质特点	生理心理水平（或称为个性的先天性），它表现出个性的先天性与遗传性的特征，几乎无社会因素。	无意识	人的原始的生物学需要的自然流露	训练	“由下而上”即体现出个性形成受生物因素的制约性。

1983年中国心理学会基本理论专业委员会在丹东市举行学术年会，第一次集中讨论了个性问题。参加会议的心理学工作者，共提出了四种观点：

第一种观点认为，个性结构包括四个部分，1. 生物性特点；2. 无意识心理特点；3. 有意识心理特点；4. 社会心理特点。

第二种观点认为：个性结构是由个性倾向性和个性特征两部分组成。

第三种观点认为：个性结构可由认识、情感、意志和行为四方面的个性特点组成。

第四种观点认为：个性结构包括四大系统：1. 生物特征系统；2. 应答反应系统。它又分为内部反应与外部反应两个子系统；3. 稳定的反应方式系统。其中包括三个子系统，即性格（如何去做的特点的系统）、能力（会做得怎样的特点的系统）、气质（做的过程中体现出动力特点的系统）；4. 定向系统。包括四个子系统：需要动机系统、价值定向系统、经验系统、自我意识系统。

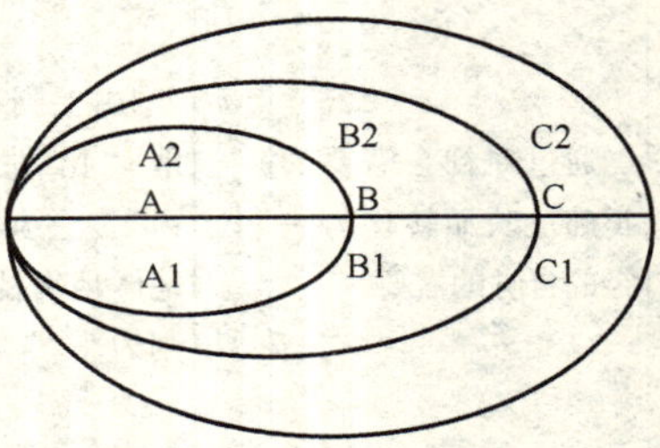

图 1-3　人的个性层次结构模型

我国心理学家周冠生在其编写的

《个性心理学》一书中，提出了人的个性层次结构模型。他认为人的个性是由对立统一的两个方面所呈现出来的，由三个层次所构成（见图 1-3）。

说明：

A 个性的内层——人的生物特性（人的天性）。A1 原始的感受性（智能），A2 原始的情绪（气质）。

B 个性的中层——人的心理特性（人的后成性）。B1 认识特点，B2 意向特点。

C 个性的外层——人的意识特性（人的习染性）。C1 才能品质（包括知识、经验、技能与熟练等），C2 意识品质（包括人的价值系统、社会态度与社会定势等）。

A1、B1、C1 构成人的个性的感受性——人的聪明才智。

A2、B2、C2 构成人的个性的倾向性——人的需要的品质与道德品质。

从个性形成的角度来看，它的最低层次即个性的感受系统的第一个层次并不是一张白纸，而是先天就具有的各种自然特点（感受系统主要表现为人的智能特点，倾向性系统主要表现为气质与本能的活动）。这些特点是个性形成的物质条件和内部的动力。原始的感受性表现出人类的智能。人类智能的发展虽与后天的因素（环境、教育、营养）有关，但在很大程度上受人的先天因素的制约。遗传因素（不是一切先天的因素）在一定程度上决定着人的智能的个别差异。“国外比较常用的一种研究遗传与环境影响的方法，是对各种不同血缘关系的人进行心理测验，然后看看同一类型的成对被试成绩是否相似，这种相似程度用统计上的相关系数来表示。结果表明，同卵双生子之间这种相关最为显著。异卵双生子次之，没有血缘关系的人之间，则相关系数最低。”

个性的感受系统的第二个层次是人的认识能力。人的认识能力主要包括四个方面：认知力、记忆力、想象力和思维能力。它们的形成是在“由下而上”和“由上而下”二者交互作用中不断形成起来的。例如人的认知能力存在着一定的先天的机制。一个儿童由于先天视觉机制有缺陷而产生“色盲”，由于先天听觉机制的缺陷而产生“音盲”。现代发展心理学研究的最新资料表明：“至少在某些有机体身上，某些知觉形式在先天机制中具有它们的起源。在距离和深度知觉方面证据特别明显：大鼠、小鸡和其他许多动物从出生或出生以后不久，就能够精确地判断距离和深度。虽然我们不能够肯定地说人类也是一样，但是不足一岁的婴儿也显示出对于距离和深度的辨别。形状辨别也在人类婴儿身上很早得到表现。”一些儿童心理研究的最新成果指出，新生儿所具有的感觉分辨能力比10年以前曾设想的要大得多。人的认知能力是由先天与后天因素合成的。成人在认知能力方面个别差异颇大的是在活动的训练和职业工作中获得的。

人的机械记忆力与流畅的联想及想象力，较多地受到生物学因素的影响。有一对双胞胎儿童，在6岁时表现出惊人的机械记忆力，他们能背出几千年内的日历中哪些日期是星期天。被誉为“白痴专家”。这是一种天赋的表现，并非由它学习和训练所致。有些高级神经活动类型弱型的人，也常是多愁善感，富于想象的。

人的思维能力也是在人的一定的生物属性的基础上一步一步地形成起来的。

人的感受系统的第三个层次，也是最高层次，是人的才能的特点。

能力和才能虽然在心理学著作中有时交叉使用，但在个性心理学中有人主张要严格加以区分。能力较多体现自然制约性。而才能虽然与人的天资有关，但更多地受社会条件与教育条件的制约。有良好的听觉能力未必能成为音乐家。有较高记忆力、思维能力的人也未必会成为科学家。才能的形成离不开知识和技能技巧的训练。音乐家莫扎特和画家拉斐尔出身于音乐与绘画世家，因为他们都受到了家庭环境的影响。在美国的众多诺贝尔奖金获得者，绝大多数出生于高级知识分子家庭。这些事实充分说明人的才能形成的社会制约性。

才能的品质表现出四种不同的发展水平。1. 通才，拥有一定的知识和技能，但未必能出色地完成某种工作任务；2. 优才，缺乏足够的知识和技能却表现出一定的创造能力；3. 英才，具有某个方面的较多的知识和技能，并表现出优异的创造能力；4. 天才，知识、技能与某些能力的完备结合，才能达到高度完善发展。

个性是感受性系统和倾向性系统的对立统一体，离开感受性系统的机制，个性就无法形成和表现。但是，个性的主导方面则是它的倾向性系统，因为人的独特性的行为模式主要决定于人的倾向性系统。美国著名个性心理学家G·奥尔波特在列举了50种个性定义之后指出：“个性是由于生物性驱策力以及跟社会和自然环境之间的相互作用所引起的一个人的动机倾向性相对稳定的组织状态。”他反对在个性理论中过分重视过去经验的无意识的作用，强调个性是由当前力量的有意识的决定。这和辩证唯物主义的个性系统观十分接近。

第三节　个性的形成与发展

关于个性形成发展问题，有两种极端的理论，一为遗传决定论，一为环境决定论。这两种极端的理论目前几乎谈化了。遗传和环境这两种因素在人的个性形成和发展中并不是全或无的问题，而是相互作用缺一不可的问题。个性的形成和发展乃是遗传因素和环境因素相互作用的结果。遗传信息不可能在真空中发生作用，环境也不可能使石头变成小鸡。影响个性的形成和发展的因素是非常复杂的，是由许多因素交织在一起共同起作用的。但是在不同的个性特质中，各种因素所占比例也不相同。陈仲庚、张雨新在其《人格心理学》一书中指出："一种总的看法是认为人格是遗传、环境、成熟、学习等因素相互作用的结果，而近年来则愈有强调社会因素的趋向"。

一、遗传因素

现代遗传学告诉我们遗传和细胞核有关。细胞核内的染色体上载有许多基因（gene），基因是遗传的基本单位。目前的科学还不能具体解释遗传是怎样影响个性发展的。但许多事实表明，个体的个性特征确与遗传因素密切相关。例如大脑的结构形态和大脑皮层细胞群内配置，酶系统和生物化学变化的特点，以及大脑皮层神经过程的特性都由遗传因素决定。人的心理是人脑的机能，个性是心理的重要方面。大脑的结构和先天的机能特性受遗传因素的决定。人的个性的形成与发展也不可能完全不受遗传因素的影响。

为了研究遗传和环境在个性形成中的作用，首先被采用的方法就是双生子研究法。这种方法由高尔顿（S·F·Galton）首创，双生子分同卵双生子与异卵双生子。前者遗传因素是完全相同的，后者具有差异，如同胞兄弟姐妹。把二者加以比较，可以大致证明遗传和环境两种因素对个性形成的作用。

研究表明，个性是一个复杂的结构，遗传因素对于不同的个性特征具有不同作用。一般认为，生理、智力、气质等个性特征遗传因素的影响较大，而理想、信念和世界观，则明显地受环境因素影响大。

研究表明，遗传因素对智力影响较大。厄伦迈耶－金林和贾维克（Erlenmeyer － kimling & Jarvik）总结了大量智力与遗传因素关系的研究后指出，遗传因素越相似，测量的智力也越相似。父母和亲子之间的智商的平均相关是 0.50；父母和养子女之间的相关是 0.25；同卵双生子的智商之间的相关为 0.90 左右；异卵双生子的智商相关是 0.55 左右。

20 世纪 80 年代，明尼苏达大学对成年双生子的人格进行了比较研究，(1984，1988)，有些双生子是一起长大的，有些双生子则是分开抚养的，平均分开的时间是 30 年。结果是，同卵双生子的相关比异卵双生子高很多，分开抚养的与未分开抚养的同卵双生子具有同样高的相关。

我国的一项双生子研究经历了近 20 年的时间（1964—1982），研究者于 1964 年通过各种生理指标确定了 22 对同卵双生子和 18 对异卵双生子，并进行了追踪研究。1982 年又对这些双生子进行了《明尼苏达多项人格测验》，并计算了每项人格分量表的遗传率（heritability，简称 H）。结果显示，人格的许多特性都有遗传的可能性。

表 1-3　双生子在 MMPI 中 10 个量表得分的相关系数和遗传率①

		r_{M_2}	r_{D_2}	H
Hy	癔病	0.50	0.49	0.02
Ma	轻躁狂	0.24	0.01	0.02
Pd	病态人格	0.02	0.08	0.07
Sc	精神分裂症	0.69	0.01	0.20
Pa	偏执狂	0.39	0.13	0.30
Pt	精神衰弱	0.49	0.09	0.44
D	抑郁症	0.49	0.07	0.45
Hs	疑病症	0.56	0.17	0.50
Si	社会内向	0.60	0.04	0.50
Mf	性变态	0.74	0.04	0.73

r_{M_2} 为同卵双生子的相关系数，r_{D_2} 为异卵双生子的相关系数。

个性障碍虽然后天因素是重要的，但是研究证明，精神病患者确与遗传因素有关。个性障碍也与遗传因素有关。许多学者曾用双生子进行研究，结果发现精神分裂症的发病率与亲族关系有关。如日本性格心理学家诧摩武俊的统计：同卵双生发病率 338 人中为 67.7%。而异卵双生子发病率 801 人中只占 10.6%。卡尔曼（F·J·Kallman）分析了 1000 个精神分裂症患者，也证明了上述关系。

① 资料来源：《医学心理学文集》1983 年，10（3），第 54 页。

表 1-4 双生子精神分裂发病率（诧摩武俊）

研究者	同卵		异卵	
	一致	不一致	一致	不一致
Luxemburger	14 人	7 人	0 人	37 人
Rosanoff	28	13	15	86
Fssen－Moller	5	2	4	20
Slater	24	13	10	92
Kallmann	120	54	53	464
井上	38	20	3	17
合计	229 67.6%	109	85	716 10.6%

表 1-5 精神分裂症与家族关系（Kallman 1959）

与精神分裂症患者的关系	病发率（%）
同父（母）异父（母）的兄弟姐妹	1.8
普通的兄弟姐妹	11.5－14.3
异卵双生兄弟姐妹	3.3－16.7
同卵双生兄弟姐妹	66.6－86.2
父母之中一人曾是同类病者的子女	16.4
父母两人曾患同类病者的子女	68.1
父母	9.3－10.3
祖父母	3.9
孙子女	4.3
侄（甥）子女	3.9
无血缘关系者	0.85

精神分裂症与生活环境有关。但是双生子的生活环境基本相似，而发病率相差很大，同卵双生子和异卵双生子之间相差六倍以上。卡尔曼还研究了出生后就分开抚养的同卵双生子之间发病率的关系，结果发现相关为 0.77，比异卵双生子之间的相关要高。

遗传因素对气质也有重要影响。我国心理学家林崇德对 24 对同卵双生子和 24 对异卵双生子进行了研究。结果表明，遗传因素与气质类型相关也很高。

表 1-6 不同双生子的各类气质问题调查相关

被试 \ 相关系数 \ 年龄		幼儿		小学生		中学生		平均总相关		差异检验
同卵双生		0.84		0.79		0.71		0.78		
异卵双生	同性	0.74	0.81	0.60	0.69	0.44	0.48	0.59	0.66	P<0.01
	异性		0.67		0.50		0.39		0.52	

研究表明，双生子的平均相关系数均已超过 0.50，属于显著相关，遗传因素对气质的影响是大的。差异检验在 0.01 水平（P<0.01）双生子遗传关系越接近，气质表现上也就越接近。它们相关系数的比较次序是：同卵双生子 r>异卵同性双生子 r>异卵异性双生子 r。该研究也表明，在不同环境中长大的 7 对同卵双生子，在气质上的相关系数 r=0.62，与表中同环境中长大的同卵双生子比较（r=0.78），可以看到环境因素对气质的作用。可见个体的气质也不是完全遗传的。

二、身体因素

身体因素主要有神经系统和内分泌系统，对个性的形成和发展也有一定的影响。

（一）神经系统

大脑皮层的结构和机能与个性关系最密切，它是个性形成和发展的物质基础。大脑皮层的额叶与性格可能有一定的关系。有一个叫乔治的病人，在额叶受伤后性格发生了很大的变化，前后判若两人。他的朋友和熟人说他不像乔治了。他变得动静无常，没有礼貌，有时爱说最粗鲁的下流话，对同伴不尊重，不接受劝告和约束。如果违反了他的愿望，他就变得极端顽固、反复无常而犹豫不决。

高级神经活动类型和个性有密切关系，高级神经活动类型是气质的生理基础。

巴甫洛夫逝世后，原苏联心理学家和生理学家继续对高级神经活动类型学说进行研究并取得了新的成果。原苏联有三个研究中心：第一列宁格勒小组，他们继承巴甫洛夫传统思想，继续对动物的高级神经活动类型进行研究。主要研究者有库帕洛夫、克拉索斯基和菲道罗夫等人。第二莫斯科小组，主要研究人的神经过程基本特性，并取得了不少成果。主要研究者有捷普洛夫、涅贝利岑等人。第三乌拉尔小组，主要研究高级神经活动类型和气质对人类活动的作用及其对心理学家的意义，特别是对职业的影响。

莫斯科小组的心理学家们在巴甫洛夫学说的基础上，利用现代先进技术和方法，主要以人为研究对象做了大量的实验，他们修正了巴甫洛夫的某些结论，并发展了巴甫洛夫高级神经活动类型学说，称为“新巴甫洛夫类型学”。

神经过程的基本特性是莫斯科小组研究的重点。他们认为巴甫洛夫提出的神经过程的三个基本特性（神经过程的强度、平衡性和灵活性）并不是并列的。其中强度、灵活性是一级特性，平衡性是二级特性。因为后者存在于前者之中。在一级特性中，都有神经过程之间的平衡问题。

除此，他们还提出了新的特性：动力性和易变性。动力性是指条件反射形成的速度和难易程度。兴奋过程的动力性决定着阳性条件反射形成的快慢和难易；抑制过程的动力性决定着阴性条件反射形成的快慢和难易。易变性是指神经过程发生和停止的速度。动力性、易变性和强度、灵活性都是一级特性。

莫斯科小组把神经系统的基本特性区分为一般特性和局部特性。神经系统的一般特性指整个大脑神经过程的特性，它主要决定人的气质。局部特性是指大脑皮层不同分析器的特性。它主要决定人的特殊能力。在研究中，涅贝利岑发现在25个被试中，视觉分析器、听觉分析器的大脑皮层细胞强度一致的有18人，不一致的有7人。捷普洛夫等人还发现了新的神经特性组合类型，即弱而不平衡型等。

高级神经活动类型不仅是气质的生理基础，也影响性格的形成。巴甫洛夫曾认为，性格的生理机制是高级神经活动类型和动力定型的合金。

近年来的研究证明，神经系统的特性对于能力的发展具有一定的制约作用。例如神经过程强的人，在相当强的附加刺激的作用下能集中注意。而神经过程弱的人，在这种条件下则不能集中注意。神经过程强而灵活型的人，知觉广度大。弱而不灵活型的人，知觉广度小。在技能形成时，弱而不平衡型的人，有较长时间的紧张，并出现多余的动作和违反抑制性要求的动作。在思维过程中，神经过程灵活型的人比不灵活型的人，在解决问题的时间上要快二至三倍。

植物性神经系统和情绪的变化有着密切的关系。艾森克指出，个性的情绪稳定性维度和植物性神经系统的机能联系着。

（二）内分泌系统

内分泌腺分泌激素。激素是一种具有高效能的生物活性物质，在血液中的浓度极微，但对生理和心理活动有重大影响。

伯曼（L·Berman）等人指出，人的气质是由内分泌腺的活动所决定的。他根据人的某种内分泌腺特别发达把人分为六种类型。

1. 甲状腺型

甲状腺分泌增多的人，精神饱满，知觉敏锐，意志坚强，处事和观察迅速，易动感情。甲状腺分泌减少的人为痴呆症。

2. 垂体型

垂体激素分泌增多的人骨骼粗大，生殖器发达，早熟，脑力发达，性情强硬，有自制力。垂体激素分泌减少的人，身体矮小、脂肪多而肌肉萎弱，思想迟钝，行动懦弱，缺乏控制力。

3. 肾上腺型

肾上腺分泌增多的人皮肤干黑，毛发浓密，雄伟有力，精神健旺，好斗勇狠，专横独断。肾上腺分泌减少的人体力衰弱，反应缓慢。

4. 性腺型

性腺分泌增多的人常感不安，具有攻击性，好色。分泌不足的人多有同性恋倾向。

5. 副甲状腺型

副甲状腺分泌增多的人肌肉无力，安定，缺乏兴趣。分泌不足的人神经易激动，轻举妄动，注意力不易集中。

6. 胸腺型

成年人胸腺不退化的人，表现稚气、单纯，不善于处事，软弱。

个性的正常发展，需要在中枢神经系统的主导作用下，通过神经和体液两种调节机制互相协调。因此，我们不能离开神经系统孤立地强调内分泌活动对个性的影响。内分泌活动是受神经控制的。如果内分泌腺活动不正常，就会形成不健康的个性。例如幼年时，甲状腺机能不足，身体矮小，智力低下，称为“呆小症”。先天无甲状腺的人，可能为矮小的白痴。成年甲状腺机能不足的人，基础代谢下降，记忆减退，思维缓慢，精力不足和嗜睡。甲状腺机能亢进的人，中枢神经系统兴奋性增高，心动过速，情绪容易激动，精神紧张，脾气急躁，失眠，反射过敏等。近年来发现的一种脑化学物质叫内啡肽，它可以极大地影响人的情绪和行为。

（三）体态和容貌

一个人的体态和容貌对个性只有间接的影响。即通过别人对自己的评价而产生影响。研究表明，儿童的体格与个性特征存在着小的但有意义的相关。10 岁左右的孩子如果个子矮小，体质弱和协调性差，倾向于胆怯、害羞、忧愁、消极等个性特征。相反，协调性好、身高强壮、精力充沛的同龄孩子则倾向于自我表现、健谈和有创造性等个性特征。

三、环境因素

影响个性发展的环境因素，包括自然环境因素和社会环境因素。

（一）自然环境因素

1. 胎内的环境

从受精卵到胎儿出生，大约经过 270 天，胎儿在胎内的环境是一种自然环境。胎内环境如营养、情绪、疾病和药物等对胎儿不仅影响其健康，而且会影响其今后的个性发展。

纽约大学托马斯·博尼博士等人，对胎儿进行长期的研究。他认为，胎儿不仅有感觉、知觉、记忆和思维活动，而且还能和母亲交流情绪信息。他特别强调母亲和胎儿之间情绪交流的重要性。他指出母亲的心理活动对胎儿的发育有重大的影响。他说"……子宫是胎儿最初接触到的'世界'，在这个'世界'中的体验会直接影响到胎儿性格的形成。"

斯托特调查发现："婚后生活不和睦的夫妻所生的孩子，因恐惧心理而出现神经质者，比婚后美满的夫妻所生的孩子高 4 倍"。

2. 地理和气候

地理和气候等自然条件对个性的发展也有一定的影响。例如生活在青藏高原一带的藏族牧民，容易形成粗犷、强悍、豪迈的个性特征。生活在亚热带丛林中的傣族，容易形成温和、感情丰富细腻的个性特征。心理学家研究还发现，生活在地中海沿岸的民族偏向外向型性格；生活在北欧地区的民族则偏向内向型性格。日本心理学家研究发现，生活在沿海地区的居民和生活在内地的居民在气质类型上也有所不同。良好的自然环境对人的性情和性格均有一定的影响。

影响人的个性因素不仅很多很复杂，而且是互相渗透互相联系的。有些自然环境并不"纯粹"是自然的，也渗透有社会文化的影响。

（二）社会环境因素

社会环境对个性的重要影响是心理学界所公认的，西方心理学家也越来越重视这方面的研究。

1. 家庭

心理学家认为，人在5、6岁以前是个性形成的最重要阶段。家庭是儿童最初接受影响的环境，母子关系对一个人的个性形成和发展具有深远影响。

（1）亲子关系

亲子关系是一个比较复杂的问题，它包括许多方面。我们侧重讲父母的教养态度对子女个性发展的影响。在儿童的环境中，父母和他们的关系最密切。即使在相同的社会文化中，父母的教育也会形成儿童不同的个性特征。弗洛伊德等人认为，哺乳期幼儿的养育方式对个性的形成和发展有很大影响，因为母亲用母乳喂奶比人工喂奶好。但是，休厄尔（W · H · Sewell）认为，决定个性形成的因素并不是这种教养的形式，主要是父母亲对儿童一贯的教育态度。赛门斯（P · M · Symonds）把双亲的教养态度，用两个独立的轴来表示：保护－拒绝，支配－服从。由此，可得出4种类型的养育态度（见图1-4）。

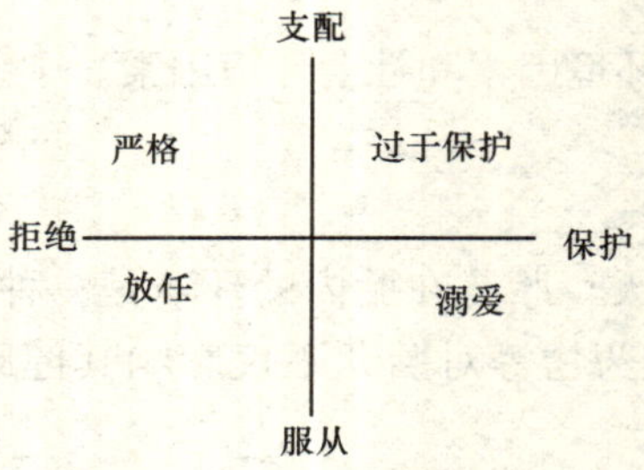

图1-4　双亲养育态度的类型

从支配—服从来看：受父母亲支配的孩子与父母亲服从孩子心愿的孩子相比，具有正直懂礼貌，自我意识强和腼腆等个性特征。

从保护—拒绝来看：那些受父母保护的孩子与受父母拒绝的孩子相比，具有情绪稳定性，行为更符合社会要求等个性特征。

包德温（A · L · Baldwin）等人研究了父母态度和孩子性格之间的关系（见表1-7）：

表1-7　母亲养育态度与孩子的性格的关系

母亲的态度	孩子的性格
支配	消极、缺乏主动性、依赖、顺从
干涉	幼稚、胆小、神经质、被动
娇宠	任性、幼稚、神经质、温和
拒绝	反抗、暴乱、自高自大、冷淡
不关心	攻击、情绪不安定、冷酷、自立
专制	反抗、情绪不安定、依赖、服从
民主	合作、独立、温顺、善社交

日本性格心理学家诧摩武俊的研究也得出了相似的结果。近年来，有些心理学家的研究表明，亲子关系是双向的关系。儿童不仅接受双亲的影响，同时儿童的行为又反过来影响双亲。因为儿童还不成熟，依赖性较强，所以父母对儿童的影响是主要的。研究表明，母爱是儿童个性正常发展的必要条件。婴儿在3～4个月后出现一种“天真快乐”的反应。如果婴儿缺少母爱，和婴儿接触很少，态度冷漠，那么婴儿天真快乐的情绪反应就会推迟出现。儿童也会形成任性、孤僻、情绪反应迟钝和不合群等不良个性特征。

研究表明，父亲在亲子关系中也有着不可缺少的重要作用。父亲对儿童性别角色发展有着特殊重要作用，父亲对男孩提供模仿的同化的榜样，为女孩提供异性成人交往的机会。年幼缺乏与父亲接触过的孩子，在性别的社会化方面，往往是不完全的。

（2）出生次序和独生子女

孩子的出生次序影响着亲子关系，影响着双亲对孩子的教养态度和孩子在家庭中的地位。在同一个家庭内的孩子会形成不同的个性特征。阿德勒认为儿童的出生次序和所处的地位影响着一个人的生活风格，对个性的形成和发展有重要作用。他还分析了长子、次子、幼子和独子的人格特征。

他认为长子在第二个孩子出生之前一直是家庭中的中心人物。但有了老二，他的地位就会迅速下降，因此他容易产生妒忌和不安全感，比较孤独和倔强，对人有敌意。这是因为父母的爱已被老二夺去。次子常常雄心勃勃，有远大抱负，这是因为他要赶超长子，常常怀有野心，表现为反抗和妒忌，容易适应环境。他认为在有长子的家庭中，次子是最幸福的。因为有赶超的对象和竞争的伙伴，次子总想制服老大及父母亲。幼子在家中始终受人宠爱，总希望得到别人的帮助。他的处境比长子还糟，行为上容易发生问题，带来许多麻烦。独子在家庭中的地位无人取代，没人分享其权利，很容易养成过分的依赖性和专横的个性。

出生次序对儿童的影响是一种普遍现象。但是有些儿童可以把不利因素改变为有利因素，当然有利因素也可转化为不利因素。阿德勒重视生活环境的作用是正确的，但是单纯从出生次序来解释个性的发展是不全面的，也不具有个性形成发展的普遍规律性。

关于出生次序对儿童个性的影响，几十年来一直是心理学中的研究课题，但还没有形成公认的结论。有些研究表明，儿童的出生次序决定其社会角色与个性特质。有些研究表明，在智力方面，出生次序与儿童智商有递增的趋势，但不包括天才儿童。推孟（L·M·Terman）发现天才儿童中长子女的比例最多。行为治疗也表明，没有哪一个出生次序是最坏的，在每一个次序中的儿童都有人格困扰，而且困扰的人数是大体相等的。

当前心理学家的研究表明：

第一个孩子有了弟妹，如果父母抚养得法，也会帮助弟妹，感到有应尽的权利和义务，体会兄弟姐妹关系的道理，为弟妹作表率，养成控制自己、小心谨慎、细心、自信等个性特征，攻击性也较少。如果教养不得法，也会形成胆小、害怕、嫉妒、憎恨、控制别人、粗暴、心胸狭窄等个性特征。这在很大程度上取决于教养。

中间出生的孩子。第二个孩子上有大下有小，起着承上启下的作用。他们决心赶上大孩子，有时甚至会攻击大孩子。在父母面前说他们的坏话，也可能把对大孩的憎恨发泄到小孩子身上。如果教养正确也可能照顾弟妹，富有同情心，养成自信等好的个性特征。

最后出生的孩子，如果对他教育得法，可能发展其坚持性、有成就定向、安全感强、自信、乐观等积极的个性特征。如果教育不得法，过于溺爱，也可能形成依赖性、缺乏自制力和独立性、意志薄弱等消极的个性特征。

美国人格心理学家墨菲（G·Murphy）总结了几位研究者对出生次序与个性特征的关系：

表 1-8 出生次序与人格特征（G·Murphy）

研究者	研究结果
伯德尔(I. E. Berder)	独生子或长子显示出比平均水平稍高的支配性，末子显示出比平均较低的支配性。
加曼(A. Garman)	男孩子出生次序早对痛苦的感受性大
艾森伯格(P. Eisenberg)	长子或独生子女比中间的孩子或末子更具有优越感
埃利特(H. Ellit)	中小家庭中长子成为名人的情况多，大家庭中后面的孩子成为名人的情况多。
福斯特(S. Foster) 罗斯(B. M. Ross)	嫉妒性较强的儿童中长子较多
古迪纳夫(F. L. Goodenough) 莱希(A. M. Leahy)	长子往往有较少的攻击性、指导性和自信心，而且较为内向。中间的孩子没有长子那样缺乏攻击性，而且问题最少。末子往往畏首畏尾，内向型大于长子，攻击性仅次于独生子。独生子更显示出攻击性和自信心。

续表

研究者	研究结果
维特(G. . E. Vetter)	在过激的人中，独生子所占的比例较大。在保守性的人中，长子较多，末子也相当多。
伯曼(H. H. Berman)	躁郁证患者 100 例中，长子 48 例，中间子 30 例，末子 22 例。

（3）独生子女

独生子女个性发展问题是全世界共同关心的问题。据 1985 年的统计，我国已有 3500 万独生子女。世界上一些国家也主张只生一个孩子。计划生育、优生优育是世界的潮流，关系到人类自身发展的大问题。

在西方，霍尔（G·S·Hall）是第一个研究美国独生子女问题的心理学家。他说："独生子女本身就是一种疾病"。他的学生博哈农（E·W·Bohannon）在 1898 年发表了"家庭中的独生子女"一文。指出独生子女在特殊儿童中占的比例大，而且社交性极差。后来美国的芬顿（N·Fenton）通过 12 项人格指标进行研究，没有发现显著的差异，只是在"自信"上独生子女比非独生子女优越。他否定了博哈农等人的看法。之后霍克、武斯特等人都否定了独生子女特异性的问题。

对独生子女的研究，在国外有美国学派和德国学派。他们开始都强调独生子女的特异性，后来美国学派改变了看法，他们是从教育的角度出发的。德国学派是从医学角度出发进行研究，仍然坚持"特异性"看法，把独生子女看做"问题儿童"。

近年来美国进行了两项大规模的独生子女的智力方面的研究。一项是对 3200 名独生子女和非独生子女的高中生进行研究；另一项是对 2000 名儿童从 5 岁左右追踪研究到 7 岁左右。发现独生子女在高中时更重视学习。智力测验结果，独生子女的智力显著地高于非独生子女，或至少是一样的。

布朗斯基对小学生一年级儿童进行智力测验的结果表明，有 33 名独生子女平均智龄比同年龄的非独生子女高 7 个月。吉尔福特和武斯塔的研究表明，独生子女的智商为 108，非独生子女的智商为 103。

日本保育学会会长、东京都立大学教授山下俊郎，在中学一年级学生中，采用青木诚四郎的团体智力测验法，对独生子女和非独生子女进行了比较研究（见表 1-9）。[①]

① ［日］山下俊郎著，骆为龙、陈耐轩译：《独生子女的心理与教育》，上海教育出版社 1982 年版。

表 1-9　独生子女的智力分布（山下俊郎）

智力等级	一般儿童		全体独生子女		纯独生子女	
	人	%	人	%	人	%
最优	1	0.39				
优	18	7.02	1	3.13	1	5.26
正常上	57	22.35	9	28.13	4	21.05
正常	79	30.98	13	40.63	10	52.63
正常下	59	23.14	8	25.00	3	15.79
劣	18	7.02	1	3.13	1	5.26
最劣	3	1.18				
共计	255	100	32	100	19	100

表 1-9“纯独生子女”指生身父母俱在，“全体独生子女”包括养父母、继父母或双亲不在的独生子女。从表 1-9 中可见，在一般儿童中，后三项儿童占 31.34%，全体独生子女占 28.13%，纯独生子女占 21.05%。独生子女，尤其是纯独生子女智力是较高的，一般发展较好。

山下俊郎指出：“从整个独生子女来说……虽然看不到有什么特异性，但根据家庭成员构成的类型加以划分，就会显示出这种特异性”。他引用了梅田的研究。梅田研究了父母教养态度和独生子女的特异性之间的关系。他把父母的教养态度分为五种类型：民主型、溺爱型、严格型、放任型、矛盾型。他发现溺爱型、严格型和放任型家庭的独生子女存在一定的特异性。而民主型家庭的独生子女不存在特异性，反而有很多好的倾向。研究证明，父母对子女的一贯教养态度在儿童个性的形成和发展中起着非常大的作用。

美国近期的研究表明，独生子女在智力发展上优于非独生子女，在性格发展上没有显著差异。

近年来我国对独生子女个性发展也展开了研究。1980 年，杨才华等调查了 1741 名儿童，其中 314 人为独生子女。发现独生子女在智力发展和学业成绩上都比非独生子女好。

1983 年，上海市幼教研究室设计了 20 个关于自然知识和社会知识的问题，对 5—6 岁的 35 名独生和非独生子女进行测查。结果发现独生子女平均答对 18.1 题，非独生子女平均答对 15.8 题，差异显著。他们还测查了幼儿的观察力、记忆力和思维能力等等。独生子女平均得 33.6 分，非独生子女平均得 29.09 分，两者差异显著。

1981年，上海幼教研究室对幼儿园小班的70个独生子女和30个非独生子女进行比较研究，发现在70个独生子女中有21人在集体活动中缺乏合作性，而在30个非独生子女中缺乏合作性表现的只有2人。

国内在合作性研究方面也有相反的结论。一些社会学、心理学和教育学工作者调查了10项行为特征（合群－孤僻、友善－攻击、利他－利己、温顺－任性、独立性－依赖性、适应－娇气、自制－无意志、爱劳动－懒惰、诚实－说谎、勇敢－胆小）和7个性格特征（好奇心、对人的态度、自尊心、独立性、自制力、对困难的态度、对劳动的态度），结果没有发现独生子女与非独生子女之间有显著差异。林崇德、傅安球等人在1980年调查中小学、幼儿园各40名共120名独生子女，他们的城乡、性别的比例大致相同。调查研究的内容包括8个方面，其中独生子女自己的态度如下表1-10。

表1-10　独生子女对自己的态度

项目 / 人数分配 / 被试	谦虚			自信心			自尊心			独立性			自私		
	√	－	×	√	－	×	√	－	×	√	－	×	√	－	×
幼儿园	8	12	20	10	24	6	26	8	6	10	14	16	12	18	10
小学	17	9	14	28	10	2	36	3	1	17	15	8	11	6	21
中学	16	14	10	21	16	3	33	4	3	21	9	10	13	7	20
合计	41	35	44	59	50	11	95	15	10	48	38	34	36	21	51

（注）“√”表示肯定；“－”表示一般；“×”表示否定。

从表1-10可见，独生子女自尊心较强，自信心也较足。但谦虚态度稍差，依赖性较大，约1/3的独生子女缺乏独立性。在自私品质上，不自私的占多数。独生子女对自己的态度及其各方面的表现，显示出明显的个别差异。

我国对独生子女个性发展的研究表明，在智力发展方面，独生子女条件优越，或至少没有明显差别。这和国外的研究是一致的。在性格发展上，有些研究表明没有显著差异，有些研究表明独生子女有一些不受欢迎的品质，其原因在教育。

（4）家庭情绪气氛和父母榜样

家庭情绪气氛，指一个家庭集体中占主导地位的一般态度和感受。家庭情绪气氛可能是融洽的，也可能是对抗的。这种气氛是由家庭中全体成员造成的，但关键是夫妻关系。家庭中的夫妻关系影响着家庭中其他成员间的关系，也影响孩子个性发展。儿童心理学家哈特威克（Hattwick）研究表明，宁静愉快家庭中的孩子与气氛紧张家庭中的孩子在性格上有很大不同。夫妻关系融洽，孩子在家里感到愉快、安全，能顺利地完成学习任务。夫妻关系紧张，孩子缺乏安全感，经常提心吊胆，怕受到严厉的惩罚，容易产生紧张、焦虑和发生一些情绪和行为问题。

兰克（Rank）认为父母离婚会使孩子产生焦虑，并影响孩子整个一生的个性风貌。一般认为，破裂家庭对儿童个性发展有不良影响。破裂家庭有两种：一种是父母中一人死亡，一种是父母离婚。研究表明，父母离婚比父母死亡对子女个性发展影响更大。因为前者会引起人们的同情，而后者往往要受到一些人的歧视。父母死亡的早晚对儿童个性发展也有不同的影响。婴幼儿时期，丧母比丧父对孩子个性发展影响大。

儿童期丧父比丧母影响大。破裂家庭中的孩子往往很悲观、孤僻。遇到不顺心的事容易钻“牛角尖”，但也可能发展坚强和果断的人格特征。波尔拜（J·V·Bowlby）调查表明，少年犯罪率最高的是出生到4岁之间丧父母者，他们的犯罪率比一般人高两倍以上。

父母是孩子最早学习的榜样，父母的影响是深远的。儿童往往是悄悄地模仿父母的行为，父母的一言一行都在潜移默化地影响着儿童的个性。因此，孩子与父母的个性有时是很相似的。俗话说，孩子的行为表现是父母个性的一面镜子。研究表明，父母对人、对劳动、对困难的态度以及自制力、自尊心、好奇心等对子女都有很大影响。

2. 学校

在儿童的一生中，有相当长的一段时间是在学校中度过的。学校教育不仅传授系统的科学文化知识，进行思想政治教育，而且使他们的个性得以形成和发展。儿童的个性可塑性很大。因此，学校教育对学龄儿童个性的发展具有十分重要的意义。学校教育得当，学生的个性能得到健康的发展。如果学校教育不当，会造成学生个性适应不良。国外有些研究表明，大约有22%的学生具有中等或严重的情绪缺陷。我国陈家麟等人于1985年对1000名中小学生的调查表明：有16.53%的学生存在各种心理健康问题。

学生主要任务是学习。学生在接受系统科学知识的同时，也会影响他们的认识、情感、志向，形成他们的人生观和世界观。这对个性倾向性和个性心理特征均有重要影响。

教师对学生个性的形成和发展具有榜样作用。教师的言行举止对学生更具有潜移默化的影响。教师和学生之间的关系会影响学生个性的发展。梅伊（Mark·A·May）和哈特雄（Hugh Hart Shorne）在研究学生诚实个性特征时，发现喜欢教师的学生说谎少，容易形成诚实的特征。不喜欢教师的学生则经常说谎。

教师的教育方式，对学生个性的发展也起着影响作用。

表 1-11　教师的管理方式和学生的人格特征

教师管理方式	学生人格特征
专制的	情绪紧张、不是冷漠就是带有攻击性，教师在场时毕恭毕敬，不在场时秩序乱，缺乏自制性
民主的	情绪稳定、积极、态度友好、有领导能力
放任的	无团体目标、无组织、无纪律、放任

3. 社会实践

马克思指出："以前的一切唯物主义——包括费尔巴哈的唯物主义——的主要缺点是：对事物、现实、感性、只是从客体的或者直观的形式去理解，而不是把它们当作人的感性活动，当作实践去理解，不是从主观

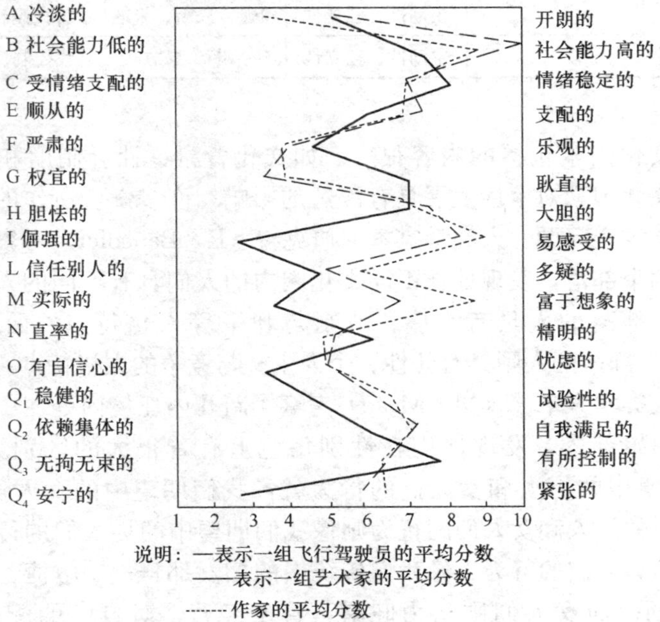

图 1-5　三种不同职业者人格特质剖面图

方面去理解。”遗传决定论和环境决定论的错误，除了片面性以外，就是它们都没有认识到社会实践活动在个性发展中的作用，没有注意人的主观能动性。

劳动是人的最基本的实践活动，人们在长期的工作当中，反复地扮演某种角色，就会形成相应于某种角色的个性特征。用卡特尔16种人格因素问卷测验，可以明显地看出飞行员、艺术家和作家的不同人格特征。

研究还表明，不同的运动项目需要不同的个性特征，也培养着不同的人格特征。

表1-12 各项运动和个性特征

运动项目	主要品质	次要品质	更次要品质
跑、滑冰、滑雪、骑自行车、游泳、划船	顽强性	自我控制 坚定性	主动性、独立性 果断性、果敢
艺术体操、技巧、举重、田径、跳跃、投掷、花样滑冰、射击	顽强性、自我控制	勇敢	主动性、独立性 果断性
滑雪、跳水、障碍、骑马登山、摩托车、跳伞	勇敢、果断	顽强、自我控制	主动性、独立性
球类运动	主动性、独立性	顽强、果断、果敢	自我控制、坚定性
击剑、摔跤	主动性、独立性	果断、果敢	自我控制、顽强、坚强

4. 社会文化

社会文化因素包括的内容很广。如文化背景、社会制度和经济地位等。社会文化因素对个性发展具有深远的影响，许多学者所作的跨文化研究就说明了这个问题。人类学家本尼迪克特（R·Benedict）考察了北美印第安人的两个部落，发现处在不同文化圈内的人们具有不同的人格。如朱尼（Zuni）部落的人具有中庸、节制与和平等人格特点，而奎久特尔（Kwakiutl）部落的人则具有任性、个人主义与竞争的人格特点。

著名人类学家米德（M·Mead）考察了新几内亚境内处在100英里之内的三个原始部落，发现他们在性别角色上有着很大的区别。她指出：“第一个部落中的男人和女人们的行为就像我们期望中的女人们的行为；第二部落中的男人和女人们的行为则像我们期望中的男人们的行为；第三个部落中的男人们的行为，像我们传统中的妇女那样——敏捷、卷发、去商店买东西。而女人们则精力旺盛，善于经营，对自己的配偶不盲目崇拜。”

1967年，黄坚厚先生调查台湾大学生660人，并与美国学生比较。发现中国大学生在顺从、秩序、求助、谦虚、慈善和坚毅等方面，表现较高的需要倾向。但在表现、省察、支配、变异和爱恋等方面，则表现较低的需要倾向。

1971年，美国斯图尔（Steuer）等人，让一组8、9岁的儿童每天看有攻击行为的节目；另一组则看没有攻击行为的节目。结果表明前者攻击行为增多，而后者行为则没有变化。可见电影、电视、儿童读物也影响儿童个性的发展。

个性形成和发展是一个非常复杂的过程。各种因素交织在一起共同起作用。我们只是为了讲述方便起见，才分别来叙述。另外，人是一个自我调节系统，外因通过内因起作用，每个人自己都在塑造自己的个性。著名的社会学习论者米谢尔曾指出，尽管我们的行为受外部条件所控制，但也受自己规定的目标和计划等所调节和支配。

参考文献

[1] 周冠生著：《个性心理学》，知识出版社1987年版。

[2] 陈仲庚、张雨新编著：《人格心理学》，辽宁人民出版社1986年版。

[3] [美]普汶著，郑慧玲编译：《人格心理学》，桂冠图书股份有限公司1975年版。

[4] 黄乃松：《关于个性问题的探讨》：《心理学报》1984第1期。

[5] 王洪礼：《苏联主要的个性理论之我见》：《心理学探新》1988年第2期。

[6] 姜秀娟：《国内外心理学关于个性结构的研究》，《辽宁师大学报》(社会科学版)1985年5月。

[7] 刘金平：《个性结构的系统分析》，《心理学探新》1988年第2期。

[8] 凌培炎：《从系统论观点看个性实质》，《河南大学学报》(社会科学版)1985年6月。

[9] 党皓：《从控制论观点看个性》，《心理学探新》1987年第1期。

[10] 刘永芳：《价值观是个性心理结构的核心因素》，《心理学探新》1989年第2期。

[11] 刘茂哉：《试论个性的心理概念》，人大复印资料B4，1990年第2期。

[12] 闰巩固：《工作经历对人格结构的影响》，《心理学探新》1992年第1期。

[13] 刘毅：《文化与人格的理论体系述评》，人大复印资料B4，1991年第4期。

[14] 燕爱平等：《西方人格心理学的方法论问题》，人大复印资料B4，1991年第2期。

[15] [日]山下俊郎著，骆为龙、陈耐轩译：《独生子女的心理与教育》，上海教育出版社1982年版。

第二章　幼儿合作性行为的培养研究

亲社会行为（prosocial behavior）泛指一切符合社会期望而对他人、群体或社会有益的行为，主要包括合作、分享、助人、捐献、谦让、安慰、同情等。亲社会行为作为一种普遍的社会现象，对人类的生存和社会的进步有着极其重要的积极作用。一个个体诞生在这个世界时，还只能说是一个生物的人，到成为一个社会的人之前还要经历一个必要的阶段——社会化。在这个过程中，年幼的儿童通过成人的言传身教，逐渐了解社会，形成生存能力，获得语言、思维、情感等能力和最初的行为方式。进入20世纪80年代，“社会性”一词出现在我国的心理学界和学前教育界文献中。陈帼眉先生指出（1994年），一般认为，社会性发展的内容主要涉及自我概念、情绪、亲社会行为和攻击行为、性别化、亲子关系、同伴关系、道德等方面①。还有人认为儿童的社会性发展最集中地反映在对事、对人、对己三个方面，可以概括为儿童责任心、合作性、自制力的三维结构，它的形成和发展构成对儿童社会性发展的核心内容②（王健敏，1996）。这方面的研究在近20年内迅速地发展。

合作是亲社会行为中的一种，在20世纪40年代后期，社会心理学家对合作与竞争问题进行了很多的研究。人是社会的动物，长期的生活经验早就告诉我们，个体之间的合作是生存的基本条件和手段。在自然界，人类既不像许多巨型动物那样有拔树毁屋的独立生存能力，也不像另一些动物那样有自卫的天赋。人类要想保护自己，克服自己的弱点，保证自己的生存和发展，就必须通过个体间的合作来抵御伤害和征服自然。本质上，人类社会的形成，社会各种形态的出现，都是人类合作的结果。人因为合作而有伴侣、家庭，也因为合作而有组织、有国家、有种种惊人的创造。

---

①② 转引自周燕：《我国学前儿童社会性发展研究中存在的问题》，《学前教育研究》1998年第2期。

合作是人类生存的必要方式。学会合作，善于合作，是一个人走向社会之前所必须掌握的生存手段。在合作的基础上，在人类自有的超越倾向和思维自我中心的作用下，人类为了自己的利益而进行竞争，并且为了更好地进行竞争而合作，人类社会就是在这样的竞争—合作—竞争……的螺旋式上升中发展。本章通过理论和实验研究来探索幼儿合作性行为的发展规律，对幼儿的合作性行为加以训练以探索幼儿心理教育的途径。

第一节　合作概述

一、合作的意义

在自然界中，人类是万物之灵，但是人类与许多其他动物比较起来，许多生存的本领退化殆尽。一只非洲羚羊生下来几分钟之内就可以站起来，很快就可以奔跑，成长之后最高时速可达上百公里，这是它免于一饱狮吻的本领。自然界自生命产生那一日起就在不断地演变进化中，各种动物、植物在这种进化中都找到了它们适宜的生存方式，构成了自然界这个生生不息的生态圈。达尔文在《人类的起源》一书中指出，在这个过程中，“最适于生存的不是那些在体力上最强的，也不是那些最狡猾的，而是那些学会为群体的福利，无论强者或弱者都联合起来互相帮助的动物。”① 进化史认为，以利他、互助为基础的聚族群居是动物界进化的根本机制之一，也是较高级动物和人类的共同特征。这种聚族群居的生活在人类意识的产生中起到了非常重要的作用。类人猿过着群居的生活，所以“正在形成的人”生活在一个自然群体中，它们共同猎取食物，共同防御敌人，共同养育后代。但是在这种自然群体中，它们彼此之间的联系像其他低等动物一样完全是本能性的，它们的关系服从于“生存竞争”的生物学发展规律。可是这种集体生活却正是它们最初认识“工具”的固有属性的基础，因为单个个体偶然间使用石块树枝的行为，并不能认为是“工具”的运用，只有当头脑中都有类似的反映时，使用“工具”才成为事实。因此，最初制造工具的行为，也是具有群体性的行为。可见劳动从一开始就是群体性的。制造工具是以一定“生产”为目的的。马克思说，

---

① 转引自文明：《“利他性”是健康人格的首要特征和终极尺度》，《社会科学研究》1993 年第 2 期。

"人们在生产中不仅仅影响自然界，而且也相互影响。他们如果不以一定方式结合起来共同活动和互相交换其活动，便不能进行生产。"① 所以制造工具的劳动，使最初的人类摆脱了"生存竞争"的生物学发展规律的支配，使群体中个体间的关系发生了根本的变化，产生了动物所不具有的劳动分工合作关系、产品相互交换关系。劳动使原来的生物本能联系，逐渐被以生产为基础的交往所代替，从此，动物群体转变为人类的社会。在社会集体性劳动中，个人的活动总是服从于一定的社会关系，它要求个人必须明了自己在集体中的地位和作用，了解自己的目标和集体的总目标之间，自己的活动和集体其他成员活动之间的区别和联系。比如在狩猎中，所有参与者的总目标是攻取猎物，但是个人担当的任务、从事的活动又有所不同。有的负责惊起野兽，有的负责拦截，有的挖掘陷阱，还有的等待捕捉。而这些个别的活动，孤立起来看是无意义的，只有彼此合作，相互配合才有意义。这表明，在劳动中个人的活动不仅仅服从于事物间的自然联系和关系，而且一开始就服从于社会的联系和关系，这就使人类的劳动从本质上不同于动物的活动，这样的劳动，就使劳动者必须以一定的社会关系来对待自己，对待自己的活动，正是人类祖先在这种社会劳动中学会了区分自己、集体其他成员以及集体和自己的关系，从而促进了人的个人意识、自我意识的产生。同样，劳动的社会集体性产生了劳动的分工合作，它要求人们有共同的目标和协调的行动，从而人们之间的密切接触和彼此经常的交往以及互相了解和交流思想就成为劳动中迫切的需要，正是在这种需要的推动下，再加上生理条件的许可，为集体成员共同掌握的、由他们自己发出的音节组合而成的语言系统就逐渐形成了。

从以上的分析中可以看出，生物进化史已经证明，人类在进化过程中受惠于合作互助之处远远超出了相互的竞争。在一定程度上，人类社会形成的基础就在于聚族而居以及合作性的劳动。正如古希腊的柏拉图所言："人的社会性是不可避免的，个人并非自足体，因为他有许多凭他自己无法满足的需要。即使是在衣、食、住这种物质需要的水平上，单独的个人在绝不依靠他人的条件下，也是绝不可能得到满足的。"② 随着生产力的进步，人类之间的相互依赖越来越强，相互合作也具有越来越多的形式、越

---

① 《马克思恩格斯选集》第1卷，人民出版社1972年版，第362页。

② 转引自文明：《"利他性"是健康人格的首要特征和终极尺度》，《社会科学研究》1993年第2期。

来越大的范围和越来越好的效果。

从现实的角度来看，世界的发展需要具有合作的国际精神的新型人才。冷战结束后的世界向多极化发展，全球的竞争日益加剧，然而这种竞争与以往任何时期都不同，它是以合作为前提的。世界经济一体化从20世纪50年代末的一种理论观点已经上升为冷战后的战略行为，民族经济之间越来越相互依赖，一国、一地区的经济发展日益取决于他国、他地区的经济发展，为此，联合国提出了“消除以不平等、控制、依附、狭隘、私利和支离破碎为特征的国际经济制度，用一种建立在公平、教育平等、相互依存、互利和国家之间合作上的秩序取而代之”① 的新经济秩序宣言和纲领。这种国际趋势的出现，对现代人才素质提出了新的要求。面对竞争与合作的日益加强，日本提出：“为培养具有国际社会生活能力的日本人，应加强国际理解的教育。”美国一个由33位大学校长和权威人士组成的迎接挑战委员会在一份致美国总统的建议书中指出，美国进入21世纪面临的第一个挑战就是“在一个愈来愈彼此依存的世界里维护永久的和平和社会安定。”为使青年大学生做好充分准备，该委员会建议政府：1. 支持并加强国际问题的研究和学习，以传授各种不同水平层资助的外国知识和文化；2. 鼓励教师和学生的国际互换；3. 加强各级各类学校的外语教学；4. 帮助美国高校与外国高校开展教育与科研的合作交流。1994年4月，联合国教科文组织成立的“国际20世纪教育委员会”在巴黎召开会议，提出了一份题为《学习：内在的财富》的报告。它分析在未来社会，“一切为了经济增长”的模式不能作为调节物质进步和社会平等的理论方法，也不再能成为平衡和改善人类生活条件与保持自然财富两者矛盾的最佳手段。报告提出教育应有四个支柱，它们是：学知、学做、学会发展、学会共同生活。所谓学会共同生活就是强调教育学生了解人类文化的多样性，认识各民族之间的共同性和相互依赖性，学会在共同活动中与人合作，和谐相处。

二、合作的概念

从20世纪40年代后期起，社会心理学家们对合作与竞争问题进行了大量的研究，也就有了很多的合作的概念。

“合作指不同的个体为了共同的目标而协同活动，促使某种既有利于

---

① 转引自眭依凡：《高层次人才素质问题的研究》，《江西师范大学学报》1997年11月。

自己，又有利于他人的结果得以实现的行为或意向。”①

“合作指人与人或群体与群体之间为实现共同目标而联合起来的协作行动。要使合作成功，参与合作的人必须有一致的目标，较为接近的认识，互相信任，配合默契。否则，合作难以成功。”②

“合作指社会性动物所具有的一种行为类型。即为共同目的而由两个以上个体共同完成的基本一致行为。是个体间协调作用的最高水平的行为。它既不是指反射性或无目的性的协同作用，也不是指有目的单方协助，是双方有目的合作。合作要求有较高水平的认知能力，合作中每个个体不仅要参与并检验自己的行为，而且也必须参与和检测合作者的行为，即合作要求个体之间有事先的理解或赞同。”③

“合作指人与人或群体与群体之间为达到共同的目标，有意或无意地彼此配合协作的一种社会行为方式和社会互助的基本形式，合作的最初起因是为了生存和生产的需要以及为了维护社会安定和社会秩序的需要……合作是人类社会共有的社会行动，它的社会作用随着社会分工的不断分化就变得更为重要。在现代社会里，没有合作，人们便无法生存。”④

在上列的几个概念中，我们可以发现在合作是个体间行为或群体间行为以及合作之前是否有了解和沟通的问题上有分歧。合作行为是在有合作的可能之下才产生的。当人们对情境进行判断，需要进行合作而且具备了合作所必需的条件时才会产生合作行为，这些条件包括认识接近、相互信任、相应的时空条件等。由此我们可以看出，合作要求有事先的了解和沟通，只有经过了相互的了解，才可以达到目标一致、思想统一，合作才可以实现。另外，合作是个体之间的一种社会行为，群体之间有配合行动称为“协作”，对此，朱智贤先生在他主编的《心理学大辞典》中是这样解释的：“协作指相互作用的各方联合起来，为达到共同目标而协调各自活动。活动的结果，不仅有利于自己，也有利于对方。相互协作的关键是在于各方利益是否一致，目标的达到有赖于各方的共同努力，则导致协作的出现。”⑤ 与合作相比，协作关系并不稳固，只是在短时局部利益推动之下所致，而合作只是出现在目标一致、利益关系休戚相关的群体内部。从以

① 章志光、金盛华：《社会心理学》，人民教育出版社 1995 年版，第 406 页。
② 费穗宇、张潘仕：《社会心理学辞典》，河北人民出版社 1988 年版，第 121 页。
③ 朱智贤主编：《心理学大辞典》，北京师范大学出版社 1989 年版，第 256 页。
④ 《行为科学百科全书》，中国劳动出版社 1990 年版，第 334 页。
⑤ 朱智贤主编：《心理学大辞典》，北京师范大学出版社 1989 年版，第 757 页。

上的分析中，我们可以看到合作具有以下三个特征：

1. 合作必须是在共同目标的指引下出现的

合作的个体组成了一个群体，群体有一个目标，这个目标是群体中每个个体共同期望的；这个目标的实现，对于群体内每个成员都有利处。这个目标的约束力是保证合作实现的前提。

2. 合作事先要求有了解和沟通

合作不是反射性的或无目的性的协同作用，它是有目的有意识的行为，在这个过程中，有分工，有规则，个体为目标的实现，必要时还要约束自己的行为。所以，它需要合作的各方事先要相互沟通，互通有无，明确分工任务以及共同遵守的约定，这样，才能保证合作的顺利进行。

3. 合作中个体间与目标之间存在着积极的相互关系

在合作行为中，每个个体的行为都与共同目标相联系，目标能否达到与每个个体都有关系，每个个体都对其共同目标负责，共同目标的实现有赖于合作群体中每个成员的努力，而个体的成功也系于团体的成功。

三、合作的类型

根据不同的标准，我们可以对合作进行以下分类：

1. 直接合作和间接合作。直接合作是合作者以其行为直接相互配合，完成某一工作或达到某一目的。如你递我接、你推我拉以及大家做同一件事情。直接合作的人们之间不存在中介者。直接合作的行为和结果之间也不存在中介环节，即共同行为产生同一结果。间接合作是合作者以其行为产生的结果相互配合，完成一定的任务或达到一定的目的。如排字工人与印刷工人以及印刷工人与发行销售人员之间的工作配合就是一种间接合作。间接合作是具有中介者或中介环节的合作，是更广泛的合作。

2. 无差别分工合作和有差别分工合作。我们知道，合作是以分工为特征的，但是这样的分工也有不同的种类。在同一时间、同一起点，以同样的方式去做同样的事情，这样可以称为“无差别分工”。反之，则是“有差别分工”。例如在教室中，两人合抬一张桌子，几人同揩一扇窗子等，都属于“无差别分工”的合作。而一个人锯木头做桌子，另一个人为之上漆，则是“有差别分工”的合作。

3. 结构性合作与非结构性合作。结构性合作是有计划、有组织的合作，如通过一定的组织结构，制订一定的规章制度，将不同的个体联系、组织在一起共同完成一定的任务，这就是结构性合作。例如一个工作组、一个探险队等。非结构性合作指的是偶然性的、临时性的合作。例如为了共渡难关而暂时合作，在车祸发生后陌生人团结在一起救助伤者等，就属于非结构性合作。在我们的社会生活中，结构性合作是社会合作的主要形式，但非结构性合作也是结构性合作的必要补充。

四、合作行为的心理过程模式

通过以上的分析，我们明确了合作的概念、特征和分类，在已有的关于合作的研究中，关于这几个问题都已有探讨，但分歧较大。本章的目的在于通过分析研究合作的心理特性、心理模式，最终为培养、提高幼儿的合作性意识、合作性行为寻找一种合理的、有效的途径。众所周知，人的心理的发展是有规律可循的，正是因为这样，才使得以提高人的心理潜能为目的的心理教育成为可能。例如在思维能力训练中，心理学家们遵循思维特性、活动模式、程序来有针对性地加以提高。合作性行为作为一种自发的亲社会行为，它的产生是需要经历从内部意图转化为外部行为这一过程的，在这个过程中，需经历几个必需的阶段，也就构成了合作性行为的心理过程模式。关于这个问题，笔者参考了已有的大量文献，主要依据艾森伯格的亲社会行为模式，提出了合作性行为的心理过程模式。

在上世纪80年代中期，美国儿童心理学家南希·艾森伯格提出了一种颇具特色的亲社会行为模式。按照亲社会行为的产生的过程分为三大部分：对他人需要的注意、确定助人意图阶段、意图和行为相联系阶段。① 据此，笔者结合合作性行为的特征，将一个完整的合作行为产生过程划分为以下几个阶段：对情境的判断、参与者之间的相互沟通、行为的互相协调配合以及自我约束。

1. 对情境的判断。合作的情境表现为单凭个人的努力无法达到目标，需要与他人配合。对情境的判断根据艾森伯格的解释要受到个体因素（个体的先行状态和特质特征等）和个体对特定情境的解释这两方面的影响。个体的先行状态和特质特征又受其社会化历史和社会——认知水平的制约，个体对情境的解释，一方面受特定情境特征的影响（同一个个体对不同情境的解释不同）；另一方面还受个体因素的影响（不同个体对同一情境的解释也不同）。

个体因素，包括自信心、对他人的信任、他人定向、角色解释的能力

---

① 转引自王美芳、庞维国：《艾森伯格的亲社会行为理论模式》，《心理学动态》1997年第5卷第4期。

和倾向等。这些个体特征的形成受个体社会化历史和社会—认知发展的影响。一方面，个体特征是在后天生活环境的影响下形成的，特别是有系统的、有目的的教育活动影响更为巨大，一个生活在民主的、相互信赖的环境中的儿童合作意识会明显提高，使得他们可以注意到他人及集体的需要并乐于为之努力；另一方面，许多个体特征又会随着社会—认知水平的发展而发生显著的变化。例如儿童对他人的认识、评价、观点采择能力等，都随着认知水平的提高而发生着显著的变化。

特定的情境特征，如需要的程度、参与者的特征、任务的影响、个体对情境的解释，从而决定是否采取行动。

2. 参与者之间的沟通。在对情境的判断达到一致后，合作者之间要达到一定程度的了解和沟通。这首先可以保证参与者行为目标的一致。在这个沟通过程中，参与者要进行分工，如果是较正规的、长久的合作，分工可能会有二层、三层之多，分工详细、职责明确是保证合作成功的条件。如果是在紧急条件下的暂时合作，分工则简单得多。在沟通中，合作者还要制订一定的合约，以此来约束、调节合作各方的行为，并且建立起相互的信赖，保证在合作过程中任何一方都不会违约。

3. 行为的相互协调配合、自我约束。合作对人的认识能力的要求要高于竞争行为的要求。合作者必须都具备与完成任务相关的知识和技能，为了能够合作成功并取得最佳的结果，各方要配合活动，消除个人英雄主义倾向，适当地依任务要求约束自己。例如在一场足球比赛中，每个队员都有自己的特长，或是速度快或是带球技术好，但是带球速度快的不能带上球一味地猛冲，技术好的也不能一味地卖弄自己的脚法和技巧，错失射门良机，只有在发挥自己特长的基础上相互配合才能取得最佳的合作效果。

明确了合作性行为的心理过程模式，我们就可以据此对幼儿的合作性行为加以训练。训练就是从加强合作。促进参与者之间的沟通以及提高幼儿自我约束力上入手。

第二节　幼儿合作性行为的培养

一、幼儿合作性行为培养的意义

幼儿心理发展的阶段、动力、实质等问题，通过发展心理学工作者多年的研究已经取得了丰硕的成果。一般认为，在幼儿主体与客体相互作用的过程中，社会和学校教育向幼儿提出的要求所引起的新的需要和幼儿原有的心理水平之间的矛盾，是幼儿心理发展的内因或内部矛盾，也就是其心理发展的动力。辩证唯物主义认为，外因是变化的条件，内因是变化的根据，外因通过内因起作用。内部矛盾是幼儿心理发展的根据，环境和教育则是幼儿心理发展的条件，其中教育是幼儿心理发展中最重要的条件。

目前，幼儿教育受到了越来越多人的关注和重视，家长们对子女的智力开发、特殊技能的训练投入了越来越多的精力和财力。但是，这些望子成龙的父母很大程度上忽视了对幼儿非智力因素的培养，娇宠纵容、打骂恫吓等等不一而足，其结果引发了全社会对独生子女问题的思考和讨论。自上世纪80年代以来，这方面的研究日益增多，心理学家施梅英格列举了多达19项的独生子女的不良性格特征：包括利己、自负、自我中心、不合群等。与非独生子女相比差异显著的有健康和安全习惯、耐心、协作及团体意识等四项。独生子女是否一定是问题儿童呢？答案当然是否定的。独生子女在智力等方面还占有一定的优势，之所以会产生这样多的问题往往都是教育不当的结果。德国的儿科医生内特尔提出了二大原因：一是由于家庭中父母错误的抚养态度所致，如父母过分保护，使孩子的爱好受到压抑，缺乏活动锻炼，依赖性强，不善于待人接物等；另一类是由于家庭中缺乏特定的教育因素所致，如利己主义、嫉妒心、社交障碍等就是因缺少教育的重要因素——儿童伙伴所致。从以上的分析中我们可以看出，对幼儿，特别是独生子女进行社会性行为教育和训练势在必行。

二、幼儿合作行为的产生与发展

1. 幼儿合作行为的产生

幼儿合作行为的产生已有很多人进行过研究，在合作行为产生的具体时间上存在着一定分歧。国外的研究者认为，幼儿的合作行为是在18—24个月时开始迅速发展和分化的。一般认为2岁以后幼儿能更有效地进行社会性交往，更经常地进行合作性游戏（Radke-Yarrow，Zahn-Waxler&Chapman，1983）。也有研究者指出，合作等亲社会行为是一种自发的行为，要到3—6岁时才会出现(Pearl，1985)[①]。幼儿的合作行为到底什么时候出现，回答这个问题的关键在于找到一套标准来确定合作行为

---

① 申继亮、李虹、夏勇等：《当代儿童青少年心理学的进展》，浙江教育出版社1993年版，第283页。

的出现。

幼儿的合作行为是一种自发的亲社会行为，行为的发生是出自幼儿自己个人的需要或愿望，因此，自我意识的完善发展是合作行为产生的前提。只有在自我意识产生和发展的前提下，幼儿才可能认清自己的角色、地位和任务，认识到自己的行为与总的活动目标，以及自己与群体内其他成员之间的关系，因而才能正确地按照活动目标的要求恰如其分地活动。同样，合作行为需要个体按目标的要求约束自己的行为，要求一定的自我控制的能力，能够时时自我监督、自我控制；而且，在合作过程中，幼儿不仅要评价其他成员的活动，还要同时评价自我的活动，所以，合作行为还需要幼儿具备一定的自我评价能力。从以上分析中我们可以看出，自我意识一定程度的发展是合作行为产生的基础。此外，一定的独立性也是完成合作的条件。合作要求的是成员之间相互依赖，个人的成功系于团体的成功，这并不意味着个体不需要独立活动。事实上恰恰相反，合作行为要求合作的各方都具备相关的知识和技能，个体可以独立地完成分配的任务，这才是合作的意义所在。幼儿偶尔出现的与他人相配合协调的行为并不能称之为合作行为，只有在认清自己、他人、目标之间的关系上自觉主动地采取行动才算得上是真正的合作行为。儿童发展心理学的研究告诉我们，幼儿的自我意识是在三岁左右开始发生发展的，“其中自我评价开始发生年龄期间为 3—4 岁之间，自我体验开始发生的年龄期为 4 周岁左右，自我控制开始发生的年龄期为 4—5 岁之间。”① 那么，相应的，幼儿的合作行为是在 3—6 岁之间开始发生发展的。

2. 幼儿合作行为的发展

同幼儿的其他心理现象一样，幼儿合作行为的发展同样遵循从简单到复杂、从低级到高级的历程，在这个过程中幼儿的合作行为一方面随着其自我意识的发展而产生，同时它又与幼儿的“去自我中心”相联系。

（1）幼儿的合作性行为的目的性随着认知水平的提高由需要型向目的型发展。

合作行为从产生一开始就是有目的的。但是幼儿合作行为最初产生往往是因为游戏的需要。事实上，同一项活动中包含着层次不同的目的，目标的层次不同也就决定了行为的不同。例如在一项活动中，将目标定向于总体目标的实现与将目标定位于个人表现，这两种目标定位带来的行为表

① 高月梅、张泓：《幼儿心理学》，浙江教育出版社 1993 年版，第 247 页。

现方式是不同的。幼儿行为的目的性是随着其独立性、自主性的发展而发展的。三岁以前的儿童的心理活动几乎完全是直接依赖于外界环境的影响，随着外界环境的改变而变化，没有自己的目的性和独立性。三岁以后，幼儿的独立性发展进入一个新阶段。在本项研究中笔者进行了一次小规模的训练活动，在训练过程中幼儿最初行为目的性并不强。在拼图游戏中，有约90%幼儿一开始就独自一个拼图而不与别的幼儿商讨完成。只是到了最后阶段当拼图需要与别人合作才能拼完整时，幼儿才会关注别人的拼图，与别的幼儿争抢拼片，他们并没有注意到游戏的目的，可以说在一定程度上他们注意到了游戏的表面目的，即拼成一幅完整的图案，但是在这过程中没有将合作作为达到目的所必需的手段，这时幼儿合作行为的目的性就处于需要型阶段。他们是在游戏过程中有了合作的需要时才产生一定的合作行为，而且合作行为也相当地不稳定。在行为训练的最后阶段，幼儿在完成任务之前就已经有了合作的意向，而且在协商的基础上有了一定的分工。例如有一个幼儿在开始之前说："我们每人先拼一部分，最后再拼成一个水壶。"在这个时候，表现出幼儿已有了一定的合作的意识，并且相应地可以采取一定的合作策略取得最佳的效果。

（2）幼儿合作行为的配合方式由"主—次"型向和谐型发展。

合作活动中，有时候会有一个人处于中心位置，由其组织、协调各方的合作行为，这可以说得上是一种主—次型与和谐型共存的复合方式。在幼儿的合作行为中，尤其早期的合作活动中，在合作诸方中有的幼儿处于支配地位，支配别人的活动；有的人处于从属地位。在这种形式的合作中，幼儿能力的悬殊往往较大，同时，还与幼儿的性格有关系。在幼儿期最多见的配合方式是双主型。也就是说合作者各方都按自己的意愿行事，合作矛盾重重，时断时续，这与幼儿的心理发展水平是相适应的。幼儿的意识和活动有自我中心的特点，而且，幼儿的好奇心强，活泼好动，这些心理特点都决定了幼儿在合作游戏中，常常会各不相让，导致合作难以为继。在整个幼儿期，高度和谐的合作是非常少见的，但是经过训练之后，幼儿可以做到克制自己的自我中心性及表现欲望为了尽早尽快地完成任务而相互弥补，相互配合。在本项研究中，在一开始的活动中，有个别幼儿无事可做，从严格意义上讲，这不能属于主次型的合作行为，因为，在这个特别幼儿的头脑中，根本不存在合作的意向；同时，还有其他的种种情形。有的幼儿可以居于明显的支配地位，不时去催促别人"快一点"、"拿过来"等等。在训练的后期，幼儿之间有了较为明确的分工，而且在活动过程中，不仅注意自己的行为，也会纠正、督促别人的行为。幼儿的合作方式是受游戏影响的，对于他们较熟悉的游戏，会很快地分配好任务，配合默契地去完成。

3. 影响幼儿合作行为的因素

幼儿的合作行为是一种自发的亲社会行为，它随着幼儿的认知水平提高而产生、发展。在这个过程中，有多种因素影响着幼儿的行为，这些因素从宏观角度上讲包括性格和家庭教养方式；从具体的活动上讲，包括活动性质、奖励方式等。

（1）从宏观角度上讲

①性格。性格具有复杂的结构，关于性格形成的年龄划分，在心理学界还没有一致的看法。三岁以前的幼儿虽然也能看到性格上的个别差异，但却不明显，而且极不稳定。尽管如此，在遗传的基础上，幼儿晚期的儿童毕竟有了五、六年的家庭教育，他们的行为方式开始有了各自的特点，一般来讲，独立性较强的、性格偏于外向的幼儿更多地表现出合作的行为。关于性格特征与亲社会行为之间关系的问题，社会心理学家们进行了许多研究，他们的研究证实，责任感、同情心和移情等性格特征与亲社会行为相关，但同时，研究也表明亲社会行为是非常复杂的，受许多因素的影响。

②家庭教养方式。家庭被称为“创造人类性格的工厂”，家庭把遗传基因传递给后代，家庭又是幼儿生活的最初环境。社会和时代的要求，都通过家庭在幼儿心灵上打下很深的烙印。从出生到五、六岁是性格形成的重要阶段。这时，幼儿绝大多数在家庭中生活，在父母的爱抚下生长。父母的言行无时无刻不影响着幼儿的行为方式。许多心理学家的研究发现，父母的教养方式对幼儿的动作、智能、社会性行为都有显著的影响。对幼儿要求一致、严格，尊重幼儿，注意培养幼儿的独立性有助于幼儿的亲社会行为的发展。

随着计划生育政策的实施，独生子女家庭越来越多，但同时也存在着一定的三代人家庭。杨善堂等研究了两代人家庭与三代人家庭幼儿个性心理的发展。发现独立性、自制力、敢为性、情绪特征、自尊心、文明礼貌、行为习惯方面存在着显著差异。在核心家庭，也就是独生子女家庭及三代人家庭中，幼儿的共同之处在于缺乏同龄的伙伴，所以合群性没有显著差异。我们知道，幼儿的合作行为是在游戏中、在合作的活动中发展的，缺乏相应情境，幼儿当然缺乏相应的行为。在家庭生活中，多为幼儿创造与其他幼儿共同活动的机会，鼓励幼儿参加家务劳动等，都可以促进幼儿合作行为的发展。

（2）从具体的活动上看

在本项研究中，实施了大量的合作性游戏来进行训练。在训练过程中发现，同样是在合作游戏中，幼儿的合作行为表现也有不同，主要受制于游戏性质、奖励方式两个因素。

①游戏性质

在活动过程中，与同是合作游戏的角色游戏、戏剧游戏相比，竞赛性游戏中幼儿更容易表现出合作性。这是因为竞赛性游戏的目的性非常明显，而且奖惩分明，更容易使幼儿明白游戏的目的，明确的奖励也增强了幼儿的行为动机及团体意识，使他们更容易以此来约束自己，监督别人的行为。

同样，在幼儿较熟悉的游戏中，幼儿会表现出更好的合作性。此时，好奇心已被力争第一的明确目的所压制，幼儿可以在游戏进行之前就选择合作策略，确定分工，因此，在游戏中的表现会更好。

②奖励方式

很多社会心理学家较早就发现奖励方式对合作行为有着重要的影响。1956 年，Azrin 与 Lindsly 的研究发现，如果对合作行为进行奖励，7 岁、12 岁成组儿童之间的合作更易产生，另一些研究也表明，给予团体奖赏比给予个人奖赏对合作行为的影响更大。即使团体奖赏少于给个人的奖赏，包括产生的合作行为仍然比个人奖赏产生的合作行为要多。这是因为团体奖赏使幼儿将注意力集中在团体活动之上，团体意识明显增强，在这种情况下，他会自觉地控制自己。Nelson 1973 年发现，给予团体奖赏能够帮助组成儿童为达到目标产生一种“轮流”的策略。而给予个人奖赏则倾向于使儿童产生一种支配与服从的关系。[①]

第三节　幼儿合作性行为训练方案及其实施

一、训练方案的制订与实施

1. 制定心理—行为训练方案的依据

（1）“人的心理只有经过教育才能得到发展”的心理教育观点。

---

① 申继亮、李虹、夏勇等：《当代儿童青少年心理学的进展》，浙江教育出版社 1993 年版，第 283 页。

这是心理教育学中的一个最基本的观点。有意识、有目的、系统的心理训练是形成良好的心理素质，完善和发展自我的必要条件。在人类的一切实践活动中，心理因素起着重要的作用。所以，人类自有自我意识开始，就一直有认识自己的心理，提高自己的心理机能的强烈愿望和需要。可以说心理学是适应这一愿望和需要而产生和发展起来的，通过持之以恒地开展心理—行为训练，有意识有目的地对个体的自发行为加以限制和调控，主动地对个体的自发行为加以限制调控，主动地去开展有意义和有益的行为活动，并且最大限度地减少无意义和有害的行为，长此以往就使个体的心理素质不断地发展和完善起来。

从整个人生的心理发展来看，幼年是心理发展的敏感期，日本教育家松原达哉指出："婴幼儿时期，是孩子一生当中身心发育最显著的时期。如果在此期间不抓紧教育和指导，掉以轻心，放任自流，孩子的一生就毁掉了。"① 因此，教师和父母都要充分利用儿童的敏感期的良好时机，积极地加以教育和引导，促进其发展，而不是期待其自然发展。

（2）幼儿期的主导活动是游戏，幼儿心理过渡到新的、更高的发展阶段的过程，主要是在游戏活动中完成的。

著名教育家陈鹤琴先生说过："小孩子生来是好动的、是以游戏为生命的。"现代教育学、心理学的研究成果提示：游戏是幼儿认识世界的道路，是幼儿通过实际行动探索周围世界的一种积极活动，游戏适应幼儿心理发展的需要，符合幼儿心理发展的水平，对幼儿的心理发展起着极其重要的作用。游戏从本质上来看，是一种有目的、有系统的社会性活动，是想象和现实生活的一种独特结合，是人的社会活动的初级形式，游戏是儿童社会性需要的一种反映。"由于儿童的动作和言语的发展，生活范围日益扩大，独立性不断增长，特别是由于渴望参加社会实践活动的需要同从事这些活动的经验和能力水平之间的矛盾，决定了游戏活动的发生和发展及其表现形式。"② 游戏也是儿童社会化的重要手段，在游戏活动中，儿童以自己在社会生活中经历过的事物为素材，同时，游戏规则也反映着现实生活的实际要求。在游戏过程中，幼儿将社会规范加以理解变通，作为游戏的规则来要求自己和其他儿童，从而对社会规范有了一定的认识，并且逐渐将其内化，形成自己的观念和原则。

---

① ［日］松原达哉：《从0岁开始的教养》，北京出版社1984年版，第2页。

② 朱智贤主编：《心理学大辞典》，北京师范大学出版社1989年版，第880页。

帕顿（M·B·Parten）提出，根据儿童在自由游戏中的社会交往关系和协同程度，可以将儿童的游戏分为六种不同的水平：无所用心的行为、袖手旁观行为、独自游戏、平行游戏、结伙游戏、合作游戏。根据帕顿的研究，儿童到了学前晚期，才会出现合作游戏。[①]

（3）儿童亲社会行为的发展。

在儿童日常生活的大部分活动中，都包括与他人的相互作用。这种相互作用的顺利进行和完成，要求个体社会认知的参与，儿童必须能够评价与他人构成某种关系的特定社会情景，了解自己和他人的社会角色，推断他人的情感和意图，以选择和执行某种恰当的社会交往策略。所有这些将促进某种积极的社会关系的生成和发展，如母子之间的依恋，同伴之间的友谊以及完成某种合作性的任务。也就是说，儿童的社会行为是基于社会认知之上而产生的。而儿童的社会认知是在活动过程中逐渐建立起来的。儿童在与他人交往的社会活动中，通过他人对自己行为的评价及他人的行为，逐渐形成了对社会规范的认知，并且在主体自己的社会地位中将其逐渐内化，纳入自己的认知结构中，形成自己的观念和信念，也就完成了社会化。而在这个过程中，儿童是通过社会学习完成的。班杜拉通过许多观察学习的研究，令人信服地证明，幼儿能够模仿所观察的榜样的复杂行为模式，对亲社会行为的产生有积极影响。

2. 心理—行为训练方案的内容

选择心理—行为训练方案的内容基于儿童的认知是社会行为的基础，游戏是儿童的主导活动等思考，合作意识指的是儿童在产生合作行为之前和之中的愿望和态度；合作行为指儿童在活动过程中所表现出来的具有合作特点的行为表现。合作意识在儿童的合作性发展中占据主导地位，同时，儿童的合作意识和合作行为是相互促进、共同发展的。因此，在制订训练方案时，笔者从合作意识与合作行为两个方面入手，从合作性行为的心理过程模式的三个阶段入手。

（1）有计划地组织各种合作活动，帮助幼儿理解合作的含义、意义；在活动中向幼儿提出明确的合作要求。

合作性是一个人在处理周围事物及与他人的关系时所表现出的合作的态度和行为方式，这对于个体来讲，已内化为其性格的一部分，对其各种活动都发挥着潜在影响；但合作行为具有情境性，只有在情境要求的情况

---

① 高月梅、张泓：《幼儿心理学》，浙江教育出版社 1993 年版，第 52 页。

下，个体才会决定发生合作行为，因此，培养幼儿的合作行为首先要为他们创造合作情境。本项训练主要采用了合作游戏。合作游戏是“幼儿晚期开始出现的较高级的游戏形式。其特征是有明确的规则，参加者都有一定的任务，并且往往带有竞争性。根据游戏的组织程度，可分为高、低级两种。低级合作游戏多为戏剧性游戏或团体对抗游戏，如跳绳、玩球等。成员不一定固定，也不一定有首领。高级合作游戏一般到中学时才出现，具有较高的组织性。合作游戏是儿童社会化的手段之一。儿童在游戏中常模仿成年社会中的关系。”[①] 幼儿晚期所出现的游戏是低级合作游戏，它不同于以往的平行、个体、联合等游戏形式，在这种游戏中，幼儿在一个组织起来的小组中活动，一个小组多个成员有共同的游戏目的，有共同遵守的游戏规则，而且，幼儿必须以游戏的目的和规则来约束自己的行为。

幼儿的合作行为是一种自发的亲社会行为，其产生并不是家长、教师的示意或同伴的请求，而是出于自己的需要或兴趣，因此合作行为的产生需要幼儿具有较高的认知水平。幼儿对于社会行为规范及社会期望的认知是通过“他律”而达到“自律”的，所以，培养幼儿合作行为的重点是合作意识，必须通过教师、家长的解释，才能使其明白合作的含义和意义，最终自发地产生合作行为，这种合作行为才算得上真正意义上的自觉主动的亲社会行为。

（2）在日常生活及各种活动中，为幼儿创造交往沟通的机会。

合作意识在一定程度上已内化为一个个体性格的一部分，合作就意味着信任别人，依赖别人，同时也是帮助别人，这种对周围人和事物良性的判断态度和行为方式来自幼儿所受的教育及环境的影响。因此，在幼儿园这样一个集体性活动的群体中，要为幼儿创造更多的沟通机会，以提高他们的交往水平。这主要包括：

①将日常生活中一些幼儿力所能及的事情交给幼儿自己去做，如分发餐具、玩具等；

②倡导互相帮助，开展各种互助性活动；

③开展“猜猜我是谁”等各种游戏活动，增进幼儿之间的了解。

在这些活动中，教师要积极引导幼儿注意别的幼儿的思想、情感及需求，促进他们言语、表情等的交流和沟通。

（3）在日常生活及游戏活动中，强化幼儿的纪律意识，培养他们的自

---

① 朱智贤主编：《心理学大辞典》，北京师范大学出版社 1989 年版，第 266 页。

制力。

在日常的上课、吃饭、出操等活动中，严格要求幼儿遵守纪律；开展例如“我是祖国小哨兵”等游戏活动，增强幼儿的责任感，提高他们的自制力。在合作游戏中，强调遵守游戏规则的重要性，使用奖励或惩罚的手段来强化幼儿的守纪律行为。

3. 训练方案的实施及其结果

（1）训练的对象、时间及步骤。本项训练选取的是内蒙古师范大学实验幼儿园两个大班的幼儿，共计 66 名。年龄在五岁半到六岁；其中男孩 36 名，女孩 30 名。训练选取一个班为实验班，另一个为对照班，时间为六周。在训练前先采用“拼图游戏”（来自麦迪森合作板）及情境故事讲座来进行前测；训练结束后再用类似的手段进行后测。

（2）实验的结果分析：

在实验前测中得到的结果如下表：

表 2-1　实验班、对照班前测结果比较

班别＼指标	时间	合作意识	合作行为
实验班	$\overline{X}=8.625$ $\delta_x^2=8.367$	$\overline{X}=2.5$ $\delta_x^2=0.72$	$\overline{X}=4.75$ $\delta_x^2=4.4375$
对照班	$\overline{X}=9.375$ $\delta_x^2=6.48$	$\overline{X}=3$ $\delta_x^2=2.25$	$\overline{X}=4.375$ $\delta_x^2=3.903$
备　注	$t=1.116$	$t=2.17$	$t=0.343$

通过六周的训练，其结果如下表：

表 2-2　实验班、对照班后测结果比较

班别＼指标	时间	合作意识	合作行为
实验班	$\overline{X}=2.81$ $\delta_x^2=0.433$	$\overline{X}=6.75$ $\delta_x^2=1.688$	$\overline{X}=13$ $\delta_x^2=2.75$
对照班	$\overline{X}=9.25$ $\delta_x^2=2.75$	$\overline{X}=2.375$ $\delta_x^2=1.67$	$\overline{X}=3.375$ $\delta_x^2=2.734$
备　注	$t=5.051^{**}$	$t=6.313^{**}$	$t=10.863^{**}$

经过统计比较，我们可能看出，经过六周的心理—行为训练之后，实

验班、对照班的幼儿在合作游戏所用时间、合作意识及合作行为方面的差异是极其显著的，这证明，在这个实验内，合作行为的心理—行为训练取得了一定效果。

二、幼儿亲社会行为教育应注意的问题

幼儿的心理发展有其特殊性，教育者所采用的教育内容和方式要适合其心理发展的趋势和特点，这是不言而喻的。但是在具体的操作过程中却存在着众多的问题。其中教育形式的小学化，教育内容的幼小衔接问题尤为突出。在亲社会行为的教育方面，现行的幼儿园德育和常规行为教育中更多地强调了幼儿与成人、老师、家长之间的相互作用，在一定程度上忽视了幼儿之间的相互作用。事实上，通过心理学家、教育学家们多年的研究发现，教育必须依靠受教育者自己的主动学习才能彻底完成，更何况幼儿的亲社会行为本身存在着一个道德标准、行为规范内化的过程，一个从“他律”到“自律”的过程。因此，幼儿的主动参与是必不可少的。幼儿与幼儿之间的交往有他们自己的方式和规则，他们拥有自己的判断是非的标准，因此，对幼儿进行社会性教育，必须在幼儿集体中通过幼儿间的相互作用来完成。

1. 以游戏为主要的教育形式，加强游戏的组织

游戏是幼儿期的主导活动。它内容丰富、有趣，形式活泼、生动，符合幼儿活泼的心理特点，也是他们最感兴趣的活动。在游戏活动中，幼儿将自己与周围人、事物之间的关系表现出来；而且最为重要的一点是，很多游戏都是由两个以上幼儿来共同完成的，在其中，幼儿之间的相互交往和了解增多了，促进了他们社会性的发展。目前，幼儿园所使用的教材历经几次大的改革，已充分体现了“游戏是幼儿期的主导活动”这一指导思想，但是在具体实施过程中，由于受条件的限制，仍然未能尽如人意。游戏开展了，但是合作游戏、联合游戏很少，大多数仍以平行游戏为主。

T・Orlick 1981 年考察了合作游戏活动对四岁幼儿亲社会行为的影响。实验前后他分别观察了被试合作与不合作的频率。分别让被试进行合作游戏项目、个人游戏项目、自由游戏项目，Orlick 发现，幼儿合作游戏能影响亲社会行为。在合作游戏中，幼儿要比在其他游戏中更多地去关注别人

体会别人的情绪情感，注意别人的需要，因此，也就更容易产生亲社会行为。①

在游戏中，要注重发挥教师的指导作用。一方面，教师要尽可能地利用现有的条件多开展一些社会性游戏；另一方面，要加强对游戏的指导和组织。French 等人的研究表明，不同的指导语所带动的相应的行为表现是不同的。在游戏过程中，教师要不时地引导幼儿明确目的，注意关注他人；游戏结束后，要及时进行总结。Hoffmand 和 Saltzsten 在研究中发现，父母利用归因法训练，也就是告诉幼儿他做错了什么是造成他这种过失的原因，这对幼儿更高的道德发展水平，包括对别人关心的更高水平，都有持续的影响。②近期的有关研究也证明，归因法对提高幼儿亲社会行为水平有很大影响，因此教师就应以建设性的方式对幼儿的行为做出反应，必须解释清楚他的期望，说服转化犯有过错行为的幼儿，对于需要幼儿执行的正当行为必须清楚地、真诚地和富有感染力地加以陈述。

2. 亲社会行为意识的培养是亲社会行为培养中的重点

社会规范以奖惩的方式控制人们的行为。人们在社会中生活，由于遵从规范而受到奖励，由于不遵从规范而受到惩罚。因此，人们可能为了得到社会的奖励，如受表扬，给别人留下不良的印象等，而在某些场合不得不做出亲社会的行为表现出对社会规范的遵从。这种行为方式已被行为强化理论所证实。但是，这种迫于外力制约作用下个人表现出来的亲社会行为往往是很有限的，而且不可能持久，也不是真正的亲社会行为。

虽然社会规范是一种外部机制，存于个人之外，人们对于这种规范的遵从可能开始于服从，但是外部实际作用会发生内化，外部的行为表现转化为内部观念性的动作，成为一种思想、观念、态度，存在于“头脑”里的行为准则可以超出时空范围迁移到其他情境和转向未来，指导个人行为。也就是说，内化的结果必然外化。社会中的大多数人都把体现亲社会行为规范的价值观和信念内化。在实现这种内化之后，个人的亲社会行为的发生就不是由于社会的要求，而是因为自己感到“这样做是对的”这样一种道德义务感，不遵从这些社会规范不仅会受到社会的惩罚，更重要的是由于违背了个人的信念而受到自己内心的谴责，产生内疚感，因此他们会经常表现出亲社会行为。完成了这种内化之后外化而出的亲社会行为才是真正的、稳定一致的亲社会行为。由以上的分析，我们不难看出，观念

①② 陈旭：《幼儿亲社会行为培养策略研究述评》，《学前教育研究》1996 年第 6 期。

的形成，意识的转化是亲社会行为形成过程中质的飞跃。

亲社会行为的培养不可能一蹴而就，在幼儿将来成长的历程中，各种各样的社会现象及其周围人的行为表现都会使他内化了的观念和态度发生反复甚至变化，因此，从幼儿园开始，就引导幼儿以一贯的标准和原则去判断、评价周围的事物，而教师家长们也要严于律己，以身作则，教育幼儿坚定信念，明辨是非。

3. 加强家园结合，强调教育的连续性和一致性

家庭是幼儿的第一所学校，父母是幼儿的第一任教师，教师要使家长明白，在早期教育中，重视和加强幼儿亲社会行为的培养，对于从小培养幼儿良好的道德品质，发展幼儿健全的人格，矫正其以自我为中心、缺乏同情心等不良行为和个性特征都有重要意义。在家庭生活中，家长应注意严格要求幼儿，自己的事情自己做，适当参加力所能及的家务劳动，尊重幼儿，但不溺爱；满足幼儿的合理要求，充分理解他们，家长要以身作则，培养幼儿尊老爱幼、乐于助人的品质。Yarrow 等进行的一项实验研究证实，符号榜样示范在发展符号利他反应中有效，但对于培养真实生活中的利他行为没有作用。只有具有养育关系的成人榜样在真实生活中示范亲社会行为时，才能成功地培养幼儿真实生活中的亲社会行为。[①] 受到时空条件的限制，教师在幼儿园不能更多地示范真实生活情境中的亲社会行为。但仅仅是从创立假设情境或从原则上、道理上讲授亲社会行为是远远不够的，这就需要家长的配合。

以上所列的只是对幼儿进行亲社会行为教育时应遵从的原则，在具体的运作实施过程中，教师和家长可以充分利用现实生活中一事一物，言传身教，持之以恒，才可能取得令人满意的效果。

三、小结

现代科技的发展有时会令科学家本人吃惊，量子力学的产生打破了牛顿力学体系完美的巅峰状态，而我们今天已取得的成就也早已超过了前人最大胆的设想。人类将进入一个崭新的世纪，在解答了一个又一个关于自然界的奥秘之后，21 世纪，人们将目光更多地投向了自己，于是，以最大限度开发人的潜能为终极目标的心理教育学应运而生。

经过一段时间的研究，心理教育已取得了丰硕的成果。众多的学者在

---

① 陈旭：《幼儿亲社会行为培养策略研究述评》，《学前教育研究》1996 年第 6 期。

学生的智力、创造力及适应能力训练方面取得了一定的经验，美国专门在麻省理工大学等几所大学建立了“创造中心”，前苏联的教育家创设了许多智力、创造力及思维训练的方法，如“智力加速计划”等。在这些努力中，心理学家们逐渐总结了许多富有成效的教育方法：如柯尔特思维教程、工具强化教学、儿童哲学思维训练方案等等。除此以外，还有全面提高学生适应能力的课程等。但是，到目前为止，心理教育学尚未形成一门完整的、系统的科学，从一般描述意义上讲，心理教育学的理论框架中应包括：“1. 一般原理研究；2. 重要心理教育领域的专门研究；3. 心理教育的方法技术研究；4. 心理教育具体方案研究；5. 心理教育的有效性评价；6. 心理教育的实施研究；7. 非专门化心理教育问题；8. 心理教育与其他学科的关系；9. 特殊用途的心理教育研究；10. 心理教育的社会学和伦理学问题。”① 在已有的众多研究中，有关智力开发的研究占了绝大多数，且有的已经比较成熟，但是关于儿童青少年行为训练，特别是社会行为训练的研究非常少。可是事实上我们知道，由于行为障碍及缺乏社会交往技能给我们带来的损害较智力问题更为尖锐。

“人类心理机能是一个有复杂层次结构的系统，原则上心理教育是努力使这一全部系统的结构和功能得到充分的完善和发展。在具体实践中可以分为五个层次：1. 生理心理水平；2. 基本心理机能层次、观察力训练、记忆力训练、思维教学、情感控制等；3. 高级心理机能层次；4. 社会群体心理层次。”② 我们可以看到，目前我们实践的只是第一、二层次，我们所面临的问题还很多，如社会行为训练的内容、方法、形式等等，都有待于我们的进一步探索，从目前的研究来看，主要存在着以下的问题：对三岁以下婴儿社会性行为的研究太少；研究的部分是在实验室中；被试样本太小，并且缺乏代表性；研究缺乏追踪评价，没有研究教育干预对幼儿行为的长期影响；现有结果被各研究者所用不同亲社会行为定义所混杂，无法进行系统比较；在同一行为名称下采用了不同评价测验和不同的干预训练，目前，已有一些心理学工作者采用了新的研究方法，发展心理学研究呈现出生态化、整体化的趋势，在亲社会行为训练方面，未来的研究首先应注意的是加强长期的追踪评价，对教育干预效果的长期效应的研究对于

---

① 陈中永：《心理教育学论》，《内蒙古师范大学学报（哲学社会科学版）》1998 年第 3 期教育增刊。

② 陈中永：《论心理教育研究的社会意义》，《心理学动态》1992 年第 1 期。

各种教育训练策略都是必需的。其次应更多地在教育情境中进行研究，加强自然观察。再次，结合多种亲社会培养方法的优势，采用综合的培养策略。

本章在分析综合大量已有研究的基础上，在澄清合作的概念、特征的基础上提出了合作行为的心理过程模式，并且从这个心理过程模式出发拟定了训练方案进行了实验研究，在幼儿合作行为训练方面进行了尝试。亲社会行为的训练是一个整体性的行为，需要社会、学校、家长等多方面教育力量互相配合才能取得成功，社会的发展对于拥有健全人格的人才的需求日益迫切，这对于心理学工作者来讲，既是一个挑战也是一个机遇，只有掌握了扎实的基本功，才会在实践中取得成功。

参考文献

[1] 章志光、金盛华：《社会心理学》，人民教育出版社 1995 年版。
[2] 费穗宇、张潘仕：《社会心理学辞典》，河北人民出版社 1988 年版。
[3] 朱智贤主编：《心理学大辞典》，北京师范大学出版社 1989 年版。
[4] 《行为科学百科全书》，中国劳动出版社 1990 年版。
[5] 申继亮、李虹、夏勇等：《当代儿童青少年心理学的进展》，浙江教育出版社 1993 年版。
[6] 高月梅、张泓：《幼儿心理学》，浙江教育出版社 1993 年版。
[7] [日]松原达哉：《从 0 岁开始的教养》，北京出版社 1984 年版。
[8] 朱智贤主编：《心理学大辞典》，北京师范大学出版社 1989 年版。

第三章　蒙汉儿童性别意识发展研究

性别意识的发展，是儿童社会性发展的重要内容，也是儿童社会化水平的重要标志。掌握它的发展规律，不仅有助于解决长期存在于心理学界有关性别心理发生机制的纷争，而且对于儿童能否形成正确的性别观念、消除性别歧视现象、顺利进行性别社会化等都有极其重要的意义。它是发展心理学、社会心理学、差异心理学、妇女心理学等学科共同瞩目的研究课题。本章从民族、家庭文化背景、性别、年龄四个维度对蒙汉儿童性别意识的各个方面如性别自认、性别恒常性、性别偏好、性别角色认知、性别气质特征认知及意向、性别自认途径、害羞感等方面进行综合探讨。

第一节　性别意识研究概述

所谓性别意识（gender identity），也称性别身份意识，是指个体对于自己性别的意识，它是自我意识的重要组成部分。“性别”一词，在邢贲思、周汉民主编的《人生知识大辞典》中，将其称为性差，指男女两性在心理学上的差别。英国社会学家 S·德拉梅特也认为：“性别的确切含义应指男性与女性之间一切非生物方面的差异……”[①] 因此，确切、完整的性别意识不仅包含对自己是男性还是女性的判定，还包括得自于后天受社会文化影响而形成的有关男女两性的适性角色、行为、态度、兴趣等方面知识的认识。由于性别意识又属于自我意识的一个重要组成部分，因此，它又具有自我意识的一些特点。据此，我们结合以往研究，将性别意识概括为以下几个方面：

第一，对性别总体知识的认知。总体知识具体包括性别的物质、社会及精神三个方面。性别的物质方面指性别在生理解剖上及基于解剖基础之

---

① ［英］德拉梅特：《性别角色与学校》，四川人民出版社 1987 年版，第 13—14 页。

上而产生的外在形象上的差别特点；性别的社会方面指社会对男女两性的规范、要求；性别的精神方面指性别在气质特征上的表现。社会与精神方面共同构成了我们通常谈的性别角色，即基于性别的物质基础之上而产生的符合一定社会期望的品质特征，包括男女两性应持的不同态度、人格特征及社会行为方式。

第二，对性别情感的认知：性别偏好。具体指个体对于自身性别的喜爱程度。

第三，性别意向。即基于前二者基础之上发展起来的对与性别相适行为的一种监控，它保证着个体对适性角色行为的执行。

历史上，率先涉足此领域研究的当属奥地利精神分析学家 S·弗洛伊德。由他开始至今，有关性别意识的研究主要集中于性别自认、性别恒常性、性别偏好及其成因等几个方面。

一、对性别总体知识认知方面的研究

性别总体知识包括诸多方面的内容，以往有关这方面研究主要有性别自认、恒常性的获得时间及对简单适性行为、角色的认知。

1. 性别自认的研究

所谓性别自认，指个体能否正确指出他或她自身的性别类型。需要强调指出的是这里的性别自认仅指对自己是男性还是女性的判定，而非对性别全部内涵的认识。S·弗洛伊德、科尔伯格、J·布洛克（block，J. H）是颇具代表性的几个人物。S·弗洛伊德认为儿童的性别自认始于 3 岁左右性欲区由肛门移至生殖器时；科尔伯格认为其始于 2 岁左右儿童掌握语言之时，完成于 3 岁左右。J·布洛克于 1976 年提出，自认始于科尔伯格所述的道德发展的习俗阶段。之后，美国的库恩（Kuhn）、奈斯（Nash）及布肯（Bruchen）·艾米里奇（Emmerich）、戈登曼（goldman）·汤普森（Thompson）等都对此进行了研究，得出的结论也比较一致——两三岁的儿童已能进行性别自认。[①] 近年来的研究认为，“儿童识别自己和他人性别的能力在一岁半到两岁的时候已经出现，这个年龄的孩子已经知道自己是男孩还是女孩，但识别别人性别的能力要出现得稍微晚一些。”[②]

---

① ［美］Clarke－Stewart，Fridman：Child Development Infancy through Adolescence，1987，第 403 页。

② ［英］H. Rudolph Schaffer 著，胡清芬等译：《发展心理学的关键概念》，华东师范大学出版社 2008 年版，第 77 页。

我国的心理学工作者也得出了类似的结论。

2. 性别恒常性的研究

所谓性别恒常性（gender constancy），是指儿童对性别类型的判断不会因个体的外貌、衣着、活动的变化而变化。有关儿童性别恒常性的研究，科尔伯格进行得较多，他的结论为：恒常性的发生始于四五岁之时，完成于7岁左右。艾米里奇、汤普森的研究也表明："6岁以前，儿童的性别恒常性不能实现。"①

3. 有关性别角色认知的研究

有关此方面所做的研究，艾森伯格（Etsenberg）、莫瑞（marry）及海特（Hite）。他们通过让三四岁的儿童对适性玩具的选择来检查其对性别角色的认知，得出的结论是三四岁的儿童已能正确地选择适性玩具。参见表3-1：

表3-1　儿童性别概念发展的顺序

步　骤	年龄（岁）	测验问题	特　点
性别认同	1.5—2	你是个男孩还是女孩？	正确地把自己和他人认作男孩或女孩。
性别稳定性	3—4	你长大后是当妈妈还是当爸爸？	理解人一生性别保持不变。
性别恒常性	6—7	如果一个男孩穿上一个女孩的衣服，他会是一个女孩吗？	意识到性别不依赖于外表（如头发或衣服等）。

资料来源：Schaffer Social Development，1996，187。

二、对性别偏好的研究

以往对此研究较多，所使用的方法一般采用布朗（Brown）于1956年编制的ITSC。布朗的实验表明：男性儿童在幼儿园阶段偏爱男性，而女性儿童在幼儿园阶段却并不表现出任何两性化偏爱，在这之前，虽有比较明显的偏好，但很难说它与后来采取的适性行为以及性别角色认同有关。较稳定的偏好选择在4岁。

三、性别意向的研究

美国的艾森伯格、莫瑞的研究表明，三四岁虽对性别角色有了一定的

① ［美］Clarke—Stewart，Fridman：Child Development Infancy through Adolescence，1987，第403页。

认识，但实际上他们并非依此而行，男孩也许玩女孩子的玩具，有女孩子的行为等。约从 4 岁开始，男孩的性别意向发展略优于女孩，他们更可能采取适合自己性别的行为，避免不适合自己性别的行为。①

J·布洛克的研究表明，个体在习俗阶段，严格从性别角色规则，在后习俗阶段，个体才能超越社会所约定的性别角色局限而对性别角色做出自由的选择反应。

乌尔林（ulian）于 1976 年所做的实验研究发现，5 岁儿童的适性角色方面特别刻板、教条，坚定地遵从男女的规范，直到获得性别恒常性，才稍有改变。

四、成因方面的研究

关于成因的研究主要有角色自居说、性别定型说、自我归类说、社会、生物因素理论。

角色自居说也即心理分析理论（psychoanaltic theory）。代表人物为弗洛伊德，他认为儿童性别意识的形成主要由于性动欲的驱使，通过自居作用而获得。该理论重视儿童对父母的依恋与自居作用，有其积极的一面，但该理论过于注重生物因素，将儿童看做是生物因素的消极承受者，从而无法解释历时、共时两种情况下性别意识不同的原因。

性别定型说即社会学习理论（social learning theory of sex typing）。该理论重视儿童对父母的依恋与认同及社会文化因素的作用，认为儿童是通过对家庭、学校、同伴、大众传播媒介的观察、模仿、被强化，按照权威性与同性性标准来发展自己的性别意识。

这一理论由于重视社会文化因素而有其积极合理内涵，然而其却无力解释儿童模仿中的许多现象，最有力的说明来自班杜拉自己所做的“宝宝玩偶”实验。他欲据此研究：“所有得自于直接经验的学习现象都可以通过替代性影响发生”②，但是其实验结果却推翻了他的“儿童遵循同性性模仿”这一结论。

自我归类说即认知发展理论（cognitive develepment theory of sex typing）。该理论从认知的角度出发，认为儿童性别意识的发展是认知发展过程中自我动机充分作用的结果。儿童由于认知的发展而先形成性别自认，

---

①② ［美］Clarke－Stewart，Fridman：Child Development Infancy through Adolescence，1987，第 403 页。

进而才开始接受与其性别角色相适应的态度及行为模式。该理论由于强调社会作用及儿童自身的主观能动性而在一定程度上解释了性别意识发展的成因。然而它所提供的性别意识发展模式仅适用于男性。杰克林、麦克比的研究也表明："儿童在尚未形成性别自认时就已经对玩具与游戏表现出性别定型偏好。"①

生物社会因素论是前苏联研究性别心理发展的观点，该结论认为儿童性别特征的形成既有赖于生物因素，也有赖于社会因素，比较强调人的后天活动，人的群体的影响作用。这一理论缺乏实际的实验研究。

综合以往研究，我们发现，已有研究涉及范围较广，理论也比较丰富，但仍有许多欠缺，具体表现在：

（1）在成因的研究上极少围绕具体的性别意识发展内容，多为以其他心理成因的分析所形成的理论推及到性别意识方面，缺少实际检验。

（2）在具体的性别意识研究上，以往的研究内容较散，几乎都是分项测量的，缺乏联系、综合性的研究，如性别意识各个方面之间发展是同步的抑或有关它内在发展规律。

（3）研究的内容上不够全面。如儿童的性别自认从哪些方面进行？儿童是性能意识到男女两性之间的性格、气质上的差别等等。

（4）研究方法有待改进。以往的研究主要通过言语报告、儿童对图片的选择等方式进行。这固然是比较重要的方法，但却存有一些弊端：言语报告的真实性（是否存在只知词音而不知其意的现象）以及由于言语表达能力不强而掩盖了其真正的水平。这在一定程度上影响了以往研究的真实性。

五、蒙汉儿童性别意识发展的研究目的和内容

正如美国人类学家 M. 米德的研究所述，不同文化模式下，人们的心理内容不尽相同。中国文化相对于西方有其独特的内容模式，那么这种特定文化背景下的儿童性别意识是否有所不同呢？（这种不同不仅包括同种指标下的不同，而且也包括异族文化模式下的特性心理）中国文化与欧美文化差异较大，而中国这一大文化环境之下，又有许多亚文化环境。美国跨文化心理学家安德斯认为："在得到中国资料之前，心理学不可能发展成为一门普遍有效的科学，因为中国人口占了很大的比例，对于跨文化心

① 刘翔平、葛鲁嘉：《男女差异心理学》，北方妇女儿童出版社 1988 年版，第 206、69 页。

理学来说，中国能够从新的背景上重新审查心理学的成果。”① 我们国内对儿童性别意识的研究较少，而跨民族研究相对更少，对于不同民族心理的共性与差异性的揭示，也是跨文化心理研究的重要内容之一。

为此，我们在已有研究的基础上，着力从以下几方面研究中国蒙汉民族儿童的性别意识发展。具体研究：

（1）2～7 岁蒙汉儿童性别意识发展与年龄的关系；

（2）蒙汉不同民族文化对儿童性别意识发展有无影响；

（3）性别差异对儿童性别意识的发展有无影响；

（4）父母的文化水平对儿童性别意识的发展有无影响。

我们知道，儿童的性别意识发展受诸多因素的制约。根据以往的理论，认知水平、生物因素、社会文化环境等都不同程度地对其发挥着作用，而且诸多因素常常是协同发生作用的。我们极难判断某个因素具体作用的大小。在此，我们选用年龄、民族、家庭文化环境及性别四个维度来对此进行研究。就年龄这个维度来说，它不仅含有一定的生物成熟水平，也含有认知发展水平及社会作用于其中，性别维度也一样有生物、社会因素的影响。而民族与家庭文化背景亦能反映出多种因素对儿童性别意识的影响。

需要强调指出的是，我们所要研究的性别意识，是在充分考虑已有研究不足的基础上，结合中国的特定文化背景，具体分为以下几项：

第一，儿童性别自认及恒常性获得的时间及性别自认的方式，即儿童从哪些方面来进行性别自认。

第二，儿童对性别角色的认知，主要包括适性的玩具、活动、职业、行为等四个方面。

第三，儿童对两性外在气质特征的认知情况。

第四，儿童对自身性别的偏好。

第五，儿童在性别上的害羞感。这是以往研究所没有涉及的。

第六，儿童在性别意向方面的发展。

因此，年龄、民族、性别、家庭文化对性别意识的影响主要是从以上几方面进行研究的。

对于第一个问题，我们认为：性别意识的发展水平主要受认知发展水平的影响，而认知因素在儿童期，其发展速率与年龄有很高的相关。于是

---

① H·C·Triandis：《跨文化心理学的背景》，《心理学报》1983 年第 3 期，第 209 页。

我们认为儿童的性别意识水平随年龄的增长呈上升趋势，年龄愈高，对有关性别意识的各项测定指标反映愈好。

跨文化研究表明，不同民族、不同文化背景下，其成员的性别意识内容有很大差异。杰克林、麦考比的研究就极好地说明了这一点。蒙汉儿童虽然受到中华民族统一文化的熏陶，有许多相同之处。但由于各民族各自又保留着一些本民族的社会风俗及观念意识，于是可以假定：在性别意识发展水平上，蒙汉儿童由于受到同样的中国特色社会主义大教育的影响，所以不存在显著差异，而在具体的内容和表现形式上，由于各自又受亚文化环境的影响，故有一定的差异。

正如任何事物由质与量组成一样，性别意识也由作为质的性别意识内容与作为量的水平高低组成。男女儿童由于受生物与社会因素的影响，决定了其各自发展轨迹的不同，男孩向男性化方向发展，女孩向女性化方面发展。因此，男女儿童在性别意识发展的具体内容上，尤其是角色认知上便会有所不同。然而在发展水平上如获得自认、恒常性等的时间上有无不同？笔者认为性别意识发展水平与认知或智力因素有很大的关系，已有的研究认为："在平均智力水平上，男女并驾齐驱、不分上下"[①]。因此，如果在社会教化也大体相同的情况下，男女儿童的性别意识发展水平应该不存在差异。

美国的一些心理学工作者认为：社会经济的差别会对儿童的性别意识产生一定的影响（拉班 Rabban 1950）[②]。下层社会中父母提供儿童的是遵从传统的固定模式，上层社会则不会太刻守于传统，女子在社会及家庭中都较有地位，男子在家中可能干一些传统上认为非男子所做的工作等。于是两个阶层中的儿童性别意识发展会有所不同，我们认为，中国的知识分子由于受过高等教育，受传统的影响少些，女子在家中也较有地位。于是知识分子家庭与工人家庭中的儿童在性别意识的发展上会有差异。

此项研究拟就在对性别意识具体内容的研究基础上，检验以上四个假设。

---

① 刘翔平、葛鲁嘉：《男女差异心理学》，北方妇女儿童出版社 1988 年版，第 206、69 页。

② ［美］黛安、E·帕普利等著：《儿童世界》下，人民教育出版社 1984 年版，第 26 页。

第二节　蒙汉儿童性别意识发展的研究

一、被试的选取

本研究是一项跨文化研究，采用问卷及观察相结合的方法。

按照家庭文化背景、民族、性别、年龄四个维度，采用随机取样法，抽取400名儿童，男女各半，蒙汉各半。具体选取情况见表3-2：

表3-2　被试取样情况

年龄	蒙古族		汉族			
	男	女	男		女	
			知识分子	工人	知识分子	工人
2—3	20	20	10	10	10	10
3—4	20	20	10	10	10	10
4—5	20	20	10	10	10	10
5—6	20	20	10	10	10	10
6—7	20	20	10	10	10	10

二、研究工具与程序

（一）研究工具

根据我们对性别意识成分及内容的基本构想，并结合以往研究的方法，我们编制了儿童性别意识发展水平的测试问卷材料。具体问卷由25个题目组成。

在问卷的具体设计上，我们采用如下的方法以及保证其信度与效度。

有关性别自认与性别恒常性，我们主要根据其操作定义并完全采用以往的研究设计。

有关适性职业及男女两性的性格特质，我们在设计时采用如下的构想：一方面，职业及性格特质都是在日常生活中最常见、表现最明显的，能为儿童所熟悉，另一方面欲意借此考察儿童对社会中性别刻板印象接纳程度，因而在上述设计时，从已有有关性别刻板印象的研究结果中挑选出一些能为儿童理解的职业进行测查。

将初步制定的问卷进行预试，之后，再将问卷中为儿童所难以理解的语句及题目重新修改，形成正式问卷。

为了确保问卷的信度，我们在设计问卷时，大部分测查项目都采用二个以上的同质问题，最后用复合分半法求出信度为 0.81（n=150）。

（二）实验的具体方法与程序

1. 主试的训练：为了消除由主试引起的误差，对主试就实验的规则进行了统一的训练，并将主试人员固定下来，将人数控制在尽可能小的范围内。

2. 在实施问卷前，先由被试的班主任将主试加以介绍，待主试与儿童熟悉后，再由一固定主试统一宣布指导语。

为了消除无关刺激的影响，我们采用了如下方法：

①前后实验中指导语统一由一人担任。

②问卷实施前，主试与被试有一彼此熟悉的过程，以消除由被试的恐惧与陌生心理而产生的误差。

③实验时间全部选在上下午儿童比较清醒而无其他干扰的时间，如早餐后至午餐前 20 分钟，午休后至晚餐前 20 分钟之间。

④改变提问顺序，这种顺序包括题序与问题内部顺序，以求消除由被试的定式回答及问卷长度引起的误差。

⑤将儿童的回答用其所无法理解的记分符号记在记录纸上，以消除由于追求正确而出现的违意回答的误差。

三、研究结果

（一）2—7 岁蒙汉儿童性别意识发展与年龄的关系

1. 性别自认与性别恒常性

表 3-3 性别自认与恒常性发展表（%）

	2—3	3—4	4—5	5—6	6—7
性别自认	22.5	88	100	100	100
性别稳定性	0	60	87.5	92.5	95
性别恒常性	0	6.25	13.75	30	43.75

表 3-3 说明：随着年龄增长，儿童能够进行自认与获得恒常性的人数愈来愈多，3 岁为发展的关键转折期，到 4 岁左右，性别自认基本完成。恒常性始于四五岁，到六七岁，有接近半数的儿童获得此性。Z 检验表明，

在性别自认上，2—3岁与3—4岁、3—4岁与4—5岁两个年龄段之间，差异显著，$P<0.01$。在性别恒常性上，4—5岁与5—6岁两个年龄段之间，经Z检验，已及显著性水平，$P<0.05$。

2. 性别角色认知

表3-4说明，儿童对性别角色的认知也随年龄而发展。3—4岁是关键年龄，Z检验差异显著，到7岁左右，对于测验中所涉及的适性玩具、活动、职业已基本完成。简单适应性为到4岁左右已基本完成。其间遵循先行为、活动，后玩具、职业的顺序特点发展。

表3-4　儿童性别角色认知发展表（%）

	3—4	4—5	5—6	6—7
适性玩具	62.5	87.5	95	97.5
适性活动	67.5	87.5	93.5	95
适性职业	58.75	81.25	83.75	90
适性行为	71.25	95	95	100
总	65	87.5	91.88	95.625
Z检验	Z=6.79**		Z=1.96*	

注：*显著水平 $P<0.05$；**到极显著水平 $P<0.01$。

3. 性别偏好

表3-5说明，男性随年龄增长对自己性别喜爱程度逐渐下降，4岁左右下降幅度很大，Z检表明，$Z=2.28$，已达显著性水平。4—5岁与5—6岁及6—7岁之间，虽未达到显著性水平，但亦有很大变化。而女性在6岁以前，对自己的性别偏好一直是上升趋势，之后却有所下降。男女相较而言，3—4岁，男孩比女孩更偏爱自己的性别，女孩偏爱男孩的程度要强于男性偏爱女性的程度，但差异不显著。4—6岁却相反，Z检已达显著性水平，6—7岁达到较少显著水平（$Z=2.63$、$P<0.01$）。

表3-5　性别偏好选择的百分比（%）

题号	项目	3—4岁		4—5岁		5—6岁		6—7岁	
		男	女	男	女	男	女	男	女
10	认为男孩聪明	85	30	57.5	20	47.5	15	37.5	12.5
	认为女孩聪明	12.5	57	37.5	60	27.5	70	27.5	57.5

续表

题号	项目	3—4岁		4—5岁		5—6岁		6—7岁	
		男	女	男	女	男	女	男	女
11	认为男孩好	67.5	22.5	55	10	50	0.5	37.5	5
	认为女孩好	10	70	37.5	77.5	37.5	92.5	32.5	85
12	爱当男孩	70	20	90	7.5	87.5	7.5	92.5	2.5
	爱当女孩	25	72.5	0	92.5	12.5	92.5	5	92.5
总	男　好	76.25	26.25	56.25	15	48.75	8.75	37.5	8.75
	女　好	11.25	63.25	37.5	68.75	32.5	81.25	30	71.25

4. 害羞意识发展

表3-6说明，儿童害羞意识的发展随年龄增长而人数逐渐增多，4岁左右为发展的转折期，Z检验表明，$Z=6.49$，$P<0.01$，5岁左右亦有很大发展，$Z=2.37$，$P<0.05$，6—7岁儿童普遍具有害羞意识。

表3-6　儿童害羞意识发展一览表（%）

	3—4	4—5	5—6	6—7
害羞意识	21.25	72.5	87.5	90

5. 对两性外在气质上的认知

表3-7结果表示，年龄愈长，愈认为男性勇敢，在同一年龄段内，认为男性勇敢要比认为女性勇敢的比例大得多，Z检已及显著性水平，4岁左右为关键期。

表3-7　儿童对性别气质特征的选择（%）

	3—4	4—5	5—6	6—7
男孩与女孩谁勇敢（男女）	57.5 42.5	73.75 18.75	85 13.75	91.25
父母谁更勇敢（父母）	57.5 35	71.25 16.25	83.75 11.25	80
总	57.5 38.75	72.5 17.5	84.375 12.5	85.625
Z检验	2.37*	6.99 *	9.1**	9.3
Z检验	$Z=1.98$*			

6. 性别意向

表 3-8 显示，儿童在游戏中都爱扮演同性别角色，并随年龄的增长而增长。4 岁左右为关键期，Z 检达显著性水平（$Z=2.02$，$P<0.05$）

表 3-8　儿童对游戏角色的选择（%）

	3—4	4—5	5—6	6—7
爱当同性别角色	75	87.5	93.75	91.25

7. 对英雄、经理的判断选择

表 3-9 的结果显示，随着年龄的增长，将经理与英雄判定为男性的人数愈来愈多。经检验表明，4 岁为关键年龄，以此相隔的两个年龄段差异十分显著，$Z=4.6$，$P<0.01$。4—5 与 5—6 岁之间差异也比较显著，$Z=2$，$P<0.05$。

表 3-9　儿童对英雄、经理的性别判断表（%）

	3—4		4—5		5—6		6—7	
经理（男女）	45	30	75	12.5	85	7.5	88.75	6.25
英雄（男女）	38.75	40	73.75	21.25	88.75	3.75	90	2.5

（二）民族差异对儿童性别意识的影响

表 3-10 说明，除 3—5 岁蒙汉女性儿童在性别偏好上有差异外（X 值分别等于 5.18、5.66、P<0.05），其余均不具有显著差异。

表 3-10　蒙汉儿童性别意识分项指标发展总表（%）

	2—3		3—4		4—5		5—6		6—7	
	蒙	汉	蒙	汉	蒙	汉	蒙	汉	蒙	汉
性别自认	20	25	92.5	82.5	100	100	100	100	100	100
性别恒常			10	2.5	10	18	32.5	27.5	37.5	50
性别角色自认			67.5	64.4	85.6	90	91.9	91.9	93.75	97.5
害羞意向			22.5	20	72.5	72.5	82.5	90	85	95
气质意向			52.5	62.5	70	75	92.5	77.5	86.25	86
（男女）			45	32.5	20	15	5	17.5	10	8.75
性别意向			90	55	95	75	100	80	95	95
（男女）			80	25	90	90	95	100	85	90
对英雄、经理的			38	45	76	72.5	90	83.75	93.8	88.8
性判定（男女）			43	37.5	13.75	20	2.5	8.8	3.75	6.25

续表

		男	女	男	女	男	女	男	女
		蒙 汉	蒙 汉	蒙 汉	蒙 汉	蒙 汉	蒙 汉	蒙 汉	蒙 汉
偏好	男好	82.5 70	17.5 35	47.5 65	5 25	47.5 50	10 7.5	32.5 42.5	5 12.5
	女好	17.5 5	47.5 80	27.5 47.5	62.5 75	30 35	82.5 80	22.5 37.5	60 82.5

（三）家庭文化背景对儿童性别意识的影响

表3-11说明，在性别自认与恒常性上，知识分子家庭的儿童略好于工人家庭的儿童，性别偏好上，4岁前，知识分子家庭的儿童较工人家庭的儿童更偏爱男性，之后却相反，但经 Yetes 检验后，均无显著差异。

表 3-11　不同家庭儿童性别意识发展总表（%）

	3—4		4—5		5—6		6—7	
	知识	工人	知识	工人	知识	工人	知识	工人
性别自认	90	75	100	100	100	100	100	100
性别恒常	5	0	25	10	35	20	55	40
性别角色认知	60	70	90	90	95	90	95	100
害羞意识	20	20	70	75	85	95	95	95
气质认知（男女）	62.5/20	62.5/30	82.5/10	67.5/20	77.5/22.5	75/17.5	80/12.5	92.5/
性别意向	70	70	80	75	90	90	95	90
英雄、经理性别判断（男女）	50/20	40/35	77.5/17.8	67.5/22.5	77.5/12.5	90/5	77/17.5	95/2
	男	女	男	女	男	女	男	女
	知识分子 工人	知识分子 工人	知识分子 工人	工人	知识分子 工人	知识分子 工人	知识分子 工人	知识分子 工人
偏好　男好	85 55	42 25	75 55	25 25	40 55	15 5	40 45	10
偏好　女好	15 35	40 55	20 35	60 65	45 25	70 90	25 20	45

（四）性别对儿童性别意识发展的影响

表3-12说明，在性别自认上，女孩较早于男孩，但未见显著差异，这与前人研究相一致。性别恒常性的获得上，除掉5—6岁这个年龄段外（$Z=2.93$ $P<0.01$），其余均无统计学意义。在害羞意识上，女孩发展相对早一些，但在以后的发展中无显著差异。在对气质特点的认知上，3—5岁这个年龄段的男女儿童有较显著差异，分别等于2.75，3.2，均小于0.01。

表3-12　男女儿童性别意识发展对比表（%）

	2—3		3—4		4—5		5—6		6—7	
	男	女	男	女	男	女	男	女	男	女
性别自认	15	30	90	85	100	100	100	100	100	100
性别恒常	0	0	5	7.5	15	12.5	45	15	47.5	40
性别角色认知			66.9	63.8	90.6	89.3	94.4	94.4	100	99
害羞意识			15	27.5	80	65	90	85	95	85
气质认知（男女）			70/23.5	45/53.8	90/3.8	55/31.3	86.25/10	82.5/15	87.5/12.5	837.5/11.3
性别意向			72.5	77.5	85	90	90	97.5	95	87.5
职业判断（男 女）			18.5/11	15/12.5	37/4.5	26.5/9	33.5/1	6/3.5	36.5/2.5	35/2.5

第三节　蒙汉儿童性别意识发展研究结果的讨论

一、蒙汉儿童性别意识发展研究的分析与讨论

（一）儿童性别意识发展与年龄的关系

实验结果证明了预期的假设——儿童性别意识的发展与年龄的增长是共向的。

1. 性别自认、恒常性与年龄的关系

实验结果表明，性别自认及恒常性与年龄有着极密切的关系，均随年龄的发展而发展。

性别自认与恒常性之间是有其内在关系的，儿童只有具备自认能力后，恒常性才得以发展，实验的结果也证明了这一点。性别自认始于2岁左右，到4岁左右基本完成。恒常性始于4—5岁左右，随年龄的增长，获

得恒常性的人数逐渐增多；性别自认与年龄的关系不仅表现在随年龄的增长具备此性的人数增多，而且还表现在儿童对自认途径的说明上。当儿童被问及如何判定性别关系类型时，人们发现，年龄愈大，自认的途径说明愈丰富，如3岁左右的儿童只能根据头发长短，到6—7岁时，大都能从服饰、长相、声音、生理及排尿方式上进行分析，其间遵循着由表及里、由浅而深、由非本质到本质、由单一到丰富的规律性。

2. 性别角色认知与年龄的关系

以往的研究大都将适性玩具、职业、活动等的选择作为研究儿童性别的工具，我们以此作为研究儿童性别角色认知水平的方法。研究结果表明，人的认知也是随年龄的增长水平逐渐在提高。这首先表现在能够做答的人数在增多，其次表现在回答的结果与成人的回答愈加接近，第三，认知先从与其密切的为其所熟悉的行为活动开始，而后才对与其生活不大紧密的职业进行角色认知，三岁已开始发展，五岁左右，对于一些日常生活中出现频率较高、所熟悉的角色、行为、职业等的认知已基本恒定，且做出的判断与成人一致。

3. 外在气质特征的认知与年龄的关系

对外在气质特征的认知测量表明，年龄愈长，愈认为男性勇敢，女性不勇敢，对男性勇敢的解释能切中其意，如男的厉害、有劲、不怕死、不怕黑、长得高、长得壮、不爱哭、能当警察、吃饭吃得多。而对女子勇敢的解释却离意较远，敢送我去幼儿园、能抱动我。但随年龄的发展，类似的回答越来越少。这从另一方面也说明，年龄越高，理解力在增强，观察力也在提高。

4. 害羞意识的发展

害羞感也是在以往研究中较少涉及的。英国的迈克·彭总结了以往中国文化研究的成果，认为中国文化是一种耻感文化，人们在对事物的态度及行为上总是具有羞耻感，尤其在对待与性别有关的性方面，始终存有一种神秘的意识，总在极力回避相关问题。如儿童可能会问父母自己的来由，多数父母的表现为羞怯，不好意思。这种表情态度必然会影响儿童。我们的研究发现，蒙汉儿童确有害羞感，而且有随年龄增长而人数增多的趋势。这一方面表明，儿童已真正理解了性别的含义，另一方面也表现出儿童的性别意识发展同样继承了中国文化中的耻感性。

5. 性别偏好

在性别偏好上，男女儿童的发展是不尽相同的。男性儿童随年龄的增长对自己性别的偏爱在逐渐下降，而对女性儿童的偏爱人数却在增多，但相较来说，还是更偏爱自己的性别，对女性偏爱的人数始终不及对自己偏爱的人数多。这种下降的趋势在五岁以后愈加明显。女性儿童却与之发展相反。造成这种现象的原因可以从其对偏爱回答的缘由中找出一些答案。在回答为什么女孩好的原因时，大部分儿童都认为女孩乖、听话、不淘气、上课爱举手发言、不打架、漂亮、讲卫生、常受老师表扬，而男孩淘气、打人、不听话、不讲卫生等。这些原因基本上反映了成人对儿童的看法。“在学前期，儿童的自我评价能力还比较弱，他们对事物的评价往往是成人对其评价的翻版”①。由于女性儿童常受到表扬而男性儿童常受到批评，于是儿童便认为女孩好，其解释也完全承启了教师及其他成人的评价。

6. 性别意向的发展与年龄的关系

意向实际上是一种监控。监控能力的大小体现着个体心理发展的水平，它随儿童的心理发展而发展。我们的实验表明：三岁左右的儿童就已表现出扮演同性角色的意向，年龄愈高，有此种意向的人数愈多，这实际上与儿童的心理监控水平的发展是相一致的。

综上分析，我们看出年龄与儿童的性别意识有着极其重要的关系，然而这并非实质。实际上，年龄所代表的内涵是极其丰富的，它不仅揭示着儿童的成熟水平，也含有认知发展水平及社会文化的影响，即年龄对于儿童性别的影响实际上是成熟、认知、社会作用协同作用的结果。这在实验中也体现得比较明显，如儿童在进行性别自认时，低年龄儿童有些多从排队的队列上说明自己是某类性别的原因，自己站在女生一列，所以是女孩。高年龄的儿童则无此解释。不仅如此，年龄愈高，叙述的理由愈多，愈涉及本质。这从一个侧面反映了儿童的认知思维方式。发展心理学的理论告诉我们，儿童思维发展的趋势是从反映事物的内部联系、现象到反映事物的内在本质。学前期的儿童其思维方式以具体形象为主，同时向抽象思维发展。这一点也充分体现在儿童的性别自认及其他方面。不仅如此，我们从实验中还发现，儿童的评价能力、监控能力、语言发展水平、理解力等都对儿童的性别意识发生着作用，而且也遵循着渐近的规律。这表现在具有性别意向的人数越来越多、对言语的理解愈来愈贴近词意、班次价能力从无到有从贫乏到丰富。可见，性别意识的发展并不是孤立进行的，

① 李丹主编：《儿童发展心理》，华东师范大学出版社 1987 年版，第 479 页。

它与儿童的认知发展水平、生物成熟程度、社会教化都有着极密切的关系，任何孤立地强调某一单方面因素的理论都是不贴切的。只有将诸种因素综合起来看待儿童性别意识的发展才是比较合理的。

（二）儿童性别意识与民族背景的关系

实验结果表明，除个别项目的某个年龄段存有差异外、蒙汉儿童的性别意识发展大部分是没有差异的。差异出现于3—5岁的蒙汉女性儿童对性别偏爱的选择上。3—5岁的蒙古族女性儿童较汉族女性儿童有更多的人喜爱自己的性别，对异性的偏爱人数不及汉族女孩多。其他两个年龄段也有类似的趋势，只是差异未及显著性水平。出现此种情况的原因我们认为是由于计划生育政策及残存于人们头脑中的旧的传统观念协同作用的结果。时至今日，尽管重男轻女的观念已大有改观，然而仍未完全弃除。无论是蒙古族还是汉族，大部分人仍旧希望自己的孩子是男性而非女性。中国现行的计划生育政策允许少数民族多生一胎，这样，如若蒙古族家庭第一胎是女孩他们仍有企盼得子的希望。而汉族则不同，他们因为再没有选择的余地，于是不满情绪相对来说便表现得多一些。这些无疑对女性儿童造成了一定的影响，他们从父母的态度中知道父母是不满意他们的性别的。如此，汉族女性儿童便在测试中表现出对男性性别偏好的倾向。

在所有项目中，除上述情况外，蒙汉儿童均无差异。儿童的性别意识发展受诸多因素的制约，如生物、认知、社会等。蒙汉儿童虽属不同的民族、有着各自的亚文化背景，但是由于他们同处于民族融合度较高的城市，享受着同样的教育，基本处于相同的大文化环境。因此在性别意识的发展水平上没有显著差异。同时也说明，教育水平文化环境相同的情况下，性别意识的发展也基本是相同的。但若受到额外强化影响，则会有所不同。可见，环境、教育对儿童性别意识的发展有着极重要的作用，它可以在其他条件相同的情况下，特化某种意识。

（三）儿童性别意识发展与家庭文化背景的关系

家庭文化背景对儿童的影响可以分为潜影响和直接影响。潜影响包括父母的文化水平、社会地位及各自在家中的地位、父母的举止行为、家庭中的环境氛围等。直接影响即父母对儿童所进行的教育。家庭作为社会的一个组成部分对儿童的心理发展有着至关重要的作用。

实验预先的假设是家庭文化背景不同会对儿童产生不同的影响。知识分子家庭对子女启蒙期相对早一些，因此，其子女的认知发展相对也早一些，那么其性别身份意识也就发展得早一些。其后，家庭潜文化对儿童的影响相对在一起，工人家庭的父母更坚持传统的角色，那么其子女在性别意识的发展上，相对更符合传统的性别定型。

实验结果表明，知识分子家庭的儿童在性别自认及恒常性方面的发展相应早一些，但未及显著水平。在性别偏爱上，大部分知识分子家庭中的儿童并不像工人家庭中的儿童那样偏爱男性性别，他们认为女孩也很好。在害羞意识上，工人家庭中的儿童更具有害羞意识。在对英雄、经理的性别判断上，工人家庭中的儿童更多地判定为男性，这在一定程度上支持了预先的假设。然而所有这些差异均未及显著性水平。尽管如此，我们从中还是可以看出，知识分子家庭中的儿童，其性别意识发展方向要略好一些。由此可见，家庭对儿童的影响也是非常大的，如何能充分发挥家庭的作用，让儿童朝着正确的性别意识社会化方向发展，是我们应加以重视的。

（四）儿童性别意识发展与性别的关系

实验的预先假设是在所受教化大体相同的项目指标上，男女儿童是没有什么差异的，而在所受教化不同的指标上，则有差异，实验的结果证实了这种假设。

在性别自认与恒常性的发展中，男孩性别恒常的发展水平要高于女孩，且在5—6岁达到较显著水平。在性别角色认知方面，也略优于女孩，他们比女孩更坚持性别角色定型，但这种差异并不显著。造成这种现象的原因在于男孩受到额外的强化作用。在我们的社会中，对男女儿童的期望、要求是不同的。社会要求男子必须具有男子汉的形象。稍有逾越，表现出不适性行为时，得到的是否定的强化，而女孩表现出男子行为时，大都受到父母的容忍、默认。“假小子”和“娘娘腔”是褒贬鲜明的两个形容男女意向行为的名词。心理学原理告诉我们，心理行为的发生变化一般遵从阻力最小原则进行。因此，男孩会重复受到肯定的行为，减少或戒除受到否定的心理行为，从而使其在性别意识的发展中，更坚持性别定型分化。另外，男子在性别意识形成过程中，其历程也异于异性，他们一般要经历一个转折。在早期，他们更多地与母亲接触，于是便与女性儿童一样共同以母亲为榜样，获得一些女性化的行为。其后，才开始接触异性榜样，习得男性行为。如此，男孩更懂得男女性别定型的分化与区别，表现在实验中就比较更能区分适性角色行为。

在性别偏好上，除了3—4岁这个年龄段外，其余均具显著差异。女性儿童较男性更喜欢自己的性别，这主要是由于学前的女孩较男孩过多地受到表扬的结果，这在前面已做分析，不再赘述。

在对气质的认知方面，5 岁以前的男女儿童差别很大。男孩认为男性更勇敢，而女孩则认为女性更勇敢。但在 5 岁以后则达到一致——男性勇敢。我们根据 5 岁以前儿童对此的原因解释中可以看出，5 岁以前的儿童还未真正理解勇敢的含义，他们通常认为有抱自己、送自己去幼儿园、亲自己就是勇敢的表现。而男孩由于受到额外勇敢之类品质的强化，较女孩更懂得勇敢的真正含义，5 岁以前男孩对于勇敢的回答更符合其意，5 岁之后，女孩才真正理解了勇敢的含义是与力量、胆量有关的。

综上所述，男孩与女孩在许多受到同样强化的项目上，几乎没什么差别，但在涉及男孩受到单方强化的项目上，则表现出差异，这充分说明了后天的社会教化与强化对儿童性别意识发展的影响，从另一方面也支持了班杜拉的强化说。

（五）性别意识内部诸因素的关系

性别意识由不同的因素组成，各因素之间有何关系？实验表明，有些因素的发展是同步的，有些则是相继的。在性别自认与恒常性上，先进行自认，它是恒常性发展的先决条件，二者的次序是不能变的，这正如皮亚杰所述的心理发展各阶段的次序是不变的一样。其他各个方面的发展也是在自认的基础上。可以说性别自认是性别意识发展的根本。恒常性与性别角色认知有着极密切的关系，恒常性获得后，才能更有目的地选择适性角色、行为，才能使性别意向发展得更好。而适性角色认知也促进恒常性的获得。性别偏好对适性角色行为的认知发挥着作用，它使儿童更能按照偏好意向去取舍行为。

（六）与国外同类资料的比较

国外已有资料中定论性研究主要集中于自认、恒常性上。“自认发生于二岁前，四岁左右基本完成。恒常性始于四五岁，完成于七岁”[①]。我们的研究在性别恒常性的获得时间上却与之有些出入。六七岁，达到恒常性标准的儿童只有 42.75%。我们知道，恒常性的获得与儿童自身认知发展水平、环境、教育等的强化有着密切的关系。在其他指标上，中西方儿童几乎没有差异，因此，我们不能因此一项而认为中国儿童的认知水平低。研究资料表明，美国儿童在性别教育上所受到的影响要远远多于中国儿童，他们从小就从电视、父母的行为中耳濡目染地受着影响，而中国儿童

① ［苏］B·C·穆欣娜：《儿童心理学》，人民教育出版社 1990 年版，第 187 页。

却无这么多的社会与环境被强化诸方面的意识，这可能是造成差异的根本原因。

在性别意向的发展上，七岁前的儿童比较遵从性别社会规范，比较刻板，这与乌尔林的研究相一致。

在儿童性别自认的途径说明上，大多数儿童极少提及生理方面的因素，但经提示后，大都能从生理及排尿方式上对性别加以区分。这与弗氏的观点多少有些不同（弗氏认为，儿童只有认识到生殖器官的不同才能进行自认）。但前苏联的实验表明，儿童在对裸体娃娃作写生画时，极少有儿童注意到性别特征。这与我们的研究结果是相同的。但是究竟是由于儿童不愿意提及生理差别还是儿童性别自认并非如弗氏所讲完全依赖于对生殖器官的觉察，尚待进一步研究。

（七）儿童性别意识发展中存在的问题

正确良好的性别意识可以促进个人的发展，推动社会进步，而消极错误的性别意识却严重地阻碍着个人与社会的发展。一些心理学者曾对中国的性别观念做了调查，发现中国人存有比较严重的性别偏见及刻板印象。这种偏见在儿童的性别意识发展中是否存在呢？对此我们做了研究，结果发现，现存于社会中的刻板印象已严重地影响了儿童。如当儿童被问及科学家是男性还是女性时，6—7岁的儿童有90％认为是男性。英雄与经理有89％的6、7岁儿童回答为男性，其中大部分儿童的原因解释是科学家、经理、英雄只能是男的，男的勇敢、能干、思维活跃、想象力丰富，而女的胆小、爱哭、不爱动脑子、什么也干不了。

值得注意的是不仅男孩如此回答，甚至女孩也具有类似的认识，这是极不利于儿童发展的。上海译报曾转译法国《问题》杂志上的一篇题为《男尊女卑——少儿教育的弊病》一文。文章在展示法国在儿童适性教育中存在的弊病的同时，也指出了由其引发的严重后果——女孩子在心理上对自己的能力估计不足，学习没有动力，专业选择上缺乏信心，如在涉及自然科学的选择上总是犹豫不决……其实，这种现象在中国只能是有过之而无不及，这就更应引起我们的重视。

我们在问卷中还发现，家长对于不同性别的儿童态度是有别的。家长为男孩子讲的故事大都是探险打仗、鼓励男孩勇敢、成就其男子汉形象的，如武松打虎、黑猫警长、小人国历险记、红军战士、司马光砸缸等，而为男孩买的玩具也都是汽车、变形金刚、手枪、坦克等与动感、科技、军事有关的。而为女孩讲的故事多是龟兔赛跑、白雪公主、雪姑娘、狼吃羊等表现文静、世道险恶而让女孩防范之类的故事。玩具也多给女孩选择布娃娃、小锅小碗之类“培养未来母亲”的玩具。可见，造成目前这种不正常性别意识状况的原因与家长有一定关系。

二、蒙汉儿童性别意识发展研究的结论与展望

1. 蒙汉儿童的性别意识始于2岁左右儿童自认开始之时。自认是儿童性别意识发展的基础。3岁左右，88%的儿童已能进行性别自认，4岁左右基本完成；恒常性始于四五岁左右，到7岁，已有43.75%的儿童具备此性；在性别偏好上，男性随年龄的上升对自己的性别偏爱人数在下降，对异性的偏爱却在上升，女孩则与之相反，这主要是由于成人态度、评价造成的。在性别意向发展上，这个年龄段的儿童都比较遵从性别角色规范，表现得比较刻板，且随年龄的增长而增长。同时，3岁左右的儿童已具有害羞感，到7岁左右，90%以上的儿童具有害羞感，在性别气质认知上，4岁左右发展迅速。

2. 儿童的性别意识发展与儿童的认知水平、环境的强化、家庭教育、成熟水平等因素关系较为密切。认知水平高，性别意识的发展相对好一些，这充分体现在年龄对儿童性别意识的影响上，在其他条件及水平相一致的情况下，儿童性别意识的发展还受额外强化刺激及教育干预的影响；某种意识被强化后，其发展较其他方面相对要突出一些；家庭对于儿童的影响比较突出，不同家庭的儿童，虽然在性别意识总体发展水平上没有什么差异，但性别意识发展的方向却不同，知识分子家庭的儿童相较于工人家庭中的儿童，性别害羞感少一些，在性别偏好上，也不如工人家庭的儿童较偏爱男性性别。这也从一个侧面说明了现代文化的作用，文化知识对于改变传统性别角色观念有一定的作用。

3. 蒙汉儿童的性别意识发展中已有一定的性别刻板印象偏见，应引起各界的注意，因为它会阻碍儿童尤其是女性儿童求知及向上的动力，也将会影响社会的生育观——重男轻女。

4. 儿童性别意识发展受文化教育、儿童认知水平等因素的影响较多，而与民族、种族的关系很少，这不仅从蒙汉儿童的比较研究中体现出来，而且中外的比较研究也突出了这一点。

参考文献

[1] 朱莉琪、方富熹：《儿童性别角色发展的理论与研究》，《心理学动态》1998(4)。

[2] 方建移：《儿童性别恒常性与性别角色偏爱的发展研究》(硕士论文)，1992。

[3] 汪名啸：《儿童读物中的性别研究——对我国小学语文教材所做的统计分析》，《心理科学通讯》，1998(5)。

[4] 周晓虹：《班杜拉和科尔伯格：性别角色发展的分歧》，《心理学探讨》，1986(3)。

[5] 郑淑杰：《对性别角色社会文化成因的思考》，《内蒙古师大学报》，1992(2)。

[6] 吴文菊：《论儿童性别角色社会化》，《辽宁教育学院学报》(社科版)，1990(4)。

[7] 张德：《关于性别偏见的调查报告》，《社会心理研究》，1990(3)。

[8] 上海译报：《男尊女卑——少儿教育的弊病》，赵念国译，1993 年 3 月 8 日。

[9] 林崇德：《发展心理学》，人民教育出版社 1995 年版。

[10] [美]利伯特著：《发展心理学》，刘范等译，人民教育出版社 1983 年版。

[11] [美]海登等著：《妇女心理学》，范志强等译，云南人民出版社 1986 年版。

[12] [美]黛安·E·帕普利等著：《儿童世界》下，人民教育出版社 1984 年版。

[13] [美]戴维·波普洛：《社会学》，刘云德、王戈译，辽宁人民出版社 1987 年版。

[14] [英]德拉梅特：《性别角色与学校》，四川人民出版社 1987 年版。

[15] 李丹：《儿童发展心理学》，华东师范大学出版社 1987 年版。

[16] 李美格、陈平俊：《女性心理学》，知识出版社 1990 年版。

[17] Friedman, Clarke—Sfewart ：Child Development Infancy through Adolescence, 1987.

[18] Myers ：《Social Psychology》，1990 第 3 版。

[19] M·米德 ：《三个原始部落的性别与气质》，浙江人民出版社 1988 年版。

[20] 周晓虹：《现代社会心理学》，江苏人民出版社 1991 年版。

[21] 孔令智、汪新建、周晓虹主编：《社会心理学新编》，辽宁人民出版社 1987 年版。

[22] 时蓉华：《社会心理学》，上海人民出版社 1986 年版。

第四章　蒙汉学龄初期儿童的同伴交往心理

儿童的同伴交往是个体社会化的一项重要内容。个体社会化，是多学科研究的焦点。其中主要是人类文化学、社会学和心理学三门学科的研究重点。心理学，尤其是发展心理学把重心放在个体社会化的过程本身，通过对个体社会性的发展来考察个体怎样由“生物实体”转化为“社会实体”。不同的心理学派别对这个问题提出了不同的理论观点。如精神分析学派，埃里克森提出的心理社会发展阶段理论，把人的一生划分为八个阶段①；社会学习理论，模仿产生个体的社会化行为；认知发展观认为，儿童社会化的发展有赖于儿童认知结构的发展；符号互动的社会化观点是，人们以符号设想他们在别人看来如何，从而使自己的行为符合于设想的表现。这些社会化观点是这些学派基本观点的具体反映，都还称不上理论体系。

作为心理学的课题，个体社会化研究儿童社会行为的起源（包括依恋、亲子关系的社会交往、游戏和同伴关系、团体关系等）；家庭在社会化中的作用（包括双亲社会化的实践和态度，语言的影响，儿童的自居和模仿，家庭作为一个系统的特性和影响等）；社会关系和社会能力，学校对社会化的影响等。从发展内容方面，研究儿童的社会认知、自我控制、攻击行为、道德发展、利他行为、性别差异和性别作用。此外，还研究一些特殊环境对社会化的影响，如离婚、再婚和重新组合的家庭问题。在这些方面，西方心理学已经积累了大量的研究资料，并出版了相当数量的专著。最有成果的研究是有关婴儿早期亲子关系，尤其是母子关系的研究，其中对依恋的研究最为生动。如上世纪 50 年代中期，威斯康星大学的哈罗

---

① E·H·Erikson，childhood and society in “The Annual Survey of Psychoanalysis” Vo·1.1952，PP.427—439.

所作的罗猴实验[1]，还有鲍尔华提出的控制系统理论。

第一节　研究的问题和方法

一、问题的提出

国内外对交往问题的研究，多是对人类交往的共性方面的研究。如西方对人类合群心理及行为的理论解释，有克劳尔和伯恩的强化—感情理论，认为我们将喜欢那些与奖赏或愉快有联系的人，而不喜欢那些与惩罚或不快有联系的人；有人同意我们是愉快的，我们喜欢那些同意我们的人，不喜欢那些不同意我们的人。霍曼斯的社会交换理论，认为人们在交往中力求尽量扩大收益和缩小代价，或者扩大满意度和缩小不满意度。如果收益大于代价，或者收益与代价平衡，则这种相互作用能够维持。如果收益小于代价，或者没有收益，则这种相互作用就难于维持。海德和纽科姆的平衡理论，认为只有在公平交换和互惠的条件下，相互作用才会长期保持[2]。还有沙赫特的经典实验对合群心理进行探源，认为恐惧引起合群，恐惧越深，合群倾向越强[3]

苏联社会心理学家对交往结构作了深入的研究，指出交往的三个相互联系的方面，即沟通方面、相互作用方面、知觉方面[4]。沟通方面是交往个体之间信息的交换，相互作用方面是交往个体之间相互作用的组织，即行动的交换。交往的知觉方面表示交往伙伴相互知觉过程，以及在此基础上建立相互理解。

同伴关系的研究，始于20世纪30年代，后来由于某种原因，这方面的研究中断了，近年来又多了起来，主要的研究课题包括：不同年龄阶段的同伴活动的特点及其发展，儿童友谊的发展，儿童群体的形成、结构、活动特点和功能，以及儿童同伴关系对个体社会化的作用等。通过对动物进行“同伴剥夺”的实验来研究缺少同伴经历对儿童发展的影响。许多研究探讨了生

---

① H. Harlow, The mature of love, American Psycholoist 13, 1958: 675.

② Kay Deaux, L. S Wrightsman, “Social Psychology in the 80S” 4th Edition, PP, 150—152. Brooks/cole Publishing company 1984.

③ [美] J·L·弗里德曼等著，高地等译：《社会心理学》，黑龙江人民出版社1984年版，第60—62页。

④ [苏] 安德列耶娃著：《社会心理学》，南开大学出版社1984年版，第80—133页。

活环境因素对决定儿童同伴关系的影响。跨文化方面的研究也有一些，重视不同文化背景对儿童同伴关系发展的制约作用，关于同伴关系的研究还有许多新的领域，如同伴关系的情感基础，同伴关系中的认知因素等等[①]。

从社会化和交往这两个角度上分析，目前国内外较侧重对儿童早期社会化的研究，以及对人类交往共性方面的研究，同伴关系的研究仅限于某些领域。对学龄初期儿童同伴交往这一社会化总是则研究较少，尤其是对蒙汉儿童同伴交往心理的跨文化比较研究，更是无人问津。而这个问题又是很有必要研究的。

儿童的社会化是通过儿童与他人的交往完成的。儿童的交往有两种形成。一是儿童与成人的交往，一是儿童与同龄儿童之间的交往，即同伴交往。正常的同伴交往有利于儿童社会化进程的顺利完成，学龄初期即小学阶段，是儿童社会化发生一次质的转变时期。

父母、家庭、幼儿园是影响儿童早期社会化的重要因素。在小学阶段，儿童有了一个新的集体，即学校、班级，在新的集体中产生了新的关系——与班级同学的关系，与教师的关系。这时，同学、伙伴、教师的影响作用便开始补充和修正父母的影响作用，并成为儿童社会化产生重要影响的因素。同学既是小学儿童玩耍的伙伴，又是儿童学习的伙伴。同伴交往是小学儿童社会化的重要渠道。儿童易于受到伙伴榜样行为的影响。挑衅性的、利他的、竞争的以及合乎道德的行为都会受到榜样行为的影响。小学儿童在同伴交往中，学习了很多社会化的内容，如与他人和睦相处的方式、社会规范的模仿学习、个性的塑造、尤其是学生角色的确立。学习是一种社会义务，是在教师指导下进行的有目的有系统的掌握知识技能和行为规范的活动。社会对学生的要求，由学校的规定体现出来，学习态度、成绩、方法和习惯都有严格的规定，在学习过程中，学生必须系统地掌握知识、技能，必须养成适合学校集体（班集体、少先队集体、校集体）的个性品质。小学阶段，班集体成为小学儿童主要的活动场所，与班级其他同学交往而形成的同学关系，成为小学儿童主要的社会关系。在班集体里，融洽的同学关系有助于小学生良好个性的形成及学业的顺利完成，消极的同学关系则会导致畸形的心理反应，不利于儿童健康个性的发展，阻碍儿童社会化的正常进行。

那么，如何促进小学儿童积极的同伴交往，建立融洽的同学关系？蒙汉小学生在同伴交往方面，是否存在民族差异？城乡小学生在同伴交往方

① E·E Maccoby，social Development 1980.

面，是否存在地区差异？不同年龄的小学儿童在同伴交往方面是否表现出年级差异？儿童的内外倾向性个性特征是否影响儿童的同伴交往？小学男女同学之间交往的特点是什么？儿童的同伴交往是否受家庭社会地位的影响？这些问题都是急需探讨的问题，也是本章研究的目的。

二、研究方法

调查的对象是呼和浩特市新城区东门外小学、呼和浩特市蒙古族学校、四子王旗二完小、四子王旗查干补力格苏木小学。各小学随机抽取二、三、五年级各一个班进行测试。共调查被试378名，其中男生200名，女生178名；汉生257人，蒙生121人。调查的对象以小学班级为单位，共12个班，汉班6个，蒙班6个。因以班级为单位，有些班级里，男女生在数量上不对等，但从整体上看，男女被试的人数大致相当，蒙古族学生比汉族学生少的现象是这样造成的，蒙古族学校的班容量不管哪个年级都比汉族学校的班容量少，因我们调查的单位是以班级为单位，蒙、汉班个数相当，各为6个，而蒙班学生人数本身就少，这就造成了从学生人数上讲，汉族学生多于蒙古族学生，但从调查对象的单位上讲，蒙、汉班个数相同。选择二、三、五年级是因为：调查问卷是集体笔答，对于刚上一年级没有几个月的小学生来讲，初试结果观察，一年级小学生做起来非常困难，所以选择二年级代表小学低年级阶段，一、二年级是小学低年级阶段，三、四年级是小学中年级阶段，五、六年级是小学高年级阶段。选择二、三、五年级作被试，试图反映整个小学阶段儿童心理特征。

本研究所采用的方法主要是问卷法，伴以访谈法、观察法。

调查问卷共三份，一是儿童同伴关系问卷；二是家庭情况调查问卷；三是埃森克个性问卷。家庭情况调查问卷旨在调查被试的家庭背景、家庭的社会地位、被试是属于什么阶层家庭的孩子。儿童同伴关系问卷的设计，以美国社会心理学家莫里诺社会测量法为基础，并增加了必要的内容。莫里诺社会测量法是测量团体内部成员的人际关系，能够测查出团体成员彼此间的好恶态度，但它不能测查这一好恶态度的原因。而儿童同伴关系问卷正是对这一原因的补充。在正式问卷设计前，先采用开放式问卷，在小学班级里进行预试。主要内容就是让被试写出班级里你最喜欢的五位同学的姓名，并分别写出喜欢他们的原因；同样写出班级里最不喜欢的五位同学的姓名，并分别写出不喜欢他们的原因。预试的学校是呼和浩特市新城区北垣小学，对预试的结果进行整理，发现小学生喜欢同伴的原因彼此间有共性，不喜欢同伴的原因，彼此间也有共性。小学生表达的方式，词句虽有所不同，但反映的内容大致相同。经归类，总结出小学生喜欢同伴的十条原因即：他长得很好看，学习成绩好，聪明能干，志趣相投，住得很近，常在一起玩，他对我很好，他总带我玩，能帮助我学习，诚实。这十条喜欢的原因符合人际吸引的一般规律。对不喜欢的原因作出了归类，总结出小学生不喜欢同伴的原因主要有十四条，即学习成绩不好，脾气坏，打人，骂人，自私，说谎，霸道，多嘴多舌爱管闲事，无理打闹爱起哄，不遵守纪律，不参加班级劳动，不爱帮助同学，在同学中不讲礼貌，他很坏。在此基础上设计正式的儿童同伴交往问卷，问卷包括三部分内容，一是对同伴姓名的选择，二是对喜欢与不喜欢原因的选择，三是对其他原因的表述，其他原因即除掉已列出的原因外，是否还有喜欢或不喜欢这位同学的其他原因。这保证了问卷的全面性，对正式问卷作效度、信度区分度的检验。

应用埃森克个性问卷，旨在测查被试的个性倾向是内向还是外向，被试是属于P分高的儿童。按照龚耀先修订的《埃森克个性问卷》，划分内外向的相对标准是（划分P分高低的标准与此相同）T433.3—T56.7之间为中间型，T38.5—T43.3之间为倾向内向，T56.7－T61.5之间为倾向外向，T38.5以内为内向。T61.5以外为外向，P分偏高指T567－T61.5之间，P分高指T61.5以外。[①]

第二节　蒙汉学龄初期儿童同伴交往的特点及影响因素

一、蒙汉儿童的人际吸引因素

增进小学儿童同伴交往的人际吸引因素即小学生喜欢同伴的十条原因，这些原因是小学儿童同伴交往的基础。但是，这些因素对小学儿童同伴交往中，哪些人际吸引因素起了主导作用，即是什么原因促成了小学儿童友谊的建立？蒙汉儿童同伴交往心理各自呈现出什么特色？是否存在民族差异、地区差异、年级差异？

（一）蒙汉儿童人际吸引因素的民族差异性

对这一问题采用等级相关法，检验蒙汉小学生在人际吸引上的相关系

① 龚耀先编著：《埃森克个性问卷》修订手册，湖南医学院1983年6月印，第11—12页。

数、等级相关系数的大小，可以检验出蒙汉小学生在人际吸引上是否存在民族差异。相关系数大，说明二者间的差异小；相关系数小，说明二者间的差异大。

按照各班级小学生对各种喜欢的原因所作的选择次数，统计出该班对各种原因选择的总次数，然后把十种喜欢的原因按各种总次数的多少进行先后次序的等级排列。这些秩序反映出小学生在同伴交往中，相互之间的友好交往主要是因为什么原因，即主要是哪些人际吸引因素在起作用。次数多的那种原因即成为主要的人际吸引因素。

首先对同一地区（城市汉族与城市蒙古族相比，乡村汉族与牧区蒙古族相比）的不同民族进行同年级组比较，检验同一年级的蒙汉两个班其等级排列秩序之间的相关系数。其次对同一地区的不同民族作总体上的等级相关检验，即对城市汉族小学的所有年级对这十种原因选择的总次数进行等级相关检验。乡村蒙汉民族亦然，统计结果如表 4-1：

表 4-1　蒙汉儿童人际吸引因素的民族差异

rR 类型 蒙汉	二	三	五	总体
城市	0.8876	0.9515	0.89	0.98
乡村	0.8024	0.8545	0.7939	0.7696

对表 4-1 中的 rR 作斯皮尔曼等级相关系数显著性检验。当 N=10，rR=0.746，即达 0.01 显著性水平。表 4-1 中的相关系数均达到 0.01 显著性水平。这说明，无论从总体上比较，还是各年级组作比较，增进蒙汉小学生同伴交往的人际吸引因素大致相当，无民族差异，人类普遍存在的人际吸引规律在各个民族都会表现出来。

（二）蒙汉小学生人际吸引因素的地区差异性

首先对同一民族的城乡儿童作分年级组等级相关检验，其次从总体上对同一民族的城乡儿童作等级相关检验，结果如表 4-2：

表 4-2　儿童人际吸引因素的地区差异

rR 类型 蒙汉	二	三	五	总体
城市	0.8876	0.9515	0.89	0.98
乡村	0.8024	0.8545	0.7939	0.7696

对表 4-2 中的 rR 作斯皮尔曼等级相关系数显著性检验，均达到 0.01 显著性水平。这说明，无论从总体上比较，还是各年级组作比较，增进城乡小学生同伴交往的人际吸引因素大致相当，无地区差异，人类普遍存在的人际吸引规律在各个地区都会表现出来。

（三）蒙汉小学生人际吸引因素的年级差异

表 4-3、4-4 说明，十种喜欢的原因，在各年级的表现有所不同，有些原因有年级之间的显著性差异，有些原因虽不存在年级之间的显著性差异，但有年级之间的发展趋势，具体表现见表 4-3：

表 4-3　城市蒙汉儿童人际吸引因素的年级差异

	二		三		五		X^2		P	
	汉	蒙	汉	蒙	汉	蒙	汉	蒙	汉	蒙
1	7.6	8.4	4.4	5.1	3.02	5.1	7.19	2.77	<0.05	>0.05
2	20.5	11.6	13.9	20	15.4	16.7	4.69	5.25	>0.05	>0.05
3	10.3	10.7	9	9.2	12.4	11.9	1.8	0.83	>0.05	>0.05
4	4.97	8.9	6.7	6.2	8.7	8.5	3.37	1.3	>0.05	>0.05
5	4.97	2.6	1.8	2.6	3.02	1.02	5.0	1.8	>0.05	>0.05
6	13.2	14.7	15.9	14.4	9.5	12.9	5.99	0.31	<0.05	>0.05
7	12.9	12.9	15.4	11.8	12.1	10.2	1.47	0.74	>0.05	>0.05
8	9.9	9.8	8.2	9.7	4.5	6.8	7.17	1.53	<0.05	>0.05
9	3.3	6.2	11.3	10.3	12.1	14.6	17.9	8.44	<0.01	<0.05
10	12.3	14.2	13.4	10.8	14.4	12.2	0.547	1.16	>0.05	>0.05

表 4-4　乡村蒙汉儿童人际吸引因素的年级差异

	二		三		五		X^2		P	
	汉	蒙	汉	蒙	汉	蒙	汉	蒙	汉	蒙
1	4.9	5.6	6.7	6.6	6.7	2.8	1.22	3.5	>0.05	>0.05
2	16.7	10.6	14.1	8.5	14.5	16.3	0.83	6	>0.05	<0.01
3	12.3	11.1	11.5	7.7	18.9	14	7.84	39	<0.05	>0.05
4	3.7	7.8	5.8	5.9	9.1	7.9	8.48	0.76	<0.05	>0.05
5	3.7	8.9	3.5	4.4	3.6	1.4	0.018	12.3	>0.05	<0.01
6	13.6	13.9	12.2	26.8	10.1	9.3	4.8	23.4	<0.05	<0.01
7	18.5	16.7	14.8	12.9	6.99	13	15.4	1.44	<0.05	>0.05
8	8.6	10	6.2	7.4	1.8	8.3	14.3	0.89	<0.05	>0.05
9	7.4	3.9	9.2	8.8	11.7	12	3.43	9.34	>0.01	<0.01
10	10.5	11.7	15.9	11.0	16.6	15	5.49	1.6	>0.05	>0.05

注：表 4-3 和表 4-4 的代号指人际吸引因素，1—他长得很好看；2—学习成绩好；3—聪明能干；4—志趣相投；5—往得很近；6—常在一起玩；7—他对我很好；8—他总带我玩；9—能帮助我学习；10—诚实。

1. 他长得很好看

城市汉小表现出年级之间有显著性差异，其他三个学校呈现出什么趋势，即各年级之间经 x^2 检验，$P>0.05$，无差异，外貌吸引在小学阶段无年级差异。

2. 学习成绩好

牧区蒙小经 x^2 检验，$P>0.01$，有显著性差异，从数字可知，显著性差异意味着五年级学生比二、三年级学生在同伴交往中更重视学习成绩，其他三个学校经 x^2 检验，$P>0.05$，无差异，也没呈现年级发展的趋势。

3. 聪明能干

乡村汉小经 x^2 检验，$P>0.05$，有显著性差异，呈现的差异是五年级学生比二、三年级学生在同伴交往中更重视聪明能干，其他三个学校虽是 $P>0.05$，但百分比可以看出，五年级的得数总比二、三年级大，这说明，无论蒙汉，城乡儿童、高年级学生在同伴交往中比低年级学生更重视聪明能干这一人际吸引因素。

4. 志趣相投

乡村汉小经 x^2 检验，$P>0.05$，有显著性差异，呈现的趋势是随着年级的升高，在同伴交往中，越来越重视志趣相投，其他三个学校虽经 x^2 检验，$P>0.05$，无差异，但从百分比可以看出，有年级发展的趋势，即蒙汉，城乡儿童在同伴交往中，高年级学生比低年级学生更重视志趣相投这一人际吸引因素。

5. 住得很近

牧区蒙小出现 $P<0.01$，有显著性差异，呈现的差异亦是随着年级的升高，牧区小学生在同伴交往中，越来越不重视邻近吸引。但其他三个学校经 x^2 检验，$P>0.05$ 无差异，从百分比看出，也无年级发展的趋势。

6. 常在一起玩

城市汉小经 x^2 检验，$P>0.05$；牧区蒙小经 x^2 检验，$P<0.01$，这说明，不仅有差异且非常显著。呈现的趋势是二、三年级的小学生总比五年级的小学生在同伴交往中重视常在一起玩这一人际吸引因素。其他两个学校虽是 $P>0.05$，但从百分比可以看出，有年级发展的趋势，即蒙汉，城乡儿童在同伴交往中，低年级小学生比高年级小学生更注重把常在一起玩作为交往的条件。

7. 他对我很好

乡村汉小经 x^2 检验，P>0.01，有显著性差异，但其他三个学校经 x^2 检验，都出现 P>0.05，从百分比看，也无年级发展的趋势，即他对我很好这一人际吸引因素无年级差异。

8. 他总带我玩

城市汉小经 x^2 检验，P>0.05，乡村汉小经 x^2 检验，P>0.01，有显著性差异，呈现的趋势是低年级小学生比高年级小学生更注重把他总带我玩作为同伴交往的条件。城市蒙小和牧区蒙小虽是 P>0.05，无差异，但百分比表明，有年级发展的趋势，这说明，无论蒙汉，城乡儿童随着年级的升高，在同伴交往中，小学生越来越不重视他总带我玩这一人际吸引因素。

9. 能帮助我学习

除乡村汉小是 P>0.05 外，城市蒙小是 P>0.05，其他两个学校是 P>0.01，说明有差异且非常显著，年级之间的发展趋势非常明显，即无论蒙汉，城乡儿童随着年级的升高，小学生在同伴交往中，越来越重视交往的同伴是否能帮助我学习这一点，五年级小学生比三年级小学生表现得强烈，三年级比二年级表现得强烈。

10. 诚实

四个学校经 x^2 检验，都是 P>0.05，差异不显著，且无年级发展的趋势。

综上所述，这十种喜欢的原因中，有五种呈现出年级发展的趋势，且差异显著。其中，聪明能干、志趣相投、能帮助我学习这三种人际吸引因素，呈现年级递增趋势，即随着年级的升高，小学生在同伴交往中，对这三方面的要求更加强烈，蒙汉、城乡儿童表现一致；而常在一起玩，他总带我玩这两种人际吸引因素，呈现的是年级递减趋势，即低年级小学生比高年级小学生更注重把这两种原因作为同伴交往的条件，蒙汉城乡儿童表现一致。其他五种原因，没有呈现出明显的年级发展趋势。

增进小学儿童同伴交往的某些人际吸引因素，呈现出年级发展趋势。年级差异是这样造成的：由于高年级小学生比低年级小学生面临着升学的问题，因而更重视学习。随着年龄的增长，对交往对象愈来愈重视内在因素的要求，如聪明能干、志趣相投这类，这就造成了能帮助我学习、聪明能干、志趣相投这三种人际吸引因素在小学阶段所起的作用随着年级的升高而加强。由于低年级小学生比高年级小学喜欢玩，他们对交往对象的要求较重视表面的条件，这就造成了常在一起玩、他总带我玩这两种人际吸引因素在小学阶段所起的作用随着年级的升高而减弱。

（四）蒙汉小学生的人际吸引因素以什么为主

增进小学儿童同伴交往的人际吸引因素，对儿童同伴所起的作用并不是均等的，哪些因素起主导作用呢？通过以上分析可知，无论是同年级组之间的等级相关检验，还是从总体上进行蒙汉、城乡比较，所得的相关系数均达0.01显著性水平。这说明，蒙汉、城乡小学生在人际吸引方面，所表现的趋势大致相同，呈现出一定的规律。如表4-5所示：

表4-5　蒙汉儿童人际吸引因素的主次排列

	城市汉小		城市蒙小		乡村汉小		牧区蒙小	
	次数	等级	次数	等级	次数	等级	次数	等级
他长得很好看	49	9	44	9	63	8	34	9
学习成绩好	162	1	114	1	144	2	77	4
聪明能干	103	5	77	5.5	143	3	71	5
志趣相投	67	8	57	8	66	7	47	8
住得很近	31	10	14	10	35	10	31	10
常在一起玩	140	2	99	2	114	5	118	1
他对我很好	135	3	82	4	121	4	93	2
他总带我玩	80	7	61	7	48	9	56	7
能帮助我学习	90	6	77	5.5	97	6	57	6
诚 实	132	4	89	3	150	1	83	3

表3-5中各学校的等级排列秩序说明，学习成绩好、常在一起玩、他对我很好、诚实这四种喜欢的原因是小学儿童同伴交往中起主导作用的因素，是小学阶段蒙汉儿童主要的人际吸引因素，具备这些特点的儿童能与其他同学友好往来，融洽相处，是全班同学喜欢的对象。

为什么这些因素是小学生相互吸引的主要原因？这是因为，小学阶段，儿童的活动重心已从游戏转向学习，通过学习掌握知识技能成为小学生的首要任务，家长、学校、社会对学习的重视，学习成绩好成为评定一个小学儿童是否优秀的重要标准，而学习成绩好的学生往往受到老师的赞扬，这就促成了小学儿童对学习好的同伴产生羡慕感、亲近感，乐于与这些同学交往。小学生既需要学习，也需要课后的活动、玩耍。喜欢玩是孩子的天性，常在一起玩，能与他玩在一起的同伴，相互间就乐于交往。每位儿童都喜欢那些对他很好的同伴，愿意与这些同伴交往，这是一种情感上的回报。诚实是学校、社会、家庭所倡导的行为品质，诚实的儿童受到大家的欢迎，诚实是一种优良的个性品质。

（五）城乡蒙汉儿童在同伴交往中各自的特点

儿童同伴关系问卷中，既有给定的十种喜欢的原因，供被试选择，又有“其他原因”供被试任意填写，即除去上边所列出的原因外，你喜欢这位同学是否还有其他特殊的原因，根据小学生所填写的内容看，喜欢的特殊原因大都是有关性格、行为方面的。呼和浩特市汉小的一部分被试填写的其他原因是“他很活泼”；呼和浩特市蒙小的一部分被试填写的是“热情、开朗”；乡村汉小的一部分被试填写的是“勤劳”“善良”；牧区蒙小的一部分被试填写的是“勤劳”。这在一定程度上反映了各民族、各地区的小学生同伴交往的特色，即由于民族不同、地区不同，小学生喜欢同伴的原因也有自己的特点，这些特点符合实际情况。城市汉族儿童与“活泼”的小朋友交往，这是都市生活的反映；城市蒙古族儿童喜欢“热情”“开朗”的小朋友，这是蒙古族豪爽性格的再现；乡村汉小的儿童喜欢与“勤劳”“善良”的小朋友交往，牧区蒙小的儿童喜欢“勤劳”的小朋友，这是乡村、牧区生活的需要，是劳动人民纯朴品质在小学生身上的表现。

这说明，蒙汉、城乡小学生在同伴交往中，既呈现出人类共有的人际吸引规律，又在一定程度上表现出各自的特殊之点。

二、阻碍蒙汉学龄初期儿童同伴交往的行为特征

用儿童同伴关系问卷，测试小学生不喜欢同伴的原因，这些原因也就是阻碍小学儿童同伴交往的行为特征，如表 4-6 所示：

表 4-6　阻碍蒙汉儿童同伴交往的行为特征

	城市汉小		城市蒙小		乡村汉小		牧区蒙小	
	总次数	等级	总次数	等级	总次数	等级	总次数	等级
学习成绩不好	121	5	60	6	99	8	80	2
脾气坏	87	13	75	3	105	7	73	5
打人	223	1	81	2	148	2	76	3
骂人	202	2	89	1	162	1	87	1
自私	105	7.5	45	11	108	3	71	6
说谎	97	10	46	8.5	68	13	59	125

续表

	市城汉小		城市蒙小		乡村汉小		牧区蒙小	
	总次数	等级	总次数	等级	总次数	等级	总次数	等级
霸 道	104	9	45	11	86	10	60	95
多嘴多舌爱管闲事	105	7.5	68	4	107	5	74	4
无理打闹爱起哄	107	6	57	7	71	12	59	125
不遵守纪律	139	3	46	85	107	5	60	9.5
不爱参加班级劳动	59	14	30	14	53	14	62	8
不爱帮助同学	91	12	39	13	80	11	59	125
在同学中不讲礼貌	96	11	45	11	88	9	59	125
很 坏	138	4	66	5	107	5	63	7

表 4-6 中，蒙汉城乡小学生对不喜欢原因的等级排列秩序表现出一定的相似性，民族、地区差异不明显。阻碍小学儿童同伴交往的行为特征，主要是：打人、骂人、学习成绩不好、不遵守纪律、自私、多嘴多舌爱管闲事。蒙古族儿童的明显表现是不喜欢“脾气坏”的儿童，而汉族儿童在这一特点上未加以重视。而且，从问卷中反映出，男女同学在这方面的表现又有所不同，打人、不遵守纪律是阻碍男同学同伴交往的行为特征；骂人、多嘴多舌受管闲事是阻碍女同学同伴交往的行为特征；学习成绩不好、自私是阻碍儿童同伴交往的共同特征。也就是说，具备这些特点的蒙汉城乡儿童，在班级里就会成为不受欢迎的对象，受到大家的排斥，这些特征不利于儿童正常的同伴交往。

三、蒙汉学龄初期儿童异性之间相互交往的情况

小学阶段的蒙汉儿童男女生相互之间的交往状况是怎样的呢？

（一）男女生相互交往的总体程度

以班级学生的人际关系总表为依据，把各学校各班级的所有男同学被男同学选择的得分，与该班所有女同学被男同学选择的得分进行比较，即男选男与男选女的比较，分析小学生在同伴交往中，男同学愿意选择男同学进行交往还是愿意选择女同学进行交往。

把所有女同学被女同学选择的得分与该班所有男同学被女同学选择的得分进行比较，即女选女与女选男的比较分析小学生在同伴交往中，女同学愿意选择女同学进行交往还是愿意选择男同学进行交往。

把所有男同学被男同学排斥的得分与该班所有女同学被男同学排斥的得分进行比较，即男排男与男排女的比较，分析男同学是否表现出排斥男同学建立有友好关系的倾向。

以上四个方面可以分析出蒙汉儿童男女生之间的相互交往程度，对四个学校的各年级作 t 检验，结果如表 4-7、4-8。

首先看男女生之间相互选择的情况。

从表中平均数的比较即男选男与男选女的比较、女选女与女选男的比较可知，四个班共出现 P<0.01 的结果 20 次，差异显著，出现 0.01<P<0.05 的结果 1 次，出现 P>0.05 的结果 3 次。这说明，小学生选择同性伙伴。

表 4-7　城乡汉族儿童男女生相互交往的程度

	二				三				五			
	城汉		乡汉		城汉		乡汉		城汉		乡汉	
	x	p	x	p	x	p	x	p	x	p	x	p
男选男	10.9	P>0.05	13.8	P<0.01	10	P<0.01	13.4	P<0.01	12.4	P<0.01	14.4	P<0.01
男选女	3.65		0.93		0.53		0.31		0.67		0	
女选女	14.23	P<0.01	13.5	P<0.01	12.18	P<0.01	13.3	P<0.01	15	P<0.01	15	P<0.01
女选男	0.48		2.08		0.23		0.3		0		0	
男排男	11.32	P<0.05	10.5	P<0.05	10.15	P<0.01	12	P<0.01	1212	P<0.05	10.9	P<0.05
男排女	3		4		1.82		0.68		1.8		3.72	
女排女	4.08	P<0.05	8	P>0.05	4.88	P>0.05	8.62	P>0.05	4.6	P>0.05	6.5	P>
女排男	11.2		7.42		7.69		7.1		6.24		7.78	0.05

表 4-8　城乡蒙古族儿童男女生相互交往的程度

	二				三				五			
	城蒙		乡蒙		城蒙		乡蒙		城蒙		乡蒙	
	x	p	x	p	x	p	x	p	x	p	x	p
男选男	13.2	P>0.05	13.1	P<0.05	15	P<0.01	13.4	P<0.01	13.4	P<0.01	4.25	P<0.01
男选女	5.4		7.33		0		1		0.08		0.33	
女选女	12.2	P<0.01	7.33	P<0.05	14.9	P<0.01	14.9	P<0.01	13.8	P<0.01	5	P<0.01
女选男	0.93		1.64		0.08		0.14		0		0.75	
男排男	12.7	P>0.05	10.5	P>0.05	11.2	P>0.05	2.43	P>0.05	7.19	P>0.05	0.75	P<0.01
男排女	3.8		16		7.43		7.46		7.58		5	
女排女	0.2	P>0.05	0	P>0.05	1.71	P>0.05	7.09	P>0.05	2	P<0.05	0	P>0.05
女排男	4.867		2.14		6.31		9.29		8.81		4.25	

交往的程度与选择异性伙伴交往的程度，二者之间有显著性差异，从平均数的大小可知，选择同性同学的平均数远远大于选择异性同学的平均数。这充分说明，蒙汉城乡小学生在同伴交往中，一般愿意选择同性伙伴进行交往，男同学经常和男同学交往而不愿意和女同学交往，女同学经常和女同学交往而不愿意和男同学交往，在小学阶段，男女同学从总体上缺乏相互交往。

其次，看男女生之间相互排斥的情况。

从表中平均数的比较即男排男与男排女的比较，女排女与女排男的比较可知，四个班共出现 $p<0.01$ 的结果 3 次，出现 $p<0.05$ 的结果 7 次，出现 $P>0.05$ 的结果 14 次，即无显著性差异。这说明，小学生在同伴交往中，排斥异性伙伴的程度与排斥同性伙伴的程度二者之间无显著性差异，即男同学在交往中，排斥男同学与排斥女同学之间无显著性差异。这说明，小学生在同伴交往中，不愿意和异性同学交往，并非是排斥异性同学甚过排斥同性同学，而是对异性同学的一种忽视。

蒙汉班级里，男女同学相互忽视的情况如表 4-9 所示：

表 4-9　蒙汉班级里男女生相互忽视的情况

年级	学校	城市汉小		城市蒙小		乡村汉小		牧区蒙小	
	性别	男	女	男	女	男	女	男	女
二	总人数	25	26	15	5	24	27	14	3
	受忽视人数	4	10	1	1	2	8	2	0
	百分比	16%	38%	6.7%	20%	8.3%	29.6%	14.3%	0
三	总人数	13	17	13	7	20	29	7	11
	受忽视人数	4	7	1	1	4	22	1	2
	百分比	31%	41%	7.7%	14%	20%	75%	14%	18.2%
五	总人数	25	15	16	12	18	18	10	8
	受忽视人数	12	6	6	2	5	10	3	2
	百分比	48%	40%	38%	17%	28%	5.6%	30%	25%

表 4-9 说明，蒙汉班级中，男女生被异性忽视，都存在一定的比率，且有的班级比率较大，而且从总体上观察，发现了一个有趣的现象；二、三年级，女生被男生忽视的比率大于男生被女生忽视的比率；五年级，男生被女生忽视的比率大于女生被男生忽视的比率，即低年级小学生，女同学注意到了男同学，而男同学忽视了女同学；高年级小学生，男同学注意

到了女同学，而女同学忽视了男同学。

由此说明，整个小学阶段，蒙汉城乡儿童，异性同学之间缺乏足够的交往，男女生相互交往的程度远远低于同性伙伴相互交往的程度。缺乏交往并非是由于男女生相互排斥对方，而是由于男女生相互忽视对方。

小学阶段，男女同学之间缺乏交往，这个问题应当引起关注，学校、家长、教师应加强对儿童性别角色的教育，让儿童了解异性同学，熟悉异性同学，以备将来走向社会，为正常地与异性交往做好充足的心理准备。同时，儿童在与异性同学交往中，就会各自吸取对方的长处，克服各自的弱点，有助于儿童塑造健康、完整的个性品质。在两性世界中，不能与异性正常的交往，这本身就是一种心理疾病，是个性不健全的标志。

（二）男女生相互交往的年级发展趋势

蒙汉小学生男女同学之间相互选择、相互排斥是否呈现出年级发展趋势？是否有年级差异？

首先看各年级男女生相互选择的情况，即男选女、女选男的年级差异比较，作 x^2 检验，如表 4-10：

表 4-10　蒙汉儿童男女生相互选择的年级差异

	城市汉小		城市蒙小		乡村汉小		牧区蒙小	
	男选女	女选男	男选女	女选男	男选女	女选男	男选女	女选男
二年级	3.65	0.48	5.4	0.93	0.93	2.08	7.33	1.64
三年级	0.53	0.23	0	0.08	0.31	0.3	1	0.14
五年级	0.67	0	0.08	0	0	0	0.33	0.75
X^2	3.85	0.49	10.47	1.64	1.08	3.19	10.34	1.35
P	>0.05	>0.05	<0.01	>0.05	>0.05	>0.05	<0.01	>0.05

表 4-10 说明，从男选女方面看，经 X^2 检验，城市蒙小与牧区蒙小的二、三、五年级之间呈现出显著性差异，即 $P<0.01$。从表中的数字可知，二年级男选女的得分远远大于三年级、五年级的男选女得分。城市汉小与乡村汉小虽出现 $P<0.05$，无显著性差异，但从表中的数字观察到二年级的男选女得分也总是大于三年级与五年级的男选女得分。由此可见，从男选女这个角度分析，蒙汉城乡小学生，低年级的男同学比高年级的男同学较愿意选择女同学进行交往，蒙族小学生比汉族小学生表现得更明显。

从女选男方面看，经 X^2 检验，四个学校各年级比较的结果都是 $P<$

0.05，无显著性差异。但从表中的数字观察到，二年级小学生女选男的得分总大于三年级与五年级，三年级女选男的得分又大于五年级。虽从总体上看，得分都比较低，说明女同学不愿意选择男同学进行交往。但从年级发展的趋势看，低年级的女同学比高年级的女同学较愿意选择男同学进行交往。

其次看各年级男女生相互排斥的情况，即男排女、女排男的年级差异比较，作 X^2 检验，如表 4-11：

表 4-11 蒙汉儿童男女生相互排斥的年级差异

	城市汉小		城市蒙小		乡村汉小		牧区蒙小	
	男排女	女排男	男排女	女排男	男排女	女排男	男排女	女排男
二年级	3	11.2	3.8	4.87	4	7.42	16	2.14
三年级	1.82	7.69	7.43	6.31	0.68	7.1	7.46	9.29
五年级	1.8	6.24	7.58	8.81	3.72	7.78	5	4.25
X^2	0.46	1.53	1.46	1.19	3.24	0.03	7.03	5.16
P	>0.05	>0.05	>0.05	>0.05	>0.05	>0.05	<0.05	>0.05

表 4-11 说明，从男排女方面看，经 X^2 检验，牧区蒙小出现 $P<0.05$，其他三个学校的检验结果都是 $P>0.05$，无显著性差异。这说明，男同学排斥女同学无年级之间的显著性差异，从各年级的男排女的平均数看，各年级的得分相差不大，且无年级发展的趋势。

从女排男方面看，经 X^2 检验，四个学校各年级比较的结果都是 $P>0.05$，即女同学排斥男同学无年级之间的差异，从各年级女排男的平均数看，各年级的得分相差不大，且无年级发展的趋势。

通过以上分析，可以得出如下结论：蒙汉小学生在男女生交往方面，从相互选择上讲，低年级小学生比高年级小学生较愿意选择异性伙伴进行交往，低年级男女生相互交往的程度比高年级男女生相互交往的程度大，即低年级小学生更易于与异性同学交往，而高年级小学生则减少了与异性同学的交往。

从相互排斥上讲，高低年级无显著性差异，基本上是互相忽视对方。

在小学阶段，异性同学相互交往的程度，随着年级的升高而降低，这是由于，随着年龄的增大，儿童性别意识的增强，性别差异的加大，在小学二年级以后，男孩子和女孩子在体力、兴趣上开始出现差异，与异性同学的交往，随着年龄的增大，在心理上产生羞涩感，在行动上因出现差异而减少了彼此间的交往，尤其是五年级，男女同学形成明显的分离趋势。

（三）蒙汉儿童男女生相互交往的民族差异

从总体上把城市汉小二、三、五年级作为一组与城市蒙小二、三、五年级作为一组作方差分析；从总体上把乡村汉小与牧区蒙小各作为一组作方差分析。方差分析中的组间变异是指蒙汉两组被试之间的民族差异，组内变异是指同一民族内部二、三、五年级之间的年级差异。通过方差分析，检验组间方差是否在统计上显著地大于组内方差，即检验蒙汉儿童在男女生相互交往方面，民族差异是否大于年级差异。

由以上分析可知，蒙汉儿童男女生相互选择存在年级差异，男女生相互排斥不存在年级差异。所以对男女生相互选择作方差分析，即男选女、女选男方面作方差方析。如表 4-12：

表 4-12　蒙汉儿童异性之间交往的民族差异

项目	蒙汉	变异来源	ss	df	V	F	F（0.05）	结果
男选女	城市蒙汉	组间变异	0.06	1	0.06	0.009	7.71	无差异
		组内变异	25.4	4	6.34			
	乡村蒙汉	组间变异	9.19	1	9.19	1.21	7.71	无差异
		组内变异	30.3	4	7.57			
女选男	城市蒙汉	组间变异	0.015	1	0.015	0.09	7.71	无差异
		组内变异	0.65	4	0.16			
	乡村蒙汉	组间变异	0.004	1	0.004	0.02	7.71	无差异
		组内变异	0.92	4	0.23			

表 4-12 方差分析的结果，组间方差与组内方差无显著性差异，民族差异并不显著地大于年级差异。这即说明，无论是城市蒙汉小学生，还是乡村蒙汉小学生，异性同学相互交往的程度无民族差异。从组间变异与组内变异各自的数据看，组内变异的均方大于组间变异的均方，这在一定程度上说明，年级差异大于民族差异

（四）城乡儿童男女生相互交往的地区差异

从总体上对汉族城乡之间，蒙族城乡之间作方差分析。方差分析中的组间变异是指城乡两组被试之间的地区差异，组内变异是指同一地区内部二、三、五年级之间的年级差异，通过方差分析，检验组间方差是否在统计上显著大于组内方差，即检验城乡儿童在男女生相互交往方面，地区差异是否大于年级差异。如表 4-13：

表 4-13 方差分析的结果，组间方差与组内方差无显著性差异，地区差异并不显著地大于年级差异。这即说明，无论是汉族城乡小学生，还是蒙

古族城乡小学生，异性同学相互交往的程度无地区差异。从组间变异与组内变异各自的数据看，组内变异的均方大于组间变异的均方，这在一定程度上说明，年级差异大于地区差异。

表 4-13 城乡儿童异性之间交往的地区差异

项目	城乡	变异来源	ss	df	V	F	F（0.05）	结果
男选女	汉族城乡	组间变异	2.18	1	2.18	1.31	7.71	无差异
		组内变异	6.67	4	1.67			
	蒙族城乡	组间变异	1.68	1	1.68	0.14	7.71	无差异
		组内变异	48.9	4	12.3			
女选男	汉族城乡	组间变异	0.47	1	0.47	0.704	7.71	无差异
		组内变异	2.65	4	0.66			
	蒙族城乡	组间变异	0.38	1	0.38	0.94	7.71	无差异
		组内变异	1.67	4	0.42			

综上所述，在男女同学相互交往方面，不存在民族差异、地区差异，但存在年级之间的差异。小学阶段，异性同学之间缺乏足够的交往。

四、P 分高儿童的同伴交往状况

对被试进行埃森克个性问卷的测试，分析被试的内外倾向是否影响儿童的同伴交往？P 分高的儿童在班级里的同伴交往状况怎样？P 分高的儿童在班级里处于受欢迎的地位还是处于受排斥的地位？这是本研究的又一内容。P 分高的小学生包括偏高与高两种情况。

（一）P 分高的儿童是否不受欢迎

依据班级人际关系总表，对 P 分高儿童所得的正选择分与负排斥分作 t 检验，分析正选择分与负排斥分这两个平均数之间是否有显著性差异，即 P 分高儿童在班级里的同伴交往中，是受选择的对象还是受排斥的对象，如表 4-14 所示。

表 4-14 中，从总体上观察，P 分高儿童所得的正选择分与负排斥分比较，无论是哪个年级，P 分高儿童所得的负排斥分总是大于正选择分，而且有三个班级出现 $P<0.01$ 结果，三个班级出现 $P<0.05$ 结果，即负排斥分与正选择分之间有显著性差异。其他六个班级虽出现 $P>0.05$ 结果，差异不显著，但负排斥分总是大于正选择分，这充分说明，P 分高的儿童在班级里是不受欢迎的对象，P 分高的儿童在同伴交往中处于受排斥的地位。

表 4-14　班级里 P 分高儿童受到选择与排斥的情况

		城汉	城蒙	乡汉	牧蒙
二年级	正选择分	10.14.	9	6.8	11.75
	负选择分	20.29	12	19.6	17.75
	t	1.281	0.509	1.673	0.488
	>0.05	p	>0.05	>0.05	>0.05
三年级	正选择分	6.6	14	7	7.5
	负选择分	29.2	29	21.25	27
	t	1.926	2.535	2.711	1.625
	p	>0.05	<0.05	<0.05	>0.05
五年级	正选择分	4.6	8.125	3.5	6
	负选择分	37.8	24.5	21	27
	t	3.645	3.669	2.677	4.185
	p	<0.01	<0.01	<0.05	<0.01

据埃森克的解释，P 分高儿童的特点是：古怪、孤僻、麻烦的儿童，对同伴和动物缺乏人类感情。进攻、仇视，即使是对很接近的人和亲人。这样的儿童缺乏是非感，不考虑安危。对他们来说，从来没有社会化概念，根本无所谓同情心、罪恶感和对人的关心。① 具备这些特征的小学生，在班级里就会受到同伴的排斥，成为不受欢迎的对象，不能与其他同学融洽相处。

（二）P 分高儿童受到排斥的程度是否有年级差异

如表 3-14 所示，经 t 检验，四个学校二年级都出现 P>0.05 结果，无显著性差异，即 P 分高学生所得的负排斥分与正选择分之间无显著性差异；三年级出现 P<0.05 结果，有显著性差异但极不显著，即 P 分高学生所得的负排斥与正选择分之间有显著性差异。虽有城市汉小、牧区蒙小的三年级出现 P>0.05，但他们的负排斥分都远远高于正选择分；五年级出现 P<0.01 结果，有极显著性差异，即 P 分高学生所得的负排斥分与正选择分之间有极显著性差异。这说明，P 分高小学生受到排斥的程度，存在着一种年级差异。

P 分高小学生受到排斥的程度，随着年级的增长而加强。高年级的 P 分高学生比低年级的 P 分高学生在班级里更受到同学的排斥，即在同伴交

---

① ⑧龚耀光编著：《埃森克个性问卷》修订手册，湖南医学院 1983 年 6 月印，第 4 页。

往中，高年级的P分高学生比低年级的P分高学生更不被同伴欢迎，这是因为，P分高的儿童随着年龄的增大，其非社会化的特征表现得愈加明显，如攻击性、对人缺乏亲近感、古怪、孤僻等，这就阻碍了P分高儿童正常的同伴交往，造成高年级P分高小学生比低年级P分高小学生在班级里更不被同伴欢迎这种年级差异。

（三）P分高儿童不受欢迎的程度，是否存在民族差异、地区差异

表3-14反映出，无论是蒙汉小学生，还是城乡小学生，都存在这种现象，即P分高的儿童在班级里不受欢迎，且存在一定程度的年级差异，这是蒙汉城乡小学生的共同特点。这说明，小学阶段P分高儿童在班级里不受欢迎的现象，无民族差异，也无地区差异。

五、儿童的内外向个性与儿童同伴交往的关系

用埃森克个性问卷，测试被试的内外向性个性特征，研究内外向儿童在班级中的同伴交往状况，即小学生的内外向个性特征是否影响儿童的同伴交往？儿童在同伴交往中，外向学生是否受到欢迎？内向学生是否受到排斥？外向型包括外向和倾向外向，内向型包括内向和倾向内向。

依据班级人际关系总表，把外向学生所得的正选择分与负排斥分进行平均数之间的比较，作t检验，把内向学生所得的正选择分与负排斥分进行平均数之间的比较，作t检验。如表4-15所示：

表4-15　内外向小学生受到选择与排斥的情况

		城市汉小		城市蒙小		乡村汉小		牧区蒙小	
		外向	内向	外向	内向	外向	内向	外向	内向
二	ZX	24.1	16.1	9.8	12.3	26	19.8	9.7	14.3
	FP	9.71	13.3	11.2	10.4	6.5	10.2	8.1	8.3
	t	1.45	0.23	0.54	0.48	1.64	1.47	0.32	1.03
	p	＞0.05	＞0.05	＞0.05	＞0.05	＞0.05	＞0.05	＞0.05	＞0.05
三	ZX	17	5.33	15	12.3	11.5	13.7	15.3	15.2
	FP	6.89	12.3	19.7	19.7	12	14.6	11	10.2
	t	1.88	1.87	0.72	0.86	0.42	0.11	0.83	0.64
	p	＞0.05	＞0.05	＞0.05	＞0.05	＞0.05	＞0.05	＞0.05	＞0.05
五	ZX	17.5	8.93	10	15.1	24.6	20.3	7.9	16.3
	FP	17.1	15.6	7	12.1	20.7	14.6	10.2	9.2
	1.87	t	0.03	1.29	0.39	0.62	0.63	1.02	0.92
	＞0.05	p	＞0.05	＞0.05	＞0.05	＞0.05	＞0.05	＞0.05	＞0.05

注：ZX为正选择分；FP为负排斥分。

表4-15说明，蒙汉，城乡小学的所有年级中，外向型和内向型的小学生在班级里的同伴交往状况无一定的规律。对正选择分与负排斥分比较的结果，T检验得出 $P>0.05$，无显著性差异。而且，无论是外向学生还是内向学生，正选择分与负排斥分的数字相差不大，这即说明，小学儿童在同伴交往中，受到欢迎与受到排斥的情况和儿童自身的内外倾向性个性特征无必然的联系。外向学生在班级里不一定受到欢迎，内向学生在班级里不一定受到排斥。小学生的内外倾向性个性特征不影响儿童的同伴交往，儿童的个性内外倾向与儿童的同伴交往无必然的联系。内向、外向的儿童都能与班级同学融洽相处，建立正常的同伴关系。

六、小学儿童在同伴交往中是否有家庭等级观念

用家庭情况调查问卷，通过测试，了解被试的家庭环境，该被试的家庭是属于什么阶层的家庭，主要通过父母的职业、父母的文化程度来反映。根据被试的家庭环境，把被试划分为几个类型，即工人家庭的孩子、干部家庭的孩子、个体户家庭的孩子、农民家庭的孩子、牧民家庭的孩子。这些不同阶层的家庭的孩子，在班级里的同伴交往状况如何？是否同一阶层家庭的孩子喜欢和同一阶层家庭的孩子交往，不同阶层家庭的孩子是否容易相互排斥？依据班级人际关系总表，反映四个学校各个班级里最受欢迎的同学与最不受欢迎的同学分别列表，如表4-16表4-17：

表4-16　蒙汉小学班级里最受欢迎的同学情况

学校	年级	学生代号	性别	家庭出身	班级里各阶层家庭的孩子对他的选择率%				
					工人	干部	个体户	农民	牧民
城市汉小	二	23	女	工人	55	90	50		
	三	8	女	工人	33	46	100		
	五	7	男	干部	27	41	100		
城市蒙小	二	9	女	干部		47			33
	三	17	男	干部	67	40	50		100
	五	16	男	干部	25	33			40
乡村汉小	二	49	女	干部	18	38	36	0	
	三	13	女	干部	12	44	44	29	
	五	29	男	干部	45	14	50	57	
牧区蒙小	二	5	男	牧民	100	50			86
	三	17	女	牧民	0	67			64
	五	4	男	牧民		33			50

表 4-17　蒙汉小学班级里最不受欢迎的同学情况

学校	年级	学生代号	性别	家庭出身	班级各阶层家庭的孩子对他的排斥率%				
					工人	干部	个体户	农民	牧民
城市汉小	二	51	男	干部	52	80	0		
	三	14	男	工人	72	46	0		
	五	4	男	干部	64	63	100		
城市蒙小	二	17	男	干部		77			67
	三	7	男	牧民	100	80	100		80
	五	3	男	干部	75	27			60
乡村汉小	二	4	男	个体户	50	63	9	50	
	三	34	男	工人	53	38	11	57	
	五	1	男	个体户	36	71	50	86	
牧区蒙小	二	7	男	牧民	100	100			57
	三	2	女	干部	100	67			93
	五	2	男	干部		50			42

注：表中空格表示该班无此家庭的孩子。0 表示选择率为 0。

表 4-16 说明，蒙汉城乡小学生班级里最受欢迎的同学，无论这位同学是否属于相同阶层家庭的孩子，不同阶层家庭的孩子都对他表示选择，各阶层家庭的孩子对她的选择率大致相当。如城市汉小二年级的 23 号学生，是工人家庭孩子，全班同学对她的选择情况是：50%个体户家庭的孩子选择她；又如牧区蒙小二年级的 5 号学生，是牧民家庭的孩子，全班同学对他的选择情况是：100%工人家庭的孩子选择他，50%干部家庭的孩子选择他，86%牧民家庭的孩子选择他。

表 4-17 说明，蒙汉城乡小学生，对班级里不受欢迎的同学，无论这位同学是否属于相同阶层家庭的孩子，不同阶层家庭的孩子都对他表示排斥，各阶层家庭的孩子对他的排斥率大致相当。如城市蒙小五年级的 3 号学生，是干部家庭的孩子。全班同学对他的排斥情况是：75%工人家庭的孩子排斥他，27%干部家庭的孩子排斥他，60%牧民家庭的孩子排斥他；乡村汉小五年级的 1 号学生，全班同学对他的排斥情况是：36%工人家庭的孩子排斥他，71%干部家庭的孩子排斥他，50%个体户家庭的孩子排斥他，86%农民家庭的孩子排斥他。

以上说明，小学儿童在同伴交往中，不存在相同阶层家庭的孩子喜欢相同阶层家庭的孩子而排斥不同阶层家庭的孩子这种现象。小学儿童在同伴交往中，没有家庭等级观念，家庭的社会地位不影响儿童的同伴交往。

通过以上六个方面的分析研究，充分论证了学龄初期蒙汉儿童同伴交往的心理特点。如增进小学儿童同伴交往的因素，阻碍小学儿童同伴交往的行为特征，异性同学之间相互交往的程序，P分高儿童的同伴交往状况，内外向小学生的同伴交往的特点等。随着蒙汉儿童由小学升入中学，甚至到大学，这些特点的发展状况怎样，还有待于进一步研究。

第三节 小　　结

1. 学龄初期儿童在同伴交往的诸方面，不存在蒙汉儿童之间的民族差异、城乡儿童之间的地区差异，但在某些方面，年级差异较明显。

2. 增进小学儿童同伴交往的因素主要是：学习成绩好、常在一起玩、他对我很好、诚实，具备这些特征的儿童，就会受到同伴的欢迎，建立融洽的同伴关系，促进儿童社会化进程的顺利完成。

3. 增进小学儿童同伴交往的某些因素，呈现出年级发展的趋势，聪明能干、志趣相投、能帮助我学习这三种因素呈年级递增趋势，即随着年级的升高，小学儿童在同伴交往中对这三方面的要求更加强烈；常在一起玩、他总带我玩这两种因素，呈年级递减趋势，即随着年级的升高，小学儿童在同伴交往中降低了对这两方面的需求，低年级的小学生比高年级小学生在同伴交往中更注重这两方面的需求。

4. 阻碍小学儿童同伴交往的行为特征主要是：打人、骂人、学习成绩不好、不遵守纪律、自私、多嘴多舌爱管闲事，而且，男女同学的表现有所不同。打人、不遵守纪律是阻碍男同学同伴交往的特征；骂人、多嘴多舌爱管闲事是阻碍女同学同伴交往的特征；学习成绩不好、自私是阻碍男女同学同伴交往的共同特征。具备这种行为特征的儿童就会受到大家的排斥，不利于进行正常的同伴交往。

5. 在小学阶段，从总体上分析，男女同学之间缺乏足够的交往，同性同学之间的交往远远大于异性同学之间的交往，异性同学之间缺乏交往，并非是因为彼此排斥对方，而是因为彼此忽视对方。

6. 在小学阶段，男女同学相互交往的程度，呈现出一定的年级差异，即低年级小学生异性之间的交往程度比高年级小学生异性之间的交往程度高。低年级小学生更易于与异性同学进行交往，而高年级小学生则减少了与异性同学的交往。

7. P分高的小学生在班级里是不受欢迎的对象，在同伴交往中处于受排斥的地位。而且，P分高的小学生受到排斥的程度，随着年级的增长而加强，高年级的P分高学生比低年级的P分高学生更不被同伴欢迎。

8. 小学儿童在同伴交往中，受到欢迎与受到排斥与儿童自身的内外倾向性个性特征无必然的联系，外向学生在班级里不一定受到欢迎，内向学生在班级里不一定受到排斥。小学生的内外倾向性个性特征不影响儿童的同伴交往，外向、内向的小学生都能与班级同学融洽相处，建立正常的同伴关系。

9. 小学儿童在同伴交往中，不存在家庭等级差别意识，即不存在相同阶层家庭的孩子喜欢相同阶层家庭的孩子而排斥不同阶层家庭的孩子这种现象，家庭的社会地位不影响儿童的同伴交往。

参考文献

1. Kay Deaus，L. S. Wrightsman，“social psychology in the 80s”4th Edition. Brooks/cole publishing company 1984.
2. Janice T，Gibson，“A Study of children”Addison-Wesley publishing company second printing，May 1987.
3. E. E Macooby，“Social Development”1980.
4. Leonard Berkowitz ，“A Survey of social psychology”Third Edition Sunders college publishing.
5. David l Watson，“Social Psychology，Science and Applicantion”copyright 1984 scott，Foresman and company.
6. 张厚粲主编：《心理与教育统计学》，北京师范大学出版社1988年版。
7. 王重鸣著：《心理学研究方法》，人民教育出版社1990年版。
8. 凌文轮、滨治世编著：《心理测验法》，科学出版社1988年版。
9. (美)E·齐格勒、I·基尔德、M·拉姆著，李凌等译：《社会化与个性发展》，北京航空航天大学出版社1988年版。
10. (美)J·L·弗里德曼等著，高地等译：《社会心理学》，黑龙江人民出版社1984年版。
11. (美)克特·W·巴克主编：《社会心理学》，南开大学出版社1984年版。
12. (苏)安德列耶娃著，蒋春雨等译：《社会心理学》，南开大学出版社1984年版。
13. (美)普汶著，(台)郑慧玲译，杨国枢校阅：《人格心理学》，台湾桂冠图书股份有限公司出版1975年1月修订四版。

14.(苏)B·T，卡扎科夫得等著，赵洁珍等译，王奇校：《社会心理学的应用问题》，中国社会科学出版社 1988 年版。
15.(日)古烟和孝编，王康乐译：《人际关系社会心理学》，南开大学出版社 1986 年版。
16. 刘范主编：《心理发展的近期研究》，北京师范学院出版社 1990 年版。
17. 刘范主编：《发展心理学》(下册)，团结出版社 1989 年版。
18. 朱智贤、林崇德著：《儿童心理学史》，北京师范大学出版社 1988 年版。
19. 时蓉华编著：《社会心理学》，上海人民出版社 1986 年版
20. 孔令智等著：《社会心理学新编》，辽宁人民出版社 1987 年版。
21. 孙晔、李沂主编：《社会心理学》，科学出版社 1987 年版。
22. 宋维真、张瑶主编：《心理测验》，科学出版社 1987 年版。
23. 龚耀先编著：《埃森克个性问卷》，修订手册，湖南医学院 1983 年 6 月印。
24. 李康：《我国儿童发展心理学研究新近的发展》，《应用心理学》1988 年第 12 期。
25. 荆建华：《儿童同伴关系的发展及其对儿童社会化影响问题初探》，《心理学探新》1988 年第 2 期。
26. 李伯黍：《儿童友谊观发展调查》，《心理科学通讯》1986 年第 6 期。

附　　录

问卷一

儿童同伴关系问卷

姓名　　民族　　性别　　年龄　　学校　　年级

一、在班级里，请你写出你最喜欢的五位同学的名字，按照喜欢的程度依次排列，第一、第二、第三、第四、第五，并选择喜欢他们的原因，喜欢的原因有 10 条，你认为哪条是你喜欢这位同学的原因，就把哪条的题号（如 2、9 等）写在下面相应的格里，选择一条或选择多条都可以。如果除上述原因外，还有其他你认为喜欢这位同学的原因，就在“其他原因”后面写上你的原因。

喜欢的原因是：

1. 他长得很好看　　2. 他学习成绩好　　3. 聪明能干
4. 我们俩志趣相投　　5. 我们住得很近　　6. 常在一起玩
7. 他对我很好　　8. 他总带我玩　　9. 能帮助我学习
10. 诚实

第一—— 原因有： 其他原因：	第二—— 原因有： 其他原因：	第三—— 原因有： 其他原因：	第四—— 原因有： 其他原因：	第五—— 原因有： 其他原因：

二、在班级里，请你写出你最不喜欢的五位同学的名字，按照不喜欢的程度依次排列，第一、第二、第三、第四、第五，并选择不喜欢他们的原因。不喜欢的原因有 14 条，你认为哪条是你不喜欢这位同学的原因，就把哪条的题号（如 6、8 等）写在下面相应的格里，选择一条或选择多条都可以。如果除上述原因外，还有其他你认为不喜欢这位同学的原因，就在“其他原因”后面写下你的原因。

不喜欢的原因是：

1. 他学习成绩不好　2. 他脾气坏　3. 他打人　4. 他骂人
5. 他很自私　6. 他爱说谎　7. 他很霸道
8. 他多嘴多舌爱管闲事　9. 他无理打闹爱起哄
10. 他不遵守纪律　11. 他不爱参加班级劳动
12. 他不爱帮助同学　13. 他在同学中不讲礼貌
14. 他很坏

第一—— 原因有： 其他原因：	第二—— 原因有： 其他原因：	第三—— 原因有： 其他原因：	第四—— 原因有： 其他原因：	第五—— 原因有： 其他原因：

问卷二

家庭情况调查

学生姓名　　性别　　民族　　学校　　年级

家长同志：您好！

请您在下面（1—4）题后面的几种答案中选择其中的一种答案，打“√”表示，如果还有其他情况，请在“其他”后面填写答案，谢谢！

1. 父亲的文化程度是

本科　专科　中专　高中　初中　小学　不识字　其他

2. 母亲的文化程度是

本科　专科　中专　高中　初中　小学　不识字　其他

3. 父亲的职业是

国家干部（包括教师、工程师、医生、会计、文艺工作者等）工人　个体户　农民　牧民　其他

4. 母亲的职业是

国家干部（包括教师、工程师、医生、会计、文艺工作者等）工人　个体户　农民　牧民　其他

第五章　蒙古族青少年依恋发展与父母教养方式的关系研究

依恋是一个毕生发展的过程。Bowlby 指出，依恋在个体毕生发展中都扮演着重要的角色，并对依恋在儿童期以后的持续作用做了这样的阐述："不仅仅是儿童，而是处于人生各个年龄阶段的个体，只有他们坚信在他们的背后永远站着一些在任何时候都能够给予他们信任和支持的人，他们才能够在发展的过程中尽情发挥自己的天才，挖掘自己的潜力。"

青少年期是从儿童期向成人期的过渡阶段，是人生发展历程中一个非常重要的阶段。在这个时期，个体要经历生理、认知以及社会角色方面的重要变化。所以我们有必要着重研究正在成长的青少年和他们父母之间以及与亲密同伴之间的关系。

父母是青少年最初的依恋对象，父母通过教养孩子的活动，影响孩子的社会性发展。父母教养方式比较集中地反映了父母对待子女的态度，是其教育观念的反映。"父母教养方式直接作用于亲子互动过程，具有跨情境的稳定性，对青少年多方面的发展具有重要影响作用"[①]。

已有研究表明，"父母依恋和同伴依恋是青少年依恋的两种重要表现形式"[②③④]，但父母依恋与同伴依恋在青少年群体中的关系究竟如何？父母的依恋在多大程度上影响对同伴的依恋关系，研究结果还不是很一致；父母教养方式对青少年依恋的作用大小和作用方式如何，研究文献很少。国外对依恋的测量较少从发展的角度进行研究，本研究拟从发展的角度研

---

① 陈丽君：《青少年依恋的发展特点及其与学校适应的相关研究》，福建师范大学硕士学位论文，2005。

② 陈丽君、程利国：《青少年依恋发展特点的初步研究》，《成都大学学报》，2007，21（8）。

③ 包克冰：《中国和马来西亚青少年依恋的比较》，浙江大学硕士学位论文，2005。

④ Papalia D，Olds W. A，Child's World：Infancy Through Adolescence. New York University Press，1990. 66—89.

究不同发展阶段蒙古族青少年的依恋发展情况；探讨父母教养方式与蒙古族青少年依恋发展的关系。本研究期望获得的结果能对父母教养方式提供有意义的信息，对青少年依恋和跨文化研究提供更具体的佐证，为家庭教育及学校心理咨询提供实证资料。

第一节 依恋概述

一、依恋概念

Bowlby（1969）把依恋定义为一种“个体与具有特殊意义的他人形成牢固的情感纽带的倾向。”Ainsworth（1973）认为“依恋可以被定义为一个人与另一个人跨越时间和空间的持久的情感联结。”它产生于儿童与父母的相互作用中，是一种感情上的联结和纽带。Bowlby 认为依恋有四个决定性特征：（1）趋近行为：个体寻求并试图保持与依恋对象的接近，不愿与之分离；（2）分离痛苦：抗拒与依恋对象的分离，分离时会感到痛苦；（3）避风港：把依恋对象作为一个避风港，当遇到问题和威胁时，会转向依恋对象寻求安慰和帮助；（4）安全基地：把依恋对象作为一个安全基地，它的存在使个体的探索性增强，并能提高个体的社会能力。依恋，一般被定义为幼儿和他的照顾者（一般为父母亲）之间存在的一种特殊的感情关系。它产生于幼儿与其照料者的相互作用过程中，是一种感情上的联结和纽带。

随着研究的发展，依恋的研究范围向青少年、成人扩展，本章中的青少年依恋是指：青少年与父亲、母亲、同伴在生活和学习的相互作用过程中建立的一种深层的、稳定的情感联结。这种情感联结为他们提供安全感。

二、依恋理论

（一）心理学家对依恋的解释

英国精神病学家和心理学家约翰．鲍尔比（John Bowlby）是最早提出“依恋”概念的学者。他对依恋的描述是：“导致一个人对其他人产生一定程度亲密感的任何行为模式都有个体差异，这可能会持续一个人的一生，在依恋关系的形成、保留、去除及更新的过程中，都会产生强烈的情感。”

弗洛伊德用精神分析论对依恋现象的解释是：孩子对母亲形成依恋是

因为孩子要依赖她来满足口唇刺激的需要；行为主义对依恋现象的解释是：孩子种种依恋是由于母亲反复与减少婴儿的饥饿驱力相联系而形成的第二驱力。

Fraley 和 Shaver 等人在以往研究的基础上提出了依恋关系区别于其他亲密关系的条件：（1）最愿意与依恋对象在一起，把依恋对象作为寻求和保持亲近的目标；（2）在痛苦、不安时，把依恋对象作为寻求保护和支持的对象；（3）在探索外部世界时，将具有安全感的依恋对象作为安全基地。依恋对象的界定是有条件的，在依恋的完整模型中，三者缺一不可。

依恋行为是个体在遇到应激情境时用于解决心理、生理上压迫感的一种主体调动行为，具体表现为个体寻求依恋对象的帮助与支持。“依恋模式作为个体在发展过程第一个被内化的认知工作模型，不仅贯穿于个体毕生的发展历程，而且影响儿童的社会性发展，如同伴交往、心理健康和社会认知等方面”①②③④。如国内，以陈会昌为首的课题组围绕亲子依恋与儿童社会行为这一主题，对两者间的关系进行了深入的研究与探讨⑤。

（二）依恋的内部工作模型

早在依恋理论创建之初，Bowlby（1969）就提出“内部工作模型”⑥（Internal Working Model，IWM）概念，用以深入阐述和解释依恋的内在机制。Bowlby 认为，人类的依恋关系是在婴儿期为了个体的生存而建立起来的，并在个体以后的人生中不断发挥着作用；依恋的内部工作模式是在个体和依恋对象的实际交往中形成的对他人和自我的一种心理表征，可以用于解释早期经历对随后行为与发展的影响。作为理解人的一生中依恋关系形成的基础，内部工作模式越来越受到研究者们的关注。

---

① Verschueren K.，Marcoen A. Representation of self and social emotional competence in kindergartners：differential and combined effects of attachments to mother and father [J] . Child Development. 1999，70：183—201.

② Lieberman M.，Doyle A.，Markiewicz D. Developmental patterns in security of attachment to mother and father in late childhood and early adolescence：associations with peers relations [J] . Child Development. 1999，70：202—213.

③ 于海琴、周宗奎：《小学高年级儿童亲子依恋的发展及其与同伴交往的关系》，《心理发展与教育》，2002，4：36—40。

④ 于海琴、周宗奎：《儿童的两种亲密人际关系：亲子依恋与友谊》，《心理科学》，2004，27（1）：143－144。

⑤ 陈会昌、梁兰芝：《亲子依恋研究的进展》，《心理学动态》，2000，8（1）：29－34。

⑥ Bowlby J. Attachment and Loss [J] . New York：Basic Books，1982. Vol. 1.

依恋的内部工作模型包括“个体与依恋对象交往过程中形成的关于自我、重要他人以及自我和重要他人关系的心理表征的内容。”[①] 具体而言，内部工作模式被假设包括两种互为补充的成分：一个是关于依恋对象的，另一个是关于自己的，也即自我工作模型和他人工作模型，二者共同构成了一种人际关系的两个侧面。具体地说，个体从依恋对象对自己的反应来评估自己被接纳的程度和依恋对象与自己的交往特征，由此产生的内化的心理表征就形成了个体关于自我和他人的工作模型。Ainthworth 和她的同事们（Ainthworth 等，1978）进行的实验室研究和家庭观察发现，安全依恋（Secure）的婴儿相信他们的母亲是敏感及时地对自己的需求做出反应，认为自己是有能力的并值得喜爱的，所以他们在苦恼时会主动地寻找依恋对象来获得支持和帮助；焦虑—矛盾型（anxious－resistant）的婴儿常体验到母亲不一致或不稳定的抚养行为，他们不能确定母亲是否会在需要时帮助自己，也倾向于认为自己是不值得关心和喜爱的，结果这一类型的婴儿时刻警惕母亲的出现和离开并时刻纠缠于人际关系之中；回避型（avoidant）婴儿过多地体验到母亲的忽略、拒绝和干涉，因此，他们通常通过依靠自己和回避母亲来自给自足和避免伤害。Bartholomew 和 Horowite（1991）将自我模型和他人模型与积极和消极两种属性结合，将依恋分为“安全型（Secure）、排斥—回避型（dismissing－avoidant）、纠缠型（Preoccupied）、恐惧—回避型（fearful－avoidant）四种类型”[②]。安全型个体对自己或他人都持有积极模型，他们相信自己是可爱和有价值的，他人是可以信任的，他们对亲密关系感到舒适自在，并愿意在需要时依靠他人；(2) 排斥—回避型（也译为冷漠型、回避型）个体对自己的看法较积极，而对他人的看法较消极，他们对亲密关系感到不自在，并倾向于过度的自我依靠；(3) 纠缠型（也译为沉迷型、依赖型）个体持有消极的自我模型和积极的他人模型，他们渴望与他人建立非常亲密的关系，又非常警惕和敏感于被拒绝或抛弃，因此他们不断地沉浸在和纠缠于人际关系之中；(4) 恐惧—回避型（也译为矛盾型）的个体，对自己和他人的看法都消极，他们内心渴望亲密的人际关系，但恐惧感又使他们回避亲密关系。

依恋风格一旦形成，又会反过来影响个体对外界的认识，从而对个体

---

①② Bartholomew K，Horowitz L M. Attachment Styles Among Young Adults：A Test of a Four－Category Model. Journal of Personality and Social Psychology，1991，61（2）：226—244.

采取何种应对策略产生作用。Bowlby（1980）将内部工作模型比作一个庞大的无意识过滤器，他写道："我们形成了关于自己以及周围世界的表征模型，并且根据这些模型来构建生活中遇到的每一个情境。根据这些模型，我们筛选和解释通过感官传达给我们的信息，评估这些信息对我们的重要性，以及构思和执行行动计划。我们如何评估和解释每一个情境又反过来影响我们的感受和行动。"也即，内部工作模型引导着个体对自己和他人的评价以及自己对他人的反应，使个体能够预期未来的人际情境、影响个体的觉知和感受、指导个体的行动，并通过不断重复使用而得到强化和巩固，逐渐自动地、无意识地发挥作用，从而使个体逐渐地连续不断地无意识地"塑造"着自己的人际环境。

随着年龄的增长，个体的内部工作模型逐渐形成一个组织良好的结构。一些研究者认为，依恋的工作模型从概化的模型到具体的模型是以层级的方式组织起来的（Collins&Read，1994）："个体并非持有单独的一套自我和他人的工作模型，而是拥有一簇工作模型，包括高层次的——关于依恋关系的抽象规则和低层次的——依恋关系中的具体事件信息。"① 此外，研究还发现，个体可以有多个依恋对象（如爱人、父母、好友、姐妹等），也可以在不同依恋关系中体现出不同的依恋模式，但个体始终能够报告出一个典型的依恋类型，也就是说，"个体同时拥有依恋的概化模型和具体关系模型。"②

内部工作模式，其实质是个体对自我、重要他人以及人际关系的一种稳定认知。这种内部工作模式主要以无意识方式运行，并且一旦建立起来就倾向于永久，它决定着儿童的行为方式，并成为未来人际关系的参照系。随着年龄的增长，个体倾向于用已有的内部工作模型去理解新的信息，早期经验就是这样对个体日后的发展起作用的，它会引导个体去思考自己应该得到何种对待和关注、给他人怎样的信任和支持、对他人的需要给予怎样的关注，以及在亲密关系中的交往策略等。

---

① Collins N，Read S. Cognitive representations of attachment：the structure and function of working models. In：D Perlman，K Bartholomew（Eds.）. Advances in personal relationships，Attachment processes in adulthood. London：Jessica Kingsley Publishers Ltd.，1994，5：53—90.

② Baldwin M，Keelan J P R，Fehr B，etal. Social－cognitive conceptualization of attachment working models：Availability and Accessibility effects. Journal of Personality and Social Psychology，1996（71）：94—109.

（三）依恋的测量

1. 陌生情境测验法

1978 年 Ainsworth 设计的“陌生情境法（strange situation）”，是一个半结构化的实验室程序，适用于测量 12—20 月婴儿的依恋行为、探索行为和依附行为。该程序已被用来测量了成千上万婴儿的依恋模式，被证实是非常有效的。陌生情境法由以下几部分构成：（1）行为主体变量：抚养者、婴儿和陌生人；（2）人际关系变量；（3）焦虑源：抚养者及陌生人的相互作用；（4）主要情境：陌生人入场和退场、亲子分离和团聚。实验共有七个程序，每段时间均为 3 分钟，实验者通过单项玻璃进行观察，记录婴儿在不同情境下的反应。这项研究通过不断变化情境，在压力不断增加的情形下，测量婴儿的多种行为反应，从而判断婴儿的依恋类型。

2. 成人依恋访谈法

1985 年 Nancy Kaplan 和 Mary Main 设计了“成人依恋访谈”（Adult Attachment Interview，AAI），是测量青少年和成人依恋表征的主要研究方法。AAI 是一种半结构式的访谈，包括 15 个按一定顺序设置的问题，这些问题要求被试对早期依恋关系、失去依恋对象、与依恋对象的分离等经历进行回忆和描述，并对这些经历在其个人发展过程中的影响加以评价，最终确定成人依恋的“内部工作模型”或“依恋的心理状态”。AAI 的理论基础是 Bowlby 提出的内部工作模型，其得到的是成人关于自己早期与父母依恋关系的心理表征，这种依恋关系的心理表征可能是真实的，也可能不符合现实生活中成人在儿童时期与父母的依恋关系，但他们所形成的依恋的心理表征会影响到他们与自己的孩子所形成的依恋关系。依恋类型可以很好地预测孩子现在或未来是否会有心理失调的问题。

3. 问卷测量法

Aimsden&Greenberg（1987）编制的“父母同伴依恋问卷（Inventory of Parent and Peer Attachment，IPPA）”，用来测量青少年对自己与父母和亲密朋友的关系的感知，主要从“认知和情感方面对父母和同伴在心理上使青少年感受到的安全感进行评价。”① 该量表对父亲、母亲和同伴分开进行测量。IPPA 有三个分问卷，分别是父子依恋、母子依恋和同伴依恋，

---

① Aimsden GC，Greenberg MT. The inventory of parent and peer attachment：Individual differences and their relationship to psychological well－being in adolescence.［J］Youth Adolesc. 1987，16：427—454.

每个分问卷各 25 题，总共 75 题。每个分问卷有三个维度构成，分别是“沟通”、“信任”和“疏离”。总分越低，说明青少年与父母及同伴的依恋关系质量越低。IPPA 是自陈式测量，被试利用 5 点利克特量表进行反应。属于自我认定、学校适应、沮丧、焦虑、自杀、自我和社会认定、生涯发展和无助感等相关领域的运用。1993 年，研究者们编制了一套测量成人依恋类型的工具即“成人依恋问卷（Adult Attachment Questionnaire, AAQ)”。该问卷 94 个项目，分属于 15 个分量表，这 15 个分量表对应于部分 AAI 中的分量表。AAQ 几经修订，到目前为止已经有了较高的效度。我国学者李菲茗（2001）等人对 AAQ3.1 以各分测验得分为指标，初步探讨了 AAQ3.1 在中国使用的信度和效度等①。

在已有的研究工具中，父母、同伴依恋量表（IPPA）是最适合，也是在青少年的依恋研究中应用最广泛的量表。在国内有关青少年依恋的研究中，已经有不少研究对 IPPA 进行修订并作为研究的工具。所以本研究采用 IPPA 作为研究工具。

（四）依恋的影响因素

目前，依恋领域的研究主要集中在依恋的特点和功能等方面，还缺乏对依恋影响因素的研究。纵观国内关于依恋的研究，主要包括依恋概念的提出、依恋形成发展理论、依恋评估方法的发展、依恋与个体心理及行为发展关系等几方面的内容。然而国内对依恋的发生、发展的原因还很少进行探讨，如果对家庭的各方面因素加以全面考察，可能会得到更好的解释。综合前人的研究结果发现，影响依恋的外部因素有文化背景、家庭环境、婚姻和经济状况、抚养者的养育特征及养育质量等；主体因素则有儿童自身的气质特征、智力发展水平、心理洞察能力、情绪理解能力等社会认知能力和机体成熟状态等。近年来，相关的研究主要集中在文化背景、养育特征和儿童气质方面，例如探讨依恋对象的特征（如敏感性、合作性、接受性等）、教养方式等影响依恋的安全性，但是还缺乏相应的实证研究。

1. 婴儿的气质类型特征

婴儿形成哪种类型的依恋，“不只是与家庭环境有关，还可能与婴儿

① 李菲茗：《成人依恋问卷（AAQ3.1）初步试用》，《中国临床心理学杂志》，2001，9（3）：190—192。

本身的气质特点有关”[1]。一些婴儿天生很难照料，易烦躁、爱哭闹、不易抚慰、不喜欢密切的身体接触、拒绝照料者的亲近，形成稳定依恋时间较晚。而另有一些婴儿天生喜欢拥抱、抚慰、爱笑、与母亲积极交往。Kagna认为，依恋类型的差异主要由儿童的气质所决定，容易教养的儿童经常被归为安全依恋型，难教养的儿童多是属于不安全依恋型。但Ainsworth等人对气质理论提出反驳，他们认为上述的理论是单独考察某一方面因素的作用，使用的方法也不一致，应对多方面因素加以考察[2]。

2. 家庭因素与依恋的关系

家庭是影响青少年依恋特质的主要因素，影响亲子依恋的家庭因素例如：父母的养育特征、父母的人格特质、亲子互动方式、家庭的支持功能等。父母的教养方式是父母在教育、抚育子女的日常生活中所表现出来的一种行为倾向，是其教育观念和教育行为的综合体现。

Aimwsorth等人认为，婴儿的依恋特征和依恋质量在很大程度上取决于母亲的养育特征，因此母亲对待孩子的教养态度、行为方式的不同，将决定孩子的依恋类型。研究者发现安全依恋型孩子的母亲，在养育态度上倾向于鼓励儿童探索、敏感、与孩子接触亲密；回避依恋型孩子的母亲则对孩子拒绝、缺乏耐心、经常表现出消极情绪。拒绝依恋型孩子的母亲忽视、不愿意与孩子进行亲密接触。研究表明，受虐待儿童大都属于不安全依恋类型；而关于抑郁症母亲的研究发现，她们的孩子具有更多的不安全依恋。

3. 社会文化背景与依恋的关系

从20世纪80年代开始，跨文化研究成为依恋研究的一个热点，它从不同文化特点的角度充实和丰富了依恋研究的内容和结果。包克冰对中国和马来西亚青少年依恋研究时发现，中国内地青少年在母子依恋上的得分显著低于马来西亚青少年，说明社会文化对青少年依恋有所影响[3]。在依恋行为上，不同文化条件下的婴儿也有明显不同的行为，这其中的原因可以用不同文化的抚养特点和抚养方式来解释。中国国内学者邹泓和吴放对儿童依恋行为分类卡片作中文修订和对幼儿园儿童进行实验室研究，分别对母婴关系、同伴关系到与教师的依恋关系进行调查，结果证明中国婴儿

---

① 张镇、李幼穗：《亲子依恋质量的影响因素述评》，《天津师范大学学报》（社会科学版），2003，167（2）：71—76。

② 蒋长好、邹泓：《依恋研究述要》，《安徽教育学院学报》，2002，20（5）：90—92。

③ 包克冰：《中国和马来西亚青少年依恋的比较》，浙江大学硕士学位论文，2005。

和国外婴儿在类型上有不同的特征，母婴依恋关系与同伴关系和师生依恋关系与其他国家的研究结果相同，都有高相关[①][②]。

第二节 青少年依恋的相关研究

一、亲子依恋的研究

青少年对父母的依恋是促进他们发展和适应的重要因素。青少年自主意识膨胀打破了原有亲子关系的格局，亲子关系处于不稳定状态，主要表现为亲子冲突的增加与亲和度的降低。一些研究者认为，和父母的安全依恋和情感联系对青少年的发展和适应具有重大意义，它将促进青少年走向自立，并帮助青少年解决许多重要发展任务。有研究表明，“亲子依恋质量与青少年犯罪行为及自尊、社会能力和情绪控制等心理适应指标呈显著相关，对青少年犯罪行为有显著的预测作用。”[③]“母亲依恋及父母监控与青少年的吸烟、饮酒行为存在着明显的负相关”[④]。所以，对青少年依恋模式进行评估可以使我们获知个体依恋模式发展状况，加深对依恋动态发展过程的理解，使心理干预工作更加有效。LaGrange 和 White 认为积极榜样起“心理支柱”的作用，因此与父母建立良好的依恋关系是非常重要的。对一些青少年来讲，与父母的依恋是家庭的骄傲。与父母有良好依恋关系的青少年在社会胜任感与学业成绩上皆有较好的表现。Ducharme 等人考察了青少年与母亲依恋关系的安全性、与父亲依恋关系的安全性和它们在青少年和父母以及同伴的社会交往中的作用和行为的关系。结果显示，“在青少年期与母亲和父亲的安全依恋关系对青少年与其同伴的交往行为、青少年与父母和同伴的关系的情感质量的影响可能是不同的。”[⑤]

---

① 邹泓、吴放：《儿童同伴关系和教师依恋的相互关系》，《心理学报》，1995，27（4）：299—312。

② 吴放、邹泓：《儿童依恋行为分类卡片中文版的修订——心理发展与教育》，1994，23（2）：24—29。

③ 张秋凌、邹泓、王英春：《亲子依恋与青少年犯罪行为、心理适应的关系》（综述），《中国心理》。

④ 方晓义：《母亲依恋、父母监控与青少年的吸烟、饮酒行为》，《心理发展与教育》，1995，3：54—58。

⑤ 王争艳、刘迎泽、杨叶：《依恋内部工作模式的研究概述及探讨》，《心理科学进展》，2005，13（5）：629—639。

二、同伴依恋的研究

同伴是个体自家庭以后所接触的第二个社会世界。Piaget 通过多年的研究发现：透过同伴之间的相互协调的关系，使得儿童对自身所处社会世界的认知得以扩展，逐渐了解社会规范。青少年在同伴集体中建立友谊、在集体中占有一定地位、受到同伴尊敬和赞许，这使他们获得依恋感、亲密感、同盟感和归属感。Ainsworth 认为同伴关系在青少年期的强度显著地增加了，在某些条件下甚至可以成为依恋关系。Weiss（1982）指出同伴能提供青少年必要的支持和鼓励，良好的同伴依恋关系也能够加强青少年正向情绪依恋。同伴在青少年的发展和社会适应中，具有成人无法取代的独特作用。在困境中他们往往从父母转向同伴寻求支持和援助，从此，同伴关系能减少青少年日后发展中的适应问题，而不良的社交关系则构成日后的学业和心理健康上的问题。不良的同伴关系能对青少年的不良行为起作用，例如抽烟、酗酒等；良好的同伴关系则能促进他们的良好行为，例如对学校的认同和遵守规则。有研究者认为在青少年期，同伴的影响和父母的影响同样重要。Elicker 发现母子安全依恋与友谊有积极的联系。例如，同伴开始成为一种情绪上的支持和安慰的重要来源，扮演一种“安全基地”的角色，甚至成为分离焦虑的来源。特别是到青春期中期，当个体极力从对父母的依赖摆脱出来建立自主性时，同伴在此时期往往能够满足个体的依恋需要。像与父母之间安全的依恋关系一样，个体与同伴之间的安全依恋也能对个体在青少年时期自我发展有重要作用。

以上的研究直接或间接的显示，安全的依恋关系，是个人早期发展的重要任务，也是一生中其他方面发展的基石[①]。亲子情感关系在青少年时期还有其不可替代的持续性和重要性。父母乃是青少年情感投注的重要对象，父母安全堡垒般的支持和鼓励有助于青少年向外探索，发展较强的适应能力[②③④]。总之，有一点是所有研究公认的：青少年的依恋质量对其社

---

① 刘建清：《儿童的依恋行为与社会性发展》，《学前教育研究》，2002：48—50。

② 王丽、傅金芝：《国内父母教养方式儿童的发展研究》，《心理科学进展》，2005，13（3）：298—304。

③ 王莉：《国外父亲教养方式研究的进展与趋势》，《心理科学进展》，2005，13（3）：290—297。

④ 杨丽珠、董光恒：《父亲缺失对儿童心理发展的影响》，《心理科学进展》，2005，13（3）：260—266。

会适应有很大的影响作用，而且这种影响是通过一些内部的影响机制进行的。

三、父母教养方式的研究

（一）父母教养方式的概念界定

父母教养方式（parenting style）是个复杂、涉及因素多又不易界定的概念。国内已有的关于家庭教养方式问题的研究表明，在家庭教养方式这一问题上用词并不严格：有的学者用教育方式、教育行为、教养方法，有的用管教方式、教养教育。上述用词虽然不一，但研究者在使用时所包含的内容却是大同小异的。英文中用“parenting”表示父母的教养，用“parenting praetiee”表示具体的教养活动，用“parenting pattern”表示教养方式。

鉴于此，本研究中的“父母教养方式”（Parenting Style）是指在家庭生活中以亲子关系为中心的，父母在对子女进行抚养和教育的日常活动中所表现出来的一种对待孩子的相对稳定的、固定的行为模式和行为倾向，是父母传达给子女的态度以及由父母的行为所表达出的情感气氛的集合体。父母的教养行为既包括父母履行其职责的专门的目标定向的行为又包括非目标定向的教养行为，诸如姿势、手势、语调的变化或是情绪的自然流露。

（二）父母教养方式研究

当代有关父母教养方式的研究主要来源于美国著名的女心理学家鲍姆林特（D. Baumrind，1967）对青少年与其家庭的研究。她对父母教养方式的界定是建立在其对家庭社会化实践研究的类型学方法基础之上的。主要教养行为因素（如温暖、参与、成熟要求和监督等）配置的差异与程度差异，形成不同教养方式，导致青少年对父母影响的不同反应。她将父母教养方式划分为权威型（authoritative style）、专制型（authoritarian style）和宽容型（permissive style）三种类型。鲍姆林特发现，所有父母在管教子女时，其言行的特征都离不开管束、成熟要求、亲子沟通和养育四个方面，只不过各位家长在这四个方面的程度各不相同而已。管束是指父母为子女订下的规矩以及子女违反规矩时的处理方式；成熟要求是指父母对孩子的期望；亲子沟通是指父母在教养子女时，如何与子女之间进行双向沟通、交流；养育是指父母对子女的关爱。“来自权威型家庭中的青少年具有较强的独立性；专制型家庭中的青少年独立性较低，社会责任感不强，而且这种影响在男性身上表现得更为明显；宽容型家庭中的青少年缺乏自我控制和自我信任，缺乏社会责任感和独立性，在认知和社会性发展中缺乏主动性”[①]。

瑞典的C. Perris等人根据E. S. Schaefer提出的父母教养方式维度的概念，于1980年编制了一套反映父母教养方式全貌的问卷，即父母教养方式评价量表（EMBU）。此量表共有81个条目，涉及父母15种教养行为：辱骂、剥夺、惩罚、羞辱、拒绝、过度保护、过度干涉、宽容、情感、行为取向、归罪、鼓励、偏爱同胞、偏爱被试和非特异行为，对其进行主因素分析抽取了四个因子，分别是：因子1：管束、行为取向和归罪行为；因子2：一极是情感温暖和鼓励行为，另一极是爱的剥夺和拒绝；因子3：偏爱被试；因子4：过度保护。

国内学者也对父母的教养方式对个体心理诸方面的影响进行了研究。研究表明：父母的教养方式在青少年的学校社会适应及学业成绩、归因方式等方面均有着重要的影响，青少年的人格偏离、高焦虑和神经质等方面的特点与父母教养方式呈显著相关[②]。

岳冬梅等人（1993）[③] 对神经症病人父母教养方式的研究发现，神经症病人的父母对他们的教养方式可以分为三种主要的类型：即冷漠型、严厉型、过分保护型。在这样的父母教养方式下成长起来的孩子们，其人格特征和人际关系方面都存在较多的问题。当面对复杂的社会环境时，容易出现各种各样的适应障碍甚至神经症性反应。

王秋英（1998）[④] 以中学生为被试者进行研究发现，父母的惩罚严厉易造成子女没有安全感、神经质、敏感多疑、抑郁寡欢；父母的过分保护和干涉会使子女没有自信、缺乏主见、自卑易怒；父母长期的拒绝否认则会诱发子女的高焦虑、自卑敌对、不能自知。

钱铭怡、肖广兰（1998）通过对青少年心理健康水平、自我效能、自尊与父母养育方式的相关研究发现，父母养育方式，尤其是不良的教养方

---

① 芦朝霞：《中学生教养方式、自我价值感与学业成绩的关系研究》，山西大学硕士论文，2005。

② 安莉娟：《父母教养方式对子女自尊及其要素的影响研究》，河北师范大学硕士论文，2003。

③ 岳冬梅等：《父母教养方式的初步修订及其在神经症患者的应用》，《中国心理卫生杂志》，1993，7（3）：7—11。

④ 王秋英：《家庭养育方式与中学生心理健康水平的相关研究》，《中国心理卫生杂志》，1998，21（5）：276—277。

式对青少年的心理健康水平有显著影响。

刘根义等（2000）运用父母教养方式量表对初中生个性研究发现：父母对男女生教养方式有一定区别，父母的惩罚、严厉等教养方式易造成子女情绪不稳定，而父母的情感温暖、关心理解则有助于子女的情绪稳定。

阳德华（2000）对四川省南充市500名初中生进行问卷调查研究显示，“父亲的情感温暖与理解、过度干涉与保护以及母亲的惩罚严厉行为对初中生的抑郁情绪有显著影响，父亲的情感温暖与理解和母亲的过度干涉与保护行为对初中生焦虑情绪有显著的预测作用。”①

王丽敏等人（2001）对哈尔滨市及其所辖县（市）的855名初、高中学生进行统一问卷调查显示，父亲的不良教养方式和嗜好多是导致学生心理问题的重要危险因素之一，父亲缺乏情感温暖与理解及不良生活方式对学生心理健康具有损害作用。

李德勇（2006）在调查影响中学生心理健康的家庭因素时发现，父母的拒绝否认、过度保护，父亲的惩罚严厉和母亲的过度干涉对子女心理的健康发展起着消极的阻碍作用；而父亲的情感温暖理解对子女心理的健康发展起着积极的促进作用。

李改（2000）在对大学生的父母教养方式与其心理健康的关系的研究中发现，大学生的父母教养方式是影响其心理健康的重要因素；父母教养方式的情感温暖、理解维度是积极的教养方式，而拒绝、否认、过度保护、过分干涉、惩罚、严厉、偏爱被试是消极的教养方式。

利爱娟、郑莉君（2006）对内蒙古自治区某大学400名蒙古族、汉族大学生的父母教养方式测查发现，“蒙古族大学生的父母比汉族大学生的父母表现出更多的情感温暖、理解；较少的过分干涉，过度保护，偏爱被试和拒绝否认。蒙古族大学生的父亲比汉族大学生的父亲表现出更少的过度干涉；母亲教养方式方面，蒙古族、汉族大学学生没有在过度干涉方面表现出显著性差异”②。

以上研究证明了父母教养方式对子女的心理健康、焦虑、抑郁、自尊、社会化、人格发展、问题行为的产生以及道德行为等方面产生了重要的影响，这种影响在个体的各个成长阶段都会有所体现。

---

① 阳德华：《父母教育行为与初中儿童抑郁、焦虑情绪的关系》，《教育导刊》，2000（6）：17—20。

② 利爱娟、郑莉君：《内蒙古地区蒙汉族大学生父母教养方式研究》，《边疆经济与文化》，2006（10）：108。

第三节 蒙古族青少年依恋与父母教养方式

一、问题的提出

有研究表明，依恋回避程度越高的母亲，在家庭中对孩子给予的温暖和理解越少，而对孩子的干涉越多。而母亲的依恋焦虑则与“惩罚与严厉”和“偏爱孩子”的教养方式呈现显著正相关，且高焦虑和高回避都与“拒绝和否认”有很大的相关①。根据依恋理论，安全型的母亲在依恋回避和依恋焦虑的得分均较低，她们能够给予孩子更多的温暖和理解，而不安全型的依恋则与不良的教养方式相联系②。

Ainsworth 等人认为，婴儿的依恋特征和依恋质量在很大程度上取决于母亲的养育特征，因此母亲对待孩子的教养态度、行为方式的不同，将决定孩子的依恋类型。研究者发现安全依恋型孩子的母亲，在养育态度上倾向于鼓励儿童探索、敏感、与孩子接触亲密；回避依恋型孩子的母亲则对孩子拒绝、缺乏耐心、经常表现出消极情绪。拒绝依恋型孩子的母亲忽视、不愿意与孩子进行亲密接触。

唐洪等人在初一及高一学生亲子关系状况的对比研究中发现，“父母没有充分意识到自己在亲子关系中所起的重要作用，把冲突原因更多归于子女，这样将妨碍父母对亲子关系和自己的管教方式进行反省和调整”。

以上研究提示，安全的亲子依恋为个体的健康发展和其他的依恋关系的建立、维持提供良好的心理基础；亲子依恋在青少年期仍然有不可替代的重要作用；父母仍然是青少年情感投注的重要对象和情感支持的重要来源。查阅资料发现，国内对于青少年依恋的研究，多集中在依恋对人际信任、自我效能感、学校适应、社会适应等关系研究，有关青少年依恋与父母教养方式关系的研究还不多，而对于少数民族青少年依恋的研究更是少见。本章将在前人研究基础上，了解蒙古族青少年依恋发展状况，并探讨父母教养方式对蒙古族青少年依恋的影响作用，以期丰富青少年依恋的研究，并为父母和社会工作者提供参考。

---

① 李同归：《母亲的依恋类型与教养方式的相关性研究》，《中国行为医学科学》，2006，2：149—150。

② Perris C，Andersson P. Experiences of parental rearing and patterns of attachment in adulthood［J］. Clinical psychology and p sychotherapy. 2000，7：279—288.

从文献综述来看，该领域的相关研究还存在以下几点不足之处：

（1）目前国内对青少年依恋研究已经很丰富，但对于少数民族青少年的依恋发展研究几乎还处于空白状态。本研究将在前人研究的基础上，以蒙古族青少年为研究对象，希望能了解蒙古族青少年依恋发展状况以及相关影响因素，从而丰富和发展青少年依恋理论。

（2）父母依恋和同伴依恋是青少年时期依恋的主要方面，在以往研究中已达共识。但父母依恋和同伴依恋的相关程度、父母依恋和同伴依恋是否相互独立、青少年依恋在性别上的差异、年级上的变化趋势等问题，还没有一致结论，本研究将对这些问题进行进一步深入探讨。

（3）以往大部分研究把依恋对象聚焦在母亲身上，对父子依恋和同伴依恋的研究还不多，把父亲作为依恋变量的研究仍比较缺乏，本研究同时考虑父、母、同伴三种依恋关系。

（4）以往研究分别对父母教养方式和青少年依恋进行了探究，但并没有把两者联系起来研究，本研究将探讨父母教养方式各个因子对蒙古族青少年依恋的影响作用。

二、研究方法

（一）研究对象

本研究的被试是蒙古族中学的学生，采用分层抽样法对呼和浩特市（以下简称“呼市”）蒙古族中学初中、高中六个年级共 445 人进行集体问卷调查，剔除无效问卷后，剩余有效被试 389 人。初中学生平均年龄为 13.90 岁，被试最小的 11 岁，最大的 17 岁；高中学生的平均年龄为 16.92 岁，被试最小的 14 岁，最大的 19 岁。被试分布见表 5-1。

表 5-1 被试基本情况

年级	性别		是否独生子女		生源地		总计
	男	女	独生子女	非独生子女	城镇	牧区	
初一	31	32	40	23	31	32	63
初二	32	35	47	20	46	21	67
初三	34	36	36	34	33	37	70
高一	30	31	27	34	29	32	61
高二	31	33	24	40	29	35	64
高三	32	32	35	29	47	17	64
总计	190	199	209	180	215	174	389

（二）研究工具

1. 父母与同伴依恋问卷（IPPA中文版）

本研究中使用的问卷是“父母与同伴依恋问卷”（Inventory of Parent and Peer Attachment，IPPA）。该问卷是 Armsden 和 Greenberg（1987）为了评量青少年依恋品质而根据 Bowlby 的依恋理论编制而成，包括“父子依恋”、“母子依恋”和“同伴依恋”三个分问卷。每个分问卷各25题，总共75题。每个分问卷由三个维度构成，分别是“沟通”、“信任”和“疏离”。在效度和信度方面，Armsden 和 Greenberg（1987）以93为华盛顿大学的大学生为施测样本，分析结果发现：父母依恋分问卷中，“沟通”、“信任”、“疏离”三个因素的负荷量介于0.45到0.75之间，而同伴依恋分问卷则介于0.45到0.75之间。父子依恋、母子依恋及同伴依恋各分问卷三个因素的累积解释率分别为64.80%、56.82%、56.91%。三个分问卷的内部一致性系数（Cronbach’s a）分别达到0.87、0.91和0.72，他们再以27位华盛顿大学的大学生为样本，考验 IPPA 三周后的再测信度。结果发现，父母依恋分问卷的再测信度为0.93，同伴依恋分问卷的再测信度为0.86。

2. 父母教养方式的测量

本研究选用瑞典 Umea 大学精神医学系 C. Perris 等人1980年编制，中国医科大学岳冬梅等人1993年修订的中文版父母养育方式评价量表(EMBU)，用以评价父母的教养态度和行为。本量表共有66个题目。其中父亲教养方式由58个题目组成，构成“父亲情感温暖、理解”、“父亲惩罚、严厉”、“父亲过分干涉”、“父亲偏爱被试”、“父亲拒绝、否认”、“父亲过度保护”六个因子；母亲教养方式由57个题目组成，构成“母亲情感温暖、理解”、“母亲过分干涉、过度保护”、“母亲拒绝、否认”、“母亲惩罚、严厉”、“母亲偏爱被试”五个因子，共计11个因子值。每个题目的答案均有1、2、3、4四个等级，分别代表“从不”、“偶尔”、“经常”、“总是”四种情况。

EMBU是目前国内外应用较多且较客观、稳定的问卷。岳冬梅等人(1993年）修订后的EMBU的维度与原量表的维度有较大的一致性，且经过试测有较好的信度和效度。EMBU是让被试通过回忆来评价父母的教养方式，因此它可以用于任何一位为人子女的人，但年龄是一个应该考虑的因素。年龄过小的被试可能对父母的评价存在偏颇，缺乏客观性，而年龄过大回忆起来又缺乏准确性。岳冬梅等人的研究发现，青中年期的被试对问卷的回答较为客观、稳定。因此，EMBU 对青少年很适用。

（三）施测方法与程序

采用团体测验，为了保证施测的便利和保证数据回收的有效性，在测试之前和任课老师联系，在课堂上当堂完成。由研究者担任主试，在测试前宣读指导语。问卷包括父母和同伴依恋问卷、父母教养方式问卷。初中生答卷时间 40 分钟左右，高中生答卷时间 30 分钟左右。本研究共发放问卷 445 份，回收问卷 431 份，回收率为 96.9%，剔除无效问卷 42 份，有效问卷 389 份，有效问卷率为 90.2%。剔除的标准为：(1) 有明显答题心向的问卷，如统一选择一个答案或按照明显的规律答题者。(2) 剔除缺失值有两个以上的问卷。

三、蒙古族青少年依恋发展状况

（一）蒙古族青少年依恋现状

首先，对蒙古族青少年依恋状况调查问卷结果进行总体描述性统计分析，(n=389)，结果见表 5-2。

表 5-2　蒙古族青少年依恋关系的平均数与标准差的比较（M±SD）

变量	平均数（M）	标准差（SD）	题项数（n）	每题平均分（m）
父亲信任	37.76	6.53	10	3.77
母亲信任	38.78	6.16	10	3.88
同伴信任	36.59	7.35	10	3.66
父亲沟通	28.67	6.86	9	3.19
母亲沟通	30.09	6.48	9	3.34
同伴沟通	27.91	6.20	8	3.49
父亲疏离	13.53	4.50	6	2.26
母亲疏离	13.34	4.33	6	2.22
同伴疏离	19.06	4.17	7	2.72
父亲依恋	79.95	10.43	25	3.20
母亲依恋	82.21	10.18	25	3.29
同伴依恋	83.56	11.73	25	3.24

注："疏离"维度的题项为反向记分，每题平均得分越低，表示疏离感越高。

从表 5-2 可知，蒙古族青少年三种依恋关系中，母亲依恋得分（m=3.29）高于同伴依恋和父亲依恋（m=3.24，m=3.20）。三种依恋关系比较发现，母亲信任每题平均得分最高（m=3.88），母亲疏离每题平均得分最低（m=2.22）。在沟通维度上，同伴沟通得分最高（m=3.66），父亲沟通得分最低（m=3.19）。

（二）蒙古族青少年依恋的差异与发展

1. 是否为独生子女的蒙古族青少年依恋差异比较

以蒙古族青少年是否为独生子女为自变量，分别以三个分量表各个维度为因变量进行t检验，结果如表5-3。

表5-3　是否为独生子女青少年的依恋特点及其差异显著性检验

	独生子女（n=209）		非独生子女（n=180）		Sig.	t
	M	SD	M	SD		
父亲信任	38.43	6.01	36.98	7.02	0.065	2.196
母亲信任	39.13	6.01	38.38	6.31	0.945	1.192
同伴信任	36.80	7.40	36.35	7.29	0.658	0.601
父亲沟通	29.19	6.76	28.06	6.95	0.828	1.627
母亲沟通	30.46	6.62	29.67	6.31	0.76	1.189
同伴沟通	28.03	6.27	27.76	6.12	0.744	0.432
父亲疏离	13.08	4.32	14.04	4.65	0.328	−2.11
母亲疏离	13.15	4.29	13.55	4.37	0.966	−0.91
同伴疏离	19.10	4.35	19.02	3.96	0.296	0.197
父亲依恋	80.71	10.05	79.08	10.82	0.405	1.534
母亲依恋	82.74	10.14	81.61	10.22	0.793	1.091
同伴依恋	83.93	11.72	83.13	11.77	0.313	0.674

注：M表示平均数，SD表示标准差，下同。

由表5-3可知，在依恋关系方面，蒙古族青少年是否为独生子女在父亲依恋、母亲依恋、同伴依恋的得分上并无显著差异。在三种依恋关系的具体维度上也没有显著差异。

2. 蒙古族青少年依恋的城乡差异比较

以蒙古族青少年城乡来源为自变量，分别以依恋关系三个分量表的各个维度为因变量进行t检验，结果如表5-4。

表5-4　蒙古族青少年依恋特点城乡差异显著性检验

	城市（n=215）		农村（n=174）		sig.	t
	M	SD	M	SD		
父亲信任	38.35	6.61	37.03	6.38	0.51	1.971
母亲信任	39.21	6.40	38.26	5.81	0.25	1.517
同伴信任	37.91	7.32	34.97	7.06	0.57	4.002
父亲沟通	29.07	7.26	28.17	6.32	0.01	1.272**

续表

	城市（n=215）		农村（n=174）		sig.	t
	M	SD	M	SD		
母亲沟通	30.74	6.97	29.29	5.75	0.02	2.202＊＊
同伴沟通	29.03	6.13	26.52	6.01	0.96	4.042
父亲疏离	13.29	4.32	13.82	4.71	0.54	−1.133
母亲疏离	13.22	4.34	13.48	4.31	0.48	−0.606
同伴疏离	19.03	4.33	19.10	3.98	0.26	−0.153
父亲依恋	80.71	10.62	79.02	10.15	0.23	1.58
母亲依恋	83.17	10.46	81.03	9.72	0.46	2.063
同伴依恋	85.97	11.00	80.59	11.96	0.39	4.613

注：＊p<0.05，＊＊p<0.01，＊＊＊p<0.001，下同。

由表5-4可知，在依恋关系方面，来自不同地区的蒙古族青少年在父亲依恋、母亲依恋、同伴依恋的总分上并无显著差异。从三种依恋关系的具体维度来看，来自不同地区的蒙古族青少年在父亲依恋——沟通的维度上存在显著差异（t=1.272，p<0.05），来自城市的蒙古族青少年父亲沟通得分（M=29.07）显著高于来自牧区的蒙古族青少年父亲沟通得分（M=28.17）；来自不同地区的蒙古族青少年在母亲依恋——沟通的维度上存在显著的差异（t=2.202，p<0.05），来自城市的蒙古族青少年母亲沟通得分（M=30.74）显著高于来自牧区的蒙古族青少年母亲沟通得分（M=29.29）。

3. 蒙古族青少年依恋的性别差异比较

以性别为自变量，分别以依恋关系三个分量表的各个维度为因变量进行t检验，结果如表5-5。

表5-5　不同性别青少年依恋的特点及其差异显著性检验

	男（n=190）		女（n=197）		Sig.	t
	M	SD	M	SD		
父亲信任	38.26	5.75	37.27	7.19	0.00	1.4925＊＊
母亲信任	38.89	5.79	38.68	6.50	0.137	0.348
同伴信任	36.19	7.51	36.97	7.18	0.555	−1.054
父亲沟通	29.39	6.48	27.97	7.16	0.049	2.043＊
母亲沟通	30.36	6.37	29.83	6.59	0.896	0.804
同伴沟通	27.33	6.12	28.46	6.23	0.477	−1.796

续表

	男（n=190）		女（n=197）		Sig.	t
	M	SD	M	SD		
父亲疏离	13.45	4.75	13.60	4.25	0.118	−0.342
母亲疏离	13.45	4.59	13.22	4.06	0.15	0.524
同伴疏离	19.18	3.79	18.94	4.52	0.051	0.565
父亲依恋	81.10	9.93	78.85	10.81	0.246	2.133
母亲依恋	82.71	10.39	81.73	9.97	0.464	0.946
同伴依恋	82.71	12.12	84.38	11.33	0.902	−1.406

由表5-5可知，在依恋关系方面，蒙古族男女生在父亲依恋、母亲依恋、同伴依恋的总分上并无显著差异。从三种依恋关系的具体维度来看，男女生在父亲依恋——信任的维度上存在显著差异（$t=1.492$，$p<0.05$），男生的父亲信任得分（$M=38.26$）显著高于女生父亲信任得分（$M=37.27$）；男女生在父亲依恋——沟通的维度上也有显著差异（$t=2.043$，$p<0.05$），男生的父亲沟通得分（$M=29.39$）显著高于女生父亲沟通得分（$M=27.97$）。

4. 蒙古族青少年依恋关系的年级差异及变化趋势

以年级为自变量，以三种依恋关系为因变量进行单因素方差分析，结果如表5-6。

表5-6　不同年级青少年依恋关系的方差分析

	SS	df	MS	F	Sig.
父亲依恋	3002.387	5	600.477	5.865	0.000***
母亲依恋	1716.896	5	343.379	3.419	0.005**
同伴依恋	2759.347	5	551.869	4.172	0.001**

由表5-6可知，蒙古族青少年父亲依恋在年级上存在非常显著的差异（$F(5, 381)=9.247$，$p<0.001$）；母亲依恋在年级上存在非常显著的差异（$F(5, 382)=5.722$，$p<0.001$）；同伴依恋在年级上存在非常显著的差异（$F(5, 383)=8.692$，$p<0.001$）。

对三种依恋关系进行事后比较发现，父亲依恋、母亲依恋和同伴依恋总分及各个维度得分，都存在显著差异，且都达到了统计学上的显著水平（见图5-1、5-2、5-3、5-4）。

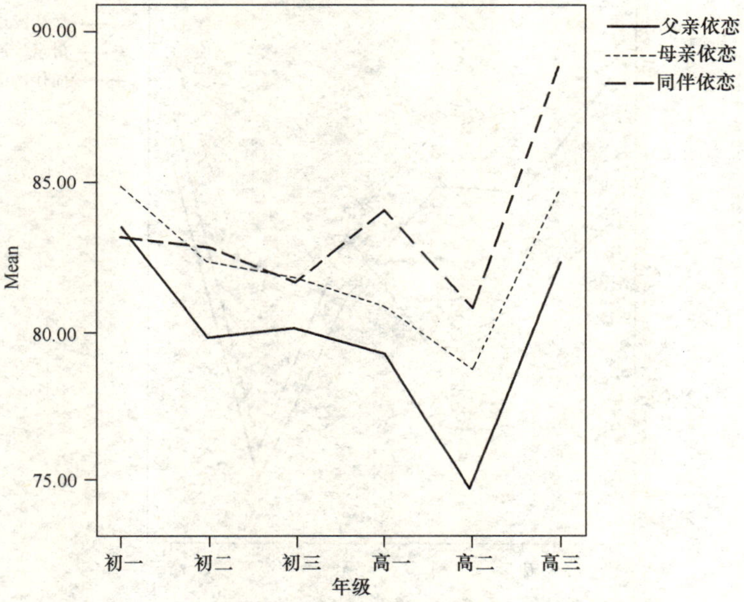

图 5-1 蒙古族青少年父母同伴依恋年级变化趋势

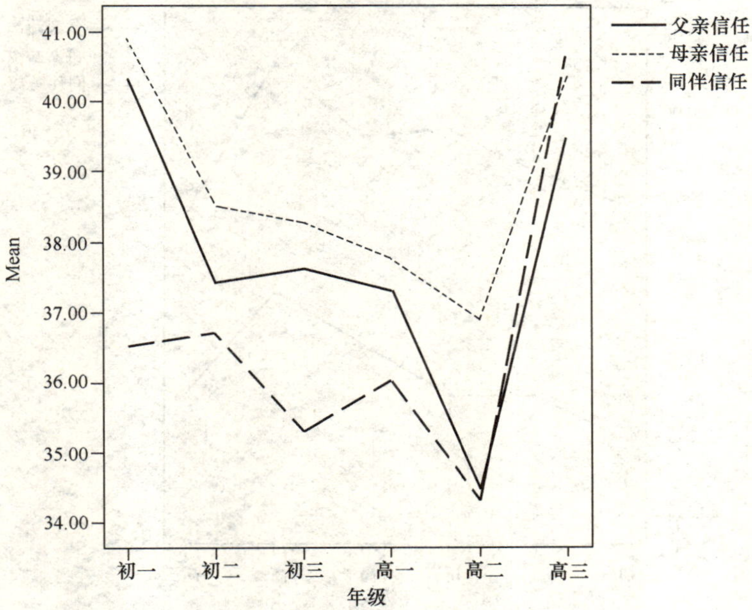

图 5-2 蒙古族青少年依恋—信任维度的年级变化趋势

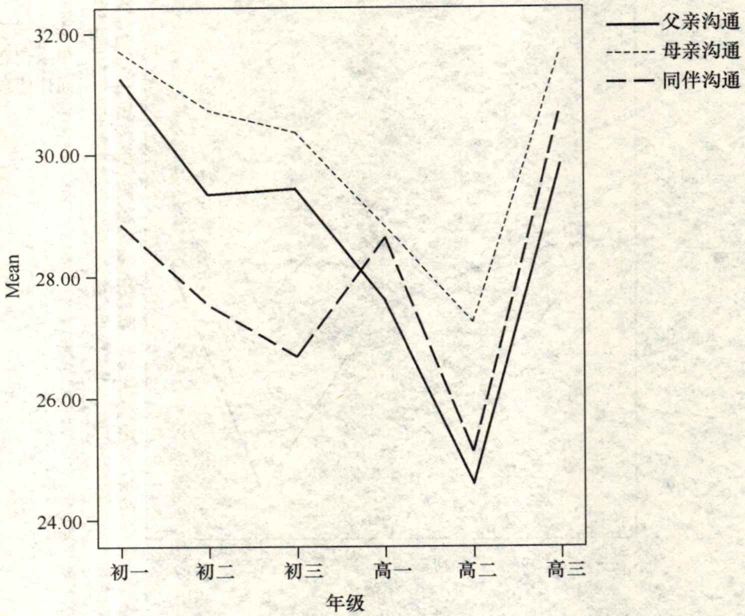

图 5-3 蒙古族青少年依恋—沟通维度的年级变化趋势

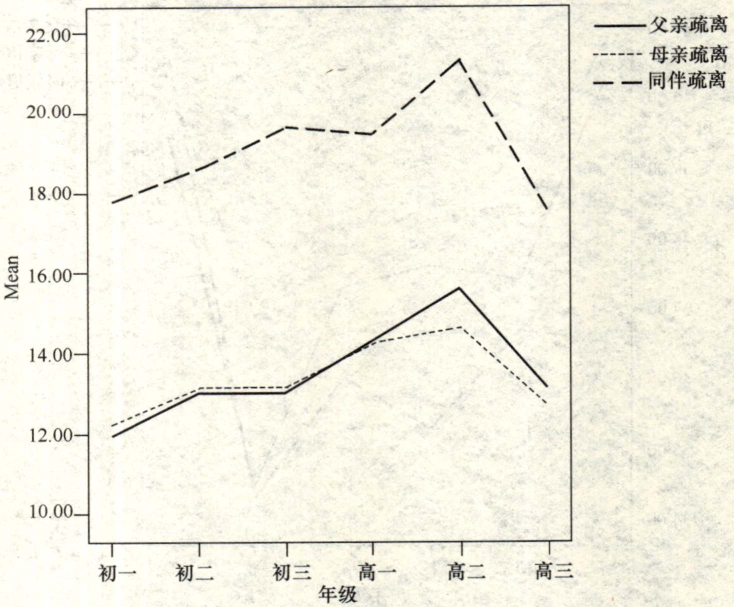

图 5-4 蒙古族青少年依恋—疏离维度的年级变化趋势

从三个分量表在年级上的变化趋势来看（如图 5-1），蒙古族青少年父亲依恋的变化趋势是先急剧下降后缓慢上升，然后又缓慢下降，在降到最低点后急剧上升到最高点；母亲依恋在初一时先缓慢下降，在高二时降到最低点，在高三时又上升到最高点；同伴依恋则是在初一时先下降，在初三达到一个低点后上升然后又下降，在高二降到最低点后又急剧上升。

在信任维度的得分上（如图 5-2），父亲信任得分先是急剧下降，然后缓慢上升，缓慢下降，急剧下降到最低点，最后急剧上升到最高点；母亲信任得分开始急剧下降，在初二到高二阶段缓慢下降，在高二达到最低点后呈现上升趋势；同伴信任是先上升后下降，再上升然后下降，在高二达到最低点后呈现上升趋势。

在沟通维度的得分上（如图 5-3），父母沟通都是先下降，然后缓慢上升，急剧下降到最低点后又开始急剧上升；同伴沟通是先下降，在初三达到一个低点后上升，下降到高二达到最低点后呈现上升趋势。

在疏离维度的得分上（如图 5-4），父母疏离维度得分呈现先缓慢上升后缓慢下降，然后在高二时升到最高点，最后急剧下降到最低点的总趋势；而同伴疏离得分是先缓慢上升后下降，在高一达到一个低点后又上升，在高二时升到最高点，最后急剧下降到最低点。

四、蒙古族青少年依恋和父母教养方式的相关研究

（一）蒙古族青少年父母、同伴依恋的相关分析

为了探讨蒙古族青少年依恋三个分量表和依恋总分之间的关系，对青少年依恋三个分量表的各维度和总分之间进行积差相关分析，结果见表 5-7。

表 5-7 青少年父亲依恋、母亲依恋、同伴依恋积差相关矩阵

	父亲信任	母亲信任	同伴信任	父亲沟通	母亲沟通	同伴沟通
父亲信任	1					
母亲信任	0.823 * *	1				
同伴信任	0.352 * *	0.351 * *	1			
父亲沟通	0.677 * *	0.531 * *	0.290 * *	1		
母亲沟通	0.546 * *	0.642 * *	0.325 * *	0.824 * *	1	
同伴沟通	0.372 * *	0.312 * *	0.812 * *	0.374 * *	0.338 * *	1
父亲疏离	−0.530 * *	−0.427 * *	−0.140 * *	−0.497 * *	−0.347 * *	−0.160 * *
母亲疏离	−0.460 * *	−0.470 * *	−0.137 * *	−0.389 * *	−0.380 * *	−0.118 *

续表

	父亲信任	母亲信任	同伴信任	父亲沟通	母亲沟通	同伴沟通
同伴疏离	−0.209**	−0.196**	−0.411**	−0.186**	−0.147**	−0.403**
父亲依恋	0.843**	0.680**	0.351**	0.867**	0.733**	0.410**
母亲依恋	0.650**	0.814**	0.361**	0.681**	0.864**	0.354**
同伴依恋	0.342**	0.315**	0.909**	0.313**	0.330**	0.893**
父亲疏离	1					
母亲疏离	0.903**	1				
同伴疏离	0.383**	0.376**	1			
父亲依恋	−0.228**	−0.155**	−0.088	1		
母亲依恋	−0.096	−0.102*	−0.052	0.812**	1	
同伴依恋	−0.036	−0.015	−0.114*	0.405**	0.394**	1

由表5-7可知，蒙古族青少年依恋各分量表中不同依恋维度的得分之间，几乎都达到了 $P<0.01$ 水平的极其显著相关，只有母亲依恋、同伴依恋和父母疏离维度得分没有统计学意义上的显著相关。其中，以同伴依恋与同伴信任相关最高（$r=0.909$）；其次是父亲疏离和母亲疏离之间的相关（$r=0.903$）；同伴依恋与同伴沟通之间的相关很高（$r=0.893$）；父亲信任与父亲沟通之间的相关也很高（$r=0.867$）。从整体而言，青少年父亲依恋、母亲依恋和同伴依恋三者之间有正相关，且达到了 $p<0.01$ 的极其显著水平。其中以父亲依恋与母亲依恋的相关为高（$r=0.812$）；同伴依恋和父母依恋的相关系数分别为0.405和0.394。

（二）父亲教养方式和蒙古族青少年依恋的相关分析

为了探讨蒙古族青少年依恋及其三个分量表与父亲教养方式之间的关系，对三个分量表的各维度及其总分与父亲教养方式进行积差相关分析，结果见表5-8。

表5-8 父亲教养方式、青少年依恋积差相关矩阵

变量	父亲温暖理解	父亲惩罚严厉	父亲过分干涉	父亲偏爱被试	父亲拒绝否认	父亲过度保护
父亲信任	0.682**	−0.330**	0.023	0.238**	−0.301**	0.002
母亲信任	0.541**	−0.347**	−0.051	0.154*	−0.347**	−0.104*
同伴信任	0.420**	−0.142**	0.107*	0.012	−0.076	0.031
父亲沟通	0.628**	−0.117*	0.224**	0.187**	−0.086	0.078
母亲沟通	0.502**	−0.151**	0.160**	0.105	−0.126*	0.021

续表

变量	父亲温暖理解	父亲惩罚严厉	父亲过分干涉	父亲偏爱被试	父亲拒绝否认	父亲过度保护
同伴沟通	0.390**	−0.051	0.174**	0.045	−0.016	0.096
父亲疏离	−0.357**	0.277**	0.072	−0.150*	0.284**	0.139**
母亲疏离	−0.252**	0.300**	0.150**	−0.078	0.296**	0.199**
同伴疏离	−0.214**	0.081	−0.038	−0.003	0.1	0.097
父亲依恋	0.687**	−0.164**	0.193**	0.207**	−0.123*	0.112*
母亲依恋	0.540**	−0.179**	0.134**	0.126*	−0.164**	0.035
同伴依恋	0.394**	−0.087	0.146**	0.03	−0.02	0.105*

由表5-8可知，父亲教养方式各个维度对蒙古族青少年三种依恋关系基本都达到统计学意义上的显著相关。在父亲教养方式各个维度中，父亲惩罚严厉与父亲拒绝否认间的相关最高（r＝0.767）。从父亲教养方式各个维度对依恋的影响来看，父亲温暖理解与蒙古族青少年父亲依恋、母亲依恋和同伴依恋呈显著正相关（r＝0.687，r＝0.540，r＝0.394），说明父亲温暖理解对蒙古族青少年的三种依恋关系有很大影响。父亲惩罚严厉与蒙古族青少年父、母信任间呈显著负相关（r＝−0.347，r＝−0.330）。

（三）母亲教养方式和蒙古族青少年依恋的相关分析

为了探讨蒙古族青少年依恋及其三个分量表与母亲教养方式之间的关系，对三个分量表的各维度及其总分与母亲教养方式进行积差相关分析。结果见表5-9。

表5-9　母亲教养方式、青少年依恋积差相关矩阵

变量	母亲温暖理解	母亲惩罚严厉	母亲过分干涉保护	母亲偏爱被试	母亲拒绝否认
父亲信任	0.624**	−0.295**	−0.049	0.179**	−0.365**
母亲信任	0.649**	−0.371**	−0.095	0.134*	−0.457**
同伴信任	0.463**	−0.170**	0.074	0.022	−0.139**
父亲沟通	0.538**	−0.145**	0.152**	0.161**	−0.232**
母亲沟通	0.586**	−0.210**	0.157**	0.119	−0.270**
同伴沟通	0.391**	−0.083	0.126*	0.063	−0.058
父亲疏离	−0.300**	0.254**	0.190**	−0.1	0.340**
母亲疏离	−0.298**	0.315**	0.245**	−0.055	0.357**
同伴疏离	−0.205**	0.122*	0.094	−0.004	0.137**
父亲依恋	0.615**	−0.170**	0.150**	0.174**	−0.235**
母亲依恋	0.640**	−0.224**	0.146**	0.134*	−0.296**
同伴依恋	0.424**	−0.107*	0.147**	0.045	−0.069

由表5-9可知，母亲教养方式各个维度对蒙古族青少年三种依恋关系基本都达到统计学意义上的显著相关，在母亲教养方式各个维度中，以母亲惩罚严厉和母亲拒绝否认间的相关最高（r=0.747）。就母亲教养方式各个维度对依恋的影响来看，蒙古族青少年父亲依恋、母亲依恋和同伴依恋与母亲温暖理解呈显著正相关（r=0.615，r=0.640，r=0.424），说明母亲温暖理解对蒙古族青少年的三种依恋关系有很大影响。母亲惩罚严厉与蒙古族青少年母亲信任呈显著负相关（r=－0.371）。母亲拒绝否认与青少年母亲信任间呈显著负相关（r=－0.457）。

五、父母教养方式对蒙古族青少年依恋的影响

（一）父亲教养方式对蒙古族青少年父亲依恋的回归分析

父亲依恋包括父亲信任、父亲沟通和父亲疏离三个维度，分别以父亲依恋及其三个维度作为因变量，以蒙古族青少年的父亲温暖理解、父亲惩罚严厉、父亲过分干涉、父亲过度保护、父亲偏爱被试和父亲拒绝否认作为自变量，采用逐步回归法进行回归分析（见表5-10）。最后得出各自的回归方程：$Y_{父亲信任}=18.018+0.423X_{父亲温暖理解}-0.488X_{父亲拒绝否认}+0.264X_{父亲偏爱被试}$；$Y_{父亲沟通}=8.427+0.481X_{父亲温暖理解}-0.357X_{父亲过度保护}$；$Y_{父亲疏离}=18.126-0.128X_{父亲温暖理解}+0.215X_{父亲惩罚严厉}-0.184X_{父亲偏爱被试}$；$Y_{父亲依恋}=41.038+0.76X_{父亲温暖理解}$，这些回归方程都通过了显著性检验。从表5-10中也可以看出父亲温暖理解、父亲拒绝否认和父亲偏爱被试三个因子可以解释父亲信任52.7%的变异量；父亲温暖理解和父亲过度保护可以解释父亲沟通41.7%的变异量；父亲温暖理解、父亲惩罚严厉和父亲偏爱被试三个因子可以解释父亲疏离19.4%的变异量；父亲温暖理解可以解释父亲依恋47.7%的变异量。

表5-10 父亲教养方式各维度对父亲依恋的回归结果

	进入方程的因子	R	R^2	F	Beta	t
父亲信任	父亲温暖理解	0.726	0.527	97.207***	0.423	13.278***
	父亲拒绝否认				−0.488	−5.347***
	父亲偏爱被试				0.264	2.954**
父亲沟通	父亲温暖理解	0.646	0.417	93.943***	0.481	13.642***
	父亲过度保护				−0.357	−2.689**
父亲疏离	父亲温暖理解	0.203	0.194	22.267***	−0.128	−4.41***

续表

	进入方程的因子	R	R^2	F	Beta	t
	父亲惩罚严厉				0.215	4.882***
	父亲偏爱被试				−0.184	−2.275*
父亲依恋	父亲温暖理解	0.691	0.477	240.6***	0.76	15.511***

（二）母亲教养方式对蒙古族青少年母亲依恋的回归分析

母亲依恋包括母亲信任、母亲沟通和母亲疏离三个维度，分别以母亲依恋及其三个维度作为因变量，以蒙古族青少年的母亲温暖理解、母亲惩罚严厉、母亲过分干涉过度保护、母亲偏爱被试和母亲拒绝否认作为自变量，采用逐步回归法进行回归分析（见表 5-11），最后得出各自的回归方程：$Y_{母亲信任}=24.32+0.384X_{母亲温暖理解}-0.297X_{母亲拒绝否认}-0.122X_{母亲过分干涉保护}+0.178X_{母亲偏爱被试}$；$Y_{母亲沟通}=11.384+0.376X_{母亲温暖理解}-0.168X_{母亲拒绝否认}$；$Y_{母亲疏离}=12.076+0.18X_{母亲拒绝否认}-0.105X_{母亲温暖理解}+0.126X_{母亲过分干涉保护}$；$Y_{母亲依恋}=48.052+0.676X_{母亲温暖理解}-0.549X_{母亲拒绝否认}+0.326X_{母亲惩罚严厉}$，这些回归方程都通过了显著性检验。从表 5-11 中也可以看出母亲温暖理解、母亲拒绝否认、母亲过分干涉过度保护和母亲偏爱被试四个因子可以解释母亲信任 51.2%的变异量；母亲温暖理解和母亲拒绝否认可以解释父亲沟通 35%的变异量；母亲拒绝否认、母亲温暖理解和母亲过分干涉过度保护三个因子可以解释母亲疏离 16%的变异量；母亲温暖理解、母亲拒绝否认和母亲惩罚严厉可以解释母亲依恋 45.7%的变异量。

表 5-11 母亲教养方式各维度对母亲依恋的回归结果

	进入方程的因子	R	R^2	F	Beta	t
母亲信任	母亲温暖理解	0.716	0.512	68.214***	0.384	10.888***
	母亲拒绝否认				−0.297	−3.756***
	母亲过分干涉保护				−0.122	−2.268*
	母亲偏爱被试				0.178	2.23*
母亲沟通	母亲温暖理解	0.592	0.35	70.624***	0.376	10***
	母亲拒绝否认				−0.168	−2.231*
母亲疏离	母亲拒绝否认	0.399	0.16	16.52***	0.18	2.39*
	母亲温暖理解				−0.105	−3.145**
	母亲过干涉过保护				0.126	2.457*
母亲依恋	母亲温暖理解	0.676	0.457	73.339***	0.676	12.61***
	母亲拒绝否认				−0.549	−3.369***
	母亲惩罚严厉				0.326	2.419*

（三）父母教养方式对蒙古族青少年同伴依恋的回归分析

1. 父亲教养方式对蒙古族青少年同伴依恋的回归分析

同伴依恋包括同伴信任、同伴沟通和同伴疏离三个维度，分别以同伴依恋及其三个维度作为因变量，以蒙古族青少年的父亲温暖理解、父亲惩罚严厉、父亲过分干涉、父亲过度保护、父亲偏爱被试和父亲拒绝否认作为自变量，采用逐步回归法进行回归分析（见表 5-12），最后得出各自的回归方程：$Y_{\text{同伴信任}}=20.894+0.302X_{\text{父亲温暖理解}}$；$Y_{\text{同伴沟通}}=15.129+0.2246X_{\text{父亲温暖理解}}$；$Y_{\text{同伴疏离}}=22.139-0.062X_{\text{父亲温暖理解}}$；$Y_{\text{同伴依恋}}=58.162+0.487X_{\text{父亲温暖理解}}$，这些回归方程都通过了显著性检验。从表 4-11 中也可以看出，进入同伴依恋回归方程的只有父亲温暖理解一个因子，父亲温暖理解对同伴依恋的各个维度影响都很大。具体来看，父亲温暖理解可以解释同伴信任 15.9％的变异量；父亲温暖理解可以解释同伴沟通 14.1％的变异量；父亲温暖理解可以解释同伴疏离 1.9％的变异量；父亲温暖理解可以解释同伴依恋 15.4％的变异量。

表 5-12　父亲教养方式各维度对同伴依恋的回归结果

	进入方程的因子	R	R^2	F	Beta	t
同伴信任	父亲温暖理解	0.398	0.159	49.832***	0.302	7.059***
同伴沟通	父亲温暖理解	0.376	0.141	43.455***	0.246	6.592***
同伴疏离	父亲温暖理解	0.139	0.019	5.229***	−0.062	−2.287*
同伴依恋	父亲温暖理解	0.392	0.154	48.047***	0.487	6.932***

2. 母亲教养方式对蒙古族青少年同伴依恋的回归分析

分别以同伴依恋及其三个维度作为因变量，以蒙古族青少年的母亲温暖理解、母亲惩罚严厉、母亲过分干涉过度保护、母亲偏爱被试和母亲拒绝否认作为自变量，采用逐步回归法进行回归分析（见表 5-13），最后得出各自的回归方程：$Y_{\text{同伴信任}}=17.393+0.347X_{\text{母亲温暖理解}}$；$Y_{\text{同伴沟通}}=13.528+0.261X_{\text{母亲温暖理解}}$；$Y_{\text{同伴疏离}}=17.077+0.144X_{\text{母亲拒绝否认}}$；$Y_{\text{同伴依恋}}=52.917+0.553X_{\text{母亲温暖理解}}$，这些回归方程都通过了显著性检验。从表 5-13 中也可以看出，进入同伴依恋回归方程的有母亲温暖理解和母亲拒绝否认两个因子，母亲温暖理解对同伴依恋的各个维度影响及同伴依恋的影响都很大。具体来看，母亲温暖理解可以解释同伴信任 19.4％的变异量；母亲温暖理解可以解释同伴沟通 14.9％的变异量；母亲拒绝否认可以解释同伴疏离 2.5％的变异量；母亲温暖理解可以解释同伴依恋 18.4％的变异量。

表 5-13 母亲教养方式各维度对同伴依恋的回归结果

	进入方程的因子	R	R^2	F	Beta	t
同伴信任	母亲温暖理解	0.441	0.194	63.397 ***	0.347	7.962 ***
同伴沟通	母亲温暖理解	0.386	0.149	45.907 ***	0.261	6.775 ***
同伴疏离	母亲拒绝否认	0.157	0.025	6.675 ***	0.144	2.584 *
同伴依恋	母亲温暖理解	0.429	0.184	59.275 ***	0.553	7.699 ***

3. 父母教养方式对蒙古族青少年同伴依恋的回归分析

综合以上分析结果，分别以同伴依恋及其三个维度作为因变量，以蒙古族青少年的父母教养方式 11 个维度：父亲温暖理解、父亲惩罚严厉、父亲过分干涉、父亲过度保护、父亲偏爱被试和父亲拒绝与母亲温暖理解、母亲惩罚严厉、母亲过分干涉过度保护、母亲偏爱被试和母亲拒绝否认作为自变量，采用逐步回归法进行回归分析，从表 5-14 可以看到，父母教养方式对影响同伴依恋的回归分析中，同伴依恋的三个维度以及同伴依恋总分都只有母亲的教养方式进入回归方程，最后得出各自的回归方程：

$Y_{同伴信任}=17.247+0.351X_{母亲温暖理解}$；$Y_{同伴沟通}=13.406+0.264X_{母亲温暖理解}$；$Y_{同伴疏离}=17.057+0.144X_{母亲拒绝否认}$；$Y_{同伴依恋}=52.688+0.558X_{母亲温暖理解}$。

从表 5-14 中可以看出，父母教养方式 11 个维度都作为自变量，但进入同伴依恋回归方程的只有母亲温暖理解和母亲拒绝否认两个因子，跟母亲教养方式单独作为自变量对同伴依恋的回归分析结果相似。具体来看，母亲温暖理解可以解释同伴信任 19.9％的变异量；母亲温暖理解可以解释同伴沟通 15.3％的变异量；母亲拒绝否认可以解释同伴疏离 2.5％的变异量；母亲温暖理解可以解释同伴依恋 18.9％的变异量。

表 4-14 父母教养方式各维度对同伴依恋的回归结果

	进入方程的因子	R	R^2	F	Beta	t
同伴信任	母亲温暖理解	0.447	0.199	65.262 ***	0.351	8.078 ***
同伴沟通	母亲温暖理解	0.391	0.153	47.281 ***	0.264	6.876 ***
同伴疏离	母亲拒绝否认	0.158	0.025	6.72 ***	0.144	2.592 *
同伴依恋	母亲温暖理解	0.434	0.189	60.907 ***	0.558	7.804 ***

第四节　蒙古族青少年依恋发展研究

一、蒙古族青少年依恋状况

通过对呼和浩特市蒙古族中学生的依恋状况调查，从各维度平均得分我们可以对青少年依恋的现状作一个整体的推测和分析：

蒙古族青少年依恋关系的总体状况良好，在与父母、同伴的信任和沟通上，介于“有时这样”和“经常这样”之间；在与父母、同伴的疏远上，介于“不总是这样”和“有时这样”之间。

总体来看，蒙古族青少年的母亲依恋总分高于同伴依恋和父亲依恋。从依恋各个维度来看，蒙古族青少年对母亲的信任程度高于父亲和同伴；而在沟通的维度中，蒙古族青少年与同伴的沟通要好于父亲和母亲；在疏离维度中，母亲疏离每题平均得分低于父亲疏离和同伴疏离的平均分（疏离维度是反向计分，得分越高表示依恋程度越低）。这显示出蒙古族青少年与母亲的安全依恋情况，这和国内的一些研究结果不太一致。张咏梅关于青少年依恋及与人际信任关系的研究发现：“母亲依恋、父亲依恋和同伴依恋之间差异显著，同伴依恋明显高于父母依恋”①。这提示了一种文化上的差异，蒙古族家庭中，无论是父亲还是母亲都对其子女表现出了比汉族父母更多的情感温暖和理解，其原因是多方面的，但主要原因是由于文化差异②。蒙古族子女与父母的关系更强调一种理解和沟通，尤其是母子之间交流较好，而蒙古族传统文化中父亲角色更强调“尊严”和“权威”。所以，蒙古族青少年母亲依恋的质量要高于父亲依恋和同伴依恋。在沟通维度中，可能由于本研究调查对象所在的学校是住宿学校，有研究表明：住校的初中生大部分时间生活在学校，很少走出校门，这就使得住校的初中生在居住环境上比非住校的初中生封闭一些。住校生与同伴交往的时间、频率远远超过非住校生，他们彼此了解程度更深，蒙古族青少年与同伴有更多机会进行沟通和交流，使得个体更容易与同伴保持良好的关系。

值得注意的是，蒙古族青少年在父亲沟通维度上的每题平均得分比其

---

① 张咏梅：《青少年依恋及其与人及信任的关系研究》，苏州大学硕士学位论文，2006。

② 利爱娟、郑莉君：《内蒙古地区蒙汉族大学生父母教养方式研究》，《边疆经济与文化》，2006（10）：110。

他两个分量表的得分略低，说明蒙古族青少年与父亲的沟通质量跟母亲和同伴比起来要稍差一些。这一点与以往的研究结果相一致，即青少年与母亲的沟通质量优于与父亲的沟通质量①。有研究者指出，青少年和他们的父母都认为母亲比父亲更多地参与了对孩子的管教。有理由认为，在蒙古族家庭中子女和母亲的情感联结多于父亲，母亲在沟通的主动性和沟通的频率方面都要高于父亲，与母亲的沟通更加容易和开放；而与父亲的沟通频率比较低，所以得分也比较低。

二、蒙古族青少年依恋发展特点

本研究发现，蒙古族青少年的依恋关系在整个青春期有系统的阶段性变化。总体来看，蒙古族青少年的三种依恋关系在初中阶段保持相对稳定，而在高中阶段都出现了较大的波动，三种依恋关系在高二都出现一个明显的转折。

具体来看，父母依恋在两个变化阶段都呈现先降后升的总体趋势，不同的是，在初中阶段变化比较平稳，而在高中阶段变化比较急剧。蒙古族青少年的同伴依恋在初中阶段逐渐下降，在高二降到最低点后又急剧上升。下面从各个阶段对三种依恋呈现的变化做具体分析。

初一时父母依恋处于较高的水平，其原因可能是：初一年级的蒙古族青少年自我意识还不是很强，与父母的关系仍然比较亲密，且带有儿童期依恋的特点，他们喜欢与父母分享自己的经历和感受，在挫折时会立刻想到寻求父母的支持。另一方面，初一正好处于小学到初中的过渡阶段，父母给予的关心和支持也相对较多，在沟通方面也比较积极主动。而蒙古族青少年的同伴依恋质量在初一时并不是很高，究其原因可能是青少年由小学升入初中，对于新环境还不适应，并没有结成新的、稳固的同伴关系，所以更多的情感依赖还是投向于父母。

初二阶段，父母依恋水平较初一时有较大幅度的下降，其原因可能是：初二年级的蒙古族青少年逐渐适应了新的校园环境，与父母的依赖也逐渐淡化，与日俱增的独立意识使他们更少地求助父母，把更多的精力用于结交新朋友，开始和同伴进行更多的交流，分享对事物的看法和感受。而同伴依恋水平基本没有变化，这说明青少年又形成了新的同伴关系，开

---

① 安伯欣：《父母教养方式、亲子沟通与青少年社会适应的关系研究》，陕西师范大学，2004。

始和同伴保持亲密的关系。

有研究表明，“在青少年期这个阶段，父母依恋的质量会出现很大的变化，而同伴依恋却很稳定”①。这也说明这一时期的青少年通过摆脱与父母之间的依恋来获得自我的独立感，而同伴的作用恰恰弥补了与父母疏远后情感上的空白，这在蒙古族初中生依恋发展上表现得非常明显。

初三阶段，蒙古族青少年与父亲的依恋有上升的趋势，而与母亲和同伴的依恋都呈现缓慢下降的趋势，分析其原因：初三是青少年经历的一个转折点，面临考高中、选择文理科等较为重要的问题，蒙古族家庭的父亲扮演着比较权威的角色，能更多地给予孩子一种力量。受社会大环境的影响，初三的青少年正逢升高中的年龄，学业压力很大，来自学校和家长的双重压力使他们无暇顾及与同伴的关系和沟通，所以与同伴的依恋关系出现了下降的趋势。

高一阶段，蒙古族青少年与父母的依恋呈现下降的趋势，而同伴的依恋却上升到了一个高点。分析原因，刚刚升入高中的蒙古族青少年逐渐有了成人感，独立意识更加增强，具备了独立解决问题的能力，所以对父母的依恋亲密程度降低，依恋水平下降。但是，进入青春中期的青少年依旧要面对适应新环境、应对繁重课业、结识新同学等必须解决的问题，所以蒙古族青少年和同伴做更多的交流，分享对事物的看法和感受，向同龄人求助来解决自己的困惑。

高二阶段，蒙古族青少年与父母和同伴的依恋都处于低谷时期，可能与青春期特定的年龄特点以及内外因素都有很大关系。16 岁正是发展心理学上的“第二逆反期”，他们的“自我意识增强，要求独立、自主的愿望强烈，想努力打破与父母亲在行为上的依恋”②，以此来表现自己已经是一个成人，所以青少年在挫折时不寻求父母的支持，而是会有意躲避父母的束缚，在日常生活中经常处于一种与父母抵触的情绪状态中，与父母的疏远程度高（如图 5-4）。另外从图 5-1 中还可以看到，青少年与同伴的关系也处于低谷，得到同伴的支持相应地较少，此一阶段的蒙古族青少年与父母和同伴的关系处于特殊的艰难时期。也就是说，此时的学生无论是与父母的依恋关系还是与同伴的依恋关系的安全性都较低，且父母依恋和同伴

---

① 宋海荣：《青少年依恋、自尊及其二者关系的发展性研究》，华东师范大学硕士学位论文，2004。

② 林崇德、李庆安：《青少年期身心发展特点》，北京师范大学学报（社会科学版），2005，1：48—56。

依恋具有一定程度的一致性。

高三阶段，蒙古族青少年与父母和同伴的依恋开始急剧上升，从图中可以看出，青少年和父母的依恋都恢复到了初一的水平，而和同伴的依恋却超过了初一的水平。已有研究表明，青春期开始的对父母去理想化是青少年发展同一性和独立感所必须经历的，但这一时期的青少年并不具备完全独立的能力，随着认知、情感等的发展，在经历了青少年中期的冲突以后，个体开始更为成熟地思考与父母和同伴的关系，发现自己仍然强烈地需要父母在重要生活选择上帮助他们做出决策，认识到真正的自主并不是与父母完全的脱离或叛逆，而是双方的互动与妥协，因而随后亲子依恋有所回升并达到平稳。本研究与已有研究结果一致。高三阶段的青少年的逻辑思维和自我同一性都已经发展健全，开始站在父母的角度思考问题，思维也更加成人化，在理解父母的基础上开始缓和与父母的关系，和父母交流自己的想法、观点及内心感受，跟父母谈论自己的理想。但不得不考虑的是，自改革开放 30 年以来，中国发生了巨大的变化，父母和孩子所处的时代和环境的差异非常大，这导致两代人之间的代沟是很严重的。况且，青少年每天与同龄人在一起的时间更多，而且他们认为和同龄人更有共同语言，交流起来更容易得到理解和支持。所以，蒙古族青少年和同伴的依恋比父母依恋水平高，高三阶段的同伴依恋也是六个年级同伴依恋的最高水平。

三、蒙古族青少年依恋的差异与发展

（一）蒙古族青少年依恋在独生子女上的差异

在依恋关系方面，蒙古族青少年是否为独生子女，在父亲依恋、母亲依恋、同伴依恋的得分上并无显著差异。在三种依恋关系的各个具体维度上也没有显著的差异。

（二）蒙古族青少年依恋的生源地差异

来自不同地区的蒙古族青少年在父母依恋和同伴依恋的总分上没有显著差异。就依恋的具体维度而言，蒙古族青少年的父亲沟通和母亲沟通都存在显著差异，来自城市的蒙古族青少年父母沟通的得分都显著高于来自牧区的青少年的父母沟通得分。张文新（1997）对城乡父母教养方式进行比较分析时也发现：我国城市青少年的父母对子女的教育相对更全面、自觉和科学，其精力和物质投入也更大，表现在教养方式上给子女的温暖多，要求也多，其中城市父亲的情感温暖与理解显著高于农村父亲[①]。由此可以认为，城市的蒙古族青少年与父母的沟通质量要好于牧区的蒙古族青少年沟通质量。这种结果可能与城市环境和父母教养方式有关。

（三）蒙古族青少年依恋的性别差异

在依恋关系方面，蒙古族男女生在父亲依恋、母亲依恋、同伴依恋的得分上并无显著差异。从三种依恋关系的具体维度来看，男女生在父亲信任和父亲沟通的维度上有非常显著的差异，男生在父亲信任和父亲沟通维度上的得分都显著高于女生在这两个维度上的得分。这和已有的研究结果不太一致[②③]。

本研究发现父亲信任维度的性别差异显著，男生与父亲信任水平好于女生。一般来说，蒙古族男生对父亲的信任远超过母亲，这与蒙古族的文化有密切关系。蒙古族传统文化中，父亲在家庭中具有绝对的威信，父亲是整个家庭的支柱，父亲一直是蒙古族男孩心目中的英雄，所以，蒙古族男生更愿意与父亲讨论自己成长中遇到的各种问题，把父亲当作获得支持和引导的重要来源。

本研究还发现，蒙古族男生与父亲的沟通水平要高于女生。这可能是由于传统观念的影响，处在青春期的女生，变得更加敏感和脆弱，所以和善解人意的母亲更亲密。此外，蒙古族家庭教育中，男孩和父亲之间是无话不谈的，父亲承担教育男孩子的任务，要把他们培养成祖先一样的英雄，在个体成长的过程中，父亲对男孩在生活上的照顾和成长的培养是不可或缺的，这样就使得蒙古族男生与父亲有更好的沟通。

在本研究中，母亲和同伴依恋的各个维度没有发现性别差异。

四、蒙古族青少年三种依恋间的关系及其与父母教养方式的关系分析

（一）蒙古族青少年父母同伴依恋的相关分析

从统计分析结果可知，蒙古族青少年父亲依恋、母亲依恋和同伴依恋三者之间呈正相关，其中，以蒙古族青少年父亲依恋和母亲依恋间相关最强，达到了极其显著的水平。并且父亲依恋、母亲依恋和同伴依恋三者之

---

① 张文新：《城乡青少年父母教育方式的比较研究》，《心理发展与教育》，1997（3）。

② 朱海东：《青少年依恋与社交焦虑的关系研究》，西南大学硕士学位论文，2008。

③ 尚秀华：《青少年依恋、自我概念与学业成就的关系》，东北师范大学硕士学位论文，2007。

间的相关也很高，同样达到了极其显著的水平。这与国内的研究结果一致①②，即父亲和母亲依恋有强相关，两者都与同伴依恋有积极的相关。就依恋各分量表中不同依恋维度的得分而言，以同伴依恋与同伴信任相关最高；其次是父亲疏离和母亲疏离之间的相关；同伴依恋与同伴沟通、父亲信任与父亲沟通之间的相关也很高。

以往研究也表明，青少年早期与父母所建立的依恋关系，应该与其个人后期所建立的依恋关系呈正相关；并且与父母形成不安全依恋的个体，很难超越这种父母关系中的困难，从而建立成功的同伴关系。这也说明父母及同伴这两种关系并不是彼此相互竞争或对立的，良好的家庭关系是同伴关系的基础，二者的交互作用对青少年的成长产生合并性的影响。这也支持了 Bowbly 的依恋理论观点，即青少年在早期与父母的互动过程中建立反映与父母依恋关系的“内部工作模型”会影响到个体日后与他人建立的亲密关系。

（二）父母教养方式和蒙古族青少年依恋的相关分析

总的来说，父母教养方式各个维度对蒙古族青少年三种依恋关系基本都达到统计学意义上的显著相关。具体来看，在父母教养方式各个维度中，父亲温暖理解、母亲温暖理解与蒙古族青少年父亲依恋、母亲依恋和同伴依恋间的相关都很高，说明父、母亲温暖理解与蒙古族青少年的三种依恋关系密切。已有研究表明，温暖、和睦、互助或冷漠、疏远、拒绝，都对儿童的成长具有潜移默化的影响。“父母对子女温暖的照顾，并以合理的方式养育子女，其子女多形成安全型依恋风格”③。父母对孩子表示情感上的爱与温暖信任，理解尊重孩子，对孩子宽容，能给予孩子足够的支持与帮助，孩子更容易形成安全的依恋关系。

同时本研究还发现，蒙古族青少年父亲信任、母亲信任与父亲惩罚严厉呈显著负相关；蒙古族青少年母亲信任与母亲惩罚严厉和母亲拒绝否认呈显著负相关。这说明父母对孩子的惩罚过于严厉，母亲经常否定、干涉孩子的行为，会影响孩子形成安全的依恋关系。

（三）父母教养方式对蒙古族青少年依恋的影响作用分析

---

① 尚秀华：《青少年依恋、自我概念与学业成就的关系》，东北师范大学硕士学位论文，2007。

② 史朝霞：《青少年依恋发展性研究》，南京师范大学硕士学位论文，2006。

③ 安芹：《影响儿童依恋风格形成的家庭因素》，《中国临床心理学杂志》2001，9（4）：314。

1. 父亲教养方式和蒙古族青少年父亲依恋之间的关系

本研究运用回归分析方法探讨了父母教养方式对蒙古族青少年依恋的影响作用，回归分析结果表明：父亲温暖理解是蒙古族青少年父亲依恋的正向预测因子，也就是说，父亲温暖理解对蒙古族青少年父亲依恋起到积极的影响作用。

具体来看，父亲温暖理解、偏爱被试、拒绝否认三个因子是蒙古族青少年父亲信任的预测因子。父亲温暖理解和偏爱被试的标准回归系数是正值，这表明父亲给予子女更多的温暖、理解、情感支持，对子女更多的偏爱可以预测父子信任的程度和父子依恋的质量，而父亲拒绝否认的标准回归系数是负值，表明父亲对孩子的拒绝否认降低了父子间的信任程度，也影响了父子依恋的质量。

父亲温暖理解和过度保护两个因子是蒙古族青少年父亲信任的预测因子。父亲温暖理解的标准回归系数是正值，父亲过度保护的标准回归系数是负值。表明父亲更多的温暖理解可以促使蒙古族青少年与父亲有更良好的沟通，而父亲对孩子的过度保护却被孩子认为是对他们独立能力的否定和不信任，从而影响了父子间的沟通。

父亲温暖理解、惩罚严厉和偏爱被试三个因子对蒙古族青少年父亲疏离维度有一定的预测作用，父亲惩罚严厉对父亲疏离的预测作用是正向的，而父亲温暖理解和偏爱被试对父亲疏离的预测作用是反向的。

2. 母亲教养方式和蒙古族青少年母亲依恋之间的关系

对母亲教养方式与蒙古族青少年母亲依恋的关系进行分析时发现，母亲温暖理解和母亲拒绝否认两个因子对蒙古族青少年母亲依恋总分及各个维度都有一定的预测作用。根据回归方程可以得出结论：在影响蒙古族青少年与母亲的依恋质量的因素中，母亲的温暖理解起到的积极作用是最大的，而母亲的拒绝否认起到的消极影响作用也很大。

具体来看，母亲温暖理解、偏爱被试、拒绝否认和过分干涉过度保护四个因子进入了母亲信任维度的回归方程。母亲温暖理解和偏爱被试的标准回归系数是正值，母亲拒绝否认和过分干涉过度保护的标准回归系数是负值，这说明母亲给予子女更多的温暖理解和对子女更多的偏爱可以预测母子信任的程度和母子依恋的质量，而母亲拒绝否认、过度的干涉和保护都降低了蒙古族青少年对母亲的信任。

母亲温暖理解和拒绝否认两个因子对母亲依恋—沟通维度有一定的预测作用，母亲更多的温暖理解可以促使蒙古族青少年与母亲有更良好的沟通，而母亲对孩子的拒绝和否认却被孩子认为是对自己所作所为的不理解，从而影响了母子间的沟通；母亲温暖理解、惩罚严厉和过度的干涉和保护三个因子是母亲疏离维度的预测因子，母亲惩罚严厉和过度的干涉和保护对母亲疏离的预测作用是正向的，而母亲温暖理解对母亲疏离的预测作用是反向的。

3. 父母教养方式和蒙古族青少年同伴依恋之间的关系

对父母教养方式与蒙古族青少年同伴依恋间的关系进行回归分析，进入同伴依恋回归方程的父亲教养方式只有父亲温暖理解一个因子，而进入方程的母亲教养方式的影响因子却有温暖理解和拒绝否认两个因子，父、母温暖理解的标准回归系数是正值，母亲拒绝否认的标准回归系数是负值。

以上结果说明，父母温暖理解对同伴依恋的总分及各个维度影响都很大，父亲更多的温暖理解可以使蒙古族青少年与同伴之间有更多的信任、良好的沟通和更少的疏离。母亲更多的温暖理解可以使蒙古族青少年与同伴之间有更多的信任和良好的沟通；而母亲更多的拒绝否认会使蒙古族青少年与同伴更加疏离。

进一步的回归分析发现，对比父亲教养方式对同伴依恋的影响来看，母亲教养方式对蒙古族青少年同伴依恋起到更大的作用，在影响蒙古族青少年与同伴的依恋质量的因素中，母亲的温暖理解起到极大的积极作用。

五、有待研究的问题

依恋行为对人一生的发展都有很重要的作用，本研究在一定程度上揭示了蒙古族青少年依恋发展的状况，并将父母教养方式与青少年依恋结合起来研究，收集了一些初步的资料，在许多方面还值得进一步的探讨和研究。

1. 本研究的调查对象主要是呼和浩特市蒙古族青少年，还缺少农村牧区青少年的被试，被试的一般性和典型性有待提高。

2. 所用的测量工具是修订的父母和同伴依恋问卷（IPPA），虽然此问卷具有较好的信效度，但许多具体题目还应该针对少数民族的具体情况进行更准确的表述及修订，希望以后能有机会进行更深入的研究，提高问卷的信效度，为考察少数民族的依恋行为提供良好的工具和尺度。

3. 本研究仅采用了问卷调查法收集数据，而且仅从学生的角度考察教养方式和依恋，只是一个侧面，使得信息搜集不全面，还应该有针对父母的调查和细致的观察记录做补充，以后应采用多种研究方法，如访谈法、观察法、个案研究等，不同的研究工具的使用也许会得出不太相同的结果，所以建议用更多的测量指标去测量青少年的依恋，将更有利于研究结论的推广。

4. 本研究采用的是横断研究，对于依恋的年级发展趋势等问题，采用纵向研究将更富有说服力。对于横断研究来说，由于是采用问卷调查的方法，所以必须以谨慎的态度对待青少年依恋发展和其影响因素的因果关系的推测。

5. 影响青少年依恋发展的因素有很多，父母教养方式只是影响因素之一，其他环境因素、社会文化因素等都会对青少年依恋造成影响，所以在后续研究中建议选取更多的变量，并且可以增加中间变量进行研究，研究它们与青少年依恋之间的关系。

参 考 文 献

［1］ 林崇德：《发展心理学》，人民教育出版社 1995 年版。

［2］ 张文新：《儿童社会性发展研究》，北京师范大学出版社 1999 年版。

［3］ 王振宇主编：《儿童心理发展理论》，华东师范大学出版社 2000 年版。

［4］ 安晶卉、张建新、王黎：《青少年依恋问卷初步编制》，《中国心理卫生杂志》，2004，18(11)：760—762。

［5］ 胡平、孟昭兰：《依恋研究的新进展》，《心理学动态》，2000.8(2)：31。

［6］ 陈丽君、程利国：《青少年依恋发展特点的初步研究》，《成都大学学报》，2007，21(8)。

［7］ 王勍、程利国：《父母教养方式研究综述》，《当代教育论坛》，2007(7)：32。

［8］《父母教养方式评价量表》，心理卫生评定量表手册，161-167。

［9］ 陈会昌、梁兰芝：《亲子依恋研究的进展》，《心理学动态》，2000，8(1)：29-34.

［10］ Verschueren K.，Marcoen A. Representation of self and social emotional competence in kindergartners：differential and combined effects of attachments to mother and father[J]. Child Development. 1999，70：183-201.

［11］ Lieberman M.，Doyle A.，Markiewicz D. Developmental patterns in security of attachment to mother and father in late childhood and early adolescence：associations with peers relations[J]. Child Development. 1999，70：202-213.

［12］ 于海琴、周宗奎：《小学高年级儿童亲子依恋的发展及其与同伴交往的关系》，《心理发展与教育》，2002，4：36-40。

［13］ 于海琴、周宗奎：《儿童的两种亲密人际关系：亲子依恋与友谊》，《心理科学》，

2004，27(1)：143-144。

[14] 李菲茗：《成人依恋问卷(AAQ3.1)初步试用》，《中国临床心理学杂志》，2001，9(3)：190-192。

[15] 张镇、李幼穗：《亲子依恋质量的影响因素述评》，《天津师范大学学报》(社会科学版)，2003，167(2)：71-76。

[16] Perris C，Andersson P：Experiences of parental rearing and patterns of attachment in adulthood，Clinical Psychology and Psychotherapy. 2000，7：279-288.

[17] 李同归：《母亲的依恋类型与教养方式的相关性研究》，《中国行为医学科学》，2006，2：149-150.

[18] 利爱娟、郑莉君：《内蒙古地区蒙汉族大学生父母教养方式研究》，《边疆经济与文化》，2006(10)：108。

[19] 王莉：《国外父亲教养方式研究的进展与趋势》，《心理科学进展》，2005，13(3)：290-297。

[20] 刘建清：《儿童的依恋行为与社会性发展》，《学前教育研究》，2002：48-50。

[21] 王争艳、刘迎泽、杨叶：《依恋内部工作模式的研究概述及探讨》，《心理科学进展》，2005，13(5)：629-639。

[22] 蒋奖：《父母教养方式与青少年行为问题关系的研究》，《健康心理学杂志》，2004：12(4)

[23] 吴放、邹泓：《儿童依恋行为分类卡片中文版的修订》，《心理发展与教育》，1994，23(2)：24-29。

第六章　影响蒙古族初中学生学业成绩的性格因素研究

性格是个体最鲜明、最重要的、区别于他人的个性心理特征。它是在各种实际活动中逐渐形成的，并对实际活动产生一定的积极或消极的作用（燕国材，1998）①。性格虽然不会决定学习是否发生，但它却会影响学生的学习方式，从而影响学习的速度和质量。良好的态度、情绪、意志和理智等性格特征有助于增强学生的学习信心，获得情感上的满足，提高对未来学习的志向水平，学习更加勤奋，有助于学业成功。此外，性格的性别差异又会影响学生对学习内容的选择（皮连生，1996）②。可见，性格对学习活动起着十分重要的启动、控制、维持与调节的作用，从而间接地影响着人们的学习效率。小学六年级（相当于初一年级）是性格因素上升或下降的趋势非常显著的时期。我国学生性格的理智特征在初二至高一之间出现了迅速发展的时期，表现在学生思维的灵活性和思维的权衡性方面有着突飞猛进的变化，从初二开始多方面权衡利弊；小学六年级（年龄相当于初一年级）情绪特征出现发展高峰；性格的意志特征则在初二以后才出现迅速发展的时期。由此可以表明初中时期是学生诸多性格因素发展的变化期，他们的求知欲快速发展，情绪体验增强，而自制力却显著下降，思维有固着性，对人对事非常敏感，却又不能进行良好的自我调节，所以其性格发展处于一种非常矛盾和严重不平衡之中（刘明、王顺兴）。对初中学生的性格特征与学业成绩的关系研究，也就引起了教育者们的重视。本章主要详细阐述一项影响初中学生学业成绩的性格特征的研究。

---

① 燕国材：《学习心理学》，警官教育出版社 1998 年版，第 187 页。

② 皮连生主编，《学与教的心理学》，华东师范大学出版社 1997 年版，第 288 页。

第一节　性格研究概述

一、性格

（一）性格概念的界定

英语中性格一词（Character）源于希腊语“Charakter”，原为雕刻，后转意为标记、记号、特点、特色，广义指人或事物互相区别的特性。性格心理学的研究表明，不同的心理学家在确定性格的概念时有不同的理解。在西方的许多心理学教科书中，把性格（Character）与人格（Personality）视为同义语。我国大部分心理学家把性格作为个性的一个方面来理解，并指出了性格本身的特点。从人格整体特点出发，应该承认性格是组成个性的核心特征；从性格的结构特征上来看，它也包括了一个人整体精神生活的方方面面。而且，性格也跟一个人的外显行为有更多的联系，在实际生活中也比较容易确定。可见，性格是一个人对现实的态度和行为方式的统一体。然而，并不是任何对现实的态度和行为方式都可称为性格，只有当一个人的某种态度在他的生活历程中形成了稳固的态度体系，某种行为方式在他的生活历程中习惯化了，与某种态度相适应，并且为一个人所特有的时候，才构成一个人的性格，才成为他个性的组成部分。一个人的性格具有独特性、稳定性、动态性和调控性的特征。它在一个人的生活活动中留下痕迹，打上烙印。因此，人们掌握了一个人的性格特征以后，就可以把他和别人区别开来，并且可以预知这个人在一定情况下会表现出什么样的态度，会采取什么样的行动，会产生什么样的行为后果。

所以，我国心理学家大都认为，性格是具有核心意义的个性心理特征，它最能表征一个人的个性差异。性格是指人对现实的稳定态度和习惯化了的行为方式中所表现出来的个性心理特征。它是一个人的心理面貌本质属性的独特结合，是人与人相互区别的主要方面。

（二）性格研究的发展

在西方，性格的研究可以追溯到古希腊时代。“性格”一词最早使用并概括其特征的是公元前 4 至前 3 世纪西奥斯菲拉斯塔(Theophrastus)的《性格》一书，是迄今所知最早的关于性格问题的专著。16 世纪法国学者毛拉利斯特等人通过日常观察，对人的性格作了较深入的了解，并记载在《随想录》和《箴言集》等书中。对性格有组织的、运用一定科学方法的研究开始于19世纪中叶，德国学者班森(L. Bahnsan)是最早以“性格学”题名著书的人，在书中他还从病因学角度说明性格的起源和原则，并用直观的方法去研究、分析性格。20世纪以后，关于性格的研究发展很快，1910年克拉格(L. Klages)的《书相学的问题》和《性格学的原理》相继出版，尤其是精神病学的发展，涉及很多性格问题，推动了性格心理学的发展。

概括而言，国外关于性格的研究主要集中于以下几方面：1. 性格的实质和结构。学者们试图把性格的基本组成部分或基本特性划分出来，并确定它们在性格结构中的地位，找出它们之间的关系，以便了解人的性格。2. 性格类型说。心理学家们基于某种原理把各种各样的人，按其相似的性格特点作若干分类，产生了各种不同的类型论。3. 性格特质论。特质论者认为性格是由许多要素构成的，他们通过对可观察到的各种表面的性格特征进行因素分析，从而找到深层的特质。4. 性格形成的因素。一般的研究都从性格的生理因素和环境因素两方面进行研究。5. 性格测量。经常用于测定性格的方法有：行为观察法、自然实验法、谈话法、调查法（包括活动产品分析、问卷调查）、性格测量等[①]。

我国学者对性格问题的关注，可以追溯到古代，我国古籍如《四书》、《五经》、《左传》、《史记》都有关于性格问题的论述。两千多年以前孔子把人的性格划分为：“中行”、“狂者”和“狷者”三类型。春秋战国时代的百家争鸣的一个重要方面就是关于性善性恶之争。关于后天环境对性格的影响，有“江山易改，禀性难移”的不变观点和“近朱者赤，近墨者黑”的可塑性观点等等。公元3世纪三国时的刘劭在他的《人物志》一书中对人的性格作了系统的论述，他把人的性格划分为12种类型，认为人与人之间的性格差异悬殊。

我国近年来对性格的研究也有所进展。早在20世纪30年代，我国著名心理学家肖孝嵘曾用马士通（Marston）人格评定量表对我国4—14岁儿童内外倾情况进行了研究；80年代，刘明、王顺兴等人用问卷法研究了我国儿童青少年性格的年龄发展趋势，表明我国儿童青少年性格发展的水平随年龄增长呈由低到高的发展趋势，性格特征的各个方面的发展趋势也是有差异的。在这期间，除了发表的论文以外，1988年出版了高友德主编的《性格心理论》，这是我国第一本论述性格心理问题的专著。

---

① 关树文：《儿童个性发展心理研究》，内蒙古师范大学教育系、内蒙古师范大学教科所，1991年，第175—176页。

总结起来，我国的性格研究主要集中在以下几方面：1. 通过对同卵和异卵双生子的研究，探讨遗传与环境对儿童性格发展的影响。2. 通过对独生子女各种性格特点的研究，探讨独生子女性格特异性问题。3. 使用各种量表，对儿童青少年性格特点进行比较研究。4. 对儿童青少年性格特征的年龄发展趋势研究和对影响儿童青少年性格的某些社会因素的定量分析。①

（三）性格的特征

性格是一个十分复杂的心理构成物，它包含着各个侧面，有各种不同的性格特征。性格特征就是性格的各个不同方面的特征，主要包括四个部分：

1. 性格的态度特征

人接受现实生活的影响，总是以一定的态度予以反应，而客观对象和现象是多种多样的，因此，人对现实进行反应时，性格的态度特征也是多种多样的。包括对社会、集体、他人的态度的特征，主要有集体主义、富于同情心、诚实或虚伪、冷酷无情等；对工作和劳动的态度的特征，主要有勤劳或懒惰、有责任心或粗心、创新或墨守成规等；对自己的态度的特征，主要有谦虚或自负、自尊或自卑、大方或羞怯等。

2. 性格的意志特征

人自觉地调节自己的行为方式和水平的性格特征，包括对行为目的明确程度的特征，如目的性或盲目性、独立性或易受暗示性、纪律性或放纵性等；对行为的自觉控制水平的特征，有主动性或自制力等；对自己做出决定贯彻执行方面的特征，有恒心、坚韧性、执拗、顽固性等；在紧急状态或困难情况下表现的意志特征，主要有勇敢、果断、镇定和顽强等。

3. 性格的情绪特征

情绪是人对客观现实的一种特殊反映形式，是主体依据客观事物对人的不同意义而产生的对该种事物的不同态度，在主观世界中产生肯定或否定的体验。人的情绪态度影响着他的全部活动，当人对情绪的控制具有某种稳定的、经常表现的特点时，就构成了一个人性格的情绪特征。主要包括：强度特征，表现为情绪对人的行为活动的感染程度，以及情感受意志控制程度；稳定性特征，表现为情绪起伏和波动程度；持久性特征，表现为情绪对身体、生活及工作影响的久暂程度；主导心境特征，表现为情绪对人的身心稳定持久的影响而形成的心境状态，如有的人经常处于精神饱

① 关树文：《儿童个性发展心理研究》，内蒙古师范大学教育系、内蒙古师范大学教科所，1991年，第177—178页。

满、欢乐愉快之中；有的人可能是经常抑郁消沉的，不同的人体现出不同的主导心境的性格特征。

4. 性格的理智特征

是指人在认知过程中的性格特征，在感知、记忆、思维、想象等认知方面的个人特征。主要包括感知方面，如主动观察和被动观察等；记忆方面如直观形象型和逻辑思维型、识记的快慢之分；保持上有长短之分等；想象方面包括主动想象和被动想象之分、大胆想象和想象受限之分；思维方面包括偏好分析和偏好综合之分、独立性和依赖性之分。

性格的各个特征不是简单的堆砌，而是有机地结合在一起，使性格结构具有动力性特征。性格的各个特征之间相互联系，彼此制约；性格随着人的活动的多样性而表现出多变性，尽管一个人始终有他自己的性格特征，但在不同的活动场合，性格特征之间有不同的结合；性格是在长期生活实践中逐渐形成的，一旦形成就比较稳定，但也不是一成不变的，人的性格具有可塑性。

二、性格与学业成绩

学生所有复杂的智力活动，不管他们自己是否能清楚地意识到，事实上都有他们相应的性格心理因素的参与，并影响学生智力活动的质量以及他们的学业成绩。

在性格的态度特征中，学生对待学习是否认真、刻苦、有计划，对作业是否细心，是否坚持钻研，能否富有创造性地解决问题，这些都将影响到学生的学习结果。智力上不相上下的学生，由于学习态度的不同，他们取得的学业成绩也会有很大的差异；性格的意志特征主要从学生自己调节行为的依据、调节水平和意志力表现三方面来分析的。学习的意志力是学生为达到既定的学习目标而自觉努力的程度，是学生意志品质方面的心理力量。主要看学生是否有顽强毅力，是否不怕挫折和失败，是否能坚持不懈、顽强进取等等；情绪的强度、稳定性、持久性等也将对学生的学习活动产生影响。学生是否经常处于欢乐愉快、活泼开朗的心境中，还是处于抑郁沉闷中，情绪是稳定而持久，还是容易起伏波动，都将影响学生的学习坚持性和成功的可能性；性格的理智特征表现在学习活动中就是学生的智力差异在性格上的表现，比如有的学生倾向于全面整体地分析问题，有的则倾向于局部细致地解决问题；有的喜欢开创性地独立思考，有的学生则喜欢直接模仿、照搬例题。根据学生的思维类型的不同，可分为不同的类型：形象记忆型、抽象记忆型，或者是中间型。同时思维类型的不同，也决定了在智力活动上的差异，这些差异将直接影响学生的学习活动。

性格因素对提高学习质量和促进智力发展有重要作用，并日益受到人们的关注。国内外心理学工作者对性格对学习的功能以及影响学生学习和智力发展的性格特征，进行了广泛的研究。

（一）性格对学习的功能

概括起来，性格对学习具有调节功能、控制功能、维持功能和补偿功能。

性格的调节功能表现为改变学习态度，协调学习动机，稳定学习情绪，提高心智活动水平。一个人的生活原则、对现实的态度决定其学习态度。如果学生有明确的学习目的，他就会以自觉积极的态度投入学习，保持高昂的学习情绪、持久的学习兴趣和高度的思维积极性，这无疑会提高心智活动水平。

性格对学习的控制功能，主要是指性格可以加快或延缓、加强或减弱心理活动，可以积极地对自己的学习进行反馈，对自己的学习进行自我监督、自我核对和自我校正。

性格对学习的维持功能，是指性格因素能够帮助学生始终不渝地进行学习。学习是艰苦的劳动，在通往学习成功的道路上布满了荆棘，在学习过程中，耐心的观察、持久的注意、艰苦的记忆、积极的想象、周密的思考等，都需要坚强的性格特征来加以维持。

性格对学习还具有补偿功能。所谓补偿功能，是指性格因素能够弥补智力和能力的某些方面的缺陷或不足。比如，学生在学习过程中的责任感、坚持性、主动性、缜密性和自信心等性格特征，都可以使学生克服因知识基础差而带来的能力上的不足，发挥非智力因素的积极作用，取得优良的学习成绩（李铮、姚本先，2001）①。

（二）国外研究

最初关于性格和学习关系的研究，是包括性格因素在内的非智力因素水平的高低与学业成绩优劣的研究。对非智力因素的早期研究，认为天赋高的儿童除智力以外，其他方面都比普通的正常儿童要差。天才儿童总被认为是身体虚弱、病态、情绪不稳定、神经过敏、性情古怪和离群独处的

---

① 李铮、姚本先：《心理学新论》，高等教育出版社2001年版，第58页。

人（章永生，1996）[①]。直到20世纪50年代以后的研究，才否定了早期研究的观点，如布雷（O. W. Bray）在他的《天才研究中的一些问题》一书中认为，人的杰出成就的产生是能力、个性和环境三种因素有力配合的结果，个性的不同方面与各种能力结合后会导致有高度成就的特性“结合体”。许多研究者注意到天赋高的儿童在情绪和心理上具有很高的稳定性，还具有幽默感、独创性、好奇心和新异感；在礼貌、纪律、自我批评、合作性、独立性和敏感性诸方面都超过一般儿童。Covington认为学习无能儿童和智力障碍儿童之所以解决问题水平低下，不仅仅是由于智力水平低，同时还存在着动机障碍，他们对自我有消极的看法，在学习时表现出较高的焦虑和无助性，并丧失了解决困难问题的动力。

有研究认为，包括性格特征等在内的非智力因素水平的高低是造成学业成绩优劣的最主要原因（Leino，J. Linstedt，J. P1989）。学习态度、焦虑、意志都与学生的学业成绩有密切的关系；包达列夫的研究表明，学生对一门学科的态度会在他的知觉、思维、记忆和想象等心理特性上留下痕迹。学生缺乏积极的态度，就会阻碍他的活动潜能的发展。他们认为成功的取得与热烈的情感是分不开的，冷漠无情的人是不可能成为一个创造者的；韦克斯勒认为内驱力、情绪稳定性和坚持性等人格特征对学生学业成绩有重大作用。美国斯坦福大学心理学家推孟曾对1528名智力超常儿童的成才情况进行了系统的追踪研究，并对800名男性被试中成就最大的160名和成就最小的160名进行比较，发现两组被试最明显的差别是坚持性、自信性、有恒性等性格特征的不同；特尔曼和西尔斯对1000名智力超常儿童也进行了系统的追踪研究，他们发现被试中有些人成就很小，有些人则有很大的成就，根据这些人成就的大小，把他们两组进行比较，发现这些人的智力仍高于一般人并且彼此相近，但他们之间最显著的差异是在意志特征方面：有成就的人意志坚强，而无成就的人大多意志薄弱。

性格因素对学业成绩有重要的影响（Blickle，G1996）。美国心理学家高夫（H. G. Gough）运用加利福尼亚州心理调查表（简称CPI）就性格因素和学业成绩之间的关系进行研究，结果发现，支配性（DO）、上进心（Re）、社会化（SD）、宽容性（TO）、遵循成就（AC）、独立成就（Ai）和智能效率（Ze）等8种由CPI测量的性格特征与中学生的学业成绩之间存在着高相关（$r=0.29-0.44$）。

---

① 章永生著：《教育心理学》，河北教育出版社1996年版，第220—222页。

（三）国内研究

近几十年来，国内心理学工作者对性格在学业成绩中的作用进行了比较研究，这些研究涉及不同地区、不同民族的学生进行的性格和学业有关的测试，对性格在学习过程或学业成绩中所起的作用进行了相关研究。

林崇德等(1996)对学生的非智力因素(包括性格因素在内)与学业成绩之间的关系进行了考查，结果发现，学业成绩与学习目的性、计划性、意志力和兴趣的相关也达到了非常显著的程度(P＜0.01)。章永生的研究(1996)表明学业成绩各科均为优秀，排在全年级前五名的学生，他们具有抱负水平高、自强不息、坚持不懈、情绪稳定、求知欲高、对学习颇感兴趣、自我控制力强、对人热情等良好的性格特征；而成绩低的学生，他们没有求知欲望，对学习不感兴趣，没有高抱负，不能严格要求自己，自制力差，易受暗示，有阿谀奉承、盛气凌人、自信心不足的表现，因此这些差别使他们的智力优势不能发挥出来，学习成绩不好；智力和入学考分中等的人，性格特征为审慎、冷静、理智、自立自强、不依赖别人，学习上采用“笨鸟先飞”的方法，后来他们的学业成绩名列前茅；而智商较高、性格特征为顺从、缺乏信心、畏缩退却、不愿独立创新、学习上表现为喜安逸、只求过得去的学生，结果学业成绩处于全班中下的水平。张履祥等的研究(1994)也表明学业成绩优良的学生在显示性、独立性、敢为性、怀疑性、克制性、缜密性上的得分，明显高于成绩不良学生(P＜0.01)；而在幻想上成绩优良学生的得分明显低于成绩不良学生(P＜0.01)。上海师范大学的芮仁杰等人(1997)对1058名中学生的性格与学业成绩的关系进行了测查，其结论是：中学生的性格与学业成绩呈一定相关，且初中学生的相关程度高于高中学生；性格的4种品质(统一性、功效性、独立性、创造性)均与学业成绩呈正相关，但与创造性的相关率最低。

关于国内的研究可以概括为以下几方面：

1. 关于情绪稳定性与学业成绩的相关。情绪（神经质）对学习的影响很大，学业成绩好的学生，多数情绪较稳定；学生情绪越稳定、越理智、学业成绩越好；学生情绪易激动，敏感、感情用事，学业成绩就越差（罗清旭，1998）[①]；具有情绪不稳定、焦虑、紧张、易怒等心理障碍性格特点

① 罗清旭：《五邑大学学生智力、个性特征与学习成绩的相关调查报告》，《五邑大学学报》1998年第2期，第62页。

者学业成绩差（张理义，1994）[①]；情绪稳定性（N）与学业成绩呈明显正相关（初永华，1997）[②]；学习上焦虑、烦恼、孤独等倾向都可降低智力效率，影响学业成绩（张理义，1994，丁树荣，1995）[③]。

2. 关于性格的内外倾与学生的学业成绩是否相关的研究，主要表现为三方面：①内外倾与学生的学业成绩无关。学生性格结构中的认知风格、个性特质、态度倾向和意志品质四项对学生学业成绩均产生很大影响，而"外倾性－内倾性"则与学生的学业成绩不相关（张佩华、穆毅，1996）[④]。②内向者不能协调处理矛盾，影响学业成绩，而外向者学业成绩较好。个性外向稳定或倾向于外向稳定及乐群性强的人学业成绩好；过度内向的学生常不能发泄自我与外环境的矛盾，存在着内心矛盾的不可自解性，心理上不成熟，容易表现出对正常环境的约束、要求、限制等不协调的心理倾向，从而影响学业成绩（张理义，1994）[⑤]。③性格较为谨慎的学生学业成绩较好。成绩好的学生谨慎性程度相对较高，而外向者相对较低而影响成绩（霍金芝，1995）[⑥]；学业成绩优良的大学生有较强的自我约束、自我管理能力，较能把精力集中在学业上，但性格偏内向，对周围的人或事过于敏感，抗挫能力弱，心理健康水平欠佳；学业成绩落后的大学生自我管理能力较差，缺乏自信心，难以集中精力于学业，且思维能力欠强，心理健康水平欠佳（宋专茂等人2002）[⑦]；成绩好与学习成绩差的学生在谨慎性和外向性方面差异显著。成绩好的学生谨慎性程度相对较高，而外向性程度相对较低（钮丽丽等人，2001）[⑧]。

3. 关于有哪些性格特征影响学生学业成绩以及性别差异的研究。好胜

---

①⑤ 张理义：《学习成绩与青少年个性特征及有关因素的研究》，《中国校医》1994年第1卷第8期，第19页。

② 初永华：《学业成绩与相关因素分析》，《中国校医》1997年第11卷第5期，第399页。

③ 丁树荣：《中学生心理健康状况及其与学业成绩的调查研究》，《中国学校卫生》1995年第16卷第4期，第259页。

④ 张佩华、穆毅：《非智力因素和家庭因素对学习成绩的影响》，《当代青年研究》1996年第1期，第26页。

⑥ 霍金芝：《个性特征与早期问题行为》，《中国社会医学》1995年第49卷第4期，第46页。

⑦ 宋专茂、吴强、赵风雪：《大学生学习成绩与16PF测定相关分析》，《中国心理卫生杂志》2002年第2期，第121页。

⑧ 钮丽丽、周燕、周晖：《中学生人格发展特点的研究》，《心理科学》2001年第24卷第4期，第506页。

心因素（高恃强性、高敢为性和高独立性）和沉稳因素（高稳定性、低兴奋性、高有恒性和低幻想性）是影响中小学生学业成绩的两项主要人格变量（钱含芬，1996）[①]；学业优秀男生的性格特征是聪明、情绪稳定、好强固执、独立积极、冒险敢为、自主、信赖随和、有自信心等；学业优秀女生的主要性格特征是外向、乐群、情绪稳定、好强固执、独立积极、有恒负责、冒险敢为、理智、安详随和、有自信心等（刘晓茹，1997）[②]；影响男生学业成绩的人格因素有实现性（Q1）、世故性（W）、有恒性（G）、敢为性（H）和聪慧性（B）；影响女生学业成绩的主要人格因素有怀疑性（L）和乐群性（A）（吴海棣等人 1996）[③]。项和平（1998）测试了 498 名高中生，结果表明：优差生在乐群性（A）、实验性（Q1）、独立性（Q2）、自律性（Q3）、紧张性（Q4）等方面有显著性差异。

隋光远曾考查了大学生成绩低的学生和成绩高的学生在性格特质的强度上有哪些异同。结果表明，具有同样学业成绩的人，聪慧性不一定相同，聪慧性低的人可以用较高的恃强性和紧张性弥补；女生人格特质的敢为性、兴奋性、世故性和忧虑性的差异是导致其学业成绩差异的主要原因；男生高成绩者社交活动较少；女生低成绩组比男生低成绩组聪慧性差，因此，取得同样的成绩，前者比后者需做更大的努力。莫平、徐学俊（1998）也考查了学业成绩好、学业成绩差的学生的性格，指出：学业成绩好的学生看问题比较客观，能理智地对待现实，学习细致认真，行为小心谨慎，而且诚实可信，合作乐群，积极参与有组织的活动，能较好地控制时间和精力；而学业成绩差的学生看问题比较主观，对现实的适应性差，学习粗心大意，行为不拘小节，而且敏感猜疑攻击性强。[④]

4. 关于学科成绩是否受性格因素的影响以及受哪些因素影响的研究。我国学者查子秀等人对中学超常儿童的个性特征的测验分数与其各学科成绩及其总分计算了相关系数，发现抱负、独立性、好胜心、坚持性、求知欲及自我意识六个方面与学科总成绩具有显著或非常显著的相关，但与各科成绩的

---

① 钱含芬：《学生心理素质与学业成就的相关研究》，《心理发展与教育》1996 年第 1 期，第 38 页。

② 刘晓茹：《学业优秀学生个性特征研究》，《沈阳体育学院学报》1997 年第 4 期，第 34 页。

③ 吴海棣等：《中学生人格因素与学习成绩关系的探讨》，《中国学校卫生》1996 年第 17 卷第 4 期，第 280 页

④ 莫平、徐学俊：《中、小学生性格发展与培养实验报告》，《江西教育科研》1998 年 2 期，第 49 页。

相关不完全一致。李洪正、何一粟的研究（1994）表明乐群性、稳定性、有恒性、自律性、恃强性等性格特征与语文、数学学业成绩都存在着显著相关；高华、彭新波（2000）的研究结果表明：独立性、好奇心和进取心与学生的语文、数学成绩关系密切。[①] 张锋等人（1995）的研究发现进取心、求知欲、责任感、自觉性、坚持性和独立性等性格因素与学生的考试成绩具有非常显著的正相关，学业成绩优秀的学生相对于学业成绩中等和不良的学生，在这些性格因素上具有明显的优势；其中对语文、数学均产生积极影响的性格特质有知识性、敏捷性、进取性、荣誉感；只对语文产生积极影响的性格特质是自觉性；只对数学成绩产生积极影响的性格特质有自制性、客观性。

三、影响蒙古族初中生学业成绩的性格特征研究的目的

（一）影响蒙古族初中生学业成绩的性格特征研究的目的

从文献资料中可以看出，国内外研究者也对此进行了多方面研究，并取得了一定的成果，但这些工作还远远不够，况且以往的研究还比较笼统，在性格的内外倾是否影响学生的学业成绩以及怎样影响上还存有很大分歧；关于学科成绩是否受性格因素的影响以及受哪些因素影响的结论也存在着不一致。尤其是影响初中学生学业成绩的性格研究报告不多。另外，我国是一个多民族的国家，拥有多种亚文化，文化因素对个体心理发展的影响在许多研究中都有所反应。在特定的文化氛围中，经社会化过程，一个人所形成的个性心理品质（包括具有特色的个性倾向、性格特征、道德品质等）就成为其所在社会文化的一种体现（Valsiner，1987）。蒙古族是我国少数民族中人口众多、历史悠久、勤劳勇敢和富有智慧的民族，它拥有灿烂的文化，形成了优秀的文化传统。那么蒙古族初中学生的性格特征对学业成绩会产生怎样的影响呢？同其他地区的研究结果是否一致？为了回答这一问题，本研究将研究对象选定于内蒙古地区的蒙古族初中学生，希望能为本地区的民族教育发展提供一些理论依据。况且以往的研究中，大都是对影响学业成绩的性格特征进行分别论述，而在性格结构层面上对其进行综合分析的几乎没有。然而，个人的各种性格特征并不是

---

① 高华、彭新波：《小学生性格发展的测验研究》，《湘潭师范学院学报》2000年第3期，第140页。

孤立的、毫无联系的；而是相互联系、相互制约的（黄希庭，1997）。[①] 因此本研究拟将从结构层面角度出发通过实证研究，对蒙古族初中学生的性格特征与学业成绩的相关问题进行具体深入的探讨，旨在探索性格与学业成绩间的具有规律性的关系，希望能为家长和教育工作者提供具体教育、教学的理论依据和较为实用的方法、途径。

（二）研究假设

1. 初中学生性格结构中的一些因素对他们的学业成绩具有明显影响。

2. 性格特质对不同学科的学业成绩的影响既有共同性，也有差异性。

3. 学业高成绩者和学业低成绩者在性格特征上存在显著差异。

4. 学业高成绩者和学业低成绩者在性格特征上存在显著的性别差异。

5. 学生的性格特征对学业成绩有一定的预测作用。

第二节　影响蒙古族初中生学业成绩的性格特征研究

一、研究被试的选取

被试来自于呼和浩特市蒙古族学校、通辽市科尔沁左翼后旗甘旗卡蒙古族实验学校、锡林郭勒盟西乌珠穆沁旗蒙古族学校。笔者在每个学校随机选取初中三个年级（以下简称为初一、初二、初三）各两个班的学生为被试，共计 750 名。各年级被试人数的选取基本相同，男女人数也基本均等。问卷收回后，剔除全选相同答案、背景材料填写不完整等无效问卷，获得有效问卷共 728 份。被试的分布情况如表 6-1：

表 6-1　被试分布情况

	男	女	合计
初一	110	131	241
初二	112	124	236
初三	138	113	251
合计	360	368	728

二、研究方法

1. 本研究主要采用由沙毓英、张锋等编制的《学生性格量表》（11—18岁）(CSPS)，以班级为单位，利用自习时间团体施测，统一指导语，要求学

① 黄希庭主编：《心理学》，上海教育出版社 1997 年版，第 46 页。

生独立完成问卷。主试对学生在文字或意思上的提问作了必要的解释。由于民族地区的特殊性和差异性，本研究在专家指导下对此问卷进行了部分题目的修改，使之较为符合内蒙古地区蒙古族学生的生活习俗和具体情况。

为了考察该问卷的有效性，本研究按比例随机分层抽样 102 名被试，并计算了被试特质之间的相关系数。结果发现，在被测的性格特质中绝大部分特质之间呈低相关，说明绝大部分特质是性格独立的因素，但有些特质的相关系数的绝对值在 0.4～0.64 之间，说明这些特质之间具有一定的内在关系。

本研究对被试的 24 种特质得分进行了主成分分析，抽取出特征值大于 1 的五个因素，解释率为 48.75%。做最大正交旋转，将因素负荷较高的特质按因素归为五个维度，分别命名为：情绪特征、生活旨趣、意志品质、认知风格、态度倾向。这与问卷的亚结构层次假设基本一致，说明该问卷具有一定的构想效度。

本研究分别计算了 102 名被试的各特质和相应各项目得分的 Cronbach Alph 系数，即项目的同质性程度，作为问卷的信度指标。结果发现，该问卷中的内部一致性系数在 0.5096 到 0.7266 之间。表明该问卷具有良好的同质性。

被试的学业成绩以他们期末联考的学科成绩表示，包括汉语文、蒙古语文（以下简称蒙语文）、数学三门课程的成绩，并算出他们的总分。

2. 抽取部分学生进行了个别访谈。通过无结构访谈，充分观察对方的反应，从而获得更为全面的背景材料。访谈不受时间限制。

3. 在调查研究中运用了文献法。通过查阅已有的相关研究报告、论文、书籍等资料，进行某种程度上的概括和总结。

问卷收回后，对 728 份有效问卷进行编码、整理、输入 SPSS For windows（10.0），建立数据文件，进行相应的统计分析处理。

三、研究结果

（一）性格特征与学业总成绩及各科成绩的相关

对全体被试的性格测验分数与汉语文、蒙语文、数学成绩作了皮尔逊积差相关分析，以查明学业成绩是否同性格因素具有显著相关以及与哪些性格因素相关，并进行了相关系数的显著性检验。

表 6-2　被试的学业成绩的均值与标准差 N=728

学科	语文	数学	蒙语文	总分
M	67.69	57.56	70.71	195.96
S	17.10	22.40	13.16	43.58

表 6-3 被试的性格特质的均值与标准差 N=728

特质名称	M	S	特质名称	M	S
激活性	9.09	3.41	客观性	13.74	3.64
强烈性	7.94	3.30	全面性	13.69	3.48
持续性	11.91	4.36	独立性	12.15	3.16
实惠性	8.46	3.22	简略性	10.66	3.26
知识性	15.16	3.29	敏捷性	12.80	3.76
支配性	10.75	2.99	责任感	12.96	2.90
奉献性	14.19	3.51	荣誉感	14.58	3.42
自觉性	13.95	3.59	进取性	15.01	3.60
自制性	11.94	3.52	利他性	6.40	3.60
坚持性	14.87	3.46	真诚性	14.76	3.49
果断性	11.54	3.44	攻击性	7.99	3.10
敢为性	9.33	3.06	外倾性	12.48	3.45

表 6-4 性格因素与学业成绩的相关分析结果

性格因素	汉语文	蒙语文	数学	总分
激活性	−0.079*	−0.065	−0.093*	−0.098*
强烈性	−0.009	−0.061	−0.030	−0.038
持续性	−0.038	0.022	−0.002	−0.010
实惠性	−0.010	−0.036	0.009	−0.010
知识性	0.208**	0.293**	0.181**	0.263**
支配性	−0.018	−0.016	0.025	0.001
奉献性	0.001	0.067	0.031	0.037
自觉性	0.044	0.149**	0.033	0.079**
自制性	−0.048	0.013	−0.001	−0.015
坚持性	0.088**	0.101**	0.022	0.094*
果断性	−0.002	0.039	0.028	0.025
敢为性	0.044	0.011	−0.022	0.009
客观性	0.085*	0.184**	0.063	0.121**
全面性	0.045	0.124**	0.018	0.064
独立性	0.034	0.001	0.023	0.002
简略性	−0.005	−0.101	0.104**	−0.106
敏捷性	0.081*	0.112**	0.125**	0.130**
责任感	0.046	0.037	0.026	0.043
荣誉感	0.059	0.157**	0.029	0.086*
进取性	0.156**	0.238**	0.150**	0.210**
利他性	0.089**	0.160**	0.056	0.112**
真诚性	0.134**	0.199**	0.085*	0.156**
攻击性	−0.116**	−0.124**	−0.093**	−0.131**
外倾性	0.060	0.089*	−0.037	0.032

注：** 表示相关系数双侧检验极其显著：P≤0.01；* 表示相关系数双侧检验显著：P≤0.05。

表 6-4 表明，蒙古族初中生性格结构中的一些性格特质对他们总的学业成绩具有明显影响。在被测的 24 种性格特质中，除了激活性和攻击性以

外，坚持性、荣誉感（P≤0.05）、知识性、自觉性、客观性、敏捷性、进取性、利他性、真诚性（P≤0.01）与总成绩具有显著或极显著的正相关。

表6-4还表明，性格特质对不同学科的学业成绩的影响既有共同性，也有差别性。对汉语文、蒙语文、数学三科成绩均产生明显影响的性格特质有五种即知识性、敏捷性、进取性、真诚性、攻击性；此外，对汉语文成绩产生明显影响的性格特质还包括激活性、坚持性、客观性、利他性；对蒙语文成绩产生明显影响的性格特质还包括坚持性、客观性、利他性、自觉性、全面性、荣誉感、外倾性；对数学成绩产生明显影响的还包括激活性、简略性。

（二）高成绩组和低成绩组被试的性格差异

为了确定高成绩组被试在哪些性格特质上不同于低成绩组被试，本研究先根据全体被试的学业成绩，按名次依次选取27%的被试分别组成高成绩组和低成绩组，并通过差异性t检验比较了被试在性格特质上的差异。

表6-5 高成绩组被试与低成绩组被试的性格差异分析结果（汉语文）

性格因素	汉语文高成绩组		汉语文低成绩组		t
	M	S	M	S	
激活性	8.91	3.29	9.07	3.44	−0.475
强烈性	7.74	3.40	7.93	3.26	−0.540
持续性	12.01	4.34	12.10	4.51	−0.192
实惠性	7.84	2.85	8.77	3.37	−3.006**
知识性	16.08	2.96	14.09	3.46	6.141**
支配性	10.58	2.90	11.04	2.97	−1.531
奉献性	14.64	3.59	13.78	3.41	2.513*
自觉性	14.52	3.24	13.62	3.63	2.630**
自制性	9.73	3.29	8.59	3.25	2.312*
坚持性	15.37	3.28	14.20	3.61	3.464**
果断性	11.50	3.43	11.35	3.39	0.367
敢为性	9.49	2.87	9.17	3.09	1.009
客观性	14.46	3.42	13.00	3.83	4.144**
全面性	13.88	3.68	13.44	3.41	1.212
独立性	8.76	3.13	8.23	2.73	1.767
简略性	10.62	3.10	11.11	3.40	−1.461
敏捷性	13.14	3.59	11.97	3.65	3.256**
责任感	7.68	4.00	6.53	3.40	3.188**
荣誉感	14.50	4.03	13.37	3.78	2.904**
进取性	16.14	3.23	13.96	3.55	6.465**
利他性	6.97	3.76	5.84	3.39	3.156**
真诚性	15.61	3.30	13.97	3.51	4.819**
攻击性	7.58	3.04	8.47	3.12	−2.886**
外倾性	12.79	3.52	12.08	3.50	2.009*

注：** 表示差异极其显著：P≤0.01；* 表示差异显著：P≤0.05。

表 6-5 表明汉语学科中的高成绩组和低成绩组被试在性格特质上存在着显著或极显著的差异性。从均值上看，高成绩组被试在知识性、自觉性、坚持性、客观性、敏捷性、责任感、荣誉感、进取性、利他性、真诚性、奉献性、自制性、外倾性上的分值明显高于低成绩组被试；在实惠性、攻击性上的分值明显低于低成绩组被试。

表 6-6　高成绩组被试与低成绩组被试的性格差异分析结果（蒙语文）

性格因素	蒙语文高成绩组		蒙语文低成绩组		t
	M	S	M	S	
激活性	8.80	3.21	9.36	3.64	−1.646
强烈性	7.71	3.41	8.44	3.22	−2.202*
持续性	12.28	4.51	11.69	4.12	1.366
实惠性	8.00	2.92	8.76	3.35	−2.437*
知识性	16.13	2.98	13.90	3.50	6.846**
支配性	10.45	3.03	10.83	3.00	−1.260
奉献性	14.82	3.64	13.75	3.49	3.000**
自觉性	15.00	3.29	13.43	3.52	4.592**
自制性	9.48	3.31	8.62	3.13	2.671**
坚持性	15.63	3.48	14.22	3.39	4.106**
果断性	11.80	3.64	10.93	3.44	2.474*
敢为性	9.61	3.02	9.43	3.03	0.596
客观性	14.68	3.21	12.94	3.50	5.161**
全面性	14.14	3.74	13.13	3.44	2.798**
独立性	8.79	3.07	8.05	2.58	2.592*
简略性	10.77	3.10	10.69	3.39	0.246
敏捷性	13.58	3.70	11.57	3.72	5.404**
责任感	7.69	3.85	6.31	3.56	3.709**
荣誉感	14.56	4.14	13.40	3.65	2.973**
进取性	16.13	3.50	13.84	3.50	6.528**
利他性	7.05	3.60	5.70	3.42	3.856**
真诚性	15.70	3.30	14.06	3.64	4.718**
攻击性	7.48	3.03	8.54	3.12	−3.448**
外倾性	13.03	3.51	11.99	3.50	2.964**

注：** 表示差异极其显著：P≤0.01；* 表示差异显著：P≤0.05。

表 6-6 表明蒙语文学科的高成绩组和低成绩组被试在性格特质上存在着显著或极显著的差异性。从均值上看，高成绩组被试在知识性、奉献

性、自觉性、自制性、坚持性、客观性、全面性、敏捷性、责任感、荣誉感、进取性、利他性、真诚性、外倾性、果断性、独立性上的分值明显高于低成绩组被试；在强烈性、实惠性、攻击性上的分值明显低于低成绩组被试。

表 6-7 高成绩组被试与低成绩组被试的性格差异分析结果（数学）

性格因素	数学高成绩组		数学低成绩组		t
	M	S	M	S	
激活性	9.07	3.16	9.30	3.55	−0.669
强烈性	7.79	3.49	8.49	3.34	−2.080*
持续性	11.45	4.28	12.47	4.58	−2.302*
实惠性	8.07	2.94	8.73	3.25	−2.114*
知识性	15.89	2.83	14.47	3.67	4.333**
支配性	10.73	3.08	10.59	3.02	0.460
奉献性	14.84	3.23	13.55	3.65	3.728**
自觉性	14.41	3.40	13.28	3.60	3.212**
自制性	8.64	2.81	8.09	2.74	1.984*
坚持性	15.41	3.24	14.38	3.67	2.960**
果断性	11.86	3.38	11.05	3.38	2.395*
敢为性	9.48	2.84	9.39	3.01	0.290
客观性	14.50	3.10	13.11	3.83	3.988**
全面性	13.94	3.60	13.48	3.48	1.301
独立性	9.43	3.32	8.82	3.40	1.813
简略性	14.59	3.81	13.42	4.05	2.966**
敏捷性	13.18	3.69	12.07	3.62	3.022**
责任感	7.54	3.88	6.53	3.62	2.706**
荣誉感	11.08	3.27	10.30	3.21	2.406*
进取性	16.14	3.44	14.26	3.62	5.327**
利他性	6.93	3.85	5.65	3.10	3.647**
真诚性	15.59	3.01	14.11	3.89	4.252**
攻击性	7.81	2.99	8.16	3.23	−1.125
外倾性	12.65	3.33	12.38	3.61	0.792

注：** 表示差异极其显著：P≤0.01；* 表示差异显著：P≤0.05。

表 6-7 表明数学学科的高成绩组和低成绩组被试在性格特质上存在着显著或极显著的差异性。从均值上看，高成绩组被试在果断性、自制性、荣誉感、知识性、奉献性、自觉性、坚持性、客观性、敏捷性、简略性、

责任感、进取性、利他性、真诚性上的分值明显高于低成绩组被试；在强烈性、持续性、实惠性上的分值明显低于低成绩组被试。

（三）高成绩组和低成绩组被试在性格特质上的性别差异

为了明确高成绩组和低成绩组男女被试在性格特征上的差异，本研究又把高成绩组和低成绩组被试按性别分成两组，进行了差异性 t 检验。

表 6-8　高成绩组被试与低成绩组被试的性别差异分析结果（汉语文）

性格因素	汉语文高成绩组					汉语文低成绩组				
	男 N=69		女 N=131			男 N=141		女 N=59		
	M	S	M	S	t	M	S	M	S	t
激活性	8.96	3.31	8.92	3.30	0.036	9.21	3.26	8.75	3.87	0.863
强烈性	7.94	3.22	7.65	3.50	0.578	7.91	3.17	7.97	3.51	−0.101
持续性	12.50	4.07	11.87	4.74	0.969	12.33	4.13	11.24	4.75	1.635
实惠性	8.41	3.21	7.53	2.62	2.083*	9.21	3.34	7.71	3.24	2.924**
知识性	15.32	3.26	16.47	2.73	−2.636**	13.47	3.41	15.58	3.13	−4.079**
支配性	10.62	3.00	10.56	2.87	0.134	10.99	3.05	11.14	2.79	−0.309
奉献性	14.29	3.37	14.85	3.70	−1.043	13.27	3.37	14.98	3.21	−3.324**
自觉性	14.43	3.18	14.56	3.29	−0.269	12.94	3.44	15.24	3.57	−4.267**
自制性	9.36	3.28	8.76	3.28	1.227	10.01	3.04	9.03	3.61	1.962
坚持性	15.01	2.84	15.59	3.49	−1.175	13.89	9.52	14.92	3.75	−1.837
果断性	11.78	3.16	11.16	3.49	1.238	11.76	3.39	10.88	3.47	1.658
敢为性	9.17	2.81	9.63	2.88	−1.065	8.99	3.30	9.59	2.50	−1.255
客观性	13.77	3.30	14.88	3.41	−2.215*	12.43	3.68	14.36	3.86	−3.336**
全面性	13.33	3.83	14.15	3.59	−1.500	13.01	3.36	14.47	3.31	−2.828**
独立性	8.64	2.74	8.02	2.73	1.513	8.84	3.06	8.54	3.32	0.620
简略性	10.61	2.97	10.64	3.18	−0.070	10.81	3.42	11.81	3.26	−1.922
敏捷性	13.68	3.27	12.87	3.74	1.521	11.42	3.55	13.29	3.59	−3.388**
责任感	7.25	3.09	6.11	3.47	2.291*	8.33	4.06	6.12	3.40	3.685**
荣誉感	13.90	4.03	14.82	4.02	−1.534	12.80	3.04	14.71	3.79	−3.346**
进取性	15.55	2.99	16.47	3.32	−1.931	13.29	3.47	15.56	3.24	−4.299**
利他性	5.53	3.31	6.41	3.49	1.737	5.63	3.27	7.52	3.82	−3.335**
真诚性	15.25	2.91	15.80	3.48	−1.133	13.40	3.45	15.34	3.28	−3.683**
攻击性	8.84	3.12	6.91	2.79	4.467**	8.69	3.20	7.93	2.89	1.566
外倾性	12.68	3.46	12.84	3.56	−0.302	11.62	3.48	13.17	3.33	−2.897**

注：** 表示差异极其显著：P≤0.01；* 表示差异显著：P≤0.05。

表 6-8 表明，汉语文学科中的高成绩组和低成绩组男女被试在性格特

征上存在显著差异。从均值上看，在高成绩组中，女生在客观性、责任感、知识性上的分值明显高于男生；在实惠性、攻击性上的分值明显低于男生；在低成绩组中，女生在知识性、奉献性、自觉性、客观性、全面性、敏捷性、荣誉感、进取性、利他性、真诚性、外倾性上的分值明显高于男生；在实惠性、责任感上的分值明显低于男生。

表 6-9　高成绩组被试与低成绩组被试的性别差异分析结果（蒙语文）

性格因素	蒙语文高成绩组					蒙语文低成绩组				
	男 N=70		女 N=130			男 N=129		女 N=71		
	M	S	M	S	t	M	S	M	S	t
激活性	8.66	3.05	8.87	3.54	−0.455	9.42	3.57	9.25	3.78	0.306
强烈性	8.21	3.24	7.43	3.48	1.555	8.22	3.01	8.83	3.54	−1.294
持续性	12.27	3.95	12.28	4.80	−0.020	12.16	3.99	10.85	4.25	2.172*
实惠性	8.87	3.23	7.52	2.65	3.187**	9.26	3.43	7.86	3.01	2.875**
知识性	15.27	3.10	16.58	2.82	−3.032**	13.47	3.56	14.68	3.28	−2.354*
支配性	10.24	3.18	10.56	2.96	−0.708	10.68	3.01	11.10	2.98	−0.939
奉献性	14.21	3.42	15.17	3.72	−1.722	13.52	3.49	14.15	3.50	−1.232
自觉性	14.30	3.11	15.37	3.33	−2.214*	13.08	3.41	14.07	3.66	−1.920
自制性	8.80	2.86	8.52	3.27	0.596	9.53	3.25	9.39	3.43	0.271
坚持性	14.76	3.08	16.10	3.60	−2.641**	14.00	3.55	14.62	3.05	−1.240
果断性	11.79	3.59	11.81	3.67	−0.041	11.43	3.33	10.01	3.47	2.830**
敢为性	9.30	3.84	9.78	3.11	−1.066	9.26	2.96	9.73	3.13	−1.049
客观性	13.79	3.05	15.15	3.21	−2.927**	12.64	3.32	13.48	3.79	−1.620
全面性	13.41	3.45	14.52	3.85	−2.014*	12.94	3.66	13.48	2.98	−1.066
独立性	8.11	2.72	8.02	2.52	0.257	9.05	2.86	8.30	3.38	1.681
简略性	10.19	2.97	10.36	3.34	−0.368	10.96	3.33	11.30	3.16	−0.691
敏捷性	13.41	3.49	13.66	3.82	−0.450	11.44	3.52	11.80	4.07	−0.656
责任感	5.86	3.62	7.14	3.31	−2.457*	6.59	3.24	8.29	4.03	−3.043**
荣誉感	13.64	4.03	15.05	4.12	−2.325*	12.95	3.59	14.21	3.64	−2.358*
进取性	15.11	3.13	16.67	3.58	−3.062**	13.29	3.60	14.83	3.11	−3.028**
利他性	6.26	3.59	5.39	3.30	1.713	7.29	3.53	6.61	3.71	1.296
真诚性	15.06	2.80	16.05	3.51	−2.035*	13.80	3.63	14.54	3.64	−1.373
攻击性	8.46	3.14	6.95	2.85	3.433**	8.85	3.09	7.97	3.10	1.926
外倾性	12.64	3.68	13.24	3.41	−1.145	11.72	3.45	12.48	3.58	−1.468

注：** 表示差异极其显著：P≤0.01；* 表示差异显著：P≤0.05。

表 6-9 表明，蒙语文学科中的高成绩组和低成绩组男女被试在性格特征上存在显著性差异。从均值上看，在高成绩组中，女生在自觉性、全面性、责任感、荣誉感、真诚性、知识性、坚持性、客观性、进取性上的分值明显高于男生；在实惠性、攻击性上的分值明显低于男生；在低成绩组中，女生在知识性、荣誉感、果断性、责任感、进取性上的分值明显高于男生；在持续性、实惠性上的分值明显低于男生。

表 6-10　高成绩组被试与低成绩组被试的性别差异分析结果（数学）

性格因素	数学高成绩组					数学低成绩组				
	男 N=117		女 N=83			男 N=102		女 N=98		
	M	S	M	S	t	M	S	M	S	t
激活性	9.10	3.28	9.02	3.02	0.172	9.29	3.63	9.30	3.49	−0.004
强烈性	7.62	3.54	8.02	3.42	−0.816	8.57	3.21	8.42	3.48	0.317
持续性	12.26	4.82	12.76	4.22	−0.752	11.57	4.17	11.33	4.41	0.399
实惠性	8.54	2.56	7.74	3.15	1.904	9.31	3.41	8.12	2.96	2.633*
知识性	15.00	3.00	16.52	2.54	−3.871**	13.35	3.66	15.63	3.31	−4.612**
支配性	10.56	3.18	10.96	2.92	−0.925	10.21	3.09	10.98	2.90	−1.824
奉献性	14.24	2.97	15.26	3.35	−2.213*	12.78	3.64	14.35	3.51	−3.088**
自觉性	13.75	3.72	14.87	3.08	−2.332*	12.51	3.28	14.08	3.76	−3.152**
自制性	8.44	3.40	9.35	3.36	−1.864	9.50	3.28	9.36	3.38	0.303
坚持性	14.52	2.93	16.03	3.32	−3.342**	13.71	3.82	15.08	3.38	−2.691**
果断性	11.74	3.47	12.04	3.28	−0.619	11.21	3.17	10.89	3.60	0.664
敢为性	9.59	3.01	9.31	2.59	0.678	9.21	3.20	9.58	2.81	−0.881
客观性	10.89	3.36	10.41	3.44	0.985	12.25	3.63	14.00	3.84	−3.321**
全面性	14.12	3.76	13.67	3.36	0.862	13.04	3.62	13.93	3.27	−1.819
独立性	8.14	2.69	8.02	2.82	0.286	8.85	2.63	8.42	2.98	1.096
简略性	15.19	2.96	13.52	3.06	3.878**	10.66	3.16	10.89	3.05	−0.525
敏捷性	13.09	3.37	12.04	3.20	2.215*	11.69	3.68	12.47	3.54	−1.533
责任感	5.65	3.55	7.76	3.36	−4.233**	6.79	3.37	8.26	4.20	−2.739**
荣誉感	13.46	3.45	15.38	3.85	−3.634**	12.56	3.85	14.32	4.07	−3.138**
进取性	14.82	3.61	17.08	2.99	−4.828**	13.33	3.76	15.22	3.22	−3.818**
利他性	5.23	3.05	6.24	3.11	−2.292*	7.33	3.80	6.50	3.87	1.536
真诚性	14.95	2.70	16.04	3.16	−2.557*	13.19	3.62	15.07	3.95	−3.521**
攻击性	8.64	3.17	7.22	2.72	3.387**	8.76	3.15	7.53	3.20	2.749**
外倾性	11.75	3.47	13.03	3.64	−2.555**	13.57	3.72	12.61	3.59	1.820

注：** 表示差异极其显著：P≤0.01；* 表示差异显著：P≤0.05。

表 6-10 表明，数学学科中的高成绩组和低成绩组男女被试在性格特征上存在显著性差异。从均值上看，在高成绩组中，女生在奉献性、自觉性、利他性、真诚性、知识性、坚持性、责任感、荣誉感、进取性、外倾性上的分值明显高于男生；在敏捷性、简略性、攻击性上的分值明显低于男生；在低成绩组中，女生在知识性、奉献性、自觉性、坚持性、客观性、责任感、荣誉感、进取性、真诚性上的分值明显高于男生；在实惠性、攻击性上的分值明显低于男生。

（四）性格因素对学业成绩的回归分析

以性格特征中的 24 种特质为自变量，以汉语文、蒙语文、数学成绩为因变量，对全体被试的测验分数作了逐步多元回归分析，以确定影响被试学业成绩的关键性性格特质。

表 6-11 进入各学科学业成绩回归方程的变量

学科	进入方程变量	R	R^2	F	β	T
汉语文	知识性	0.208	0.043	32.786***	0.199	5.369***
	利他性	0.234	0.055	20.957***	0.113	3.107***
	攻击性	0.247	0.061	15.608***	−0.080	−2.167**
蒙语文	知识性	0.293	0.086	37.864***	0.239	5.665***
	进取性	0.324	0.105	28.267***	0.113	2.688**
	外倾性	0.334	0.112	22.727***	0.084	2.360*
数学	知识性	0.181	0.033	24.474***	0.181	3.822***
	敏捷性	0.231	0.053	13.576***	0.153	3.626***
	简略性	0.262	0.069	13.326***	0.120	2.995**
	坚持性	0.274	0.075	11.678***	0.099	2.201*
	进取性	0.284	0.081	10.509***	0.120	2.571*
	自觉性	0.293	0.086	9.658***	0.092	2.015*

表 6-11 进入回归方程的自变量是按照对回归方程的贡献大小排列的，贡献大的自变量最先进入方程，其他依次进入。标准偏回归系数 β 是最终得到的多方回归方程中的系数。结果表明，影响汉语文学业成绩的关键性性格特质是知识性、利他性、攻击性；影响蒙语文学业成绩的关键性性格特质是知识性、进取性、外倾性；影响数学学业成绩的关键性性格特质是知识性、敏捷性、简略性、坚持性、进取性、自觉性。

第三节　影响蒙古族初中学生学业成绩的性格特征分析

一、影响蒙古族初中学生学业成绩的性格特征分析

（一）性格因素对蒙古族初中学生的学业成绩具有显著影响

本章应用相关分析、差异性 t 检验的方法研究了性格因素对蒙古族初中学生学业成绩的影响，发现初中学生的学业成绩与学生的性格因素存在着显著相关。结合相关研究和比较分析的结果，将影响学业成绩的性格特质依据性格的亚结构层分为五组：1. 情绪特征：（激活性）即稳定的情绪状态，冷静沉着，情绪反应适当有助于提高学生的学业成绩；反之情绪波动大，性情不稳，烦躁不安将阻滞学业成绩的获得。2. 生活旨趣（知识性）：即求知欲强，以追求科学知识为主体的人生观、价值观将有助于提高学生的学业成绩；而以追求物质享受为主体的人生观将会阻滞学业成绩的获得。3. 意志品质（自觉性、坚持性）：即自觉主动的制定目标，作出计划，并调控自己的行为，坚持不懈的毅力将会有助于提高学生的学业成绩；消极被动的行为特征将会阻滞学业成绩的获得。4. 认知风格（客观性、敏捷性）：认识问题以客观事实为依据，能够实事求是地判断事物以及灵活而迅速的认知方式都将有助于提高学生的学业成绩，反之则将会阻滞学业成绩的获得。5. 态度倾向（进取性、真诚性、利他性、攻击性、荣誉感）即对学习有高度的责任感，积极进取的学习态度，认真诚恳以及强烈的集体荣誉感和团结助人的态度都有助于学生学业成绩的获得。

这一研究结果与国内外其他一些研究结果基本一致。例如：与美国学者高夫运用 CPI（加利福尼亚心理调查表）对中学生的调查结果相比较，在两种量表所包含的类似的性格因素（如 CPI 中的责任感、宽容性相当于 CSPS 中的责任感、利他性）上是一致的；与国内查子秀等人对中学超常学生的研究结果相比较，这两种量表所包含的类似的性格因素（好胜心、坚持性、求知欲相当于 CSPS 中的进取性、坚持性、知识性）上是一致的；与林崇德等人（1996）的研究结果相比，在这两种量表所包含的类似的性格因素（意志力相当于 CSPS 中的坚持性、自觉性）上是一致的；与李洪玉、阴国恩等人（1997）的研究结果相比较，在这两种量表所包含的类似的性格因素（成就动机相当于 CSPS 中的知识性；学习毅力相当于 CSPS 中的坚持性；好胜心相当于 CSPS 中的进取性；情绪稳定性相当于 CSPS

中的激活性）上是相一致的。但也有不一致的地方，比如我们发现了与学业成绩存在显著相关的其他一些性格因素，如客观性、敏捷性、荣誉感、真诚性、攻击性等。这种不一致可能与量表的具体内容和侧重点不同有关，也可能与蒙古族的民族性格有关，人类学家曾依照人们获取食物与满足需求的方式，将文化分为五种类型，其中蒙古族属于游牧文化，这种文化倾向于塑造刚毅、强悍、真诚、凝聚力强、攻击性强等性格特点；同时也说明，对性格概念的不同理解，以及量表的来源及应用具有一定的文化差异，这种差异将会导致不同的研究结果，从而得到不同的研究结论。但也正是由于此原因，说明了进行跨文化研究的重要性。

我们在分析了性格因素对学业总成绩影响的基础上，又进一步进行了各学科成绩与性格因素的相关研究。研究结果表明，性格因素对不同学科的影响既有共同性，也有差异性。对汉语文、蒙语文、数学三科成绩均有影响作用的性格特征包括：1. 生活旨趣（知识性）：求知欲强，喜欢广泛读书；2. 认知方式（敏捷性）：思维敏捷，认知灵活迅速；3. 态度倾向（进取性、真诚性、攻击性）：上进心强，学习兴趣浓厚以及为人谦虚、宽容的生活态度。除此之外，对汉语文成绩有影响作用的性格特征有激活性、坚持性、客观性、利他性即情绪稳定，波动性小，持之以恒的精神，实事求是，团结友爱的作风。对蒙语文成绩有影响作用的性格特征，除了包括同汉语文学科相同的因素外，还有自觉性、全面性、荣誉感、外倾性，即坚持不懈、自觉主动，看问题较全面以及有集体荣誉感、活泼外向等。对数学成绩有影响作用的性格特征是激活性和简略性即冷静、沉着，习惯于在抽象的概念和原理间进行联想，习惯于简明扼要地进行表达。

这些研究结果的总趋势与“性格与各科成绩的相关不完全一致”（查子秀）的结论基本一致。我们认为这种特点是由于学科性质和学科特点所决定的。中学生学习的科目比起小学有了很大的变化。在学科系统上，已经接近于科学体系，在学科内容上，已经反映事物的一般规律的、有系统的基本知识（林崇德，1982）[①]。汉语文的教学内容包括识字、写字、阅读、写作四个方面。初中语文的内容主要是提高学生理解和运用语言文字的能力，在学生已有的口语能力的基础上教会他们更熟练地掌握和运用语言文字的能力，注重培养学生的兴趣和爱国主义情感，陶冶学生的情操。这就要求学生涉猎群书、持之以恒，同时具有合作意识、关心集体、团结

① 林崇德、侯山潜：《中学生心理与教育》，安徽教育出版社 1983 年版，第 97 页。

助人的性格特点。因为只有具有合作意识，关心集体，热爱集体，在积极主动的集体活动中，才能够体会个人在集体中的地位和作用，逐步体会和掌握社会规范、伦理道德和社会文化，从而更加深刻地理解和领会社会文化、社会生活与人际关系的实质和表现方式，这对于理解语言环境中具体词句，从而理解、把握整篇文章的内涵和意义，对于写作能力的提高具有深层支持意义；数学是具有严密组织的知识系统，学生要掌握数学的概念、法则和定理，必须通过自己一系列复杂的思维过程，应用所得概念进行符合逻辑思维能力的判断、推理（藩菽，1983）[①]。这就要求学生不仅要具备对学习科学知识的强烈愿望、积极向上的进取精神，还要具备灵活迅速的认知方式，沉着冷静，习惯于在抽象的概念或原理之间实现联想，简明扼要地表达认知结果的性格特点；蒙语文同汉语文的学科性质一致，但对于蒙古族学生而言，蒙古语是进行自我交流和与他人交流的主要工具，蒙古语的这种功能和地位决定了具有活泼开朗的性格特征的学生更易取得好成绩。

（二）高成绩组被试和低成绩组被试在性格特征上存在显著差异

为了进一步揭示成绩不同的学生在性格特征上是否也存在显著性差异，学业成绩好的学生较成绩差的学生又具有哪些突出的性格特征等问题，从而使本研究更具有实用价值，本研究又分别探讨了汉语文、蒙语文、数学三学科高成绩组被试和低成绩组被试的性格特征，并进行了比较分析。

从总体上看，高成绩组被试在以下性格特质上都优于低成绩组被试：1. 生活旨趣方面：实惠性、奉献性、知识性；2. 意志品质方面：自觉性、坚持性、自制性；3. 认知方式方面：客观性、敏捷性；4. 态度倾向方面：责任感、进取性、利他性、荣誉感、真诚性。高成绩组被试在这些性格特质上具有明显的优势。针对各学科而言，除了存在以上的共同性之外，还有一些不同之处。汉语文学科的高成绩者在外倾性上的均值高于低成绩者，在攻击性上的均值低于低成绩者；蒙语文学科的高成绩者在果断性、全面性、独立性、外倾性上的均值高于低成绩者；数学学科的高成绩者在简略性、果断性上的均值高于低成绩者，在强烈性、持续性上的均值低于低成绩者。那么，为什么在这些性格特质上较突出的人能取得高成绩呢？下面就高成绩组被试共同的性格特质作一初步探索。

---

① 潘菽：《教育心理学》，人民教育出版社 1983 年版，第 268 页。

1. 生活旨趣因素群（知识性、实惠性、奉献性）：主要是对生活目的和生活价值的追求。高成绩者对物质享受的追求淡漠，求知欲强，认为学习是有意义的事情，渴望受到较高程度的教育，关心集体，积极主动地参加集体活动。集体生活使学生习惯于系统地和有目的地学习，得到克服困难的锻炼，有利于培养学生的合群性、组织性、纪律性、利他性、自制性和顽强性等性格特征；在集体活动中扮演着各种各样的角色，也会促进他们的自尊心、责任心等性格特征的发展。

这类学生为求知而学习，为个人的成长而学习，具有明确的“学习目的”，因此他们就会表现出强烈的成就动机，他们不是以难易来选择课程，而是侧重于课程对自己成长的价值（C. S. Dweck，1986）。成就动机是直接推动学生进行学习活动的一种内部动力，它与学生的学业成绩密切相关（Frankel，1971；Walberg，1986）。因为怀有强烈的成就动机，所以就会表现出优异的学业成绩（林崇德，辛涛，1996）。① 成就动机主要由三方面的内驱力构成即认知内驱力、自我提高内驱力和附属内驱力。其中，在学生学习中起重要作用的是认知内驱力这种内部动机。认知内驱力是指向学习任务的动机，求知的欲望就是认知内驱力，它是一种掌握知识、技能和阐明、解决学业问题的需要。认知内驱力既与学习的目的性有关，也与认知兴趣有关。因为当一个人清晰地意识到自己的学习活动所要达到的目标与意义，并以它来推动自己的学习时，这种学习的目的就成为一种有力的动机。而具有认知兴趣或求知欲强烈的人常常会废寝忘食、津津有味地去学习，并从中获得很大的满足。在学习过程中，学生能够不断地获得成功的学习经验，而成功的学习经验又会使他们期望在随后的学习中获得进一步的满足。由此可见，认知内驱力与学习之间的关系，乃是互惠的。认知内驱力对学习起推动作用，学习又转而增强认知内驱力。研究表明，这种对获得知识本身的认知内驱力在课堂学习中是一种最重要和最稳定的动机，它对学习起很大的推动作用（皮连生，1997）。② 它指向学习任务本身（为了获得知识），满足这种动机的奖励（获得实际知识）也是由学习本身提供的，所以它促使学生把自己的行为指向当时学业上可能达到的成就，学业成绩也相对较为突出。

2. 意志品质因素群（自觉性、自制性、坚持性）：事实上，学生对某

---

① 林崇德、辛涛：《智力的培养》，浙江人民出版社 1996 年版，第 275 页。

② 皮连生主编：《学与教的心理学》，华东师范大学出版社 1997 年版，第 81—82 页。

门学科的兴趣，是在学习过程中，由于多次获得成功，体验到成功的乐趣，才逐渐巩固了最初的求知欲，从而形成一种比较稳固的学习动机。所以如果仅仅靠求知欲，而缺乏其他方面的积极的性格品质，也会使信念发生动摇，只有具备了坚持、耐心、主动、自觉等良好的性格品质，才能保证学习动机所指向的目标的实现。自觉性高的人对自己行动的目的和意义、过程步骤、方法手段及关键难点等都进行深刻而周密地思考并有着十分理性的行动计划，因此，他们有意识地监控自己的内部心理过程和外部行为，并能自觉地支配自己的行动，实现预定的目标。自觉性越高，越有助于把注意力集中于预定目标上，充分调动所有心智潜力，发挥创造力，加速实现预定目标；意志的自制力和坚持性都是意志自觉性的表现。因此，意志的自觉性是意志品质的集中体现。学生在学习过程中的责任感、坚持性、主动性、缜密性和自信心等性格特征，都可以使学生克服因知识基础差而带来的能力上的弱点，发挥非智力因素的积极作用，取得优良的学习成绩（李铮，姚本先主编，2001）。[①] 那些能够独立学习、自信、控制冲动、遵守纪律的学生往往是学习好的学生（邹泓，1997）。所以高成绩者的学习行为是自觉主动的，做事认真，不屈不挠，能够克服困难圆满完成任务，表现出较高的学习效率。

3. 认知方式因素群（客观性、敏捷性）：人们在认知活动中，是否善于根据活动的目的、要求而自觉地采取相应策略，有效地解决特定问题，并根据活动反馈信息，及时地调整策略，导致问题最快地得到最佳解决，最后将突出地从其思维活动的敏捷性、灵活性、深刻性、批判性和独创性几方面表现出来（董奇，1990）。高成绩者看待事物，思考问题时以客观事实为依据；在处理问题和解决问题的过程中，能根据实际学习问题积极思考，正确地判断，所以他们在学习活动中，能够根据学习问题和学习状况灵活地调整自己的学习方法，从而迅速得出结论。

4. 态度倾向因素群（责任感、进取性、利他性、荣誉感、真诚性）：性格是以个人的生活态度为基础而形成的。当态度变得根深蒂固，并具有普遍化性质，形成一个体系时，它就成了性格特征。一个人具体的性格内容是以他所具有的独特态度的一定形式表现出来的。所以说，人对现实的态度体系及其表现出的个性特征，是性格的最重要组成部分。而且，一个人的真正态度，总是要体现在他的行为举止之中的。对某些事物的态度化

---

① 李铮、姚本先主编：《心理学新论》，高等教育出版社 2001 年版，第 158 页。

了的反应，如果已经在生活经验中巩固起来，就会成为一个人习惯化的行为方式。这种态度和行为方式就构成了一个人的性格特征。因此，一个人的态度体系支配着、决定着他的行为方式和行为习惯（陶德清，2001）。[①] 课堂里的学科学习，一般都主要是单纯的知识学习。即便是这样一种典型的认识过程中，也包含了极其复杂的心理过程，个体也是以整体的精神活动投入到这种认识过程的；学习的成果也往往要依赖于学习者对自身、对教师、对未来前途、甚至是对生活本身的态度取向（林格伦等译，1983）。[②] 学生的学习态度在学习中的重要作用被许多实验研究所证明。布鲁纳（J. S. Bruner）曾强调，学生必须学习某种对科学和文学的一般的态度，以此作为发展对问题解决和概念间相互关系理解的基础（林格伦等译，1983）。[③]心理学家麦独孤和史密斯（W. McDougall 和 W. Smith）早在 1919 年就在一项实验中发现，积极的学习态度对学习速度有促进作用。学习责任感和学习成绩之间有着非常密切的关系（章志光，朱文彬，1964）；总体来说，行为亲善的儿童更可能在学习领域表现出色（Green，1980；Masten，1995）。与此相反，具有攻击性的儿童则在学习方面表现得不好（Dishion，1990；Masten，1995；Wentzel，Asher，1995）。所以具有强烈的集体荣誉感，具有良好的学习责任行为方式，作业中很少出现错误，待人亲善，团结同学等性格特征的学生，他们的学习态度端正，上课认真听讲，按时完成作业，会心甘情愿地、充满热情地花费更多的精力和时间，去从事繁杂困难的学习；行为友好，诚实待人，有强烈的集体荣誉感，因此他们会取得较优异的成绩。

（三）高成绩者和低成绩者在性格特征上存在性别差异

由于性别不同，也影响学习上的差异，这种差异虽然也可以缩小或消除，但男女之间的差异总是客观存在的（韩进之，1989）。[④] 本研究结果表明：在汉语文和蒙语文学科中，高成绩组中女生的比例（占 65%左右）大于男生；在数学学科的高成绩组中，男生的比例（占 60%左右）大于女生。这一结论与“在整个学校生活中，除了数学成绩外，女生成绩普遍高于男生”；“女孩的言语能力比男孩更强”（Maccoby，Jacklin，1974）等结论相一致。麦考比和杰克琳（Maccoby&Jacklin，1974）也认为男性在数

---

① 陶德清：《学习态度的理论与研究》，广东人民出版社 2001 年版，第 111、117 页。

②③ 林格伦、章志光等译：《课堂教育心理学》，云南人民教育出版社 1983 年版，第 145 页。

④ 韩进之主编：《教育心理学》，人民教育出版社 1989 年版，第 267、249 页。

学推理能力上要优于女性，特别是在几何、三角这类依靠空间技能的学科中。在三门学科成绩上，男女生的性格差异均十分显著。从均值上看，无论是高成绩组还是低成绩组，女生的知识性、荣誉感、进取性、自觉性、奉献性、真诚性、利他性都要胜过男生。但在数学高成绩组中，男生在敏捷性、简略性上胜过女生，这可能也是数学成绩好的男生比女生多的原因。在进攻性上女生都比男生低，这一点与“男孩的攻击性显著高于女孩”（张文新，1996）的结论相一致。

从总体成绩上看，女生比男生成绩好的要多一些。这可能与男女生在生理方面的差异有关，生理因素中影响性格最直接的是神经类型。现代生理科学的研究表明，女生发育要比男生早两年。生理发育快，也就导致心理成熟早，心理成熟早，在接受知识方面，也就比男生具有好的先决条件。由于女生生理发育比男生早，神经系统发育也就更加完善，神经机能兴奋与抑制也就趋于平衡，使女生控制行为的能力比男生强，所以女生比男生更加守纪律，更能持久地进行学习活动。研究表明，在班级里，早熟的学生爱社交，关心并遵守班级、学校校规，给人以良好的印象；晚熟的学生则不太遵守社会准则，更多地以自己的态度、情感行事，而较少考虑社会准则（李铮，姚本先主编，2001）。[①]

我们在个别访谈中也发现，女生较男生喜欢读课外书，尤其是文学类课外书；能够遵守学校纪律，不迟到早退；希望班级能在运动会上和智力竞赛中获得好成绩，当听到有人称赞自己所在的学校时，感到很骄傲；也愿意在值日期间把教室打扫干净，在朋友生病期间，愿意帮助她。男生比较喜欢竞争性活动；遇到问题时，多数情况下自己先拿主意，当朋友间有矛盾或办错事时，愿意承担自己的责任；对待老师、同学的评价也比较全面客观，能说出朋友的优缺点。这种性格差异也可能与性别角色期待有关。众所周知，我国传统文化向来主张男女有别，社会文化对不同性别具有不同的角色期待，要求男子要“有出息、有主见、靠自己”，而要求女子要“善良，富有同情心、温柔”等。尤其针对属于游牧文化的蒙古族，最有价值的是身强力壮、能够驯服牲畜的男性，女性角色地位相对较低，要从事一切家务，所以，勤劳、温柔、平和、宽容的女性性格特征相对于其他民族更为鲜明。这种性别角色偏见影响着儿童的社会化历程和父母对儿童的教养方式，如对男性更加注重其独立性的训练，对女性更加注重依

---

① 李铮、姚本先主编：《心理学新论》，高等教育出版社 2001 年版，第 159 页。

赖性训练（张文新，1999）。①

（四）性格因素对学业成绩的回归分析

回归分析表明，影响汉语文学业成绩的关键性性格特质是知识性、利他性、攻击性；影响蒙语文学业成绩的关键性性格特质是知识性、进取性、外倾性；；影响数学学业成绩的关键性性格特质是知识性、敏捷性、简略性、坚持性、进取性、自觉性。这与我们前面的研究结论基本一致。

尽管在多元回归方程中的F检验和对每个偏回归系数的T检验都是非常显著的，但也可以看到，代表回归平方和中的比例的多元测定系数 R^2 并不是很高。这说明除了上述检测的影响因素外，还会存在其他因素可能对学生的学业成绩有一定的影响。不过这比以往的有关研究显得更为直观明了一些。

二、基本结论

1. 蒙古族初中学生的学业成绩与学生的性格特征之间存在着显著相关。其中主要是性格的激活性、知识性、自觉性、坚持性、客观性、敏捷性、进取性、真诚性、利他性、攻击性和荣誉感等特质对学生的学业成绩有显著影响。

2. 性格特质对不同学科的学业成绩的影响既有共同性，也有差异性。知识性、敏捷性、进取性、真诚性、攻击性等五种性格特质对汉语文、蒙古语文、数学成绩均有明显影响。此外，激活性、坚持性、客观性、利他性等性格特质对汉语文成绩产生明显影响；坚持性、客观性、利他性、自觉性、全面性、荣誉感、外倾性等性格特质对蒙语文成绩产生明显影响；激活性、简略性等性格特质对数学成绩产生明显影响。

3. 从总体上看，高成绩者和低成绩者在性格特质上存在着显著差异。高成绩者在奉献性、知识性、自觉性、坚持性、自制性、客观性、敏捷性、责任感、进取性、利他性、荣誉感、真诚性上的得分都明显高于低成绩者，在实惠性上的得分明显低于低成绩者。针对各学科而言，除了存在以上的共同性之外，还有一些不同之处。汉语文学科的高成绩者在外倾性上的得分高于低成绩者，在攻击性上的得分低于低成绩者；蒙语文学科的高成绩者在果断性、全面性、独立性、外倾性上的得分高于低成绩者；数学学科的高成绩者在简略性、果断性上的得分高于低成绩者；在强烈性、

① 张文新：《儿童社会性发展》，北京师范大学出版社1999年版，第417页。

持续性上的得分低于低成绩者。

4. 在三门学科成绩上，男女生的性格差异均十分显著。在数学高成绩组中，男生的敏捷性、简略性明显高于女生。除此之外，无论是高成绩组还是低成绩组，女生的知识性、荣誉感、进取性、自觉性、奉献性、真诚性、利他性都明显高于男生。

5. 回归分析表明，影响汉语文学业成绩的关键性性格特质是知识性、利他性、攻击性；影响蒙语文学业成绩的关键性性格特质是知识性、进取性、外倾性；影响数学学业成绩的关键性性格特质是知识性、敏捷性、简略性、坚持性、进取性、自觉性。

三、教育建议

（一）学生要根据自己的性格特点，选择合适的学习方式，调整自己的学习状态，提高心理适应水平和学业成绩

首先，学生要根据自己的性格特点选择合适的学习方式。不同性格的学生会选择不同的学习方式，比如，具有独立性、自觉性等性格特点的学生比较讨厌按部就班地指导，爱自由自在的学习，较易适应结构不严密的教学；而独立性较差，依赖性较强的学生则喜欢别人向他们提供结构严密的教学，能适应逐步指导的教学，愿意在有学习背景的环境中学习。所以，学生只有充分了解自己的性格特点，才能发现适合自己的学习方式，提高学习效率。其次，在学习活动中，会遇到许多困难，经历许多挫折，这样易使学习者对学习的对象失去兴趣，并产生消极的情感体验，从而改变初始的目标。这时就需要意志力来维持和调节学习行动，使学习活动向着既定目标前进（梁应卓，1994）。① 而初中生大多处于青少年时期，更多的是既懂得一些事理，又不能彻底了解，缺少一种情感、意志上的自我调控能力，较多地受外界因素的影响和支配，表现出情感和意志上的相对脆弱。所以如果学生的学习行为缺乏良好性格因素的调节，那么他较高的智力潜力难以得到有效发挥，学业成绩仍然难以提高，由此也就会形成单纯通过拼时间和体力的方式提高学习成绩的状况（张大均，1999）②。如果学生充分了解了自己的性格特点，就能公正客观地看待自身的优点和不足，提高心理适应水平，同时也会相应地提高自己的学业成绩。再次，学生要

---

① 梁应卓：《应重视智力因素和非智力因素的协调发展》，《天津师大学报》1994 年第 1 期。
② 张大均主编：《教育心理学》，人民教育出版社 1999 年版，第 403 页。

针对自己良好的性格特征，加以有目的的培养，形成一种习惯。比如自觉性、坚持性和进取性强的学生，往往具有主动学习、坚持学习的学习品质。这些性格特征能促使其获取知识、发展智能，即使智力水平一般，也能克服生理能力上的一些不足而取得优异成绩。另外，值得注意的是性格因素在学习活动中的作用是双向的，它只有保持适当水平时才能对学习活动起到好的作用，如果其水平过高或过低都会对学习活动起阻碍作用。如外倾性，研究表明并不是具有这一性格特征的学生都是各学科的高成绩者。只有建立在对自己能力有正确评价的基础上，即保持在适当水平上，才能对其学习活动的效率和质量产生良性作用。反之，过于忙于交际活动，喜欢参加非正式的群体活动或者校外个别活动，往往不能控制时间和精力，以至于学习时间少，接受学校教育也少，还可能会受到社会上的不良影响，也会耽误学业。所以，学生要把握好自己的性格特点，把握尺度，随时调整自己的学习心态。

（二）各学科教师要正确分析学生的性格特征，采取灵活多样的教学方法，科学地指导学生的学科学习，同时把性格培养融于学科教育中以提高学生的学习效率

教师要正确分析学生的性格特征。有证据表明，教师常曲解学生的性格差异（Thomas & Chess，1986；Keegh，1986）。学生没能及时地完成新作业时，教师往往认为他们学习态度不端正；而当他们需要多次尝试才能掌握新知识时，他们又被认为是敏捷性差。活泼好动的学生被认为是不守纪律，内向安静的学生往往被看成为有些呆板。然而本研究指出，性格对学习具有补偿功能，我们应该从整体结构层次上来分析性格，不能以一概全。作为教师不能通过极端地、单一地分析性格因素来盲目判断学生的行为，而要充分全面地看待学生的性格，如需要多次尝试者可能坚持性强，活泼好动者可能外倾性强，内向安静者可能自觉性较强，而坚持性、外倾性、自觉性等是影响学业成绩的关键性因素。所以作为教师，首先，应熟知不同学生所具有的不同的性格特点，然后因材施教，善于利用学生性格特征中的积极因素促进学生的学习，这样才能使学生在微小的进步中积蓄力量，渴望更大的学业成就；其次，教师要注意正确分析学生的性格特征，对学生以更多的鼓励和肯定，注意激发学生的自信心，确定一定的成功感，增强学生的荣誉感，从而提高其课堂学习效率；再次，教师中肯而又切合实际的批评也会成为激发学生进一步努力学习的动力，但是不可走向极端，不应让学生屡遭失败。如果考试一直得低分，学生会产生焦

虑，从而严重伤害学生的自尊心、进取性，最终将引起回避和退缩反应，以致丧失学习的信心。如果一味批评，就会致使一些情感、意志力较脆弱的学生放弃继续学习的念头，产生逆反心理，严重的还会导致厌学、逃学的后果。

从研究结果中，我们可以明确地了解到知识性（求知欲）是影响汉语文、数学和蒙语文三门学科成绩的关键性性格因素，所以教师在教学中的教学关键是根据学科的教学目的激发学生的求知欲。首先，教师在讲授课程之前，应使学生清楚地了解学习的具体目的、任务，以及教学内容在实践中的意义及其在整个学科体系中所占的地位，促使学生把教师拟订的某学科的教学目的转变为自己的具体学习目标，从而激发学生的求知欲。其次，运用汉语文、数学和蒙语文的学科特点，采取灵活多样的教学方法。这里主要有两种情况，一种是学科知识与教学过程本身丰富、多采、生动，就会较容易引发学生的需要、情感、意志等性格因素，从而调动学生学习的积极性、主动性；另一种是学科知识与教学过程单调、死板，不易引发学生的情感、进取性等性格因素时，教师在安排教学内容的过程中，就应当注意要善于在学生已有的知识经验的基础上去讲授新知识，并把新知识纳入学生已有的知识体系中，运用学科特点寓教于乐，引导学生性格朝积极的方向发展；同时教师要挖掘教材中对本学科有积极作用的性格因素的内容。比如，只要在学生的语言、概念、事实等之间引起不和谐，就会诱发学生对信息的收集活动和探索行为（多野，稻桓，1971，1973），也就要求教师使学生产生认知失调，呈现给学生的是与他们已有的知识体系相矛盾的现象，从而引发学生的好奇心和求知欲：如汉语文课上的分角色朗读；数学课上经常创设问题冲突或问题情境，使学生自觉地处于一种激发状态，利用快速演算、学生自编例题等形式；蒙语文课上运用小组讨论、口头作文、演讲等形式。同时，这些形式也能相应地调动起学生的自信心、进取心、坚持性，培养学生乐观开朗的性格。

（三）民族教育工作者要从智力因素和性格因素两方面着手，结合民族地区特点和学生的性格特点，既要保证高学业成绩者的稳定发展，又要采取转变低成绩者和防止高成绩者成绩下滑的有效措施

从本研究对高成绩者具有的总体性格特征中可以看出，学生对学科的态度倾向同学业成绩是密切关联的。而这两者彼此影响，会产生一种循环性效果。亦即，高的学业成绩对肯定性情感态度产生影响，增大肯定性情感态度，而且还对以后的高成绩产生影响，同样，低的学业成绩使肯定性

情感态度低下，并使成绩低落（B. S. Bloom，1976）。成绩较低的学生性格多数较急躁，自学能力差，多数情况下是半途而废，而屡战屡败又会使他们兴趣逐减，最后放弃学习。有这样消极心态的学生，课堂表现也不可能活跃起来，教师也无法从学生那里得到反馈信息，也不了解学生究竟哪部分知识掌握了而哪部分没掌握；这样，学业成绩较低的学生在学习上遇到的困难和挫折会更大，所以很难坚持学习，更易产生自卑无助，情绪波动，缺乏责任感、独立性、坚持性，而这些性格特点又会进一步影响学业成绩，形成恶性循环。所以教师必须加强学生的情感意志教育，要让学生在情感上体验到正视困难、克服挫折、战胜自我带来的愉悦感和成功感，这种积极的情感体验会成为坚持性行为的一种正强化。而在这一教育过程中最重要的就是教会学生运用挫折应付技巧去克服困难。

许多研究者从性格因素方面着手，采取了许多有效的转变差生和防止出现差生的有力措施，包括个案分析、挫折教育、合作学习等。国外大量实验证明，合作学习对差生的发展大有益处。（D. W. Johnson，R. T. Johnson，1991）在合作学习中，低成绩者能够在高成绩者的帮助下坚持完成作业，不仅能逐步弥补知识的不足，而且能逐渐增强自信心和学习兴趣。一般在进行合作学习过程中，先可以分成若干个学习小组，即把高成绩学生和低成绩学生配对组成一个学习小组，教师向学习小组提出问题情境，然后小组成员相互商量，最后提出本组最佳的解决方案。参加过学习小组的学生比未参加过的学生，成绩有显著提高，而且更有学习自信心（Bloom & Broder，1950）。运用这种措施，不仅对低成绩者有补救作用，而且能提高高成绩者的思维能力，提高他们的自觉性、利他性和奉献性，促使他们在学业成绩上能更上一层楼。当然，这只是有效教学措施的一种，教育工作者可以根据内蒙古本民族、本地区的教学状况，因地制宜地灵活选择及应用。

另外，在学生的成长过程中，学校、家庭和社会，应该针对男女学生所具有的不同性格特点进行教育，促使男女学生在各种性格趋向和学业成绩上平衡发展。

参 考 文 献

［1］ 朱智贤主编：《中国儿童青少年心理发展与教育》，中国卓越出版公司 1990 年版。
［2］ 沙毓英、张锋等著：《学生性格发展与素质教育》，陕西人民教育出版社 2000 年版。

[3] 冯忠良、伍新春、姚梅林、王健敏著：《教育心理学》，人民教育出版 2000 年版。
[4] 黄煜峰、雷雳：《初中生心理学》，浙江教育出版社 1993 年版。
[5] 莫雷、张卫著：《青少年发展与教育心理学》，暨南大学出版社 1997 年版。
[6] [美]Jerry M. Burger 著，陈会昌等译：《人格心理学》，中国轻工业出版社 2000 年版。
[7] 郑雪主编：《人格心理学》，暨南大学出版社 2001 年版。
[8] 沈德立主编：《非智力因素的理论与实践》，教育科学出版社 1997 年版。
[9] 钮丽丽、周燕、周晖：《中学生人格发展特点的研究》，《心理科学》2001 年。
[10] 芮仁杰：《中学生学习性格与学业的成绩相关研究》，《中小学教育管理》1997(2)。
[11] 宋专茂、吴强、赵风雪：《大学生学习成绩与 16PF 测定相关分析》，《中国心理卫生杂志》，2002(2)。
[12] 赵永华：《小学至初中阶段男女生学习成绩差异原因及其克服途径》，《理论观察》，2000(4)。

第七章　蒙汉学龄初期儿童自我概念的发展

为了适应现代和未来社会的发展，我们需要培养和造就一代身心发展更为全面、更具创造性的人才，因此用传统的方法已经不能很好地担负起这一重任，需要探讨新的教育方式和技术学方面的问题。越来越多的心理学家，对人的心理与自身发展问题进行探索性的研究，这使人们逐渐意识到，影响人的发展除了外部环境和遗传两种因素的作用外，还有来自自我本身的第三种因素作用（The third force）——自我概念（self-concept）。自我概念使人相信，人不仅仅是消极的有机体，只是对外界的变化作出记录反应而已，而是不仅对外部事物，更是对自己目前的状态和未来发展，作出解释、判断，以完善和改变自己，从而适应外部世界。因而，自我概念被看成是“伟大的组织者和鼓励者”，并赋予个体对自身发展以直接的决定权。本章主要阐述了一项关于蒙汉学龄初期儿童自我概念发展水平及变化趋势的研究。

第一节　自我概念的内涵及相关领域研究

关于自我的解释可以说早在古希腊时代或更早的时候，就已经提出了诸如“认识自己（Knowing Yourself）”的名言。之后，历经哲学家及其他学者的锤炼，变成了越来越充满思辨、理性的唯名论的产物。心理学家对自我概念的关注，是从 willian james 和 wilhelm wundt 时代开始的，并将“自我这个唯名论的东西变为实证性的概念”，这无疑是一次革命。目前，自我概念已成为近年来西方心理学的研究重点之一，论著迭出，研究课题和研究方法也颇为繁多。

一、关于自我概念理论基础的研究

（一）自我概念的内涵

由于研究者本人、研究方法和材料和所研究问题的出发点和侧重面的差异，以及文化历史的不同，使得至今对自我概念还没有一个圆满的、科学的解释，因而出现了各种不同的提法和译法如“自我态度”（self-attitude）“自我肯定”（self-certainty）、“自我印象”（self-image）、“自我描述”（self-description）、“自我评价”（self-evaluation）、“自我关注”（self-regard）、“自我图式”（self-scheme）、“自我尊重”（self-esteem）、“我是谁”技术（“who am I”technique）、“同一性”（identity）、“自我接纳”（self-acceptance）及“自我”（ego）、“I & Me”等数十种。

关于自我概念的结构、范围的理解也不尽相同（详见后文献综述）。一般认为，自我概念是个体在与环境的交互作用（interaction）中，所形成的对自己的认知、态度和行为评价的系统．其结构可由外在和内在两个层面组成。外在层面（external hierarchy）注重于社会、家庭及重要他人与个体的影响所形成的态度与看法，以及相应的行为表现（performance）；而内在层面（internal hierarchy）则强调个人自我评定所形成的知觉或行为。

（二）自我概念与学业成绩（academic achievement）的关系

有证据表明，自我概念可以影响学业成绩的等级，反过来学业成绩的优劣可以影响自我概念的水平。因而，这是一种相关程度很高的循环性（cyclic）的影响，这无疑给学校教育提出了一个新的课题。

（三）自我概念与行为适应（behavior adjustment）的关系

培养儿童健全的人格，在很大程度上有赖于儿童自我概念的良好塑造。而健全的自我概念又会直接影响到儿童的行为适应，从而借以成为一个完善的社会人。因此，教育的目标之一应是帮助儿童维持其自我与社会适应之间的平衡。

（四）关于自我概念的形成与改变（shaping & change）的研究

一般而言，自我概念的发生来自于个体早期身体知觉与身体形象（body perception and body image）、言语（language）以及重要他人（significant others）三者交互作用的影响；而自我概念的内容特质，在儿童期（children）受年龄（A）、性别（S）、家庭状况与成员（memberships）关系等的支配，青春期（adolescent）以后，则较多受个人归因（personal attributes)、自我评价（self-evaluation）以及社会关系（social relationships）的影响。

（五）特殊人群（special group）的自我概念问题

如社会化缺损者（社会化断层，反社会化 non & Anti-socialization）、残疾人自我概念的塑造等都属于这一范畴。

（六）自我概念的评价

（七）跨民族、跨文化心理学对自我概念的解释和研究

二、相关研究的贡献与不足

总而言之，以往有关研究无论在理论上，还是实际应用方面，都作出了较为全面的贡献。但由于种种原因，尚存在着一些不足之处。主要表现在以下几个方面：

（1）国外及台港地区的研究出自于本土文化，所以许多研究方法和结果，虽然可资借鉴，但由于适应性的不同，因而还不能充分说明我国儿童自我概念的发展特点及变化趋势。所以，有必要结合我国多民族、多地区的特点作进一步探讨。

（2）以往有关研究大多集中于少年期（teenage）或青春期（adolescence），这是基于该期正处于“暴风骤雨式”的问题期。Erikson 称作“同一性危机期”（Identity crisis），因而不能涵盖儿童期自我概念的发展特点。因此，有必要从回溯研究的角度探讨学龄初期各民族儿童自我概念发展变化的特点，以与少年期相衔接。

（3）鉴于在国内这方面的实证性研究尚属空白（举凡涉及“自我概念”者，均散见于一些辞书、译著以及哲学、文化及人类学的文章之中），因此，有必要将这一理论变成中国化的实证性很强的研究，当然，本研究仅仅是一次开拓性的尝试。

（4）以往研究在材料使用、处理及结果解释等方面均无定论和成式，因而有必要在这方面做进一步的探索。

（5）以往跨文化研究，所取民族被试基本上是杂居或散居在汉民族居多的地区，研究结果几乎难以发现什么差异，因此，有必要在取样时多下工夫。进一先探讨民族之间的差异。

（6）发展和提高少数民族地区及边远落后地区人民的素质，物质支援是一个方面，同时，更要从精神文化方面提高他们，以适应社会与未来发展的客观需求。

三、蒙汉学龄初期儿童自我概念研究的目的和内容

（一）蒙汉学龄初期儿童自我概念研究的目的

蒙汉学龄初期儿童自我概念研究借鉴了国内外心理学关于自我概念理论的重要研究成果，结合中国地区差异大，民族成分多以及教育实践和理论中出现的问题，从学龄初期儿童年龄、性别、民族、地区、学业成绩等级 ses 水平的差异，较为系统地探讨一下蒙汉儿童自我概念发展水平及变化趋势。

（二）蒙汉学龄初期儿童自我概念研究的内容

蒙汉学龄初期儿童自我概念研究的具体研究内容包括：1. 不同地区学龄初期儿童自我概念发展的差异研究；2. 学龄初期蒙汉儿童自我概念发展的民族差异；3. 学龄初期蒙汉儿童自我概念发展的性别差异；4. 学龄初期儿童自我概念发展的年龄差异；5. 不同学业成绩对儿童自我概念的发展和变化的影响；6. 不同 ses 水平对自我概念发展变化特征的影响研究。

第二节　蒙汉学龄初期儿童自我概念的发展研究

一、研究被试的选取

本研究的被试样本，分别取自于内蒙古自治区呼和浩特市（以下简称呼市）和四子王旗两地区。呼和浩特市是内蒙古自治区政治、经济、文化教育的中心，四子王旗是内蒙西部乌兰察布盟的一个旗，地处北部边陲，属于少数民族聚居区（主要是蒙古族）和边远地域，经济、文化教育等较为落后。两地区蒙古族、汉族（以下简称蒙、汉）小学的二、四、六三个年级为被试样本范围。被试按地区分为四组，通过随机取样获得。同时，每组又按学生的学业成绩——优秀、中等和较差三个等级分层取样。被试人数共计 509 名，男女各半。

呼市地区的被试取自蒙古族中学和南门外小学北垣街小学，以代表城市地区的样本；四子王旗的被试取自乌兰花镇及朝克父都乡、查干补力格苏木、脑木更苏木，以代表农村或牧区的样本。这些乡或苏木小学的学生来源主要来自各个村或嘎查的农牧民子弟。这些孩子大部分为寄宿制，因而在时空上与家庭较为疏远。

表 7-1 被试取样情况

	蒙						汉					
	男			女			男			女		
	二	四	六	二	四	六	二	四	六	二	四	六
城市	20	21	22	19	20	21	20	19	21	20	19	20
农耕牧区	20	20	20	20	18	22	20	20	20	20	20	20
小计	40	41	42	39	38	43	40	39	41	40	39	40
合计	123			120			120			119		
总计	482											

二、研究工具的选取

（一）自我概念的问卷编制

1. 自我概念问卷的维度

关于自我概念的测评，由于国内目前尚缺，帮研究者参照西方流行和通用的 TSCS、OSIQ、HMFM 和 SDQ，结合我国儿童的具体实际情况，尝试性地编制了“自我概念问卷”，共有 167 个项目，均采用简单的陈述句，依测验内容可分成外部参照（external reference）和内在参照（internal reference）两个层面。外在层面可由以下几个要素或物质组成并加以衡量：（1）生理自我（phsical self 简称 PH），又称作身体和自我形象（body and self—image），表示被试对于自己身体健康状态、身体外貌、魅力等方面的看法和态度；（2）社会自我（social self 简称 SO）表示被试对自己与他人的关系、职业和教育目标等方面的看法和态度；（3）心理自我（psychological self，简称 PER）表示被试对于冲动控制、情绪状态及自己人格、价值等方面的态度和看法；（4）家庭自我（Family self 简称 FA）表示被试对于自己在家庭中的地位以及与家人的关系等的看法及态度；（5）性别自我（sex self，简称 SXS）也称作“性别态度”，表示被试对于自己及同性或异性有关性别、性的态度等方面的态度和看法；（6）民族自我（National or racial self，简称 NS），“谓对他而自觉为我”，就是民族自我。具体说来，就是民族成员对本民族的文化、价值、性格等方面的态度和看法；（7）伦理与道德自我（moral—ethical self，简称 ME）表示被试对于自己在道德观念、情感、意志信念及行为好坏等方面的看法；（8）自我应对（coping self，简称 CS），表示被试自己在主观上对于外部变化的控制、适应等问题的看法和态度。

内在参照可由以下三个方面加以衡量：（1）自我认定（Identity，简称ID），表示被试对于自己本身现况的描述，也就是反映受试者认为自己是怎样一个人；（2）自我接受（self satisfaction，简称SA），表示被试对于现况满意和接纳的程度；（3）自我行为（self Behavior，简称B）表示被试对于自己外在行为或应对动作的看法和态度。

外在参照的八项因素或物质与内在参照三项要素或物质累积起来，就代表总自我（Totalpositive，简称TOT），它是个体对于自己看法、态度的总指标．分数值愈高表示个人愈能自我肯定，对自己愈有信心，认为自己是个有价值的人。反之，则相反。

2. 自我概念问卷的评分原则

以往问卷的反应多采用“对错”或“对——中间——错”二分法或三分法。本问卷则改用Likert—type，将反应分成“完全同意”、“大部分同意”、“部分两间”、“部分不同意”“大部分不同意”、“完全不同意”五个不同的程度。在计分时，如果项目采用肯定陈述的语气，则分数值依次为5、4、3、2和1分；如果项目采用否定陈述，则分数值依次为1、2、3、4和5分。

3. 自我概念问卷的信度与效度

首先，为了确保问卷的信度，本研究选取南门外小学及蒙中二、四、六年级各一个班进行了预试和复测，两次时间前后相隔为两周。各项测验分数的重测信度，如表7-2：

表7-2　自我概念各分量表分数重测信度系数表（N=120）

测验项目	信度系数	测验项目	信度系数
心理自我	0.61***	性别自我	0.53***
生理自我	0.63***	自我认定	0.49***
伦理自我	0.58***	自我行动	0.53***
家庭自我	0.59***	自我接受	0.59***
社会自我	0.60***	自我应对	0.58***
民族自我	0.54***	总自我	0.72***

*** P<0.001

表7-2中，重测信度系数M=72 Min=53，md=0.60，均为0.001显著水平。

其次，对问卷实施了效度考验。其方式有二：

（1）求自我概念测验总分（TOT）与各分测组（subt—est）分数的内部相关系数。见表 7-3。

表 7-3　自我概念测验各分量表分数与总自我相关系数表

测验项目	R	测验项目	R
PER	0.75***	CS	0.74***
PH	0.80***	SXS	0.75***
ME	0.76***	ID	0.76***
FA	0.70***	SA	0.85***
SO	0.72***	B	0.86***
NS	0.80***		

由表 7-3 可知，相关系数 rmax=68，rmin=0.70，rmdn=0.75，亦均达 0.001 显著水平。

（2）以“儿童自我态度问卷”（本问卷为国际通用型，本研究采用其台湾中译版）为工具，求其与自我概念测验各分数的相关系数（r），见表 7-4。

表 7-4　自我概念与儿童自我态度问卷各项物质之间相关系数表（N=246）

	生理自我	伦理自我	心理自我	家庭自我	社会自我	民族自我	性别自我	自我应对	自我认定	自我接受	自我行为	总自我
对自己身体物质态度（PH）	*** 0.53	** 0.41	** 0.49	** 0.26	** 0.36	** 0.40	** 0.52	** 0.49	** 0.44	** 0.49	** 0.42	** 0.51
对自己能力与成就的态度（A）	** 0.47	** 0.50	*** 0.60	** 0.40	** 0.42	** 0.52	** 0.41	** 0.47	** 0.51	** 0.55	** 0.59	** 0.60
对自己人格特质的态度（P）	** 0.49	*** 0.51	** 0.56	** 0.36	** 0.45	** 0.49	** 0.25	** 0.43	** 0.49	** 0.47	** 0.60	** 0.61
对外界的接纳态度（E）	** 0.40	** 0.42	** 0.42	** 0.50	** 0.38	** 0.31	** 0.31	** 0.40	** 0.47	** 0.42	** 0.54	** 0.55
对自己的价值系统与信念（B）	** 0.23	*** 0.32	** 0.24	** 0.31	** 0.30	** 0.47	** 0.21	** 0.37	** 0.31	** 0.31	** 0.33	** 0.36
总自我	*** 0.57	*** 0.59	*** 0.65	** 0.49	** 0.52	** 0.49	** 0.38	** 0.51	** 0.59	** 0.63	** 0.63	** 0.69

*P<0.05　**P<0.01　***P<0.001

（二）学业成绩测验方法

对于学生学业成绩测验方法，本研究采用两地区蒙汉学生在校数学和蒙（汉）语文上个学期期末与本学期期中考试成绩的平均数，以及班主任老师的评价作为区分学业优秀、中等和较差三个等级的标准，经统计检验，优秀组和较差组之间存在显著差异。

（三）背景问卷的选取

本材料欲测查被试家庭社会经济地位对自我概念发展水平的影响问题。直接采用了国际通用的 Hollingshead（霍林赛德）的双因素社会地位指数（1965）（two factor index of social position）。与此同时，参照结合我国儿童及其家庭的实际情况，双因素指的是父母的教育水平和父母的工作种类和部门，这两个因素各分成五个等级，并均以父母亲中教育程度与职业水准最高者为代表。然后，将父母受教育程度指数乘以 4 家长职业水准乘以 7，二者相加即得，这样，可依指数不同分成优越组（55—44）、中等组（43—24）和较差组（23—11）三个等级。此分数值愈高，代表其家庭社会经济地位愈高；反之，则愈低。

三、研究程序

本研究采用了自我概念问卷、背景问卷以及学业成就的评价等多种综合调查的方法，对蒙汉小学生自我概念变化发展的趋势进行了深入的探讨和研究。在施测之前，做了大量的信度和效度检验的工作。同时，对汉语材料进行了认真的翻译以适应蒙古族小学生在阅读、理解及反应上与汉族小学生的对等性。为避免在汉译蒙的过程中的信息失真，聘请内蒙古社科院的蒙文翻译进行了缜密的校对。在实测过程中，聘请蒙古族老师充当主试，试图将随机误差降到最低点。问卷的回收率为 94.7%，报废率为 5.3%。

四、蒙汉学龄初期儿童自我概念发展的研究结果

本研究着重研究被试不同地区、不同民族（蒙汉）、不同性别、不同年龄、不同学业成绩、不同家庭经济地位（ses）水平蒙汉小学生自我概念变化发展趋势的共异性。研究结果可从以下六个方面加以说明：

（一）不同地区学龄初期儿童的自我概念变化发展趋势

表 7-5　不同地区学龄初期儿童的自我概念比较研究（n=240）[②]

	C	N	组间比较[①]
PH	35.82	30.47	2.51*
ME	39.15	40.23	0.21
PER	96.41	77.87	2.79**
FA	55.65	62.54	2.07*

续表

	C	N	组间比较①
SO	36.53	32.01	1.98*
NS	59.54	60.51	0.14
CS	82.49	75.25	2.13*
SXS	28.01	23.69	1.98*
ID	39.68	34.46	2.21*
SA	26.47	23.21	2.09*
B	22.2	22.93	0.09
TOT	521.44	484.21	2.78**

注：①* P＜0.05　**P＜0.01

②由于 n＝240＞30，t 分布渐近正态分布，故采用 z 或 z 代替 t，0.05 或 0.01 作近似计算。

③表中 C 代表城市地区，N 代表农村或牧区。

由表 7-5 可知，除 ME、NS 及 B 三项自我概念物质不存在显著的地区差异外（这三项均为农村或牧区略高于城市地区），其余均在 0.05 或 0.1 水平的显著差异。其中 PH、PER、SO、CS、SXS、ID、SA 诸项，城市与农村或牧区之间存在显著差异，这说明城市地区这些自我概念的物质水平要高于农村或牧区组；而 FA，表明农村或牧区组的 FA 水平要显著高于城市地区组（0.05）；在 TOT 项上，城市地区组明显高于农村或牧区组。

（二）不同民族小学生自我概念的发展水平及变化趋势

表 7-6　不同民族小学生自我概念的发展水平及变化趋势表（x）

	M		H		组间比较①			
	CM	NM	CH	NH	CM—NH	CH—NM	CM—CH	NM—NH
PH	34.47	3197	36.96	29.86	0.78	1.93	0.34	2.01
PER	95.16	75.58	97.65	70.66	3.56	3.98	0.88	0.71

① 组间比较表中数字为多重比较 N—K 法的结果亦称作 q 检验，是解决＞3 组平均数组间比较和组内比较的理想工具。此方法包括如下步骤。1. 把欲比较的各个平均数从小到大作等级排列。2. 根据比较等级 r，自由度 d f e，在 q 分布的临界值表中查相应 q.05（或 q.01）的值。3. 求样本平均数的标准误 SEx$SE_X=\sqrt{\frac{MSW}{n}}$（$MS_W$ 完全随机设计组内均方），n 是每组容量。4. 用标准误 SEx 乘以的临界值（$q_{.05}$ · SE_x）就是对应于某一个 r 值的两个平均数的差异大于（$q_{.05}$ · SE_x），则认为这两个平均数在 0.05 水平差异显著，若小于（$q_{.05}$ · SE_x）则两个平均数之间差异不显著。

续表

	M		H		组间比较			
	CM	NM	CH	NH	CM—NH	CH—NM	CM—CH	NM—NH
SXS	28.01	23.96	27.95	23.42	2.71	2.43	0.79	0.68
FA	55.30	58.43	56.02	66.64	3.74	013	0.17	3.28
NS	66.33	66.27	55.75	54.55	3.55	3.08	0.04	0.19
SO	35.12	31.30	37.93	38.71	089	2.83	1.23	0.34
ME	38.09	40.73	40.21	42.86	041	017	0.32	0.52
CS	82.70	74.73	82.39	74.76	2.87	2.93	0.11	0.17
ID	39.73	35.50	39.63	33.42	2.05	1.81	0.09	0.79
SA	28.15	23.78	24.72	22.63	1.97	018	1.29	0.34
B	21.83	24.28	22.57	21.58	007	041	0.33	0.12
TOT	523.94	486.53	518.32	481.89	7.81	8.03	1.93	1.78

注：①* P<0.05；

②CM代表城市蒙族、NM代表牧区蒙族、CH代表城市汉族、NH代表农村汉族。③组间比较内的数字为每两组平均数之差减去（$q_{.05}$ · SE_x）。若其值大于0，那么可以说两组平均数之间在 $q_{.05}$ 水平上差异显著；若小于0，则无明显差异。

由表7-6可知：PH值蒙汉小学生之间在不同地区存在显著的民族差异（0.05），这表明城市地区的蒙古族（或汉族）的PH值要明显高于农村或牧区的汉族（或蒙古族），而在同一地区的蒙汉族之间则不存在显著的民族差异；若排除地区差异，汉族略高于蒙古族。

PER值显示出与PH值相似的变化趋势；汉族略高于蒙古族。

SXS值同PH相类似，但若排除地区差异，蒙古族略高于汉族；

FA值显示出CM—NH和NM—NH组的显著民族差异（0.05），这说明CM组、NM组分别要明显高于NH组、NH值；若排除地区差异，汉族高于蒙古族；

NS值显示出与PH值相类似的变化趋势，蒙古族高于汉族。

SO值显示出CH—NH组存在显著的差异，说明城市汉族的SO明显高于牧区蒙古族；汉族略高于蒙古族；

ME值显示出四组之间均无显著差异，汉族略高于蒙古族；

CS值显示出与PH值相类似的趋势，蒙古族略高于汉族；

ID值显示出与PH相类似的变化趋势，蒙古族略高于汉族；

SA值显示出CM—NH与CM—CH之间存在显著的差异（0.05），说明城市蒙古族的 SA 要明显高于汉族两组。

B 值显示出 NM—NH 之间存在显著的差异（0.05）说明牧区蒙古族的 B 要明显高于农村汉族；

TOT 值显示了 CM—NH 与 CH—NM 之间存在着显著的差异，说明城市蒙古族（或汉族）的自我概念总分明显高于农村汉族（或牧区蒙古族），其余两组不存在显著差异；若排除地区差异，汉族 TOT 要略低于蒙古族。

总的来说，蒙汉之间各自我概念物质的比较变化趋势不很一致，但若从整体上观察，仍不难发现具有一致的趋势，即蒙汉之间的差异基本上倾向于 CM—NH 与 CH—NM 两组，这表明地区差异无疑也是造成这种情况的原因之一，总 TOT 值表明，蒙汉之间不存在显著之差异，但蒙古族略高于汉族。

（三）不同性别的蒙汉小学生自我概念的发展水平及变化趋势

表 7-7 不同性别蒙汉小学生自我概念的发展水平及变化趋势表

	男		女		Z 值
SC	X	S	X	S	
PH	30.60	4.75	37.98	3.89	1.95*
PER	90.10	11.5	82.37	10.08	1.89
SXS	23.72	5.89	29.05	4.96	2.43*
FA	54.11	8.88	64.11	7.92	3.67*
NS	60.59	7.98	60.48	7.79	0.056
SO	37.59	5.87	31.20	5.04	3.02*
ME	39.41	4.96	40.85	4.23	0.89
CS	86.00	12.54	70.19	11.62	3.73**
ID	39.14	5.99	32.78	4.98	2.47*
SA	24.98	3.95	25.01	4.01	1.23
B	24.68	4.23	20.15	4.13	2.13*
TOT	508.33	49.21	495.96	47.36	1.87

注：* P<0.05　** p<0.01。

由表 7-7 可知：PH 值显示出男女生之间具有显著差异（0.05），这说明学龄初期女生的生理自我明显高于男生，对自己的身体、外貌、健康状况较男生具有积极的看法和更为关注的态度；

PER 值显示出男女之间存在显著的差异（0.05），这说明男生的心理自我要明显高于女生，也就是对自己的人格、价值、情绪状态和冲动控制具有明显的积极态度；

SXS 值显示出男女生之间存在着显著的差异（0.05），这说明女生对性别（包括同性、异性以及同性和异性的关系）的认定比男生具有更积极的态度；

FA 值显示出男女之间存在显著的差异（0.01），说明女生的家庭自我明显高于男生；

NS 值显示出男女之间无显著差异，男生略高于女生；

SO 值显示出男女之间存在显著的差异（0.05），这表明男生自己对他人与自我关系的看法以及未来的教育目标和职业选择，较女生具有更积极、更高的看法；

ME 值，男女之间没有显著的差异，女生略高于男生；

CS 值显示出男女之间存在显著的差异（0.05），这说明男生对外部世界变化的控制和适应要比女生强，表现得也更积极、从容；

ID 值显示出男女之间存在着显著的差异（0.05），这说明男生的自我认定程度要比女生高，对自己现况的描述更为积极、更为乐观、满意；

SA 值显示出男女之间不存在显著差异，女生略高于男生；

B 值显示出男女之间存在显著的差异，说明男生对自己外在行动和学习行动具有比女生更积极的看法；

TOT 值男女之间不存在显著的差异，男生略高于女生。

总的说来，男女生在各个自我概念物质上的差异可谓此消彼长，但消长之势趋于平和，因而，男女生自我概念的发展、变化，没有显著的差异。

（四）不同年级（或年龄）的蒙汉儿童自我概念的发展水平及变化趋势

表 7-8　不同年级（或年龄）蒙汉儿童自我概念的发展水平及变化趋势表

组间比较（B）									分组
X_2—X_4	X_4—X_6	X_2—X_6	M_2—M_4	M_8—M_6	M_4—M_6	H_2—H_4	H_4—H_6	H_2—H_6	SC
−316	2.47*	2.43*	−1.31	2.17*	2.48*	2.39	2.52*	−2.98*	PH
−2.71	7.2*	9.98	−2.91	7.77*	5.89*	−6.10	5.12*	6.26*	ME
3.71*	3.25*	−1.9	3.62*	−1.07	3.04*	3.70*	2.98*	−1.21	PE
−1.72	−1.89	−0.73	−2.4	−1.9	−2.1	−2.02	−0.98	−2.5	FA
0.31*	1.72*	3.89*	−0.09	3.13*	0.04*	−0.18	3.28*	5.80*	SO

续表

组间比较（B）									分组
X_2—X_4	X_4—X_6	X_2—X_6	M_2—M_4	M_8—M_6	M_4—M_6	H_2—H_4	H_4—H_6	H_2—H_6	SC
−2.61	−0.77	−0.65	−0.86	−1.03	−1.54	−1.08	−2.03	−3.14	NS
−3.75	−4.02	−4.89	−3.13	−4.72	−1.11	−1.53	−1.03	−3.11	CS
1.04*	−0.03	3.73*	−0.41	4.05*	−0.17	−0.32	−2.61	2.32*	SX
2.14*	−3.09	0.02*	−0.99	0.75*	−0.93	2.43*	−2.33	3.77*	ID
−1.31	−1.21	0.07*	−0.9	−0.01	−1.40	−1.5	−0.23	−0.07	SA
−2.64	−2.58	−3.14	−2.60	−2.75	−3.01	−2.11	−2.19	−2.94	B
6.31*	−4.09	5.79*							TOT

	X2				X4				X6			
	M2		H2		M4		H4		M6		H6	
	CM2	NM2	CH2	NH2	CM4	NM4	CH4	NH4	CM6	NM6	CH6	NH6
PH	34.01	29.73	34.45	32.25	32.78	29.13	33.14	29.10	40.25	35.72	40.47	35.89
	31.87		32.25		40.96		31.12		37.99		38.18	
	32.06				32.72				38.09			
ME	33.20	34.09	33.34	33.98	36.17	37.25	36.08	37.37	48.10	51.93	48.01	52.09
	33.65		33.66	36.71		36.71		50.02	50.05			
	33.66	36.71	50.04									
PER	85.87	68.17	87.14	68.21	104.40	88.17	105.09	86.97	85.21	70.49	93.72	80.79
	77.02		77.68	93.77		93.53		77.83	87.26			
	77.35				93.65				82.55			
FA	55.67	59.41	56.19	60.10	55.94	58.4	56.73	70.12	54.30	57.49	55.31	69.71
	57.54		58.15		57.17		63.93		77.83		62.51	
	57.85				60.30				82.55			
SO	30.89	27.63	32.77	29.9	34.27	29.85	36.88	31.04	40.21	36.41	44.13	37.18
	29.26		31.34		32.06		33.96		38.13		40.67	
	30.3				33.01				39.38			
NS	63.33	65.61	57.14	57.28	64.11	66.05	56.98	56.71	62.55	67.14	53.14	50.24
	63.97		57.21		65.09		56.84		64.85		51.69	
	60.59				60.97				58.27			
CS	82.21	74.19	83.4	72.19	83.78	75.68	84.67	75.67	82.10	74.33	79.10	76.42
	78.2		77.80		79.73		80.17		78.21		77.76	

续表

	78.00				79.95				77.98			
SXS	24.2	19.94	24.50	20.89	28.1	23.04	29.19	23.11	31.97	28.91	33.19	26.27
	20.07		22.43		25.58		26.15		30.44		28.23	
	22.25		2		26.37				29.84			
ID	44.85	36.72	41.32	34.19	40.67	35.51	29.94	34.20	39.67	34.28	32.81	31.87
	40.79		37.76		38.09		32.07		36.98		32.34	
	39.28				35.08				34.66			
SA	30.23	27.12	29.40	27.19	29.1	24.13	23.89	21.3	25.12	20.08	21.25	19.87
	28.68		28.17		26.62		22.60		22.6		20.56	
	28.43				24.61				21.58			
B	22.18	24.17	23.14	21.21	22.09	24.58	21.89	27.24	21.23	24.69	22.67	22.30
	23.18		22.18		22.34		21.57		22.96		22.49	
	22.68				21.95				22.72			
TOT	482.45				515.37				512.75			

注：①组间比较同前；

②X_2 代表二年级自我概念的平均数，X_2、X_6 代表四、六年级自我概念的平均数。M_2、M_4、M_6 分别代表蒙古族二、四、六年级自我概念平均数。H_2、H_4、H_6 分别代表汉族二、四、六年级的自我概念平均数；

③ * $P<0.05$。

由表 7-8 可知：

PH 值显示出二、六年级、四、六年级之间存在显著差异（0.05），二、四年级则没有显著的差异，只有些微的进步，这说明蒙汉学生的生理自我并不是与年龄的增长而匀速增长的，而是表现出一种缓慢前进（二—四），到了一定时期又突飞猛进（四—六）的发展趋势；

PER 值显示出二、四年级、四、六年级之间存在显著差异（0.05），四年级是三个年级 PER 值发展的一个峰点，其变化趋势呈现出倒∪型，这说明 PER 并不是随着小学生年级的增长而增长的，甚至在六年级出现了“倒退”或“下降”的趋势，蒙汉均如是；从中可以看出，小学生到了高年级，心理自我表现将越来越消极；对自己的价值、人格、情绪状态及冲动控制愈来愈弱；

SXS 值显示出二、四、六年级持续增长的趋势，其二、六年级，四、六年级之间存在着显著的差异（0.05），四年级呈现出过渡发展的趋势，这说明随着年级和年龄的增长，儿童的性别自我也在不断地发展，对性的认识和态度也在不断的完善；

FA值显示出二、四、六三个年级没有显著的差异，甚至在六年级表现出些微型“下降”的现象，其发展趋势基本上是平缓的，这说明FA在学龄初期是较稳定的；

NS值显示出二、四、六三个年级没有显著的差异，六年级略有“下降”；

SO值显示出三个年级之间均存在显著的差异（0.05），这说明随着年级的增长，蒙汉小学生的SO是在不断发展着的；

ME值显示出二、六年级，四、六年级之间存在显著的差异，特别是到了六年级，ME取得了长足的进步，这说明蒙汉学生ME的发展是与年级的增长相适应的；

CS值显示出三个年级之间均不存在显著的差异，甚至到了六年级，呈现出“倒退”的趋势，这说明随着年级的增长，CS并没有明显的发展，甚至表现出“停滞不前”的趋势；

ID值二、四年级，二、六年级之间存在着显著的差异（0.05），二年级是ID发展的起点，也是一个峰点，这说明随着年级的增长，蒙汉小学生的ID呈现出不断“下降”或“倒退”的现象；

SA值显示出二、六年级之间存在显著的差异，三个年级的SA，呈逐渐“下降”的趋势；

B值显示出三个年级之间均无显著之差异，其发展趋势大致是平缓的；

TOT值显示出二、四年级，二、六年级之间存在显著差异（0.05），四、六年级没有显著的差异，六年级略有“倒退”或“下降”的趋势。

总的说来，学龄初期儿童自我概念各个物质的发展是不平衡的，并呈现出不同的变化态势，因而，自我概念的发展并不总是随着年级的增加而增长的，甚至在六年级，出现了“下降”或“倒退”的现象。

（五）不同学业成绩组的自我概念发展水平

表7-9 学生不同学业成绩组的自我概念发展水平

	A	B	C	组间比较		
	X=84.1	X=68.2	X=55.9	A—B	B—C	A—C
PH	37.79	35.06	32.33	—2.14	—1.17	2.30*
PER	96.68	89.74	73.14	—1.71	8.81*	17.23*

续表

	A X=84.1	B X=68.2	C X=55.9	组间比较 A—B	B—C	A—C
SXS	27.39	26.15	24.91	—2.89	—1.54	—0.34
FA	63.09	59.12	55.15	—1.04	—1.15	3.29*
NS	65.25	60.17	54.98	—0.07	0.21*	6.76*
SO	38.13	34.26	30.39	—0.15	—0.21	5.36*
ME	40.87	39.71	36.83	—3.23	0.71*	4.01*
CS	83.27	78.10	72.52	—0.78	—1.21	7.16*
ID	40.34	37.50	29.81	—1.23	2.71*	8.05*
SA	31.08	28.72	20.13	—0.71	1.21*	3.69*
B	24.68	23.14	19.29	—2.24	—0.03	2.15*
TOT	548.57	521.67	449.48	—10.98	7.35*	30.67*

注：①A 代表成绩优秀组

B 代表成绩中等组

C 代表成绩较差组

②表中 X 代表该组学业成绩的平均数

由表 7-9 可知：除 SXS 物质外，其余项目三组被试中，高学业成绩组与低学业成绩组均存在显著的差异（0.05）；B、C 两组在 PER、NS、ME、ID、SA、TOT 诸项之间存在显著差异（0.05）外，其余均不存在明显差异；A、B 两组在诸项中，均不存在显著差异，但 A 组略高于 B 组；TOT 项，B—C，A—C 均存在显著差异；这说明高成绩组被试较低成绩组，更能自我肯定，对自己更有信心，并认为自己是个有价值的人，对于现状和未来都较满意、乐观。而低学业成绩组则相反，出现了“自我贬低”的现象（self-abasement），对自己作过低的评价，缺乏自信。

（六）不同 SES 水平组的自我概念发展水平

表 7-10 小学生家庭不同 SES 组的自我概念发展水平

	高 ses 48.62	中 ses 29.67	低 ses 18.54	组间比较 高 ses 中 ses	中 ses 低 ses	高 ses 低 ses
PH	37.13	35.74	32.04	−0.97	−2.01	2.89*
PER	39.53	86.27	83.77	−0.49	−0.54	3.21*
SXS	26.48	25.32	26.51	−2.13	−2.09	3.76

续表

	高 ses 48.62	中 ses 29.67	低 ses 18.54	组间比较 高 ses 中 ses	中 ses 低 ses	高 ses 低 ses
FA	59.70	59.73	58.93	−3.87	−3.99	−3.19
NS	59.70	59.20	58.63	−3.17	−2.97	−2.09
ME	39.88	40.43	40.02	−3.28	−4.17	−3.89
SO	35.31	34.26	33.18	−2.64	−3.12	−3.36
CS	83.52	78.14	73.31	−0.78	−0.82	+5.21*
ID	43.12	37.74	29.50	1.21*	3.21*	6.74*
SA	29.41	26.78	24.55	−0.72	−1.23	2.21*
B	25.37	22.41	19.11	−0.34	−0.51	3.23*
TOT	529.15	506.02	479.65	−3.87	−6.73	11.54*

注：①ses 为家庭社会经济地位的英文缩写词。

由表 7-10 可知：三组 ese，除 SXS、FA、NS、ME、SO 诸项外，其余各项，高 SES 与低 SWS 之间存在显著的差异，特别是一些内部层面的自我概念物质，是与被试家庭社会经济地位相适应的。这说明高 SES 水平组要比低 SES 组的自我概念明显强烈，可是家庭社会经济地位以及父母教育程度的平衡，无疑影响到儿童自我概念的发展，从而使高 SES 组对自己评价很高，而低 SES 组则出现了“自我贬低”的现象。

第三节　蒙汉学龄初期儿童自我概念发展研究结果分析

一、蒙汉学龄初期儿童自我概念研究结果分析

（一）从理论上讲，自我概念是人对自己所作出的认知、情感和行为上的解释系统，也就是个体对自己是什么样和怎么样的主观解释，这种解释可能不完全符合他的真实状况。之所以说两组样本存在或不存在显著的差异，并不是指客观上有无差异，而只是在主观状况上的存在或不存在差异。因而，高自我概念组可能与其真实状况不相称，“盛名之下，其实难副”就是这个道理；而低自我概念组可能会出于谦虚或自卑因素而刻意自我贬低，以致与其真实状况不相符合。而这种认知、情感及行为上的解释系统，一般来说，是相对稳定、不会轻易变化的。

（二）从前面的结果来看，自我概念投射到被试年级、性别地区、民族、学业成绩等级及 SES 水平等方面均有程度不一的差异，这些差异有时是单因素影响自我概念，有时又是多种因素融合生长，形成一个复杂的自变量。

1. 不同地区的学龄初期儿童存在着显著差异，城市地区被试的自我概念水平显著高于农村或牧区组，这可能是“由于城乡差异以及由此而造成的其他一切差异所共同促成的”，如户籍制度、升学就业、家庭背景、教育安置以及文化等方面的差异。

2. 不同民族的被试之间不存在显著差异，具体说来，不同地区的不同民族之间存在显著差异（0.05）如 CM—NH 与 NM—CH；而同一地区的不同民族之间都不存在显著差异，如 CM—CH、NH—NH 组，因而答案只能从地区之间去寻求，除上述原因以外，还有亲子关系的地区差异，有影响他人（significant others）、社会期待（social expectancy）、个人归因（personal attributes）等方面的差异。

3. 学龄初期儿童自我概念在性别上没有显著的差异。但在自我概念的一些项目上存在着显著的差异，大致说来，女生一般对自己的身体、外貌、健康状况、同性和异性、家庭道德伦理以及自控上较男生具有更积极的看法，并抱有更亲切的态度，而男生则对外部世界的控制、社会关系、自我认定、自我行为等方面较女生更为关注。这一看法可以说支持了大多数的研究结果。

4. 本研究发现，学龄初期儿童随着年级的增长，自我概念并非总是随之而发展，这一点部分地支持了国外及台湾的研究结果。这说明自我概念在学龄初期的发展与年级的增长是不平衡的。

（三）从自我概念的各项目而言，随学年增长而增长的有 PH、ME、SO、SXS；这是一种正增长的发展趋势。由二年级到四年级有显著的发展，但到了六年级，却有不同程度的“下降”，如 PER、FA、NS、CS 及 TOT，这呈现出一种发展的连续性、起伏性，大致呈倒“U”型，四年级是这种发展变化趋势的转折点；随着年级的增长，而自我概念却在不断地“倒退”，如 ID、SA，这是一种负增长的变化趋势；随着年级的增长，自我概念发展平缓，如 B。

由此可以看出，学龄初期自我概念的发展变化呈现出不同的态势，特别是出现了“下降”和“倒退”的现象，原因可能是：

1. 随着年级和年龄的增长，小学生逐渐地认识到了主观、客观、主体、客体的关系，因而对自我的认知、情感不断地分化，渐趋于真实，再不像以前那样幼稚、不真实，因而这种“倒退”并非是一种失败的象征，而恰好是一种发展的有力注脚。

2. 由于青春期即将来临，生理上的发育与儿童本身自我概念的发展极不平衡。因而，呈现出一种不知所措的形势。同时，也有力地给自己敲了一个警钟。

3. 学龄初期是个体接受社会文化影响，形成角色的重要时期，面对纷繁复杂的外部世界，感到自己并不像低年级那样是一个“宠儿”，因而在反应上，出现了“自我贬低”（self-abasement）的现象，这种自我否定正好可能说明了自我概念是在不断更新、不断完美的，因而是一种“否定之否定”的结果。

（四）不同的自我概念发展水平是与不同的学业成绩等级相一致、相适应的。这一结果充分支持了国外的同类研究。Shranger 与 rosenberg（1970）的研究指出，自尊感（self-esteem）较高者在多次成功后，其行为表现（performance）更好。相反，则行为表现愈差；台湾郭为潘先生认为学业成绩对自我概念的影响，是借助于学生内部的成就动机以及自我概念同成功动机的综合作用共同促成学生学业成绩的等级形式。这无疑是正确的，事实上，国外研究指出，二者的相互影响，是循环式的。

（五）不同的自我概念发展水平是与被试家庭经济社会地位相适应的。本研究基本上与国外研究结果一致，这一结论在那些社会等级差别明显的国家尤为突出，但是，如前所述低 SES 组的儿童之所以自我概念水平亦低，这可能是由于这些被试更能把握主客关系，从自己的切实情况出发，因而形成与自己真实状况较为接近的自我概念。在反应上显得比较谦虚，在结果解释上显得“消极”，产生了“自我贬低”的现象，这可能正是一种成熟的萌芽，不必为之惊讶；而高 SES 组的儿童之所以自我概念水平亦高，这可能是由于优越感的强化（reforcement）而形成了与自己真实状况不相符合的自我概念。

二、蒙汉学龄初期儿童自我概念发展研究的结论

通过对蒙汉学龄初期儿童自我概念的研究，得出以下主要结论：

（一）学龄初期儿童的自我概念发展水平及变化趋势，城乡之间存在显著的差异（0.05）。

（二）学龄初期儿童的自我概念发展水平及变化趋势，蒙汉族之间不

存在显著差异，但不同地区的不同民族（蒙汉）之间却存在显著差异。

（三）学龄初期儿童的自我概念发展水平及变化趋势，男女之间不存在显著差异，但在个别物质上存在显著差异。

（四）学龄初期儿童的自我概念发展水平及变化趋势，并不总是与学生年级的增长相适应的，而是呈现出发展、变化的不同态势，甚至出现了“下降”或“倒退”的现象。

（五）学生学业成绩的等级可以影响其自我概念的发展水平，特别是高学业组与低学业组之间存在着显著的差异。

（六）学生 SES 水平可以影响其自我概念的发展，特别是高 SES 组与低 SES 组之间存在着显著的差异。

综上所述，本研究成功地发现了在学龄初期，自我概念受学生地区、民族、性别、年级、学业成绩等级及 SES 水平的影响而呈现出不同的发展变化趋势，形成这种形势的原因可谓多种多样。当然，这仅仅是一个小小的尝试，还有许多的问题存在纰漏和不足，尚有很多的问题有待进一步的探讨。

参考文献

[1] 〔苏〕伊·谢·科恩著，佟景韩等译：《自我论：个人与个人自我意识》，三联出版社 1986 年版。

[2] 朱智贤主编：《心理学百科全书》，人民教育出版社 1990 年版。

[3] 〔美〕玛格丽特·米德著，宁践译：《三个原始部落的性别与气质》，浙江人民出版社 1988 年版。

[4] 张厚粲主编：《心理与教育统计学》，北京师范大学出版社 1988 年版。

[5] 李雪荣编著：《儿童心理与情绪障碍》，上海科学技术出版社 1987 年版。

[6] 黄希庭主编：《心理实验指导》，人民教育出版社 1988 年版。

[7] 〔美〕C·W·莫里斯著，定杨译：《开放的自我》，上海人民出版社 1987 年版。

[8] 〔美〕威廉·C·格莱因，计文等译：《儿童心理发展的理论》，湖南教育出版社 1983 年版。

[9] 马文驹辑选：《西方现代心理学流派》，华东师大教材，1982 年。

[10] R·M·利伯特等著，刘范译：《发展心理学》，人民教育出版社 1986 年版。

[11] RoBert L·Leahy，The Development of the self Academic Press Inc 1985.

[12] Simour psten，The self-concept：Areview and the proposal on Integrated Theory of personality Basic Aspects and Current Research，dited by Evin Stand，1980.

[13] Encyclopedia of psychology Vol 1—4. Edited by Raymond·J·Corsini，John wi-

ley and sons inc 1987.

[14] James o • Lugo, Gerald L • Hersbey. hiving psychology(3rd edition)1981. Macmillan Publishing Co, Inc.

[15] Kaplan H • B(1969) Identity Development.

[16] Human Development, 1987(July—Aug) Vol 30(4) P234—254. The structure of Eriksons of the eight stages; A generative approach.

[17] social self and social Distance among cong kong school children. personality and socialpsycho Bulletin 1987(Jun) Vol 13(2) P156—165.

[18] seligman M E pand Maier S • F Failure to escape Tlaumatic shock Journal of experiment Psychology vil 74 Pl—0, 1967.

[19] Butter, Mand Hersov, L: child Psychiatry Blackwell Othord 1977.

第八章　蒙汉初中生自我概念的发展

初中学生正处在青春期阶段，青春期是人的一生中生理和心理都发生剧烈变化发展的时期。儿童步入少年后，一直仅仅面向外界的目光，转向自己的内部世界，开始重视发现“自我”。并具备了相应的能力，他们逐渐感觉到“今天的自我”和“昨天的自我”不同了，以往自我的成长是运用父母的观念来创造自己，而今要自己创造自己，创造出名副其实的“真正的自我”。他们不再盲从大人的支配，有了一定的独立性和成人感，产生了亟待了解自己、认识自己、建立与创造一个具有美好的理想与追求，完美无缺的自我的渴望与要求。于是他们对自己的一切都企图用自己的眼光去进行评价，但是他们的认识与评价总是带有一定的主观片面性与不稳定性。因此，对于教育工作者来说，只有了解和掌握儿童自我概念发展的特点与规律，才能帮助学生建立正确、积极的自我概念，培养他们自我接纳、自重自爱、自尊自信的健康个性，使他们发展成为一个积极向上、合作友爱，具有自信感、价值感、成就感的个体。本章详细阐述了一项关于蒙汉初中生自我概念发展的研究。

第一节　自我概念研究概述

从 19 世纪末到 20 世纪的今天，在世界心理学界各种各样的学派纷纷崛起，各立其说，从不同的立场、不同的角度探讨人性、探讨人格，从将近一个世纪的探索与研究结果来看，许多心理学家都认为个性中有一种不可忽视的因素——自我。虽然心理学家们在对“自我”的地位、作用问题上各持己见，但不可否认的是随着心理学本身的发展与深入，“自我”被重视的程度日益升高，自我的作用越来越被人们所认识。这一点我们可以从被人们称为心理学发展的“第三势力”（另两派为精神分析和行为主义）——人本主义心理学的产生与发展趋势来证实。有人认为 21 世纪是人本主义心理学的时代，是尊重人的尊严、情感、未来、创造性的时代。

一、我国20世纪60年代以来的自我概念研究概况

在我国长期以来“自我”问题总是和个人主义联系在一起，因此未能像国外那样得到长久的重视。20世纪60年代以前国内有关“自我”的研究几乎是空白，60年代谢千秋等人从道德教育的角度，对我国青少年自我意识中的自我评价问题进行过初步探索，在“十年动乱”期间，不用说“自我”问题，连心理学的其他领域的研究都处于停滞状态，更何况谈起“自我”两个字呢。随着十一届三中全会的召开，拨乱反正、实事求是的政治局面出现了，人们的思想意识被解放，“百花齐放、百家争鸣”的学术气氛当中心理学恢复了元气，有了新的生命力。特别是80年代以来随着反映国外精神分析、行为主义、人本主义等学派的思想观点的书籍与刊物的引进与介绍，人们受到启发，并且确实认识到“自我”这个问题的重要性，有些人开始着手探讨与研究这个领域的课题。从笔者所掌握的资料来看，在国内影响力比较大的还是辽宁师大教育系韩进之老师为首的一部分人所进行的实证性研究。他们于1980—1987期间，在全国范围内，比较系统地、深入地进行了《我国儿童自我意识的发展研究的课题》①，取得了一定的成绩。此外，近几年来有些人围绕青少年自我意识的特点以及结合教育工作做了一些理论性探讨②。另外，以自我概念为名称的研究还不是很多。笔者查阅了从中华人民共和国成立以来到1995年为止的全国公开发表的文献，主要研究的内容如下：自我概念与学习成绩之间的关系；自我概念与社会交往、亲社会行为之间的关系；自我概念与成就动机以及成就归因之间的关系；再婚家庭儿童自我概念的发展；中小学教师自我概念发展等实证研究，而基础理论方面探讨甚少。在自我概念的量化方面，虽然有些人从国外引进了几种自我概念量表，并做了修订，但一方面有的量表的编制比较粗略，只使用于自我概念的整体发展状况的测试，而不能很好地反映出自我概念的各个层面；另一方面使用于小学儿童以及大学阶段的自我概念量表相对来说多一些，而针对中学生的就极少。总之，笔者认为在我国自我概念的研究还处在初级阶段，不论是理论探讨还是实证研究都没

---

① 韩进之：《我国儿童自我意识发展研究》，辽宁师大教育系油印稿。

② 杨善堂等：《初中学生自我意识发展特点的研究》，《心理发展与教育》，1990（1）；漆佑华：《试析大学生自我意识》，《高等教育研究》，《华中工学院》，1987（3）；胡德辉：《论青年的自我意识》，《湖南大学学报》，1985（3）。

有达到系统化和深入化的程度，所以在这一研究领域还有着广阔的研究余地，很多问题都有待于深入研究与探索。

二、关于“自我”的定义研究

无论在西方还是在中国，对“自我”的定义是很模糊的。对自我进行研究的先驱之一弗洛伊德也曾对自我使用过两种定义，即 ego 和 self,[①]。为此，埃里克森指出：“我们只有从自我中分离出‘我（I）’和‘自身(self)，才能确定自我的范围”。[②] 他认为，“我”是个体的一切经验的觉知中心，“自身”则是我的对象，是个体有关自己的经验复合体，而把各种经验统一起来保持其一致性和连续性的就是“自我”。罗杰斯对自我的定义采取避而不答的态度，但他后来感到无法回避，便也竭力阐明这个概念的内涵。20 世纪 20 年代，美国休斯敦大学心理学教授伊文思专程拜访了罗杰斯，指出“自我”概念的界说问题。罗杰斯做了这样的回答：“自我包括个体对他的机体、他的经验的全部知觉，以及对那些知觉与该环境中其他知觉及整个外部世界发生关系之方式的全部知觉”。[③] 可见罗杰斯指的自我是 self，而埃里克森指的自我是 ego。

在我国心理学界对“自我”、“自我概念”、“自我意识”等几个概念也存在着不同的看法，并无明确的区分，从而导致自我概念混乱的局面。有人认为，“自我”就是“自我意识”，是对自己存在的觉察，是自己对所有属于自己身心活动的认识[④]。还有人认为，“自我意识不同于‘自我’这个概念，自我就是‘我这个人’，它是具体的、活生生的社会存在。而‘自我意识’则指个人对自己在意识水平上的反映”，亦是自觉的、能动的反映”[⑤]。还有人认为“自我意识就是一个人对自己，包括自己的思想认识、情感行为、个性特点以及人际关系等方面的认识、感受、评价和调控。换句话说，就是以观念的方式反映现实的那种能力，作用于自我本身的意识形态”[⑥]。

---

① 刘翔平：《哈特曼自我心理学述评》，《心理科学》，1991（6）。

② 周晓虹：《现代社会心理学》，江苏人民出版社 1991 年版，第 153 页。

③ 方展画：《“罗杰斯”非指导性教学“述评”》，《华东师范大学学报》（教育科学版），1987（1）。

④ 时蓉华：《社会心理学》，武汉师院内部发行，1984 年。

⑤ 全国八院校编：《社会心理学教程》，兰州大学出版社 1986 年版，第 114—115 页。

⑥ 张增述：《谈谈关于正确趣解青年的自我意识及其发展》，《心理学通讯》，1988 年（4）。

三、自我、自我意识与自我概念

（一）自我概念与自我意识

在自我概念与自我意识的理解上，也存在着不一致的看法。有的人把自我概念放到自我意识里边，认为自我意识是“由自我觉知、自我认识、自我概念、自我评价和自我监控组成的依次上升的多层次概念”[①]；有的人还认为“自我概念是一个很广的概念，包括自我意识、自我评价、自尊、自我关注等许多内容”[②]；有的主张“自我概念是指个体对自己形成的一种相对稳定的认识和评价”[③]，爱泼斯坦曾谈到：“自我观念是一种自我理论。”B·R施伦克也认为“自我观念是一种个人建构的有关他自己的理论”。“自我观念也可以看成自我图式，认知心理学家认为图式是处理信息的认知结构，自我图式则处理与自己有关的信息，并决定着对这些信息的理解”[④]；朱智贤主编的《心理学大词典》里写到“自我观念是一个人对自己的个性进行自我调节的心理系统。它包括：认知成分、情感成分、意志成分，是基于自我意识的知、情、意的统一，是个性心理面貌的重要成分。它可以分准确的和歪曲的两种”。

（二）自我、自我意识与自我概念

笔者认为，自我、自我意识、自我概念是既有联系又有区别的几个概念。自我不仅包括个体生理的一面，还要包括心理的一面，以及这两者结合的实践活动方面。按照威廉·詹姆斯的说法就是指经验的自我和纯粹的自我，也可以叫做客体自我和主体自我。从心理意识活动方面看，在某种意义上我们可以把心理活动分为非意识的活动和意识活动，此外再根据意识对象的不同又进一步分为非我意识和自我意识两个方面。非我意识主要是对外界，对他人的意识。自我意识则是关于自身的意识。由此可见，自我意识是从自我中分化出来的有关自己的意识，也就是说，“个体对自己，包括自己的思想认识、情感行为、个性特点以及人际关系等方面的认识、感受、评价和调控”[⑤]。那么自我对于自我意识来说则既是承受、进行自我

---

① 李辽：《自我意识是人的思维结构的本质要素》，中国人民大学复印报刊资料《心理学》，1987（9）。

② 候积良：《价值取向、自我概念与亲社会行为》，《心理科学通讯》，1990年

③ 刘晓明等：《成就动机、自我概念与学生学业成绩的关系研究》，《心理科学》，1991（2）。

④ 周晓虹：《现代社会心理学》，江苏人民出版社1991年版，第153—154页。

⑤ 漆佑华：《试析大学生自我意识》，《高等教育研究》，华中工学院，1987（3）。

意识活动的主体，又是自我意识认知和调控的对象，那么自我、自我意识和自我概念是什么关系呢？笔者认为，自我概念和自我意识一样是自我的一个组成部分，体现着自我的心理意识的一面．是在自我意识的基础上产生的、更倾向于人对自己各方面包含肯定与否定，接纳与拒绝等感情色彩的看法、态度、价值观等成分组成的，具有调节作用的观念系统。诸如“我是个什么样的人”、“我能做什么事”等。然而人对自己这样的看法、态度、价值判断等观念系统不是与生俱来的，是在人和外界环境特别是和社会环境相互作用过程中逐渐形成与发展起来的。

（三）个体自我概念形成的原则

现代心理学认为个体自我概念的形成依据一定的心理原则。

1. 内化原则，亦即接受他人的评价。接受他人评价的内化观点反映的是库利和米德主张的“镜中自我”的思想。也就是说人关于自己的概念在很大程度上取决于他周围的人对他如何评价，特别是这来自于集体的、群体的或重要他人的时候。他人的积极评价容易使个体对自己产生肯定或接受的看法态度，相反他人的评价如果是消极的，那么个体就很容易对自己形成否定或拒绝的看法与态度。

2. 社会比较原则，就是说个体对自己的判断与看法总是有意无意地在社会比较过程中进行。这种比较可以是个体将自己目前的“自我”与过去的或将来的“自我”作比较，将自己的追求与成就作比较，也可以个体将自己与其他人作比较。为此詹姆斯提出了自尊＝成就/追求的公式．可以看出一个人追求水平越高，就越难以满足。詹姆斯公式的正确性已被生活经验和许多专门试验所证实。虽然成就与追求的比较初看起来是纯属于个体的事，但实际上和整个社会环境是分不开的。美国心理学家在这方面作过一项很有意思的实验，他们希望在一定商行任职的一些人独立地对自己的几项个人品质作出评价。然后接待室里又出现了一个假装谋求同一职位的人，第一次是一个衣着讲究、自信、温文尔雅、手提皮包的人（“干净先生”），第二次是一个落魄（身穿脏衬衫、赤脚穿便鞋）的人（“肮脏先生”）。在这以后提借口让求职者重新填写同样的自我评价表，结果怎样呢？遇到“干净先生”后他们的自我评价降低了，而遇到“肮脏先生”后他们的自我评价提高了。人们不由自主地以一名求职者的形象来衡量自己的向往高度，将自己与他作比较，从而对自己作出评价，尽管谁也没有要求他们这样做[1]。

3. 自我定性原则，即个体从三个主要来源汲取关于自己的情感、定势和信念的信息，知觉自己的内心状态，观察自己的公开行为，观察这些行为发生的环境。内心信号越是微弱、矛盾或不可理解，人在对自己的判断中就越是依靠他所观察到的自己外部行为事实及其条件，也就是说根据自己的行为作出对自己的判断。自我定性原则反映了斯金纳的激进行为主义和贝姆的自我知觉理论观点。

4. 意义整合原则。外部评价的内化、社会比较和自我定性是心理上的不同过程，但是它们不是孤立地存在，而是互相联系着，同时往往根据“自我概念”的意义整合来进行相互转化。意义整合原则体现着自我概念的系统性、完整性，同时还突出了它的价值—意义特点，按照这一原则，自我概念任一成分的意义都取决于它在自我概念系统中的地位。“自我”各个侧面的不同主观意义使人们能够协调自己的社会追求和个人追求，找出对自己最有利的自我实现的方向，扬长避短，承认别人较强的方面不损害自己的“自我”。

（四）自我概念系统的特点

自我概念是个体在社会生活过程中，内化他人的评价，并且通过社会比较以及自我知觉、判断、价值意义的认识而建立起来的具有调节整合作用的观念系统。

1. 自我概念系统具有多样性与多层次性。个体的自我概念不仅表现在当前自我、过去自我、将来自我的方面，从另一个角度它还表现在自我的生理、心理、社会属性的各个方面。而且这种多层次、多成分在每个个体身上的组合模式的不同还体现着它的独特性。

2. 自我概念系统的主观评价性。不论是哪一种形式或什么样类型的自我概念，它都出自于个体的主观判断与评价，这种判断与评价可能符合客观实际，也可能不符合客观实际，因此，我们还可以认为自我概念具有主观评价性。

3. 自我概念系统的稳定性与可变性。作为个性重要组成成分的自我概念，它和心理过程以及个性的某些成分比较起来具有相对稳定的特点，但是随着生活环境以及个体某些方面的改变，不断地充实和完善或发生巨大变化，这就意味着人的自我概念不是一成不变的，而是可以完善与提

---

① 科思著，佟景韩等译：《自我论》，生活·读书·新知三联书店 1986 年版。

高的。

（五）自我概念系统的作用

自我概念系统是在内外因素的作用下形成的，对自己以肯定或否定形式具体表现的、相对稳定的、个人独有的、多层次的观念系统，对个体的行为举止、活动效率以及生活满意度等方面起着巨大的作用。

在日常生活中，我们不难看到一个人在实际生活的任一方面的成功，都能导致他对自我评价的提高，使他的自我概念更明朗、更积极、更乐观地面对一切事情。相反，如果一个人遭到严重的挫折经验，则导致自我的贬低感，使他的自我概念过于消极与被动，更不敢面对现实生活。因此，自我概念不仅直接影响人们的行为表现，而且在一定范围内也影响对自己现实生活的满意度与社会适应程度。罗杰斯认为，自我概念与自我经验的不一致会造成紧张、困扰及心理不适应。他认为要获得自我与经验的一致，必须要调整自我接受真实的感受，同时要有积极的关怀，以温暖、喜爱、尊敬、同情，接纳对待别人和自己。因此如何养成积极而切合实际的自我概念，是形成与保持健全人格的重要前提。

对于学生来说，自我概念的意义不仅表现在适应行为与个性的健康发展上，而且直接影响着他们学业成绩的好坏。已有实验证明，学生学得好坏受他认为自己能否学好的影响。西方心理学家（shavelson，1985）说得好，“正确、积极的自我概念不但是取得教育所向往的结果的保证，同时更值得注意的是，它也是教育的培养目标。”

四、蒙汉初中生自我概念发展的研究目的和内容

（一）蒙汉初中生自我概念发展的研究目的

通过对蒙汉初中生自我概念发展的研究来揭示少年期自我概念发展的特点与规律，为青少年健康人格的培养、优良心理品质的塑造提供理论依据，也为我国发展心理学和跨文化心理学研究提供定量研究资料。同时通过适合于中学生使用的自我概念问卷的初步编制，为以后中学生自我概念的研究提供测量工具。

（二）蒙汉初中生自我概念发展的研究内容

蒙汉初中生自我概念发展的研究内容具体包括：1. 在自我概念发展的总趋势以及各个层面（五个分测验）上，不同文化背景下成长的初中学生是否存在显著差异；2. 重点初中与普通初中学生（蒙、汉）有无差异；3. 初中阶段不同年级之间是否表现出不同的发展特点，男女初中学生是否存在差异。

第二节　蒙汉初中生自我概念发展的研究

一、研究被试的选取

按照研究目的从呼和浩特市选取了汉语授课（以下简称汉授）重点初中：内蒙古师范大学附属中学；普通初中：呼和浩特市（以下简称呼市）七中；蒙语授课（以下简称蒙授）重点初中：呼和浩特市（以下简称呼市）蒙校。从达茂旗选取了两所普通初中：蒙语授课达茂民族中学和汉语授课百灵第二中学。从这几个学校随机抽取各120名被试，共600名，其中初中一年级、初中二年级、初中三年级（以下简称为初一、初二、初三）分别为200名，男女各一半，蒙古族学生306名，汉族学生294名，城市学生260名，县镇学生155名，农村学生155名（见表8-1）。

表 8-1　选取被试的基本情况

		呼市七中	师大附中	呼市蒙校	达茂民中	百灵二中
初一	男	20	20	20	20	20
	女	20	20	20	20	20
初二	男	20	20	20	20	20
	女	20	20	20	20	20
初三	男	20	20	20	20	20
	女	20	20	20	20	20
合计		120	120	120	120	120

二、研究工具的选取

（一）问卷编制的理论依据

威康·詹姆斯从心理学角度把自我分为客体自我和主体自我两大部分，并把客体自我分为物质自我、社会自我和精神自我，把主体自我又分为自主性自我、独特性自我、连续性自我和反射性自我、他的这一思想在心理学界特别是被社会心理学家们广泛采用，本研究也以这一思想为基础，认为自我是既有客体性质又有主体特点的，同时包含生理、心理、社会属性的统一体，自我概念正是对这一统一体的主观反映。因此，自我概念具有生理的、心理的和社会的三种存在形式，为了把研究更深入一层我们从社会自我中又分出家庭自我和道德自我. 这样我们把一个人的自我视为由生理自我、心理自我、社会自我、家庭自我和道德自我五个部分组成的具有客体性质和主体行动的统一体。个体的自我概念就是对这五个组成部分的看法、态度、价值观等组成的综合观念系统。

生理自我是指受试者对自己的长相容貌、衣着打扮、动作技能、健康状况以及性意识方面的感觉与看法，家庭自我是受试者与家人相处，沟通的感知，以及对自己作为家庭中一分子的价值感与胜任感。道德自我表示受试者对自己道德品质进行判断从而产生的道德价值感以及区分好坏人之看法，社会自我主要是受试者对自己社会适应程度以及与他人交往中的价值感及胜任感，心理自我主要是受试者对自己智力、能力、气质、性格、兴趣、自信心以及个人价值等的评价与看法。

（二）问卷的维度及评分原则

依据威康·詹姆斯的理论思路，同时又参考了一些国内外有关自我概念量表，并结合研究目的和中学生的身心发展特点，自拟测验项目70条。其中生理自我10个项目，家庭自我10个项目，道德自我10个项目，社会自我10个项目，心理自我20个项目。每个项目都有供选择的五个答案，即完全符合、基本符合、部分符合、部分不符合、基本不符合、完全不符合。受试者可以依据个人对自己的看法挑选适当的答案。整个测量问卷由正负向各一半测量组成，而且各个指标（或分测量）内正负问题各占一半，在正向题上受试者感到题目的描述与自己的情况愈相似，得分愈高；在负向题上受试者感到题目的描述与自己的情况愈不同，得分愈高。依正负向题目之总分，可得到前述五个分指标的分数，各项分数加起来就得到自我概念的总的分数。总分变化范围在70—350分之间。答卷时间限定为30分钟，答卷方式为笔试。

（三）问卷的信度和效度

效度、信度、通俗性：编制出最初的问卷后，在呼市七中初二一部分学生中进行了测试，同时请班主任老师对试测内容及有关问题进行讨论与评估。经充分验证后，对一些题目作了进一步的修改和删除，最后形成共有70个项目的“问卷”。

本研究中我们采用效标效度方法。用刘晓明等修订的《自我概念量表》和本研究中欲采用的已成形的问卷，在师大附中初中生中随机抽出30名学生。两种问卷同时进行试测，问卷调查无一漏答和无效答卷，收回答卷后进行积矩相关的同时效度验证，结果如下（见表8-2）：

表8-2　效标测验数据及效标关联效度

	n	n	∑x	∑y	∑xa	∑ya	∑xy	R
效标	30	0	2884	—	258908	—	722556	
新测验	30	0	—	7970	—	2128075		0.7227

根据 Piasher 的简便检验方法 tr＝R・SQR[(n－2)/(1－R2)]得出 tr＝5.533，认为该效度具有非常显著意义。采用分半信度计算方法，用积矩相关计算求出正向题得分与负向题得分间相关 rmn＝0.704，根据斯皮尔曼布朗公式 rhh/2rhh/(1＋rhh)来估计原长度信度为 rhh：0.826。把 600 份问卷按测验总分的高低次序排列，从两头各取 27%，即高分组 162 人，低分组 162 人。用公式 D＝PH－pL 求得 D＝0.343（PH＝0.822 pL＝0.479），因此通俗性值为 0.343，达到较高水平。

（四）研究过程

1. 介绍测验内容及实施目的；分发答卷纸，要求详细填写个人基本情况；分发问卷，宣读指导语，说明作答方法；做测验；收回所有施测材料（对蒙古族被试用蒙古语作说明并根据本人的要求发给蒙文或汉文问卷）。

2. 对收回的每一份卷子进行手工计分处理，并按学校、年级、性别、民族、地区不同加以编码，进行统计分析工作。

对所得各组数据进行方差分析（ANOVA），若数据间存在显著差异，继续采用 Newman－Kew 法进行两组平均数差异的显著性检验。各组间相关性检验采用积矩相关性计算方法。各项检验均以 P＜0.05 为显著性临界点。数据处理在 AST4/50 计算机上进行。

三、研究结果

（一）各学校学生自我概念问卷测查的基本结果

1. 各学校学生自我概念发展的基本情况（见表 8-3、表 8-4）

表 8-3　各学校学生自我概念的平均数和标准差

分测验	学生人数	呼市七中		师大附中		呼市蒙校		达茂民中		百灵二中	
	n	X	SD	X	SD	X	SD	X	SD	X	SD
生理自我	120	37.7	4.94	40.2	4.89	35.1	5.94	3.5	4.91	38.0	5.95
家庭自我	120	37.0	5.20	37.5	4.92	37.1	5.15	33.9	5.03	35.3	4.60
道德自我	120	39.5	4.70	40.3	4.95	38.9	4.72	38.9	4.04	40.7	4.33
社会自我	120	37.2	4.79	37.5	5.43	37.7	4.89	38.8	4.90	37.5	5.57
心理自我	120	110.0	13.40	112.6	13.00	109.0	12.40	102.3	9.78	109.7	10.80
自我总分	120	261.6	26.40	268.2	28.10	258.0	25.60	244.3	23.90	261.3	24.30

表 8-4　各学校学生自我概念分数的方差分析

分测验	组间变异			组内变异			全体变异		
	离均差平方和 SS	自由度 df	变异数估计值	离均差平方和 SS	自由度 df	变异数估计值	离均差平方和 SS	自由度 df	F 值
生理自我	4228.2	4	1057.0	18675.2	595	31.3	22903.5	599	33.60**
家庭自我	856.5	4	2141.1	15087.4	595	25.3	15943.9	599	8.44*
道德自我	304.9	4	76.2	12433.2	595	20.3	12738.1	599	3.64*
社会自我	95.3	4	23.8	15165.9	595	25.4	1561.2	599	0.93
心理自我	7017.9	4	1754.4	86059.5	595	595.0	93077.5	599	12.1**
自我总分	36013.4	4	9003.6	380264.5	595	639.1	416279.0	599	14.0**

*：P<0.05　**：P<0.01。

表 8-4 表明经方差分析，各学校学生在自我概念问卷中除了社会自我以外，其余四项分测验中均表现出不同程度的差异，而且发展的总趋势上也存在极为显著的差异。

2. 重点初中与普通初中学生自我概念发展的比较

在生理自我平均得分上，师大附中学生的平均得分高于呼市七中的平均得分，而且经 N—K 检验的结果表明差异极为显著（见表 8-5）。由表 8-5 我们还可以看出，呼市蒙校学生的平均得分高于达茂民中学生的平均得分，而且也表现出极为显著的差异。

表 8-5　各学校学生生理自我平均数比较

学　校	平均数 x	两平均数差值 x−32.5	x−35.1	x−37.7	x−33.0
	40.2	7.7**	5.1**	2.5**	2.2**
百灵二中	33.0	5.5**	2.9**	0.3	
呼市七中	37.7	5.2**	2.6**		
呼市蒙校	35.1				
达茂民中	32.5				

*：P<0.05　**：P<0.01。

由此可见，在生理自我概念发展方面，蒙、汉重点初中学生非常显著（P<0.01）地高于普通初中学生。

在家庭自我平均得分上，师大附中学生的平均得分高于呼市七中学生的平均得分，但 N—K 检验的结果表明，不存在显著差异。对蒙古族重点初中和普通初中学生之间进行比较的结果表明，呼市蒙校学生平均得分远远高于达茂民中学生的平均得分，经 N—K 检验，差异非常显著（P<0.01，见表 8-6）。

表 8-6　各学校学生家庭自我平均数比较

学　校	平均数	两平均数差值			
	x	x—33.0	x—35.3	x—37.0	x—37.1
	37.5	3.5**	1.7*	0.5	0.4
呼市蒙校	37.1	3.2**	1.3*	0.1	
呼市七中	37.0	3.1**	1.3*		
百灵二中	35.3	1.9*			
达茂民中	33.0				

*：P<0.05　**：P<0.01。

结果表明，汉授重点初中学生与普通初中学生在家庭自我概念发展水平上不存在显著差异。而蒙古族重点初中与普通高中学生在家庭自我概念发展方面存在着极为显著的差异（P<0.01）。但是呼市蒙校位于呼市，而达茂民中在达茂旗百灵镇，因此我们不能排除这是地区差异造成的可能性。

在道德自我平均得分上，师大附中学生平均得分高于呼市七中学生平均得分，经 N—K 检验的结果，差异不显著。对呼市蒙校和达茂民中学生平均得分的比较检验结果不存在显著差异（见表 8-7）。

表 8-7　各学校学生道德自我平均数比较

学　校	平均数	两平均数差值			
	x	x—33.9	x—33.9	x—39.5	x—40.3
百灵二中	40.7	1.3**	1.3*	1.2	0.4
师大附中	40.3	1.4*	1.4*	0.8	
呼市七中	39.5	0.6	0.6		
呼市蒙校	38.9	0.0*			
达茂民中	38.9				

*：P<0.05　**：P<0.01。

可以看出，在道德自我概念发展上，蒙汉重点初中学生和普通初中学生之间都不存在显著差异。

在心理自我平均得分上，师大附中学生平均得分高于呼市七中学生平均得分，但经N—K检验的结果来看没有显著差异。呼市蒙校学生平均得分高于达茂民中学生平均得分，比较检验结果表明，两校学生平均得分之间存在着极为显著的差异（P<0.01见表8-8）。

表8-8　各学校学生心理自我平均数比较

学　校	平均数	两平均数差值			
	x	x—102.3	x—108.0	x—109.7	x—110.0
师大附中	112.8	10.3**	3.6	2.9	2.8
呼市七中	110.0	7.7**	1.0	0.3	
百灵二中	109.7	7.4*	0.7		
呼市蒙校	109.7	6.7*			
达茂民中	102.3				

*：P<0.05　**：P<0.01。

由此得出，汉授重点初中学生和普通初中学生心理自我概念发展水平上不存在显著差异。蒙授重点初中学生和普通初中学生心理自我概念发展水平上有显著差异（P<0.01），但是这种显著差异也可能是地区差异造成的。

在社会自我平均得分上，经N—K检验的比较结果，四个学校学生平均得分上不存在显著差异。因此，我们认为蒙汉重点初中学生和普通初中学生在社会自我概念发展上不存在显著差异。

在自我概念总的平均得分上，师大附中学生平均得分高于呼市七中学生平均得分，但不存在显著差异。呼市蒙校学生的平均得分高于达茂民中学生平均得分，而且存在极为显著的差异（P<0.01，见表8-9）。

表8-9　各学校学生自我概念平均数比较

学　校	平均数	两平均数差值			
	x	x—244.3	x—258.0	x—261.6	x—261.8
师大附中	267.2	22.9**	9.2	5.8	5.4
百灵二中	261.8	17.5**	3.8	0.2	
呼市七中	261.8	17.3**	3.6		
呼市蒙校	258.0	13.7**			
达茂民中	244.3				

*：P<0.05　**：P<0.01。

从上可见，在初中学生自我概念发展的总趋势上，汉授重点初中学生与普通初中学生之间不存在显著差异。但从发展的总的具体过程来看，自我概念的五个分测量上重点初中学生平均得分都略高于普通初中学生平均得分，其中生理自我得分上有非常显著差异（P<0.01），其余四个分测验中分数虽然具有一定的差距，但在统计意义上没有达到显著差异水平（见表 8-3)。另外，蒙授学生自我概念发展水平上，我们的研究结果表明，重点初中学生和普通初中学生之间，在自我概念的总的发展趋势上存在极为显著差异（P<0.01)。而且自我概念问卷中的五个分测验上，重点初中学生平均得分都高于普通初中学生平均得分，除了社会自我、道德自我平均得分上不存在显著差异以外，其余三个分测验的平均得分上都表现出极为显著差异（P <0.01，见表 8-3、表 8-9)，但我们的研究结果还表明初中学生自我概念的发展还存在地区差异，因此得出上述结果也许是由取样地区差异所造成的。这一点我们还需要进一步研究。

（二）初中不同年级学生自我概念发展的总趋势

1. 初中不同年级学生自我概念发展的基本情况（见表 8-10、表 8-11)。

表 8-10　各年级学生自我概念平均数和标准差

分测验	学生人数	初	一	初	二	初	三
	n	x	SD	x	SD	x	SD
生理自我	200	36.9	5.31	37.4	6.14	35.8	8.45
家庭自我	200	36.8	5.38	36.2	5.13	35.2	4.85
道德自我	200	39.8	4.31	39.7	4.61	39.4	4.38
社会自我	200	37.4	5.02	37.8	5.24	36.6	4.78
心理自我	200	109.1	13.60	109.8	12.40	107.2	10.90
自我总分	200	260.3	28.10	261.1	28.50	254.4	23.60

表 8-11　各学校学生自我概念分数的方差分析

分测验	组间变异		组内变异			全体变异			
	离均差平方和 SS	自由度 df	变异数估计值	离均差平方和 SS	自由度 df	变异数估计值	离均差平方和 SS	自由度 df	F值
生理自我	288.0	2	144.0	22615.5	597	37.8	22903.5	599	3.80*
家庭自我	232.5	2	116.2	15711.3	597	26.2	15943.9	599	4.43*
道德自我	20.0	2	10.0	12718.1	597	21.3	12733.1	599	0.45
社会自我	142.3	2	71.1	15118.8	597	25.3	15261.2	599	2.80
心理自我	732.1	2	366.0	92345.4	597	154.8	93077.5	599	2.36
自我总分	5302.8	2	2651.4	410976.2	597	688.4	416279.0	599	3.85*

*：P<0.05　**：P<0.01。

表 8-11 表明，经方差检验各年级学生在自我概念问卷中，道德自我、社会自我、心理自我三个分测验上不存在显著差异，在生理自我、家庭自我以及自我概念总分上表现出显著差异。

2. 在生理自我平均得分上，初二学生最高，其次是初一学生，初三学生最低，经 N—K 检验的结果，初二学生平均得分和初一学生平均得分之间不存在显著差异，初一学生和初三学生平均得分之间也不存在显著差异。初二学生和初三学生平均得分上具有显著差异（P＜0.05，见表 8-12）。

表 8-12　各年级学生生理自我平均数比较

年级	平均数	两平均数差值	
	X	X—35.8	x—36.9
初二	37.4	1.6*	0.5
初一	36.9	1.1	
初三	35.8		

*：P＜0.05　**：P＜0.01。

3. 在家庭自我平均得分上，初一学生平均得分最高。其次是初二学生，初三学生最低，经 N—K 检验的结果看，初一和初二学生平均得分上不存在显著差异，初三学生和初一学生平均得分上具有极显著差异（P＜0.01），初三学生和初二学生平均得分上表现出显著差异（P＜0.05，见表 8-13）。

表 8-13　各年级学生家庭自我平均数比较

年级	平均数	两平均数差值	
	X	X—35.2	x—36.2
初一	35.8	3.6**	0.6
初二	36.2	1.0*	
初三	35.2		

*：P＜0.05　**：P＜0.01。

由此可见，初中学生随年级的升高，家庭自我概念发展上表现出下降的趋势。

4. 在自我概念发展总分上，初二学生平均得分最高，其次是初一学生，初三学生最低。经 N—K 检验，初一学生和初二学生没有显者差异，初三学生和初一、初二学生都出现显著差异（见表 8-14）。

表 8-14　各年级学生自我总分平均数比较

年级	平均数	两平均数差值	
	X	X－254.4	x－260.4
初二	261.1	6.7＊0.3	
初一	260.3	5.9	
初三	254.4		

＊：P＜0.05　＊＊：P＜0.01。

从上看出，初三学生自我概念总分上，显著低于初一和初二学生，我们认为之所以出现这种反差现象可能是初三学生自我评价水平和初一、初二相比具有明显地表现出客观性的缘故。

5. 在道德自我、社会自我以及心理自我三个分测验上，初三学生平均得分都略低于初一和初二学生，但 N—K 检验的结果，不存在显著差异。

（三）蒙汉初中学生自我概念发展的比较结果

表 8-15　蒙、汉学生自我概念平均数和标准差

分测验	蒙生人数 n	平均数 x	标准差 SD	汉生人数 n	平均数 x	标准差 SD
生理自我	306	35.0	5.99	294	38.5	5.25
家庭自我	306	35.7	5.10	294	36.4	5.18
道德自我	306	39.3	4.46	294	40.0	4.73
社会自我	306	37.3	4.95	294	37.3	5.13
心理自我	306	106.9	12.00	294	110.6	12.50
自我总分	306	254.4	25.70	294	263.0	26.20

＊：P＜0.05　＊＊：P＜0.01。

表 8-16　蒙、汉学生自我概念分数的方差分析

分测验	组间变异			组内变异			全体变异		
	离均差平方和 SS	自由度 df	变异数估计值	离均差平方和 SS	自由度 df	变异数估计值	离均差平方和 SS	自由度 df	F值
生理自我	1829.8	1	1829.8	21073.7	598	35.2	22903.5	599	51.2＊＊
家庭自我	74.7	1	74.7	15869.2	598	26.5	15943.9	599	2.81
道德自我	80.4	1	8.4	12657.6	598	21.1	12733.1	599	3.80
社会自我	0.09	1	0.09	15261.2	598	25.5	15281.2	599	0.00
心理自我	1887.2	1	1887.2	91090.3	598	152.3	93077.5	599	13.0＊＊
自我总分	11088.7	1	11088.7	405240.3	598	675.6	416279.0	599	16.2＊＊

＊：P＜0.05　＊＊：P＜0.01。

由表 8—15、表 8—16 可以看出，蒙古族学生和汉族学生在社会自我的平均得分上相近以外，其余四个分测验以及总分上汉族学生都高于蒙古族学生，经 N—K 检验的结果表明，在家庭自我、道德自我两个分测验上不存在显著差异，在生理自我、心理自我以及自我总分上都表现出极为显著的差异（P＜0.01）。总之，从蒙汉学生自费概念发展的总趋势来看，汉族学生的平均得分大多数测验上都表现出高于蒙古族学生平均得分。但我们不能排除这里可能存在的地区差异。

（四）不同生活地区初中学生自我概念发展的比较结果

1. 不同生活地区初中学生自我概念发展的基本情况（见表 8-17、表 8-18）。

表 8-17　不同生活地区学生自我概念平均数和标准差

分测验	城市 人数 n	平均数 X	标准差 SD	县镇 人数 n	平均数 X	标准差 SD	农村 人数 n	平均数 X	标准差 SD
生理自我	260	37.3	5.47	155	36.0	4.88	185	34.4	4.39
家庭自我	260	39.9	4.95	155	40.2	4.09	185	38.9	4.41
道德自我	260	37.5	5.00	155	37.4	4.40	185	38.8	4.75
社会自我	260	37.5	5.00	155	37.4	5.40	185	38.9	4.75
心理自我	260	111.6	13.30	155	109.1	11.40	185	104.2	10.50
自我总分	260	286.3	27.40	155	264.1	24.30	185	247.1	22.30

*：P＜0.05　**：P＜0.01。

表 8-18　蒙、汉学生自我概念分数的方差分析

分测验	组间变异			组内变异			全体变异		
	离均差平方和 SS	自由度 df	变异数估计值 MS	离均差平方和 SS	自由度 df	变异数估计值 MS	离均差平方和 SS	自由度 df	F值
生理自我	4588.3	2	2284.4	18334.7	597	30.6	22903.5	599	74.6**
家庭自我	98.9	2	454.4	15035.0	597	25.1	15943.9	599	18.1*
道德自我	179.7	2	89.8	12558.3	597	20.9	12738.1	599	3.28
社会自我	48.3	2	24.1	15212.3	597	25.3	15261.2	599	0.95
心理自我	5999.8	2	199.9	87077.7	597	145.3	9377.5	599	2.6**
自我总分	36958.1	2	18479.0	379320.3	597	633.2	416279.0	599	29.1**

*：P＜0.05　**：P＜0.01。

由表8-17、表8-18可以看出，不同生活地区的初中学生除了道德自我和社会自我两个分测验上不存在显著差异以外，其余三个分测验以及总的自我平均得分上都表现出不同程度的显著差异。

2. 在生理自我平均得分上，城市初中学生平均得分最高，其次是县镇初中学生，农村学生平均得分最低。经N—K检验的结果表明，农村学生生理自我平均得分和城市、县镇学生的平均得分存在极为显著差异（P<0.01）。县镇学生和城市学生平均得分上也表现出显著差异（P<O.06，见表8-19）。

表8-19 不同生活地区学生生理自我平均数比较

地 区	平均数 X	两平均数差值	
		X—34.4	x—36.0
城市	37.3	2.9**	1.3*
县镇	36.0	1.6**	
农村	34.4		

*：P<0.05 **：P<0.01。

由此可以得出在生理自我概念发展水平上，初中学生存在地区差异。城市学生发展水平最高，其次是县镇学生，农村学生发展水平明显低于城市和县镇学生的发展水平。

3. 在家庭自我平均得分上，县镇学生平均得分最高，城市学生的平均得分第二，农村学生的平均得分最低，经N—K检验的结果城市和县镇学生的平均得分没有显著差异，农村学生和城市学生的平均得分也不存在显著差异，但农村学生和县镇学生的平均得分表现出显著差异（P<0.05，见表8-20）。

表8-20 不同生活地区学生家庭自我平均数比较

地 区	平均数 X	两平均数差值	
		X—38.9	x—39.9
城市	40.2	1.3*	0.3
县镇	39.9	1.0	
农村	38.9		

*：P<0.05 **：P<0.01。

从上述看出，城市和县镇学生在家庭自我概念发展水平上是一致的，城市和农村学生也没有显著差异，表现出一致性。而县镇和农村学生之所以在家庭自我概念发展上表现出显著差异，可能是因为县镇和农村家庭文化背景不同而造成的。

4. 在心理自我平均得分上，城市学生平均得分最高，其次是县镇学生，农村学生最低。经 N—K 检验的结果表明，农村学生和城市、县镇学生的平均得分存在极为显著的差异（P<0.01），城市学生和县镇学生的平均得分之间也存在显著差异（P <0.05，见表 8-21）。

表 8-21　不同生活地区学生心理自我平均数比较

地　区	平均数 X	两平均数差值	
		X−10.42	x−109.1
城市	111.6	7.4*	2.5*
县镇	109.1	4.9**	
农村	104.2		

*：P<0.05　**：P<0.01。

以此得出，在心理自我概念的发展水平上存在地区差异，而农村初中学生的发展水平明显低于城市和县镇学生，同时也看出，县镇初中学生的发展水平也低于城市学生的发展水平。

5. 在自我概念总分的平均得分上，城市学生得分最高，其次是县镇学生，农村学生最低。经 N—K 检验得知，在自我概念问卷中总的平均得分上城市学生和县镇学生不存在显著差异，农村学生和城市、县镇学生之间表现出极为显著的差异（P<0.01，见表 8-22）。

表 8-22　不同生活地区学生自我总分平均数比较

地　区	平均数 X	两平均数差值	
		X−247.1	x−264.1
城市	265.3	18.2**	1.2
县镇	264.1	17.0**	
农村	247.1		

*：P<0.05　**：P<0.01。

由此得知，初中学生自我概念发展的总趋势上，城市和县镇学生不表现显著差异，农村学生和城市、县镇学生具有极为显著差异（P<0.01）。

（五）男、女初中学生自我概念发展的比较结果

表 8-23 男、女学生自我概念平均数和标准差

分测验	人数	男		女	
	n	x		x	SD
生理自我	300	36.9	6.0	36.8	80.4
家庭自我	300	35.8	5.35	36.4	4.93
道德自我	300	39.8	4.79	39.6	4.40
社会自我	300	36.8	5.22	37.7	4.81
心理自我	300	108.5	12.30	108.9	11.90
自我总分	300	257.7	27.60	259.5	24.90

由表 8-23 看出，除了道德自我的平均得分上男学生比女学生略高以外，其余四个分测验以及总平均得分上女学生都略高于男学生，但进行方差分析（F 检验）结果，在五个分测验以及总分平均得分上男女学生均没有出现显著差异，因此我们认为初中学生在自我概念发展趋势上不存在性别显著差异。

第三节 蒙汉初中生自我概念发展研究结果分析

一、蒙汉初中生自我概念发展研究的分析与讨论

（一）重点初中和普通初中学生之间在自我概念发展水平上的差异分析

我们的研究结果表明，重点汉授初中和普通汉授初中学生自我概念发展总趋势是一致的，不存在显著差异。但从他们具体所得平均分数来看，在自我概念问卷中的五个测验以及总平均得分上，重点学校初中学生平均得分都高于普通学校初中学生平均得分。我们认为，之所以出现这样结果不是偶然的，而是合乎学生自我概念形成与发展的一般规律。

1. 学习成绩是自我概念形成与发展的重要影响因素。一个学校教学质量的好坏首先体现在学生学习成绩的高低上，教学质量好的重点学校学生的学习成绩总体水平上肯定比教学质量一般的普通学校学生学习成绩高，这是不可否认的客观现实。而学生的自我概念和学习成绩之间具有重要关系，这一点很多研究已经证实。菲因克（Fink）1962 年研究发现，具有积

极自我概念的学生学习成绩高，而自我概念消极的学生学习成绩不良[①]。1940 年 prescott lecky 还指出，学生的学业不良与其能力自我知觉偏低有关[②]。有人还认为，学业成绩与能力自我概念间存在着中等程度的正相关。学生学得好坏受他认为自己能否学好的影响[③] 自我觉知理论认为，人是把自己放在被认知的位置上，像外人一样把自己当作客体，看自己的行为结果来判断其内在特征而形成其自我的观念。对于重点学校学生来说，考进这类学校是他们学习活动的成功，随之社会与他人对他们的评价是积极的、肯定的，这样他们就对自己建立起积极乐观的看法、态度也是必然的。

2. 研究证明，教师的评价是形成学生自我概念的关键因素。教师作为学生心目中的"重要人物"，他对学生的学习进行肯定或否定、适当或不适当的反馈评价，不仅影响着学生学习成绩，而且也影响着学生自我概念的形成与发展。戴维得逊等人的研究证明，那些认识到教师用积极的态度与情感对待他们的学生，会形成更积极的自我概念和较高的学习成绩[④]。皮格马利翁效应也证明了这一点。对于那些重点学校的教师来说，他们对学生的评价与期望水平总体上要高于普通学校的教师，因此这种积极评价和殷切的期望无形中影响学生对自己的要求与看法，使他们更加努力，更有利于他们向积极健康自我发展的方向发展。还有人认为，教师的自我概念对于成功有效的教学具有重要意义。库姆斯 1967 年发现，教学效率高的教师与教学效率差的教师相比，具有较高的自我概念。因为教师的自我概念影响着他的教学风格、教学态度和课堂行为方式，所以也影响着他们与学生的人际关系。教师具有肯定的自我概念，则能创造积极热情的、互相支持互相理解的人际关系，建立民主活跃的、热烈和鼓励性的课堂气氛，按照课程发展的具体情况灵活地调整教学情况，指导学生有利地学习。人们都愿意把孩子送进重点学校，可能根本原因还是为教师教学质量所吸引。我们是否可以推论，重点学校教师具有积极的自我概念。

3. 重点学校学生和普通学校学生在家庭背景上的区别也是造成两类学校学生自我概念形成与发展中产生一定差异的重要因素。这一点主要表现于父母的期望水平、教养态度和方式以及家庭生活条件、社会地位等方

---

① 金生：《自我概念的理论与教学实践》，《西北师大学报》（社科版），1991 年第 1 期。

②③ 孟祥：《西方心理学界对自我概念的研究及其教育启示》，《山东教育科研》，1994 年第 4 期。

④ 兰伯斯著，魏明庠等译：《社会心理学》，地质出版社 1990 年版，第 180—181 页。

面。在问卷调查中我们了解到呼市七中学生家长大多数是工人，而师大附中学生家长中干部、老师占有较大的比例。我们认为，这两类学校学生家长在文化素养上有一定的差距，正因为这样他们对待孩子的态度，对孩子采取的教养方式与方法以及其他各方面的潜移默化的影响方面都表现出或多或少的不同特点，从而在一定程度上影响着孩子自我概念的形成与发展。皮尔斯（1972）做了一项非常有名的研究，他选择一组受过治疗的孩子作实验组，未受过治疗的孩子作控制组。正如所预测的，治疗组的儿童自我概念水平低于非治疗组。然后皮尔斯让每个孩子的父母按他们对孩子会做出什么反应的认识来填自我概念测查表。治疗组的父母对子女的自我概念的看法低于非治疗组。皮尔斯的实验证明了父母的看法对孩子自我概念发展方面的重要作用。有人还提出：一般来讲，妈妈的自我概念水平高一些，孩子的自我概念水平就高一些；妈妈的自我概念水平低一些；孩子的自我概念水平就低一些（sqmuels，1970，schwqrez，1967）。精神分析学派的学者们、人本主义心理学家罗杰斯以及人格特质论者奥尔波特等人都强调父母对孩子的影响。在孩子的早年时代，家庭是最有影响的特殊社会环境，而家庭中父母是最直接的影响因素。孩子的社会化是从与父母的交往中开始的。社会的规定、父母的要求，按照罗杰斯的说法“有条件的积极关注”，使儿童从自然人向社会人转变，在这一转变过程中儿童也就塑造着自己独特的“自我”。精神分析学派把儿童从家庭中获得的早期经验看作一个人整个人生历程的自我的决定因素。虽然对初中学生来说，同伴关系逐渐代替父母的作用，但我们也不能忽视家庭的继续影响。

学习成绩、教师评价、家庭背景等是造成两类学校学生自我概念发展上表现出一定差异的主要原因，此外学生之间的人际关系、学习与生活的环境气氛以及学校管理制度等也有一定的影响。

本研究结果还表明，师大附中与呼市七中学生自我概念发展的总趋势是一致的，在统计学上不存在显著差异。我们认为，自我概念的发展是一个复杂的过程，它不仅受某些具体因素的影响，同时还和整个文化背景中的多种因素的综合作用分不开的，不但要被外界环境所制约，还要受内部主观因素的影响。文化社会学家米德认为，一个人自我概念的发展是在社会互动过程中进行的，是在他人的角度来观察自己，而且和他人共同参加交往活动，并在相互作用的过程中形成与发展的。社会比较理论则强调社会比较在自我概念发展中的意义，认为人对自己的评价和看法是通过他人的比较或自己的过去、未来做比较来进行的，而且和他人的比较经常是在自己相似的人当中进行的。人际和谐理论则主张，人际关系协调和谐是自我概念形成与发展的决定因素。由此可见，个体自我概念的形成与发展不仅受客观环境的影响，而且还要受主体认知、评价等内部因素的影响。对于两类学校学生来说，虽然学校影响、家庭环境等方面存在一定的差距，但是他们生活的整体文化背景是大同小异的，同时个人生活的社会环境、人际交往、同伴群体又有着各自的特点。在每个学校、在每个班里都有可能存在优秀的学生和落后的学生，都有可能产生自我概念高的学生和自我概念低的学生。也许两类学校学生在自我概念发展水平上个别学生之间存在显著差异，但是我们的研究不是针对某一个人或某一个学生进行的，而是在整体水平上为了反映自我概念发展总趋势而进行的。因此我们认为两类学校学生之间自我概念发展的总趋势不存在显著差异的结论是能够成立的。

研究结果中还看出，蒙授重点学校和普通学校之间存在极为显著差异。之所以出现这样的结果，我们认为主要原因是不同地区不同文化背景所造成的，因为呼市蒙校学生大多都是生长和生活在繁华的现代城市文化环境中，而达茂民中学生大多来自于偏僻落后的牧区或农区小村庄环境。本研究还指出，在不同生活地区生活的初中学生自我概念的发展在整体水平上存在显著差异，因此我们认为，呼市蒙校学生和达茂民中学生之间在自我概念发展总趋势上表现出来的极显著差异不是学校之间的差异，而是地区之间不同文化背景所造成的差异。不过这一点我们还需要继续研究与验证。

（二）初中不同年级学生自我概念发展趋势的差异分析

从研究结果来看，初中不同年级学生在自我概念测查总平均得分上，初三学生显著低于初一和初二学生，初一和初二学生之间没有出现显著差异。其中道德自我、社会自我、心理自我三个分测验上不存在显著差异。

1. 初中不同年级学生之间道德自我、社会自我、心理自我发展趋势上不存在显著差异，这表明初中阶段这三种自我的发展是比较平稳的。年龄的增长、年级的升高以及生理和心理上的变化没有改变他们对自己道德品质、社会属性以及心理面貌的看法与态度。当然，由于是横向研究，取样是不同的群体，也可能产生上述结果。

2. 在生理自我的发展上表现各自的特点。从生理自我分测验的平均得分来看，初二学生最高，初一学生其次，初三学生最低。经统计检验初一、初二学生之间没有显著差异，初一学生的平均得分虽然高于初三学生，但没有表现出显著差异，初二和初三学生之间具有显著的差异。也就是说，初中学生对自己生理自我的感知和评价等从初一到初二逐渐地提高，但到了初三明显地降低了，而且这种降低水平和初二相比有了显著差异，和初一相比虽然下降了，但下降程度不很明显。之所以出现这种结果，我们认为，这是少年期学生特有的生理、心理变化发展的具体表现。

在我们的问卷中，生理自我主要突出了学生对自己长相容貌、衣着打扮、性意识以及健康状况等方面的内容。因为少年期是人的一生中生理方面发生巨大变化的特殊时期，心理学家们把这个时期称为身体发展的第二个高峰期。儿童步入少年期后开始出现第二性特征。从生理发育上明显地表现出性别差异，但是他们共同的特点是随着生理的变化而产生心理的剧变，如果说儿童唯一意识到的现实是外部世界而且全部的想象力都指向于这个世界，那么对于少年期来说就不同了，他们不仅渴望认识这个大千世界，同时更渴望了解自己的身体与心理变化的奥秘。初一学生正是这场“剧变”的迎接着，他们开始注重自己的长相体态、衣着打扮，并且随时都在进行着判断与评价，从而体验着各种各样的感受和情感，表现出对自己身体特征不同程度的接纳与拒绝、肯定与否定等态度。随着年龄的增长、年级的升高这种心态更加明显、更加深刻。我们的研究结果正是反映了这一趋势。另外，发展心理学理论已证明，儿童的生理和心理发展具有普遍性和特殊性。如果说，初一大多数学生都面临自己身体上的变化随之而产生相应的心理变化和行为表现，那么到初二年级这种状态更趋于平衡与稳定水平，同时还保持着继续向前发展的趋势。当然少年这种对自己身体与生理特征的重新认识而产生的评价与看法不是离开社会环境，离开人际活动凭空产生的。很多研究都证明，少年初期对事物的评价与看法还是带有“他律性”的特点。随着知识经验的增加、智力水平的提高以及成人感和独立意识的加强，少年主要不是靠成人的看法来评价他人或自己，而是逐渐地用自己的观点来对事物（包括自己）进行评价。然而少年初期的思维还是处在经验型阶段，到了初二才由经验型向理论型过渡，到初三理论型思维得到一定的发展。正因为少年期思维发展的特点以及他们生活经历、知识水平的局限性再加上易冲动、偏激等情绪情感特点，他们对事物的评价或对自己的评价和看法带有一定的主观片面性和不稳定性的特点。评价别人时比较清楚，评价自己时比较模糊；对别人的评价总是低，对自己的评价往往偏高；我们的研究也正反映了这一特点。在我们的研究中初三学生生理自我的平均得分低于初一和初二学生，而且和初二学生具有显著性差异。正如上述，这主要是因为初中低年级学生自我评价的主观片面性和不稳定性所造成的。说明初中学生到了初三由于知识经验的积累，理论型思维的更进一步发展，对自己的评价更趋于客观、正确从而导致对自己身体特征的看法与态度等更具有一分为二、切合实际的特点。因此虽然从表面上看他们的平均得分低于初一和初二学生，但这正是标志着初中阶段生理自我概念发展的新的特点。

3. 在家庭自我的平均得分上初一学生最高，初二学生其次，初三学生最低，表明初中学生随着年龄的增长，年级的升高家庭自我在总的自我概念形成中比重逐渐下降。我们认为这和少年期学生成人感和独立意识的出现有着密切的关系，初中学生由于身体和性的发育成熟，意识到自己的身体与生理上的重大变化，感到自己已长大成人了，并且自信能应付生活上的一切事务，因而越来越强烈地向成人提出独立自主的要求。心理学家们把这种现象称为少年“心理断乳”。这种意识随着少年年龄的增长越来越强烈，他们不愿意成人仍然把自己当小孩子看待，不愿意家长过多地关心，对家长干涉他们生活，常常表现出心烦、厌恶，甚至采取抗议的态度。正因为这样如果家长对少年的态度以及教育方式不妥当就容易引起家长与孩子之间的矛盾与隔阂，从而导致少年越长大越觉得在家里没地位，父母不够尊重他的意见，不理解他，产生比较消极的家庭自我概念。这种心态总体上到了初三比初一、初二显著地增加。我们的研究正是反映了这一趋势。

总之，初中各年级学生自我概念发展的总趋势是随着年级的升高逐渐向积极的方向发展。虽然表面上看初三学生的平均得分低于初一和初二学生，而且具有显著差异，但我们认为这正是说明初三学生对自己的认识评价较客观正确，从而对自己形成比较切合实际的看法与态度，表现出自我认可、自我容纳、接受自己、肯定自己的正确客观的自我概念。

（三）不同民族、不同生活地区的初中学生自我概念发展的差异分析

1. 蒙古族学生和汉族学生自我概念发展在总体上比较的结果是，汉族学生的自我概念发展水平显著地高于蒙古族学生的自我概念发展水平。从城市、县镇、农村学生自我概念发展趋势来看，城市学生和县镇学生自我概念发展水平没有显著差异，农村和县镇学生、农村和城市学生自我概念发展水平都具有极显著差异。我们认为，初中学生自我概念发展的民族差异和地区差异的主要原因是学生生活和成长的文化背景不同而造成的。

文化背景是一个多因素的综合体，它包括历史渊源、生产经济类型、语言、宗教、风俗习惯、家庭教养方式、公共文化和教育水平以及地理环境等诸多方面。有关文化与人格、自我的关系问题，文化人类学家20世纪

初就开始进行研究了。20 世纪 30 年代米德提出了符号互动理论，揭示了自我在社会符号互动过程中的形成与发展的规律[①]。后来许多文化人类学家和社会学家进行了这方面的研究，证明了文化对人格、自我的塑造作用。本研究再一次验证了这一观点。城市和农村是两种不同文化背景的地区，不仅在地理环境上有区别，而且社会组织机构、生活生产方式、风俗习惯、审美风格、价值观、世界观等方面，都存在着一定的差距，在我们的研究中这种差距表现在初中学生生理自我概念发展的显著差异上。更具体地说，在整体水平上农村受生产方式、经济条件市场开放程度等的限制，和城市相比审美意识比较落后，对长相外表等不很重视，在性意识方面表现出封闭倾向，并且对自己的评价总是持于保留态度。对城市而言情况就不同了，生活内容丰富多彩，生产方式灵活多样，经济状况普遍优于农村，市场繁华，人们的思想意识、审美观念比较开放。这样两种不同文化熏染中生活和成长的农村学生和城市学生，对自己身体和生理方面形成有所区别的看法、态度是不可怀疑的。

农村和城市文化背景的差异还表现在初中学生心理自我概念发展的显著差异上。本研究中心理自我主要是从学生对自己智力、能力、自信心、价值观、性格、气质、兴趣等方面的内容来考察的。儿童在心理自我方面得到发展主要是通过学校教育来实现的。而文化因素中对初中学生最有直接影响的莫过于学校教育。学校通过有目的、有计划、有组织、有系统的影响来引导学生，使他们得到全面发展。另外，家庭、同伴群体、大众传播媒介等对儿童心理自我概念发展也具有重要意义。上述条件从总体上讲，城市学生远远优于农村学生。正因为如此，农村和城市初中学生在心理自我发展上出现了极显著的差异。

从本研究结果中还可以看出，在生理自我、心理自我平均得分上县镇学生都处在第二位，和城市学生、农村学生相比都表现出不同程度的显著差异，这又一次反映了县镇文化背景和农村、城市文化背景有所区别的特点。

2. 在家庭自我发展趋势上，县镇学生和城市学生不存在显著差异。这是因为城市和县镇学生家庭背景方面比较接近而出现的结果。另外，城市和县镇学生家庭自我概念平均得分上都高于农村学生。我们认为，父母对孩子的教养态度、方法、期望水平、和孩子沟通的程度以及家庭社会地

---

① 周晓虹主编：《现代社会心理学》，江苏人民出版社 1991 年版，第 120 页。

位、经济状况、生活方式等方面城市、县镇是和农村有所区别的，正因为这样出现了农村学生家庭自我概念发展上低于县镇和城市学生，而且农村学生和县镇学生具有显著差异。至于农村学生和城市学生在家庭自我概念发展上的差异没达到显著水平也许是农村和城市在家庭影响中有些方面存在着特殊的共同特点而造成的，这一点还需要继续验证。

研究结果还表明，在生理自我、心理自我以及自我概念发展总趋势上，蒙古族学生显著低于汉族学生的发展水平。我们认为，出现这样结果的主要原因不是民族的不同，而是不同地区文化差异所造成的。在本研究被试中汉族被试大多数是城市或县镇学生（呼市地区、百灵镇），而蒙古族被试中农村学生大约占一半（达茂旗农村或牧区）。有关儿童认知能力发展的跨文化研究表明，在同地区、同文化背景下的不同民族儿童认知水平并不存在显著差异，反而存在共同的认知特点。出现这一反差的主要原因是教育①。对于不同文化背景中的同民族儿童认知发展的研究也表明，生活在不同地区不同教育条件下的汉族儿童，其认知发展水平上存在着显著差异②。说明不同的文化背景对儿童心理发展中的重大影响。

3. 在道德自我、社会自我概念的发展趋势上，不同地区、不同民族（蒙、汉）的初中学生不存在显著差异。这是因为我国不管是少数民族地区还是汉族地区，不管是农村还是城市、县镇，家庭、学校、各种宣传机构、大众传播媒介等都协调一致地以社会主义的道德规范、社会主义的行为规则来影响社会中的每一个成员。在这样特殊社会文化环境中成长着的20世纪90年代的初中学生，从总体上表现出共同一致的道德品质和社会适应能力，从而形成积极健康的道德自我概念和社会自我概念是必然的。

（四）男女初中学生自我概念发展趋势的分析

初中阶段男女学生自我概念发展的总趋势相同，不存在显著差异。这是因为我国现阶段已经基本消除男尊女卑的封建观念，处处提倡男女的平等权利和义务，形成了男女各方面享有同等权利和义务的社会思想意识所导致的。

美国文化人类学家米德通过跨文化实验研究，证实了性别意识、性别角色及其差异不是与生俱来的，而是特定社会文化的产物。法国存在主义哲学家西蒙娜·德·波娃也指出："女人不是天生的，而是变成的"。说明

①② 白乙拉：《关于文化对儿童认知发展的影响的理论探讨》，内蒙古师大研究生论文，第26页。

了男女性别意识的产生，性别概念的获得不是遗传的、自然而然的，而是直接受该社会文化因素的影响。在旧中国女性由于受儒家思想的束缚根本没有自主权力，有一种“未嫁从父，即嫁从夫，夫死从子”的社会关系牢牢地困在她们的身上，根本谈不上自我设计、自我实现的自身价值。而当今的社会和旧社会是完全不同的。男女受教育平等、择业平等、社会地位平等，这些都表现了社会主义社会文化思想的崭新面貌。在这种平等的文化背景中出生、成长的男女学生，不管是家庭条件还是学校教育、社会活动等方面都面临着同等的权利。在我国各行各业不仅涌现出成就辉煌的男性，同时还可以看到许多杰出的女性。因此，本研究结果正是反映了这一趋势。

二、蒙汉初中生自我概念发展研究的结论与展望

（一）蒙汉初中生自我概念发展研究的结论

1. 汉授重点初中和普通初中学生自我概念发展的总趋势是一致的。从发展的具体过程看，重点初中学生略优于普通初中学生，但在统计学上不存在显著差异。在自我概念的各项分测验中，重点初中学生大多都略高于普通初中学生，但未达到统计学上的显著意义。

2. 蒙授城市重点初中学生在自我概念发展的总趋势显著地优于县镇普通初中学生。其中道德自我、社会自我概念发展上没有显著差异。在生理自我、家庭自我以及心理自我概念发展上，城市重点初中学生显著地优于县镇普通初中学生。

3. 初中阶段，初一和初二在自我概念发展总趋势上不存在显著差异，而到了初三自我概念的发展在总趋势上和初一、初二相比更具有切合实际、积极客观的特点。

4. 初中阶段，道德自我、社会自我、心理自我概念不受年龄和年级的影响，发展趋势是比较平稳的。家庭自我概念随着年龄和年级的增长在自我概念的总的发展中的作用逐渐减弱，生理自我概念的发展到了初三明显表现出积极客观的特点。

5. 汉族初中学生在自我概念发展的总趋势上显著高于蒙古族初中学生，不同地区文化背景是造成这一差异的主要原因。在家庭自我、道德自我、社会自我概念发展方面蒙汉初中学生不存在显著差异。

6. 在自我概念发展的总趋势上，城市和县镇初中学生显著高于农村学生发展水平，但道德自我、社会自我概念发展趋势上城市、县镇、农村学

生不存在显著差异。

7. 城市和县镇学生在自我概念发展的总趋势上不存在显著差异，但生理自我和心理自我概念发展水平上城市学生显著优于县镇学生。

8. 在生理自我、心理自我概念的发展水平上，城市和县镇学生显著高于农村学生。在家庭自我概念的发展上城市和县镇学生有显著差异，县镇学生显著优于农村学生，但城市和农村学生没有显著差异。

9. 在初中阶段自我概念的发展不存在性别差异。男女学生表现出相同的发展水平和趋势。

（二）蒙汉初中生自我概念发展研究的展望

从目前研究状况看，在我国关于自我概念的研究还处在初级阶段，很多问题都有待于深入研究。我们认为以下内容值得进一步探讨。

1. 对自我概念的定义要有个明确的界定。从目前研究情况看对自我概念还未形成统一的、明确的定义。有些人回避这一问题，有的给予一定的描述，但不作必要的解释和论述，而有的根本不提定义就进行实验操作，正因如此一定程度上影响了这一领域研究的质和量。

2. 目前为止，在我国相对来说青少年自我概念方面的研究多一些，而中老年期自我概念的研究极少。前已提及，自我概念不仅直接影响个体的行为举止、活动效率，而且还会影响一个人对生活的满意度和社会适应程度。许多心理学家认为，自我发展固然儿童期很重要，但它的发展与变化贯穿于人的整个一生。因此不但有必要研究儿童青少年自我概念的形成与发展规律，同时也有必要对中老年人自我概念发展变化的特点进行探索，从而提高他们的活动效率与社会适应程度和生活满意度。

3. 具有切合实际的、积极客观的自我概念，才能保证个性的健康与和谐。因此怎样才能使人们拥有一个积极良好的自我概念是这一领域进行研究的目的所在。但是在我国有关提高和发展个体自我概念的具体方法、措施方面的研究极少，所以不仅针对教育领域，而且其他领域也都有必要进行实证研究。只有这样我们的研究才能体现出实践价值。

4. 自我概念的量化是把研究引向客观化、科学化方向的关键一步，但在我国这方面的工作还很薄弱。因此编制出适合于我国实际情况的、效果良好的、针对各年龄阶段的自我概念量表是目前急需做的工作。

5. 个体自我的发展和文化背景息息相关，而文化是个很广的概念，它对自我的影响是多方面的，因此从多角度、多层次、多种方法来揭示自我和文化的关系，有利于掌握自我概念形成与发展的规律，为理论研究提供丰富的内容，使理论变得更具有指导意义。

参考文献

[1] 韩进之：《我国儿童自我意识发展研究》，辽宁师大教育系油印稿。

[2] 杨善堂等：《初中学生自我意识发展特点的研究》，《心理发展与教育》1990 年第 1 期。

[3] 漆佑华：《试析大学生自我意识》，《高等教育研究》，华中工学院，1987(3)。

[4] 胡德辉：《论青年的自我意识》，《湖南大学学报》1985 年第 3 期。

[5] 刘翔平：《哈特曼自我心理学述评》，《心理科学》1991 年第 6 期。

[6] 周晓虹：《现代社会心理学》，江苏人民出版社 1991 年版。

[7] 方展画：《“罗杰斯”非指导性教学“述评”》，《华东师范大学学报》(教育科学版)，1987 年第 1 期。

[8] 时蓉华：《社会心理学》，武汉师院内部发行，1984 年。

[9] 全国八院校编：《社会心理学教程》，兰州大学出版社 1986 年版。

[10] 张增述：《谈谈关于正确趣解青年的自我意识及其发展》，《心理学通讯》1988 年第 4 期。

[11] 李辽：《自我意识是人的思维结构的本质要素》，中国人民大学复印报刊资料《心理学》1987 年第 7 期。

[12] 侯积良：《价值取向、自我概念与亲社会行为》，《心理科学通讯》1990 年。

[13] 刘晓明等：《成就动机、自我概念与学生学业成绩的关系研究》，《心理科学》1991 第 2 期。

[14] 科思著，佟景韩等译：《自我论》，生活·读书·新知三联书店 1986 年版。

[15] 金生：《自我概念的理论与教学实践》，《西北师范大学学报》(社科版)1991 年第 1 期。

[16] 孟祥：《西方心理学界对自我概念的研究及其教育启示》，《山东教育科研》1994 年第 4 期。

[17] 兰伯斯著，魏明庠等译：《社会心理学》，地质出版社 1990 年版。

[18] 白乙拉：《关于文化对儿童认知发展的影响的理论探讨》，内蒙古师范大学研究生论文。

第九章　蒙古族大学生自我概念的发展特征

自我概念能使个体保持连续感，并赋予其行为以意义和价值。自我概念具有年龄特征，不同年龄阶段的个体其自我概念有不同的内容和特征，并且在其发生、发展的过程中，受到内外环境诸多因素的影响。大学生正处于青年后期（成年早期），由于身体的成熟，社会、文化的要求、期待和压力以及个人价值、抱负的发展变化，其自我概念也表现出了自身的发展特征[①]。另外，文化是人们在体力劳动和脑力劳动过程中所创造出来的一切财富，包括物质文化和精神文化，以及人们所具有的各种生产技能、社会经验、知识、风俗习惯等。文化是人类创造的，同时，文化又陶冶和塑造了人类本身。由于种种原因，人类不可能创造同一种模式的文化，而人类创造的不同类型、不同模式的文化，又将他们自己塑造成了各具不同文化特征的群体——民族[②]。蒙古族在长期的历史进程中，适应了艰苦的生活环境，形成了独具特色的生产、生活方式。他们有独立的语言文字，有自身独特的风俗习惯和宗教信仰。在悠久的民族发展史中积淀下来的、丰厚的民族文化，即使到了现代文化融合的背景下，仍保持着其传统的一面。这一切必然会融入蒙古族大学生的自我概念中，给蒙古族大学生的自我概念染上一层民族文化的特色，并影响到他们心理、行为的方方面面。本章详细阐述了一项关于蒙古族大学生自我概念发展特征的研究。

第一节　自我概念研究概述

心理学史上，自威廉·詹姆斯（W . James，1890）提出自我概念以来，在人格心理学、社会心理学、临床心理学等领域一直是个争论不休的

---

① 林崇德：《发展心理学》，人民教育出版社 1995 年版，第 397—401 页。

② 林耀华：《民族学通论》，中央民族大学出版社 1997 版，第 399—401 页。

话题，各学派、理论从不同的角度提出了自己的观点。随着研究的不断深入，对自我概念的认识也逐渐清晰了起来。

一、自我概念在自我系统中的定位

（一）自我概念的定义

1890 年美国心理学家威廉·詹姆斯在其《心理学原理》中首先提出自我概念之后，以此理论为基本框架，各派心理学家都从自身的角度提出了自己的观点。西方有的学者在更宽泛意义上把自我概念等同于自我意识，也有的学者把自我概念在较窄的范围内界定为对自己某一方面，如关于自己的能力、性格、外表等方面的知识、态度。库利（Cooley，1902）、米德（Miad，1934）、沙利文（Sullivn，1953）从自我概念形成的角度提出了各自的理论①。库利指出，自我概念是个体在与他人的互动过程中觉知他人对自己的看法和自我评价而逐步形成的有关自身的知识。米德也强调社会经验在自我形成中的作用。他指出当个体与成为他的客体的其他人可以比较时，个体将会“只有采取在某一社会环境中其他个体对他的态度，才能成为他自己的客体。没有社会经验，自我便不可能产生，因为它是社会经验的产物”。沙利文则强调了家庭对儿童自我概念形成中的作用。罗杰斯（Rogers）② 认为，自我概念是个人现象场中与个人自身有关的内容，是个人自我知觉的组织系统和看待自身的方式。他认为，对一个人的个性和行为有重要影响的是他的自我概念，而不是他的真实的自我（realself）。罗森伯格（Rosenberg）③ 认为自我概念是个体对自我客体思想和情感的总合，包括个体对自己许多方面的看法。塞弗森（Shavelson，1976）④ 认为，自我概念是通过经验和对经验的解释而形成的自我知觉，这种知觉源于对人际互动、自我属性和社会环境的经验体验，是多维度的、按一定层次组织到系统范畴之中的。概括起来，以上各派学者对自我概念的定义不外乎两点：（1）自我概念是个体在社会生活过程中通过人际互动而形成的；（2）对自身全面而相对稳定的认识。

---

① 刘凤娥、黄希庭：《自我概念的多维度多层次模型研究述评》，《心理学动态》，2001，9（2），第 136—140 页。

② 金盛华：《自我概念及其发展》，北京师范大学学报（社会科学版）1996 年第 1 期，第 30—36 页。

③④ 刘萍、王振宏：《国外自我概念研究中的理论模型建构述评》，《西北师范大学学报》（社会科学版）1997，34（2），第 81—86 页。

我国学者黄希庭（1996）[①] 认为，自我概念是个体对有关自己所有方面的知觉，是一个多维度、多层次的结构，具有评价性，且可以与他人分别开来。它反映了自我概念的多维性、多层性、组织性、评价性、区别性和发展性。

（二）自我概念的定位

1. 与自我意识（self-consciousness）的联系与区别

自我意识是指个体对自我及其与周围关系的意识，它包括个体对自身的意识和对自己与周围世界关系的意识两部分。从形式上可将自我意识划分为自我认识、自我体验和自我调节，从内容上可分为生理自我、心理自我和社会自我。其中，自我认识是指一个人对自己生理、心理、社会性等方面的意识，是自我意识中的认知范畴。它包括自我观察、自我图式、自我概念等方面。因此，自我概念只是整个自我意识系统中自我认识的一部分。可以说它的发展水平能反映整个自我意识的发展水平[②]。

2. 与自我价值感（self-worth）的联系与区别

自我价值感是指个人在社会生活中，认知和评价作为客体的自我（Me）对社会主体（包括群体和他人）以及对作为主体的自我（I）的正向的自我情感体验。它是一个多维度（社会取向和个人取向）、多层次（总体、一般和特殊）的系统，包括总体自我价值感、一般自我价值感和特殊自我价值感[③]。它属于自我意识系统中的自我体验部分，是个体对自己的自我概念按一定的标准进行评价，也就是把自己和他人、把现在的我与过去的我和理想的我等相比而产生的自我情感体验[④]。

3. 与自我控制（self-control）的联系与区别

自我控制是指一个人对自己心理和行为的主动调节和掌握，它包括自我观察、自我评价和自我强化或奖励三方面。

自我概念、自我价值感和自我控制三者之间互为基础、互相制约，共同构成了个体自我意识这一有机动力循环系统。

---

① 郑涌、黄希庭：《自我概念的结构：大学生“我是谁”反应的内容分析》，《西南师范大学学报》（哲学社会科学版）1997 年第 1 期，第 72—77 页。

② 陈选华、吴志杰、张洪根编著：《大学生心理学》，中国科学技术大学出版社 2001 年版，第 34—35 页。

③ 翟洪昌、史清民、黄希庭：《影响中学生自我价值感形成的诸因素研究》，《心理科学》，2000，23（4），第 408—411 页。

④ 陈高山：《当代大学生自我价值感系统研究》，博士论文，1999 年，第 25 页。

二、自我概念研究背景

西方有关自我概念的研究由来已久，早期以理论建构和自我概念结构模型探索为主要发展走向，而现在从社会建构论和自我生态学的视角来阐释自我概念。

（一）早期研究

我们可以从自我概念研究史的演进过程中归纳出两种发展趋向：一是以詹姆斯（W. James，1890）等为代表的理论建构趋向；二是心理测量学研究趋向。但这两种趋向是互为基础、相辅相成共同发展的。在 20 世纪 80 年代以前，自我概念受理论、测量技术和统计方法的局限，发展缓慢。但塞弗森（Shavelson，1976）等人提出了自我概念的多维度、多层次理论模型后，对自我概念的实证研究得到了突破性进展[①]。

1. 基本理论建构

在心理学史上詹姆斯（W. James，1890）最早提出了自我概念，并把自我概念分成具有不同价值内涵和层次性的四部分，从低到高依次为物质的我、社会的我、精神的我和纯我。其中，纯我又称为主体的我，其余三个合称为客体的我[②]。库利（Cooley，1902）指出，自我概念是个体在与他人的互动过程中觉知他人对自己的看法和自我评价而逐步形成的，他把自我的这一方面称作“镜中的我”。即人们对自己的感觉是通过观点采择过程而得到发展。他主要关注的是人们如何感觉自身的发展[③]。米德（G. H. Mead，1934）从自我概念形成过程的角度，对“主体的我（I）”和“客体的我（Me）”相互作用机制进行了说明[④]。罗杰斯[⑤]则认为，自我概念是个人现象场中与个人自身有关的内容，是个人自我觉知的组织系统和看待自身的方式。自我概念不仅控制并综合着个体对环境的意义，而且高度决定着个人对环境的行为反应。从而，罗杰斯（Rogers）将詹姆斯（W. James，1890）和米德（G. H. Mead，1934）的主体的我（I）和客体

---

①④ 刘凤娥、黄希庭：《自我概念的多维度多层次模型研究述评》，《心理学动态》，2001，9（2），第 136—140 页。

② 刘萍、王振宏：《国外自我概念研究中的理论模型建构述评》，《西北师范大学学报》（社会科学版），1997，34（2），第 81—86 页。

③ 乔纳森．布朗著，陈浩莺等译，彭凯平审校，《自我》，人民邮电出版社 2004 年版，第 48 页。

⑤ 金盛华：《自我概念及其发展》，《北京师范大学学报》（社会科学版）1996 年第 1 期，第 30—36 页。

的我（Me）两个概念统整到了一起，使自我概念的内涵同时具有对象与作用两方面。英国心理学家伯恩斯（R. Burns，1982）沿袭了罗杰斯的观点，将自我概念分为对象的我（self as known）和主体自我（self as knower，即作用的我），并指出了自我概念的三个功能：保持内在一直性、决定个人对经验怎样解释和决定人们的期望。奥尔波特（G. W. Allport，1955）提出了“统我”的概念以取代罗杰斯理论中的“自我概念”。“统我”包括了自我扩展、身体自我感觉、自我同一性、自尊、自我意象、理性活动的自我意识及对统我的追求、主体自我等。随后，在1961年奥尔波特将“主体自我”从“统我”中独立出来，称为“自我”，把其余成分称为统我。这样，在他的理论中“自我”相当于詹姆斯和米德的主体的我（I），而统我相当于客体的我（Me）。

2. 自我概念结构模型的探索

单维自我概念模型。如上所述，詹姆斯对自我概念的具体成分分析开启了对其进行元素分析的先河。但西方早期对自我概念的认识无论是詹姆斯还是罗杰斯、库利、米德都是单维的、笼统的、整体的。而库珀史密斯（Coopersmith，1967）[①] 认为自我概念是个体对自己的评价。他在对自我概念的这一确切的操作性定义基础上编制了自尊测量问卷（Self－Esteem Inventory，简称SEI），并且用SEI的单项成绩来评价个体的自我概念水平。这是一种单维建构的测量问卷，没有内部结构维度。两年后Piers和Harris编制的自我概念量表也是单维的、没有内部结构维度。这反映出他们还是缺少对自我概念深入的元素分析。

多维自我概念模型[②]。罗森伯格（Rosenberg）认为，自我概念是个体对自我客体思想和情感的总和，他对自我概念进行了比较深入的元素分析，提出自我概念包括个体对自己生理和身体方面、社会结构、作为社会行动者的自我、能力与潜能、兴趣与态度、作为个性品质的一些本质特征、内在思想情感许多方面的认识。罗森伯格非常重视自我概念中各个成分要素间的关系，认为自我不是各成分要素的集合，而是有的成分处于中心位置，有的处于边缘位置，有些成分可凝结为一个大的单元部分，各个部分又构成一个整体。同时，他还指出，自我概念是有层次的，包括一般水平和具体成分水平的层面，且一般水平与具体成分水平是不可互换的，

---

①② 刘萍、王振宏：《国外自我概念研究中的理论模型建构述评》，《西北师范大学学报》（社会科学版）1997，34（2），第81—86页。

不能把一般自我概念与等价的自我概念具体侧面相混同。罗森伯格（Rosenberg）对自我概念的这一较深入的元素分析对整个自我概念研究领域是个实质性的进步。但他提出的自我概念各成分要素没有明确定义，各成分要素互相包容，从而其自我概念问卷的结构效度也较低。随后，Harter 的工作对整个自我概念的研究产生了非常大的影响。她认为，在自我概念的研究中，第一，必须把具体领域的自我概念和普遍的自我价值信念予以区分，要重视具体成分自我概念的测量。第二，评价儿童自我概念水平时必须要考虑其心理发展的年龄特征。

多维度、多层次自我概念模型。在詹姆斯和库利等人的理论基础上，塞弗森（Shavelson，1976）等人提出了自我概念的多维度、多层次结构模型。他认为自我概念是在人际互动中通过经验和对经验的理解而形成的自我知觉。在这一多维度、多层次结构模型中，最顶层为一般自我概念，可分学业和非学业自我概念。二者又各自再细分为更具体的成分自我概念，如学业自我概念分成数学的、英语的和语文的自我概念等，非学业自我概念分为社会的、情绪的和身体的自我概念。上世纪 80 年代初，马什（Marsh）等人在塞弗森提出的多维度、多层次结构模型基础上编制了自我描述问卷（Self－Description Questionnaire，简称 SDQ），SDQ 有三个：SDQⅠ、SDQⅡ、SDQⅢ，分别适用于学龄前期、学龄中期和学龄后期。但在他们的结构模型中未考虑到个体的艺术自我概念，因此在 1995 年 Vispoel 等人把艺术自我概念也整合到塞弗森和马什等人的理论模型中，进一步完善了此理论模型。

（二）自我概念研究的新动向

早期各派理论均从不同的视角提出了“自我”观点，虽然每种理论都有其自身的局限性，但对“自我本质”的揭示，对整个“自我”研究领域的贡献是毋庸置疑的。然而，在后现代主义的影响下自我概念研究视角发生了革命性的变化。社会建构论者持文化相对主义的观点，强调历史、社会、文化对自我概念形成中的决定性意义，以“关系自我”取代“本质自我”[①]。德国心理学家赫密斯（Storan. E. Hormuth）提出的“自我生态论”观点，从生态学的角度看待自我概念，认为影响自我概念的他人、客体和环境是个体存在于其中的大生态系统，个体的自我概念与这一生态系统在

① 叶浩生：《关于“自我”的社会建构论学说及其启示》，《心理学探新》2002 年第 3 期，第 3—8 页。

相互依存、相互影响的基础上，实现二者的动态平衡[①]。这些自我概念研究视角的改变，预示着自我的研究将更关注历史、社会、文化对自我概念的影响。另外，罗杰斯从心理健康的角度强调了自我概念的重要性，认为个体自我概念的矛盾性是理解心理失调的关键所在。Msesh. Relish & Smith（1983）研究发现数学成绩与数学自我概念之间存在高相关。这些均表明自我概念研究向微观、实用方向发展，并体现了自我研究的中心在于自我概念与其他因素的相关，证实高相关与因果关系的变量关系，是目前研究需要注意的问题[②]。

三、自我概念影响因素研究

库利认为，自我概念是个体在与他人的互动过程中觉知他人对自己的看法和自我评价而逐步形成的有关自身的知识，又称之为“镜中的我”。在个体自我概念形成发展过程中，影响儿童个性社会化的动因主要是家庭、学校和同伴[③]。在个体与环境相互作用、其自我概念不断发展成熟的过程中，不同年龄阶段的重要他人也有所不同[④]。

（一）父母教养方式的影响

在个体自我概念的发展过程中，儿童早期，尤其在学龄前期，儿童与父母的相互作用、情绪关系的性质对儿童个性的发展、自我概念的形成具有重要的意义[⑤]。通过不同的教养方式，父母有选择地把社会价值观念、社会化的目标传递给儿童，并有选择地强化不同的行为方式，实现其社会化。而这种影响的作用是长期的，会成为个体自我概念的有机组成部分，制约并体现在个体心理、行为当中。

雷雳（1997）在学习不良少年的自我概念与父母评价的特点及关系的研究中发现，学习不良学生的父母评价不利于他们的积极成长和发展。同时学习不良学生形成自我概念的过程中有一种褊狭的倾向。郗浩丽（2002）在中小学生自我概念发展的影响因素研究中发现，高小和初中生

---

① 盖乃诚、陈本泉：《自我概念与自我生态系统——自我生态学观点简介》，《山东师范大学学报》（社会科学版）1995 年第 2 期，第 61—64 页。

② 刘岸英：《自我概念的理论回顾及发展走向》，《心理科学》，2004，27（1），第 248—249 页。

③ 李丹：《儿童发展心理学》，华东师范大学出版社 1987 年版，第 451 页。

④ 金盛华：《自我概念及其发展》，《北京师范大学学报》（社会科学版）1996 年第 1 期，第 30—36 页。

⑤ 李丹：《儿童发展心理学》，华东师范大学出版社 1987 年版，第 452 页。

自我概念的直接影响因素均为同伴接纳、学生成就、父子关系和师生关系。但对高小学生自我概念的影响具有决定性作用的是同伴接纳；对初中生自我概念影响较大的是学业成就和同伴接纳；父子关系和师生关系对自我概念的影响从高小到初中略有降低。刘志军（2003）等人进行的高中生的父母教养方式、同伴关系与其自我概念的关系研究结果表明，高中生的父母教养方式的部分因子与同伴关系对自我概念有一定影响。李晶等人（2002）在家教方式对大学生自我概念的影响研究中发现儿童少年时期父母的家教方式，是影响大学生自我概念形成和发展的重要因素之一。

（二）同伴关系和师生关系的影响

进入学校以后，儿童的大部分时间都是在集体中度过的，同伴的影响越来越强。如果说婴幼儿莫大的焦虑是遭到父母的决绝的话，那么，在以后的发展中，儿童最着急的是被同龄儿童所摒弃。随着儿童年龄的增长，集体、小集团对儿童行为的发展影响日益增长。另外，进入小学阶段，与儿童相互作用的重要他人中，除了父母和同伴之外，很重要的一分子是教师。在整个小学阶段，教师的作用是占主导地位的。儿童从老师的言谈举止、态度和评价中认识、理解自己。

在中学阶段，青少年自我概念的形成过程中，同伴的影响已远远超过了父母和教师。这一方面是因为，青少年面临着同样的问题，而且彼此的地位是平等的，因而有共同的语言；另一方面是青少年想从同伴、集体对自己的反应中发现自己，认识自己，进而完善自己①。因此，青少年期的同伴作用显得极为重要。

魏运华（1998）的研究表明，学校因素中满意的师生关系和同伴关系有助于少年儿童自尊的发展。林崇德（2001）等人进行的师生关系与小学生自我概念的关系研究发现，亲密型师生关系更有利于小学生健康自我概念的发展，冷漠型师生关系最有碍于小学生自我概念的发展。

（三）校园环境的影响

学校教育，是在教师指导下有计划、有组织、以掌握一定的系统科学知识为目的而进行的。学校教育所肩负的任务是培养能够满足社会发展需求的新型人才。尤其是大学校园环境，从个体的整个发展进程来看，已接近实际社会生活，处于成年早期的大学生，生理上已基本成熟，社会文化也逐步对他们提出了承担成人角色的要求。因此，在这一系列压力又是动

---

① 李丹：《儿童发展心理学》，华东师范大学出版社 1987 年版，第 473—474 页。

力面前，大学生对自身价值观、理想抱负的探索、确认，自我概念的确立是非常重要的。

随着我国社会经济现代化进程的加快，学校教育正处于迅速转变的时期。当前，教育发展的方向是从知识传授型向能力培养型发展，从应试教育向强调德智体美劳全面发展的素质教育发展，从传统思想品德教育向现代的人格教育发展①。因此，学校要为学生提供明确而合理的发展目标，鼓励学生关注社会事务，积极地自我探索、自我反思，教导学生勇于表现自我和创新，加强学生之间、学生与教师之间、学校与学生之间的沟通、支持和帮助，为学生提供积极向上的、活跃的、民主的、开放的校园文化氛围。

上述父母教养方式、师生关系和同伴关系以及校园环境因素对大学生自我概念形成和发展的影响是显而易见的。但作为个体自我概念的影响因素，并非只有上述外部社会环境因素在起作用。个体的先天遗传素质、气质类型等对其自我概念的影响也是不容忽视的。但从能够予以控制和干预、矫正的角度出发，研究中只考虑了外部环境因素的影响。

四、大学生自我概念研究

大学阶段正处于儿童期到成年期的转折时期。由于所处校园环境的特殊性，其自我概念的发展特征也与社会上的其他同龄青年表现出了明显的不同②。大学生自我概念发展规律：大学时代是自我概念迅速发展并趋向成熟的阶段。一般来讲，大学生的自我概念经历着一个特别明显的、典型的、分化、矛盾和统一的过程③。

（一）大学生自我概念的发展是从自我明显分化开始的

大学生自我概念的发展是从自我明显分化开始的，表现为儿童时期的那种较稳定的、笼统的“我”被打破了，明显地出现了两个“我”：一个是主体的“我”（即观察者的“我”），一个是客体的“我”（即被观察者的“我”）。自我的明显分化，使青年主动的、迅速的对自己的内心世界和行为具有新的意识，开始意识到自己那些从来没有被注意到的“我”的许多方面和细节。于是，自我内心活动复杂了，自我沉思、反省的时候明显增

---

① 郑雪：《人格心理学》，暨南大学出版社 2002 年版，第 431 页。

② 陈选华、吴志杰、张洪根编著：《大学生心理学》，中国科学技术大学出版社 2001 年版，第 34—35 页

③ 黄希庭、徐凤姝主编：《大学生心理学》，上海人民出版社 1988 年版，第 165—167 页。

多了；对自我新的认识、体验和控制的种种激动不安、焦虑与喜悦增多起来了；为自己应该怎样做，能怎样做，不应该怎样做，不能怎样做动脑筋了，而不再像中学生那样随心所欲了。

（二）大学生自我概念的矛盾冲突

大学生自我分化意味着理想的我和现实的我之间的矛盾冲突的加剧。两个“我”不能统一，自我同一性不能实现，自我概念也不能确立，从而表现出明显的内心冲突，甚至会有不同程度的内心痛苦和强烈的不安感。在这种矛盾冲突面前，若不怕暴露自己的缺点，勇于面对现实，不断探索的话，就能保持理想的我和现实的我之间的大体平衡，达到正常的发展。否则，会因理想的我和现实的我之间的矛盾冲突而影响自我概念的正常发展。

（三）大学生自我概念的统一

经过一段时间的探索和矛盾冲突的解决，其自我概念在新的更高的水平和方向上实现理想的我和现实的我之间的协调和统一，达到两者之间的新的平衡，自我概念也会正常发展。

（四）大学生自我概念的发展类型

大学生的自我概念在经过分化、矛盾和一段时间的探索之后，在新水平和方向上达到统一。但统一的性质如何，是整个自我概念发展的关键。理想的我与现实的我的矛盾统一可归纳为五种类型[①]。

1. 自我肯定型。这类学生的自我概念统一是较积极的。其特点是不断完善现实的自我，使之与符合社会发展要求的理想自我达到统一；2. 自我否定型。这类学生的自我统一属于消极的统一。其特点是，对现实的自我的评价过低，致使理想的自我与现实的自我的差距太大，经过努力仍无法接近目标，或距离虽不太大而主观上缺乏自我驾驭能力，心理上呈现一种消极的防御机制；3. 自我矛盾型。这类学生的自我概念难以统一，自我矛盾的强度越大，延续时间越长，新的自我迟迟不能确立，积极的自我难以产生。主要表现为自我认识、自我体验、自我调控缺乏稳定性；4. 自我扩张型。这类学生的自我统一也属于消极的统一。其特点是，通过对现实的自我的过高评价或虚妄的判断，获得与理想自我的统一。这种学生往往“悦纳”自己过分，盲目自信，妄自尊大；5. 自我萎缩型。这类学生的自

① 陈选华、吴志杰、张洪根编著：《大学生心理学》，中国科学技术大学出版社 2001 年版，第 40—42 页。

我统一也属于消极的统一。其特点是，理想的自我极度缺乏或丧失，而对现实自我又深感不满，从而极端自卑，甚至可能出现自我拒绝。而一旦出现自我拒绝，则不仅理想的自我和现实的自我难以统一，还会出现自暴自弃、自责等状态。

（五）大学生自我概念实证研究

乐国安、崔芳（1995）的一项关于大学新生自我概念特点的研究结果表明，大学生对心理自我（67.90%）、社会自我（21.25%）的描述频率明显高于生理自我（1.20%）方面的描述。且其自我概念有显著的广泛性、客观性、矛盾性、幻想性的特点。而没有明显的性别、居住地、专业的差异。李德显（1996）在关于大学生自我概念发展规律的研究中指出，大学生的自我概念发展表现出了从大一到大二的下降，从大二到大三的上升，再从大三到大四下降的这种下降—上升—下降的曲线型发展的年级特征。另外，大学生自我概念的发展也会受到性别、城乡（家庭所在地）的影响。姚信（2003）对大学生自我概念发展状况研究中发现，大学生自我概念在总体上较积极，在性别、年级、成绩、家庭经济条件、是否独生子女、是否学生干部上存在差异，但不存在文理专业和城乡差异。

由此可见，大学时代是个体自我概念逐步稳定、成熟的关键时期，他们的自我概念有其自身发展规律和特点。大学校园环境已较接近实际社会生活，通过短短几年的校园生活之后就要面临择业、就业或继续深造等一系列选择，这对正在步入成人行列的大学生来讲，对自身的准确定位是十分必要的。因此，对大学生自我概念的研究显得尤为重要。

五、蒙古族大学生自我概念发展特征研究的目的和内容

（一）蒙古族大学生自我概念发展特征研究的目的

1. 通过考察蒙古族大学生自我概念发展的特征，为蒙古族大学生进行针对性的人格教育和自我教育提供一定的理论依据，又能为少数民族大学生进行人格教育、自我教育提供一定的参考价值。

2. 初步了解父母教养方式、师生关系和同伴关系对个体自我概念发展的影响，对为人父母者教育其子女的教养方式，为中小学教师培养学生积极的自我概念提供有益的理论依据。

（二）蒙古族大学生自我概念发展特征研究的内容

1. 初步揭示蒙古族大学生自我概念发展的基本特征。

2. 考察蒙古族大学生的自我概念，在不同性别、年级、学科和生态文

化方面的差异。

3. 通过对蒙古族大学生自我概念与父母教养方式、师生关系、同伴关系和学校环境之间的相关研究，探讨蒙古族大学生自我概念形成与发展的影响因素。

第二节 蒙古族大学生自我概念的发展特征研究

一、研究被试的选取

用随机整群抽样方法分别从内蒙古师范大学历史系历史教育专业、内蒙古农业大学经济管理学院农林经济管理专业，抽取一至四，四个年级蒙语授课大学生共 407 人。剔出明显不认真回答的和未答完的无效问卷，最后剩下的有效问卷为 366 份，有效率达 89.93%。其中，文科 158 人，理科 208 人，男生 148 人，女生 218 人。被试在性别、年级、学科、生态文化上的分布见表 9-1 和 9-2。

表 9-1 被试在性别、年级、学科上的简单分布情况

	文科 N=158（人）				理科 N= 208（人）				N=366（人）
	一年级	二年级	三年级	四年级	一年级	二年级	三年级	四年级	
男	17	19	15	20	18	24	17	18	148
女	35	11	19	22	39	44	27	21	218

表 9-2 被试在生态文化上的分布

生态文化	城镇	农区	牧区	半农半牧区	林区	合计
人数	107	117	45	96	1	366
百分比	29.20%	31.96%	12.29%	26.23%	0.3%	100%

二、研究工具的选取

（一）青年学生自我价值感量表

该量表简称 SW，是由我国学者黄希庭和杨雄在深入研究国内外有关自我价值感方面的研究及论著后，依据我国的社会文化特点编制的具有本土化特色的测量工具。经检验表明该量表和各分量表有良好的信、效度，能够较全面、准确地反映和评价我国青少年学生的自我价值感水平和自我概念特点（黄希庭，1998，2002，2003；杨雄 1999）。

研究 SW 各维度的 Crlnbach α 系数在 0.3589—0.7060 之间，项目与所属维度间的相关系数在 0.482—0.766 之间，表明该问卷有较好的内部一致性。

（二）父母教养方式评价量表 EMBU（Egma Minnen av Bardndosnauppforstran）

EMBU 是 1980 年由瑞典 Umea 大学精神医学系 C. Perris 等人共同编制，经我国岳冬梅等人修订，用以评价父母教养态度和行为。量表由 6 个父亲教养方式和 5 个母亲教养方式，共 11 个维度构成。研究 EMBU 各维度的 Cronbach α 系数在 0.4292—0.8834 之间，各项目与所属维度的相关系数在 0.144—0.809 之间，表明该问卷具有较好的内部一致性。

（三）师生关系满意度量表

该量表由我国学者魏运华在参照国内外有关理论和研究确定维度，自编而成，三个维度共 24 个项目。研究《师生关系满意度量表》各维度的 Cronbach α 系数在 0.7828—0.8250 之间，各项目与所属维度的相关系数在 0.142—0.802 之间，表明该问卷具有较好的内部一致性。

（四）同伴关系满意度量表

该量表也是由我国学者魏运华在参照国内外有关理论和研究确定维度，自编而成，三个维度共 26 个项目。研究《同伴关系满意度量表》各维度的 Cronbach α 系数在 0.4107—0.8568 之间，各项目与所属维度的相关系数在 0.215—0.745 之间，表明该问卷具有较好的内部一致性。

（五）《学校环境自我知觉调查问卷》

《学校环境自我知觉调查问卷》各维度的 Cronbach α 系数在 0.4778—0.7085 之间，项目与所属维度的相关系数在 0.386—0.785 之间，表明该问卷具有较好的内部一致性。

（六）研究过程

将五个量表装订成册，进行分班分次团体施测，采用汉语问卷，主试由心理学专业研究生担任。研究中所有的数据用 SPSS 12.0 统计软件进行处理。

三、结果分析

（一）蒙古族大学生自我概念的发展特征

1. 蒙古族大学生自我概念发展的总体状况

蒙古族大学生在自我价值感各分领域的得分情况，如表 9-3 所示。表中数据显示，蒙古族大学生自我价值感诸领域得分均较高，自我概念较积极。

表 9-3 蒙古族大学生自我价值感总体状况及性别差异 T 检验表

领域	min	max	x±SD	男 N=148		女 N=218		T
				M	SD	M	SD	
T	6.00	30.00	23.51±3.70	23.45	3.49	23.56	3.85	−0.572
GS	5.00	25.00	17.55±2.93	17.64	2.65	17.49	3.11	0.433
GI	5.00	25.00	19.74±2.73	19.86	2.55	19.66	2.85	0.476
TI−S1	7.00	20.00	13.93±2.22	14.44	2.21	13.60	2.17	3.634***
TI−S2	4.00	20.00	16.06±2.31	16.31	2.51	16.00	2.21	1.224
TI−S3	7.00	20.00	15.33±2.15	15.30	2.14	15.51	2.11	−0.866
TI−S4	4.00	20.00	14.92±2.65	14.94	2.58	14.89	2.75	0.158
TI−S5	6.00	20.00	15.89±2.57	15.70	2.47	16.06	2.63	−1.252
TS−S1	4.00	20.00	13.36±2.68	13.87	2.64	13.04	2.67	2.944**
TS−S2	4.00	20.00	14.42±2.35	14.60	2.01	14.31	2.51	1.110
TS−S3	4.00	20.00	15.60±2.34	15.73	2.25	15.54	2.37	0.737
TS−S4	4.00	20.00	14.13±2.73	14.63	2.59	13.80	2.82	2.888**
TS−S5	9.00	21.00	16.43±2.64	16.20	2.63	16.66	2.57	−1.613

注：*差异显著 P≤0.05；**差异较显著 P≤0.01；***差异极显著 P≤0.001。

2. 蒙古族大学生自我概念发展的性别特征

采用 T 检验方法考察了蒙古族大学生自我价值感诸领域的性别差异，结果如表 9-3：蒙古族男大学生，在个人取向的特殊人际自我价值感（P≤0.001）和社会取向的特殊人际、生理自我价值感（P≤0.01）上，显著高于女大学生。在总体自我价值感和其余各分领域自我价值感上均无显著的性别差异。

3. 蒙古族大学生自我概念发展的年级特征

用单因素方差分析法，考察了蒙古族大学生自我概念发展的年级特征。经方差齐性检验表明，方差齐性。年级差异方差检验结果见表 9-4 和 9-5。从表 9-4 可以看出，蒙古族大学生自我价值感在个人取向的特殊道德自我价值感，社会取向的特殊心理、道德、生理自我价值感上有较显著的差异。总体自我价值感和其余各分领域自我价值感均无显著的年级差异。

总体上来讲，一、二年级随年级的增高自我价值感水平也增高，三年级基本上均有所下降，四年级有不同的发展趋势。从而，三年级是个体对自己重新探索，给自己重新定位的关键时期。

表 9-4　蒙古族大学生自我价值感年级差异方差分析表

领域	G1=109		G2=98		G3=78		G4=57		F值
	M	SD	M	SD	M	SD	M	SD	
T	22.92	3.80	24.18	3.52	23.42	3.84	23.59	3.59	2.055
GS	16.94	3.23	17.85	2.58	17.95	2.64	17.63	3.08	2.467
GI	19.33	2.82	20.09	2.33	20.12	2.75	19.51	2.97	2.069
TI—S1	13.90	2.42	14.17	2.19	14.00	1.96	13.63	2.23	0.896
TI—S2	15.70	2.54	16.39	2.21	16.15	2.44	16.07	1.92	1.602
TI—S3	14.83	2.11	15.91	2.20	15.44	2.13	15.17	2.02	4.711**
TI—S4	14.61	2.61	15.18	2.82	15.06	2.77	14.90	2.39	0.909
TI—S5	15.77	2.80	15.97	2.49	16.21	2.49	15.66	2.45	0.708
TS—S1	13.17	3.03	13.32	2.19	13.55	2.53	13.50	2.86	0.332
TS—S2	13.83	2.62	14.92	2.04	14.59	2.15	14.43	2.38	3.945**
TS—S3	14.98	2.55	15.98	2.19	15.72	2.28	15.85	2.14	3.870**
TS—S4	13.36	2.95	14.53	2.39	14.22	2.76	14.58	2.63	4.484**
TS—S5	16.54	2.56	16.49	2.70	16.69	2.51	15.96	2.77	1.161

注：G1：一年级　G2：二年级　G3：三年级　G4：四年级

对存在年级差异的自我价值感个别子领域进行平均数的多重比较，如表 9-5：

表 9-5　不同年级蒙古族大学生自我价值感
个别领域平均数差异分析表（LSD）

领　域	平均数差异					
	G1—G2	G1—G3	G1—G4	G2—G3	G2—G4	G3—G4
TI—S3	−1.08350*	−0.60104	−0.33798	0.48247	0.74553*	0.26306
TS—S2	−1.08350*	−0.75488*	−0.59724	0.32862	0.48627	0.15764
TS—S3	−0.99794*	−0.73630*	−0.87020*	0.26164	−0.12774	−0.13390
TS—S4	−1.17581*	−0.86015*	−1.22245*	0.31266	−0.04963	−0.36230

在个人取向特殊道德自我价值感上，二年级显著高于一、四年级，一年级和三、四年级间，二年级和三年级间，三年级和四年级间均无显著的差异。从平均数差异来看，一年级到二年级显著上升，到三年级有下降趋势，到了四年级又进一步下降；在社会取向特殊心理自我价值感上，二、

三年级显著高于一年级，四年级和一、二、三年级间，二、三年级之间无显著差异。从平均数的整个走向看，一年级到二年级显著上升，到三年级有所下降，到四年级再度下降；在社会取向的特殊道德自我价值感上，二、三、四年级均显著高于一年级，二年级和三、四年级，三年级和四年级间无显著差异。从四个年级的平均数差异看，一年级到二年级显著上升，到三年级有所下降，四年级又有所回升。在社会取向的特殊生理自我价值感上二、三、四年级均显著高于一年级，二年级和三、四年级，三年级和四年级间无显著差异。此子领域平均数的发展走向，与社会取向的特殊道德自我价值感相同。

4. 蒙古族大学生自我价值感诸领域在性别、年级变量上的多因素方差分析

表 9-6 蒙古族大学生自我价值感诸领域在性别、年级上的多因素方差分析表（F 值）

	T	GS	GI	TI—S1	TI—S2	TI—S3	TI—S4
性别	0.260	0.013	0.322	13.022***	0.642	2.861	0.059
年级	1.721	1.998	1.672	1.166	1.127	4.804**	0.989
性别*年级	0.468	0.256	0.197	0.385	1.814	0.295	0.362
	TI—S5	TS—S1	TS—S2	TS—S3	TS—S4	TS—S5	
性别	2.209	8.693**	0.553	0.166	6.074*	1.098	
年级	0.824	0.287	3.011*	3.371*	3.203*	1.013	
性别*年级	1.498	0.671	0.296	0.493	0.111	0.312	

注：* 表示交互作用。

在总体自我价值感、个人取向一般自我价值感、社会取向一般自我价值感、个人取向特殊人际、心理、生理家庭自我价值感和社会取向特殊家庭自我价值感上，年级、性别的主效应和年级、性别间的交互作用均未达到显著水平。

在个人取向特殊人际自我价值感上，性别主效应达到极显著水平，而年级主效应和年级、性别间的交互作用未达到显著水平。在个人取向特殊道德自我价值感的年级主效应达到较显著水平，性别主效应和年级、性别间的交互作用未达到显著水平。

在社会取向特殊人际自我价值感上，性别主效应达到较显著水平，年级主效应和年级、性别间的交互作用未达到显著水平。在社会取向特殊心

理、道德自我价值感上，各自年级主效应达到了显著水平，而性别主效应和年级、性别间的交互作用均未达到显著水平。社会取向特殊生理自我价值感的年级和性别主效应都达到显著水平，但年级和性别间的交互作用未达到显著水平。

5. 蒙古族大学生自我价值感发展的学科特征

本研究中，将蒙古族大学生分为文、理两个学科。检验结果见表 9-7。

从表 9-7 可以看出，蒙古族理科大学生在总体自我价值感、社会取向一般自我价值感、个人取向特殊家庭自我价值感（P≤0.05）和社会取向特殊家庭自我价值感（P≤0.01）上，显著高于蒙古族文科大学生。在个人取向特殊人际自我价值感（P≤0.05）上，蒙古族文科显著高于蒙古族理科。

表 9-7　蒙古族大学生自我价值感学科差异 T 检验表

领域		文科＝158			理科＝208	T
M		SD	M	SD		
T		23.01	3.82	23.88	3.58	−2.253*
GS	17.17	3.21	17.83	2.67	−2.161*	
GI	19.50	2.91	19.91	2.58	−1.445	
TI−S1	14.23	2.19	13.71	2.24	2.198*	
TI−S2	15.83	2.76	16.24	1.90	−1.669	
TI−S3	15.27	2.29	15.38	2.05	0.493	
TI−S4	14.74	2.70	15.05	2.62	−1.103	
TI−S5	15.54	2.73	16.17	2.43	−2.312*	
TS−S1	13.45	2.88	13.28	2.52	0.595	
TS−S2	14.27	2.55	14.51	2.19	−0.968	
TS−S3	15.59	2.80	15.59	1.92	0.022	
TS−S4	13.99	3.20	14.23	2.33	−0.824	
TS−S5	15.95	2.81	16.80	2.45	−3.066**	

6. 蒙古族大学生自我价值感发展的生态文化特征

由于来自林区的蒙古族大学生仅有一名，因此进行方差分析时已剔除。方差检验结果表明方差齐性。方差分析见表 9-8：

表 9-8 蒙古族大学生自我价值感生态文化差异方差分析表（F值）

领域	D1（107人） M	D1（107人） SD	D2（117人） M	D2（117人） SD	D3（45人） M	D3（45人） SD	D4（96人） M	D4（96人） SD	F值
T	23.90	3.71	23.50	3.54	23.22	3.88	23.28	3.83	0.272
GS	17.79	2.82	17.39	2.82	17.16	3.18	17.64	3.08	0.638
GI	19.79	2.42	19.66	2.58	19.64	2.83	19.83	3.20	0.303
TI—S1	13.72	1.97	13.94	2.37	13.76	2.60	14.22	2.15	0.904
TI—S2	16.03	2.01	16.09	2.30	16.02	2.23	16.09	2.69	0.023
TI—S3	15.65	1.93	15.19	2.33	15.61	2.12	15.29	2.05	1.457
TI—S4	14.61	2.92	14.90	2.56	15.37	2.26	15.05	2.75	0.906
TI—S5	16.00	2.77	15.60	2.50	16.66	2.36	15.91	2.49	1.773
TS—S1	13.30	2.33	13.40	2.72	12.85	2.93	13.65	2.89	0.861
TS—S2	14.38	2.20	14.68	2.44	14.10	2.30	14.31	2.35	0.815
TS—S3	15.80	2.21	15.63	2.17	15.59	1.94	15.40	2.76	0.475
TS—S4	13.84	2.59	14.29	2.48	13.78	3.06	14.40	3.05	1.001
TS—S5	16.54	2.57	15.86	2.62	16.85	2.41	17.01	2.56	1.948

D1：城镇　D2：农区　D3：牧区　D4：半农半牧区

如表 9-8 所示，蒙古族大学生自我价值感在生态文化方面不存在显著的差异。

（二）蒙古族大学生自我概念发展的影响因素

1. 蒙古族大学生自我概念与影响因素间的相关分析

蒙古族大学生在 SW、父母教养方式量表、同伴关系满意度量表、师生关系满意度量表和学校环境自我知觉调查问卷等五个量表上的基本描述统计结果如表 9-9：

表 9-9　蒙古族大学生在自我价值感、父母教养方式、师生关系、同伴关系、学校环境量表上的基本描述统计结果

	T	GS	GI	TI—S1	TI—S2	TI—S3	TI—S4
平均数(M)	23.51	17.55	19.74	13.93	16.06	15.33	14.92
标准差(SD)	3.70	2.93	2.73	2.22	2.31	2.15	2.65

	TI—S5	TS—S1	TS—S2	TS—S3	TS—S4	TS—S5	父 1
平均数(M)	15.89	13.36	14.42	15.60	14.13	16.43	46.90
标准差(SD)	2.57	2.68	2.35	2.34	2.73	2.64	8.42

	父 2	父 3	父 4	父 5	父 6	母 1	母 2
平均数(M)	17.88	20.32	10.10	8.96	10.64	55.74	34.12
标准差(SD)	6.13	3.79	3.31	3.43	2.38	9.91	6.04

	母 3	母 4	母 5	师生关系总分	支持关心鼓励	期望	参与
平均数(M)	11.78	12.83	10.16	86.14	56.24	12.96	17.10
标准差(SD)	4.35	5.05	3.33	13.25	8.56	1.98	4.13

	同伴关系总分	社会—领导性	攻击—破坏性	敏感—独立性	学校环境总分	目标系统	关系系统	文化
平均数(M)	97.38	45.85	20.30	31.23	71.75	23.87	19.05	14.56
标准差(SD)	11.52	6.74	2.99	4.05	8.98	3.81	3.19	2.79

在总体自我价值感、一般自我价值感分领域和特殊自我价值感子领域与父母教养方式、师生关系、同伴关系、学校环境各维度间进行相关分析，结果见表 9-10。

总体自我价值感与父母教养方式维度中，父、母亲的情感温暖、理解呈较显著正相关，与父、母亲的惩罚、严厉和拒绝、否认呈较显著的负相关，与父、母亲对被试的偏爱和父亲的过度保护呈显著负相关，与父亲的过分干涉和母亲的过度保护、过分干涉无显著相关关系。与师生关系的三个维度均呈较显著的正相关。与同伴关系的攻击—破坏性维度无显著的相关关系，与其余两个维度均有较显著的正相关关系。与学校环境三个维度中的目标系统和关系系统、文化氛围有较显著的和显著的正相关关系。

表 9-10 蒙古族大学生自我价值感诸领域与父母教养方式、师生关系、同伴关系、学校环境各维度间的相关矩阵

	父亲						母亲			
领域	情感温暖理解	惩罚严厉	过分干涉	偏爱被试	拒绝否认	过度保护	情感温暖理解	过度保护过分干涉	拒绝否认	惩罚严厉
T	0.232**	−0.156**	−0.068	−0.112*	−0.197**	−0.105*	0.265**	−0.016	−0.188**	−0.089**
GS	0.254**	−0.013	0.067	0.100	−0.048	−0.041	0.261**	0.062	−0.103*	−0.035
GI	0.236**	−0.091	−0.030	−0.036	−0.120*	−0.013	0.268**	0.052	−0.154**	−0.117*
TI—S1	0.086	0.134*	0.078	0.005	0.020	0.018	0.050	0.034	0.041	0.132*
TI—S2	0.125*	−0.001	0.020	−0.077	−0.068	0.016	0.127*	0.036	−0.128*	−0.065
TI—S3	0.126*	0.013	−0.006	−0.024	−0.069	0.040	0.135*	0.062	−0.070	−0.041
TI—S4	0.132*	0.018	0.083	−0.061	−0.089	−0.188**	0.128*	−0.127*	−0.152**	−0.030
TI—S5	0.394**	−0.178**	−0.091	−0.088	−0.274**	−0.013	0.398**	−0.078	−0.295**	−0.215*
TS—S1	0.068	0.108*	0.076	−0.002	0.036	−0.016	0.044	0.050	0.020	0.070
TS—S2	0.131*	−0.026	−0.069	−0.006	−0.110*	−0.045	0.148**	−0.057	−0.132*	0.068
TS—S3	0.179**	0.065	0.062	0.016	−0.026	0.019	0.179**	0.094	−0.031	0.000
TS—S4	0.005	0.179**	0.054	0.110*	0.072	−0.031	0.018	−0.012	0.022	0.102
TS—S5	0.376**	−0.250**	−0.073	−0.076	−0.277*	−0.078	0.414**	−0.099	−0.332**	−0.300**
T	−0.117*	0.197**	0.296**	0.266**	0.392**	0.074	0.340**	0.124*	0.182**	0.128*
GS	0.070	0.325**	0.287**	0.361**	0.515**	−0.011	0.322**	0.112*	0.147*	0.096
GI	−0.051	0.320**	0.340**	0.343**	0.437**	0.050	0.295**	0.107*	0.159**	0.113*
TI—S1	0.022	0.280**	0.159*	0.345**	0.441**	0.075	0.342**	0.207**	0.197**	0.241**
TI—S2	−0.049	0.372**	0.238**	0.377**	0.427**	0.237**	0.313**	0.135*	0.197**	0.187**
TI—S3	−0.019	0.221**	0.208**	0.105	0.220**	0.218**	0.277**	−0.077	−0.006	0.122*
TI—S4	−0.075	0.201**	0.154*	0.233**	0.317**	0.040	0.235**	0.142**	0.159**	0.131*
TI—S5	−0.083	0.147**	0.303**	0.120*	0.222**	−0.063	0.219**	0.054	0.066	0.055
TS—S1	0.041	0.324**	0.161**	0.377**	0.486**	0.102	0.232**	0.196**	0.167**	0.151**
TS—S2	0.046	0.292**	0.223**	0.337**	0.471**	0.090	0.274**	0.081	0.150**	0.092
TS—S3	0.017	0.415**	0.272**	0.377**	0.604**	0.217**	0.424**	0.093	0.135*	0.154**
TS—S4	0.139*	0.423**	0.173**	0.413**	0.489*	0.270**	0.317**	0.104	0.111*	0.168**
TS—S5	−0.040	0.050	0.274**	0.065	0.202**	0.010	0.280**	0.074	0.156**	0.128*

社会取向的一般自我价值感与父、母亲的情感温暖、理解维度呈较显著的正相关，与母亲的拒绝、否认维度有显著的负相关关系，与剩余八个维度均无显著的相关性。与师生关系的三个维度和同伴关系的社会—领导

性、敏感—独立性维度均有较显著的正相关关系，与攻击—破坏性维度无显著的相关性。与学校环境的关系系统和目标系统维度呈显著正相关，与文化氛围维度无显著的相关关系。

个人取向的一般自我价值感与父母教养方式各维度中的父、母亲的情感温暖、理解呈较显著的正相关，与父亲的拒绝、否认呈显著的负相关，与母亲的惩罚、严厉和拒绝、否认呈显著和较显著的负相关，与其余六个维度均无显著的相关关系。除了和同伴关系的攻击—破坏性维度无显著相关性之外，与师生关系的三个维度和同伴关系的其余两个维度均呈较显著的正相关。与学校环境的关系系统、文化氛围和目标系统维度有显著的和较显著的正相关关系。

个人取向的特殊自我价值感子领域：特殊人际自我价值感与父、母亲的严厉、惩罚呈显著的正相关，与其余九个维度无显著的相关关系。与师生关系的支持、关心鼓励和参与呈较显著的正相关，与期望呈显著的正相关。与同伴关系的攻击—破坏性无显著的相关性，与社会—领导性、敏感—独立性呈较显著的正相关。与学校环境的三个维度均呈较显著的正相关。特殊心理自我价值感与父、母亲的情感温暖、理解呈显著的正相关，与母亲的拒绝、否认有显著的负相关关系，与其余八个维度均无显著的相关关系。与师生关系的三个维度和同伴关系的三个维度均有较显著的正相关关系。与学校环境的关系系统和目标系统、文化氛围有显著的和较显著的正相关关系。

特殊道德自我价值感与父、母亲的情感温暖、理解呈显著的正相关，与其余九个维度均无显著的相关关系。与师生关系的支持、关心鼓励和期望维度有较显著的正相关关系，与参与维度无显著的相关性。与同伴关系的三个维度有较显著的正相关关系。与学校环境的文化氛围呈显著的正相关，与关系系统和目标系统无显著的相关性。特殊生理自我价值感与父、母亲的情感温暖、理解呈显著的正相关，与父亲的过度保护和母亲的拒绝、否认呈较显著的负相关，与母亲的过度保护、过分干涉有显著的负相关关系，与其余六个维度均无显著的相关关系。与师生关系的支持、关心鼓励和参与呈较显著的正相关，与期望呈显著的正相关。与同伴关系的社会—领导性、敏感—独立性呈较显著的正相关，与攻击—破坏性无显著的相关性。与学校环境的关系系统、目标系统和文化氛围有较显著的和显著的正相关关系。特殊家庭自我价值感与父、母亲的情感温暖、理解呈较显著的正相关，与父亲的拒绝、否认和惩罚、严厉有较显著负相关关系，与母亲的拒绝、否认和惩罚、严厉有较显著和显著的负相关关系，与其他五个维度无显著的相关关系。与师生关系的支持、关系鼓励和期望呈较显著的正相关，与参与呈显著的正相关。与同伴关系的攻击—破坏性无显著的相关性，与社会—领导性、敏感—独立性呈较显著的正相关。与学校环境的三个维度均无显著的相关性。

社会取向的特殊自我价值感子领域：特殊人际自我价值感与父母教养方式中，父亲的惩罚、严厉呈显著的正相关，与其他十个维度均无显著的相关关系。与师生关系的三个维度和同伴关系的社会－领导性、敏感－独立性都呈较显著的正相关，与攻击－破坏性无显著相关。与学校环境的三个维度也均有较显著的正相关关系。特殊心理自我价值感与父、母亲的情感温暖、理解呈显著的和较显著的正相关，与父、母亲的拒绝、否认呈显著的负相关，与其他七个维度无显著相关。与师生关系的三个维度和同伴关系的社会－领导性、敏感－独立性都呈较显著的正相关，与攻击－破坏性无显著相关。与学校环境的目标系统呈较显著的正相关，与关系系统和文化氛围无显著的相关性。特殊道德自我价值感，与父、母亲的情感温暖、理解呈较显著的正相关，与其他的九个维度均无显著的相关性。与师生关系的三个维度和同伴关系的三个维度均呈较显著的正相关。与学校环境的目标系统和文化氛围呈现较显著的正相关，与关系系统无显著的相关性。特殊生理自我价值感与父亲的惩罚、严厉呈较显著的正相关，与父、母亲的偏爱被试有显著的正相关关系，与其余八个维度均无显著的相关性。与师生关系的三个维度和同伴关系的敏感－独立性、攻击－破坏性都呈较显著的正相关，与社会－领导性呈显著的正相关。与学校环境的目标系统和文化氛围有显著的和较显著的正相关关系，与关系系统无显著的相关性。特殊家庭自我价值感与父、母亲的情感温暖、理解呈较显著的正相关，与父、母亲的惩罚、严厉呈较显著的负相关，与父、母亲的拒绝、否认呈显著的和较显著的负相关。与师生关系的期望维度有较显著的正相关关系，与支持、关系鼓励和参与无显著的相关性。与同伴关系的社会－领导性、敏感－独立性维度均有较显著的正相关关系，与攻击－破坏性无显著的相关性。与学校环境的目标系统和文化氛围有较显著的和显著的正相关关系，与关系系统无显著的相关关系。

2. 蒙古族大学生自我价值感影响因素的多元线性逐步回归分析

分别以蒙古族大学生自我价值感诸领域的得分为因变量，以父母教养方式的十一个维度、师生关系的三个维度、同伴关系的三个维度和学校环境的三个维度，共二十个维度为自变量，进行多元逐步回归分析。结果见表 9-11—9-23：

表 9-11　总体自我价值感影响因素的多元逐步回归分析表

	R	R^2	F	Beta	T
社会—领导性	0.372	0.139	560.331***	0.372	70.505***
母亲因子 4	0.437	0.191	41.116***	−0.228	−4.738***
期望	0.454	0.206	30.100***	0.138	2.592**
父亲因子 4	0.465	0.216	23.968***	−0.106	−2.152*
母亲因子 1	0.481	0.231	20.783***	0.144	2.553*

如表 9-11 所示：二十个预测变量预测效标变量总体自我价值感得分时，进入回归方程的变量依次为社会—领导性、母亲因子 4、期望、父亲因子 4 和母亲因子 1，成为其预测因子，对蒙古族大学生的自我价值感发展产生影响。

表 9-12　社会取向的一般自我价值感影响因素的多元逐步回归分析表

	R	R^2	F	Beta	T
社会—领导性	0.488	0.238	109.478***	0.488	10.463***
攻击—破坏性	0.535	0.286	69.892***	−0.240	−4.829***
母亲因子 1	0. 549	0.301	50.011***	0.128	2.758**

二十个预测变量预测效标变量社会取向一般自我价值感得分时，进入回归方程的变量依次为社会—领导性、攻击—破坏性和母亲因子 1，成为其预测因子，对蒙古族大学生自我价值感的发展产生影响。

表 9-13　个人取向的一般自我价值感影响因素的多元逐步回归分析表

	R	R^2	F	Beta	T
社会—领导性	0.428	0.183	78.532***	0.428	8.559***
期望	0.471	0.222	49.820***	0.217	4.426***
母亲因子 1	0.495	0.245	37.969***	0.160	3.555***
父亲因子 3	0.511	0.261	30.686***	0.128	−2.807**

预测个人取向一般自我价值感得分时进入回归方程的变量依次是社会—领导性、期望、母亲因子 1 和父亲因子 3，成为此领域自我价值感的预

测因子，对蒙古族大学生自我概念的形成、发展产生影响。

表 9-14　个人取向特殊人际自我价值感影响因素的多元逐步回归分析表

	R	R^2	F	Beta	T
社会—领导性	0.436	0.190	76.390***	0.436	8.740***
母亲因子 4	0.459	0.210	43.280***	0.143	2.903**
参与	0.476	0.226	31.622***	0.151	2.602***
攻击—破坏性	0.492	0.242	25.793***	−0.137	−2.579**
敏感—独立性	0.511	0.261	22.777***	0.185	2.891**
期望	0.522	0.233	20.082***	−0.136	−2.267*

预测个人取向特殊人际自我价值感得分的变量依次为社会—领导性、母亲因子 4、参与、攻击—破坏性、敏感—独立性和期望，对蒙古族大学生自我概念的形成及发展有影响作用。

表 9-15　个人取向特殊心理自我价值感影响因素的多元逐步回归分析表

	R	R^2	F	Beta	T
社会—领导性	0.424	0.180	71.501***	0.424	8.456***
参与	0.458	0.209	43.040***	0.203	3.484***
母亲因子 3	0.483	0.233	32.844***	−0.155	−3.171**

预测个人取向特殊心理自我价值感得分时，进入回归方程的变量依次为社会—领导性、参与和母亲因子 3，对蒙古族大学生自我概念和自我价值感的发展具有一定的预测作用。

表 9-16　个人取向特殊道德自我价值感影响因素的多元逐步回归分析表

	R	R^2	F	Beta	T
敏感—独立性	0.275	0.075	26.584***	0.275	5.156***
关系系统	0.306	0.093	16.761***	−0.137	−2.548*
支持、关心鼓励	0.327	0.107	12.919***	0.132	2.200*

预测个人取向特殊道德自我价值感得分的预测变量依次是敏感—独立性、关系系统和支持、关心鼓励维度。

表 9-17　个人取向特殊生理自我价值感影响因素的多元逐步回归分析表

	R	R^2	F	Beta	T
社会一领导性	0.279	0.088	31.503***	0.297	5.613***
父亲因子 6	0.358	0.128	23.900***	−0.200	−3.866***
参与	0.374	0.140	17.512***	0.125	2.063*

预测个人取向特殊生理自我价值感得分的预测变量是社会一领导性、父亲因子 6 和参与。

表 9-18　个人取向特殊家庭自我价值感影响因素的多元逐步回归分析表

	R	R^2	F	Beta	T
母亲因子 1	0.346	0.120	47.631***	0.346	6.901***
期望	0.403	0.163	33.897***	0.216	4.227***
母亲因子 2	0.440	0.193	27.818***	−0.179	−3.644***
父亲因子 4	0.451	0.204	22.190***	−0.109	−2.115*
社会一领导性	0.462	0.213	18.760***	0.109	2.053*
攻击一破坏性	0.472	0.222	16.438***	−0.106	−2.003*

预测个人取向特殊家庭自我价值感得分时，进入回归方程的预测变量依次为母亲因子 1、期望、母亲因子 2、父亲因子 4、社会一领导性和攻击一破坏性。

表 9-19　社会取向特殊人际自我价值感影响因素的多元逐步回归分析表

	R	R^2	F	Beta	T
社会一领导性	0.475	0.225	0.774***	0.475	9.735***
参与	0.498	0.248	53.729***	0.180	3.170**
敏感一独立性	0.510	0.261	38.045***	−0.141	−2.295*

预测社会取向特殊人际自我价值感得分的预测变量是社会一领导性、参与和敏感一独立性。

表 9-20　社会取向特殊心理自我价值感影响因素的多元逐步回归分析表

	R	R^2	F	Beta	T
社会一领导性	0.452	0.204	83.749***	0.452	9.151***
母亲因子 3	0.472	0.223	46.558***	−0.135	−2.767***
参与	0.489	0.239	33.902***	0.150	2.627***
攻击一破坏性	0.501	0.251	27.032***	−0.120	−2.264*

预测社会取向特殊心理自我价值感得分的预测变量是社会一领导性、母亲因子 3、参与和攻击一破坏性。

表 9-21　社会取向特殊道德自我价值感影响因素的多元逐步回归分析表

	R	R^2	F	Beta	T
社会一领导性	0.573	0.329	159.711***	0.573	12.638***

预测社会取向特殊道德自我价值感得分时，进入回归方程的是社会一领导性维度，成为其预测因子，对蒙古族大学生自我价值感的发展有影响作用。

表 9-22　社会取向特殊生理自我价值感影响因素的多元逐步回归分析表

	R	R^2	F	Beta	T
社会一领导性	0.460	0.212	87.715***	0.460	9.366***
参与	0.506	0.256	55.795***	0.246	4.362***
父亲因子 2	0.518	0.268	39.514***	0.112	2.330*
母亲因子 2	0.531	0.282	31.638***	−0.127	−2.476*
母亲因子 5	0.539	0.291	26.419***	0.105	2.065*

预测社会取向特殊生理自我价值感得分的预测变量是社会一领导性、参与、父亲因子 2、母亲因子 2 和母亲因子 5。

表 9-23　社会取向特殊家庭自我价值感影响因素的多元逐步回归分析表

	R	R^2	F	Beta	T
母亲因子 1	0.406	0.165	64.449***	0.406	8.028***
敏感一独立性	0.445	0.198	40.105***	0.188	3.650***
母亲因子 2	0.477	0.228	31.893***	−0.178	−3.550***
期望	0.481	0.231	26.115***	0.112	2.025*

预测社会取向特殊家庭自我价值感得分的预测变量是母亲因子 1、敏感一独立性、母亲因子 2 和期望。

第三节　蒙古族大学生自我概念发展研究结果分析

一、蒙古族大学生自我概念发展特征

（一）蒙古族大学生自我概念发展的总体状况

研究结果表明，蒙古族大学生自我价值感诸领域的发展水平较高，自

我概念也较积极。这一结果与姚信（2003）的研究结果一致。蒙古族大学生对自身以及自己与环境之间关系的认识比较客观、全面和准确。他们在校园环境中与同学之间的关系和谐、融洽，个性独立、开放、自由、自主，具有符合社会发展要求的人生观、价值观和道德标准，能站在时代的前沿，具有开放的、新潮的审美标准，身体健康、活泼向上，并且理解父母对他们的支持和关爱。因此，其人际、心理、道德、生理、家庭方面的自我概念也积极，自我价值感均表现出了较高的平均水平。

（二）蒙古族大学生自我概念发展的性别特征

蒙古族大学生的自我概念存在显著的性别差异。蒙古族男大学生在个人取向的特殊人际自我价值感（P≤0.001）、社会取向的特殊人际、生理自我价值感（P≤0.01）上，显著高于蒙古族女大学生。在总体自我价值感和其余各分领域自我价值感上均无显著的性别差异。而且，男女大学生自我价值感的这种性别差异不受年级的影响。

李德显（1996）在关于大学生自我概念发展规律的研究中指出，大学生自我概念的发展会受到性别的影响。胡维芳（2000）对维、汉族大学生自我概念特点的跨文化研究中发现，汉族大学生的自我概念存在显著的差异。姚信（2003）对大学生自我概念发展状况研究中发现，大学生自我概念有性别差异。而此次研究与上述研究结果相一致。本研究结果表明，蒙古族男生在群体中比蒙古族女生有更大的影响力，在社会地位方面有更高的自我概念。出现这种情况，可能是因为传统的社会角色期待所致。文化人类学或国民性研究发现，青年时期男性比女性更关心自己的社会属性[①]。Dusek 和 Flaherty（1981）的研究也指出，男性感兴趣的是社会地位和权利，而女性更关心人际关系。校园环境中的蒙古族大学生，虽处于现代文明的前沿，但在传统文化的熏陶下，在某些自我价值感领域却也表现出了男尊女卑的自我概念发展特征。另外，在身体机能和体态、容貌上蒙古族男大学生也比女大学生得到了更多来自周围环境的赞赏，其自我概念也更积极，能体验到更多的自我价值感。这也可能与“男才女貌”的传统思想对女生的容貌、体态有更高的要求有关。本研究中的被试很多都来自于农区（31.96%）、牧区（12.29%）和半农半牧区（26.23%）。相对于城镇来讲，他们从小的生长环境，对蒙古族男大学生提供了更多劳动和体能锻

① 胡维芳：《维、汉大学生自我概念特点的跨文化研究》，《青海民族学院学报》（社会科学版），2000，26（4），第117—122页。

炼的机会。而同样的生活条件对蒙古族女大学生来讲，在其身体、容貌方面的自我概念的形成和发展中却没有男生有利。

其余的自我价值感领域，蒙古族男女大学生的自我价值感表现出了更多的相似性。究其原因，一方面可能是随着社会生产力的发展，男女在社会生活中所承担的责任和义务不再有鲜明的性别区分。身处高等学府的蒙古族大学生，受此男女平等思想的影响较深刻，从而其自我概念也表现出了更多的相似性。另一方面，这也可能与蒙古族大学生所处的社会环境有关。自大学扩招之后大学生不再是“天之骄子”，他们的优越感已不复存在。即便大学毕业后就业时，也得面临双向选择的严峻现实。而且对蒙古族大学生来讲，他们母语是蒙古语，虽经四年的大学生活，他们的汉语水平有了很大的提高，但仍然很难与汉族大学生在同一个水平上用汉语表达和交流。这也是蒙古族男女大学生共同面临的一个现实问题，关系到他们的择业和就业。因此，他们的自我价值感在总体上没有表现出太大的性别差异。

（三）蒙古族大学生自我概念发展的年级特征

总体上来讲，蒙古族大学生的自我价值感水平基本上从一年级到二年级上升，到三年级下降，到四年级有不同的发展趋势。在个人取向特殊道德自我价值感和社会取向特殊心理、道德、生理自我价值感上有较显著的年级差异。这一研究结果与国内同类研究结果不尽相同，国内研究得出下降—上升—下降的曲线型发展年级特征，即从大一到大二的下降，从大二到大三的上升，再从大三到大四下降（李德显，1996）。这可能与被试所处的时代有关。此次研究中的大学一年级蒙古族学生刚刚脱离高中时期步入全新的生活环境，主要关注学习成绩和外界的生活模式的高中生，到大学以后在学习、生活、人际关系等方面都必须独立做出决定，对自己的所作所为承担责任。这不但需要个体重新认识大学的全新环境，更重要的是必须全面、深刻地认识自己，对人生观、价值观重新审视，对各种道德标准和价值准则重新选择和认同。因此，他们的自我概念不确切，自我价值感较低。但一年级到二年级期间，蒙古族大学生随着人生观和价值观的逐渐成熟，会按自己的价值观和道德标准衡量自己，并得到来自社会的认可，能够体验到较高的道德价值感。另外，经过整整一年的大学生活，在人际关系、学习、生活方面的不适感已基本消除，潜能真正得到了发挥，性格得到锻炼，从而体验到了较高的心理自我价值感，相应的自我概念也较积极。此外，随着年级的增高，其审美观念也在提高、成熟，其衣着打扮也更符合时代潮流，能够突出自身的优势和掩饰其缺点，因此其生理自我价值感也有了质的提高。到了三年级，在目前严峻的就业形势下，大学生无论是毕业后就业，还是继续深造，都不得不提前考虑进一步的发展目标。在这种更重要的人生抉择面前，自我价值感都有所下降。到四年级，各子领域自我价值感有了不同的发展趋势。总之，对于现代的蒙古族大学生来说，三年级是个“多事之秋”，总体上他们的自我价值感均有所下降，自我概念也会变得消极些。

（四）蒙古族大学生自我概念发展的学科特征

蒙古族大学生的自我概念存在学科上的差异。蒙古族理科大学生的总体自我价值感、社会取向一般自我价值感、个人取向特殊生理自我价值感（$P \leqslant 0.05$）和社会取向特殊家庭自我价值感（$P \leqslant 0.01$）及其相应的自我概念水平，显著高于蒙古族文科大学生；在个人取向特殊人际自我价值感上，蒙古族文科大学生得分显著高于蒙古族理科大学生。蒙古族大学生自我概念的学科差异，没有支持胡维芳（2000）和姚信（2003）的研究结果。出现这种结果，可能与被试取样和所处地区文化、经济发展状况有关。自国家出台西部大开发的政策之后，内蒙古地区的乳品业、畜牧业、纺织业等多个行业都有了很大的发展，也给蒙古族大学生提供了较多的就业机会。本研究中的蒙古族理科大学生取样于内蒙古农业大学经济管理学院农林经济管理专业，所学专业优势使他们不仅在内蒙古，在其他很多西部兄弟省区也能得到就业机会。相对来说，这种良好的就业机会使他们觉得能够为社会作出自己的贡献，并能得到社会的认可。从而，自我概念更积极，自我价值感水平也显著高于蒙古族文科大学生。另外，良好的就业前景，使蒙古族理科大学生倍加珍惜这来之不易的就业机会，感恩于父母对自己的培育，更能感觉到父母一直以来对自己的支持、关心鼓励的重要意义。而蒙古族文科大学生取样于内蒙古师范大学历史系历史教育专业。相对来讲，他们的就业面客观上窄些，从而其我价值感水平比蒙古族理科大学生低，自我概念也相对消极些。但文科大学生形象思维发达，思想活跃，喜欢交流，善于表达，因此在个人取向的特殊人际自我价值感上得分比蒙古族理科大学生高，相应的自我概念也更积极。

（五）蒙古族大学生自我概念发展的生态文化特征

本研究发现，蒙古族大学生的自我价值感不存在显著的生态文化方面的差异。这与胡维芳（2000）、姚信（2003）的研究结果相一致。此结果可能是由于以下两方面原因：

1. 本研究中，被试来自于城镇（29.20%）、农区（31.96%）和半农半牧区（26.23%）、牧区（12.29%）以及林区（0.3%），相对来讲，现代文明的进步使网络、电视、电话、广播、交通运输等空前的发展，各民族、各地区间的交流往来所致的文化相融，可能使来自不同生态文化区域的蒙古族大学生的自我概念上具有较多的相似性趋势。

2. 来自农区、牧区、半农半牧区和林区的大学生，自高中时期就已开始在校住宿，他们生活、学习在集体中，日常接触中相互间的影响，也可能会减少蒙古族大学生自我概念的生态文化差异。

二、蒙古族大学生自我概念发展的影响因素

（一）父母教养方式对自我概念的影响

本研究的结果表明，总体自我价值感与父、母亲的情感温暖、理解呈显著正相关，与父、母亲的惩罚、严厉和拒绝、否认呈显著的负相关，与父、母亲对被试的偏爱和父亲的过度保护呈显著负相关。

在针对总体自我价值感影响因素的回归分析中，母亲的惩罚、严厉（Beta＝－0.228）、父亲的偏爱（Beta＝－0.106）和母亲的情感温暖、理解（Beta＝0.144）依次进入回归方程，成为总体自我价值感的预测因子，对蒙古族大学生的自我价值感的发展产生影响。这说明，母亲在情感上的温暖理解、支持和关爱有助于蒙古族大学生获得较高水平的自我概念，能促进其自我价值感的提高。而父亲的偏爱和母亲的惩罚、严厉不利于他们积极自我概念的形成和发展，阻碍其自我价值感的提高。

社会取向的一般自我价值感与父、母亲的情感温暖、理解呈较显著的正相关，与母亲的拒绝、否认有显著的负相关。而经回归分析，只有母亲的情感温暖、理解（Beta＝0.128）成为此子领域自我价值感的预测因子。这表明母亲在情感上的温暖理解、支持和体贴关爱能够增强蒙古族大学生的自信心，促使他们获得社会的承认和认同，促进他们获得成功，体验人生价值。

个人取向的一般自我价值感与父、母亲的情感温暖、理解呈较显著的正相关，与父亲的拒绝、否认呈显著的负相关，与母亲的惩罚、严厉和拒绝、否认呈显著和较显著的负相关。针对个人取向的一般自我价值感影响因素的多元逐步回归分析结果表明，有母亲的情感温暖、理解（Beta＝0.160）和父亲的过分干涉（Beta＝－0.128）依次进入回归方程，成为预测因子，对蒙古族大学生个人取向的一般自我价值感发展产生影响。这说

明母亲的情感温暖理解、支持和体贴关爱能够促使个体形成自信、自立的积极品质，有利于获得积极自我概念。而父亲的偏爱会阻碍被试积极自我概念的发展，不利于高水平自我价值感的获得。

个人取向特殊自我价值感的子领域：特殊人际自我价值感与父、母亲的严厉、惩罚呈显著的正相关。回归分析中只有母亲的严厉、惩罚（Beta＝0.143）进入回归方程，成为预测因子。说明母亲惩罚严明、严厉的教育态度有助于蒙古族大学生在人际交往方面形成独立、自信的性格，有利于他们在人际交往方面形成和发展积极的自我概念。

特殊心理自我价值感与父、母亲的情感温暖、理解呈显著的正相关，与母亲的拒绝、否认有显著的负相关。而成为特殊心理自我价值感预测因子的只有母亲的拒绝、否认（Beta＝－0.155），表明了母亲对孩子的不理解、不接纳、拒绝会挫伤个体的自信心，不利于个体潜能的发挥，阻碍健康个性和积极自我概念的形成、发展。

特殊道德自我价值感只与父、母亲的情感温暖、理解呈显著的正相关。回归分析发现，父母教养方式中没有一个因子能预测此子领域的自我价值感。

特殊生理自我价值感与父、母亲的情感温暖、理解呈显著的正相关，与父亲的过度保护和母亲的拒绝、否认呈较显著的负相关，与母亲的过度保护、过分干涉有显著的负相关关系。经回归分析发现，只有父亲的过度保护对这一子领域有一定的预测力（Beta＝－0.200），说明父亲的过度保护、溺爱不利于个体健康体魄的塑造，对他们形成健康积极身体自我概念的获得有阻碍作用。

特殊家庭自我价值感与父、母亲的情感温暖、理解呈较显著的正相关，与父、母亲的拒绝、否认和惩罚、严厉均有较显著负相关关系，与母亲的惩罚、严厉有显著的负相关关系，回归分析表明，母亲的情感温暖、理解（Beta＝0.346）和过度保护、过分干涉（Beta＝－0.179），父亲对被试的偏爱（Beta＝－0.109）依次成为其预测因子。从此可以推论，母亲在情感上的温暖理解、支持和关爱使个体理解并体会父母对自己的支持、关心和鼓励，使他们心存感激，从而有助于获得积极的家庭自我概念。而母亲的过度保护和对孩子自由成长发展的过分干涉，父亲的偏爱反而使蒙古族大学生厌烦和疏离家庭，不利于形成积极健康的家庭自我概念。

在社会取向的特殊自我价值感领域：特殊人际自我价值感与父母教养方式中父亲的惩罚、严厉呈显著的正相关，在针对其影响因素的回归分析中未进入回归方程。

特殊心理自我价值感与父、母亲的情感温暖、理解呈显著的和较显著的正相关，与父、母亲的拒绝、否认呈显著的负相关，在针对其影响因素的回归分析中，仅有母亲的拒绝、否认（Beta＝－0.135）进入回归方程，成为此子领域的预测因子。据此可以推论，母亲对子女的不理解、不接纳、拒绝否认会阻碍其潜能的发挥和能力的发展，不利于积极健康性格的塑造能力自我概念培养。

特殊道德自我价值感，与父母教养方式中父、母亲的情感温暖、理解呈较显著的正相关，但在回归分析中均未进入回归方程。

特殊生理自我价值感与父亲的惩罚、严厉和父、母亲对被试的偏爱有较显著的和显著的正相关关系。回归分析结果表明，父亲的惩罚、严厉（Beta＝0.112）、母亲的过度保护、过分干涉（Beta＝－0.127）和母亲对个体的偏爱（Beta＝0.105）依次进入了回归方程。说明父亲惩罚严明、严厉教育态度和母亲对被试的偏爱，成为对个体有利的、具有互补性的教养方式。这不仅有助于其子女的健康成长，还增强对自己体态容貌的自信，体验到更多的生理自我价值感，也能促进其积极的身体自我概念的获得和发展。而母亲对子女的过度保护和对子女自由成长的过分干涉，将不利于其积极健康的身体自我概念的发展。

特殊家庭自我价值感与父母教养方式中，与父、母亲的情感温暖、理解呈较显著的正相关，与父、母亲的惩罚、严厉呈较显著的负相关，和父、母亲的拒绝、否认有显著的和较显著的负相关关系。经回归分析，只有母亲的情感温暖、理解（Beta＝0.406）和过度保护、过分干涉（Beta＝－0.178）依次进入了回归方程。由此发现，母亲在情感上的温暖理解、支持和关爱使个体对家庭有更大的依恋，体会并感激父母对自己的成长所投入的精力和所付出的爱心。但母亲的过度保护和对孩子自由成长发展的过分干涉，会使子女对父母产生厌烦情绪和疏离感，不利于良好家庭自我概念的形成和发展。

（二）师生关系和同伴关系对蒙古族大学生自我概念发展的影响

总体自我价值感，与师生关系的支持、关心鼓励维度、期望维度、参与维度和同伴关系的社会一领导性、敏感—独立性两个维度均呈较显著的正相关。经回归分析，同伴关系的社会一领导性（Beta＝0.372）和师生关系的期望（Beta＝0.138）两个维度依次进入回归方程。由此可以推论，个体中小学期间在同伴中的领导性地位和老师对他们的期望有助于其长大后积极自我价值感的获得，促进其良好自我概念的形成和发展。

社会取向的一般自我价值感与师生关系的三个维度和同伴关系的社会—领导性、敏感—独立性维度均有较显著的正相关关系。在回归分析中，同伴关系的社会—领导性（Beta=0.488）和攻击—破坏性（Beta=－0.240）两个维度进入了回归方程。据此可以推论，个体中小学时期在同伴中的领导性地位将有助于其长大后积极自我价值感的获得，促进其良好自我概念的形成和发展。与此相反，对同伴的攻击、破坏性行为举措，将不利于个体在往后的社会工作中获得成就，阻碍其对社会做出应有的贡献，不利于健康积极的自我概念的形成和发展。

个人取向的一般自我价值感与师生关系的三个维度和同伴关系的社会—领导性、敏感—独立性维度均有较显著的正相关关系，在回归分析中同伴关系的社会—领导性（Beta=0.428）和师生关系的期望（Beta=0.217）维度依次进入回归方程，不难发现，个体中小学期间在同伴中的领导性地位和老师对他们的期望，能促进他们树立对自己的信心，使他们相信通过自己的努力，能够对社会有所贡献，因此能形成积极的较高水平的自我概念。

个人取向的特殊自我价值感子领域：特殊人际自我价值感与师生关系的支持、关心鼓励和参与维度呈较显著的正相关，与期望呈显著的正相关，与同伴关系的社会—领导性、敏感—独立性维度呈较显著的正相关。经回归分析，进入回归方程的预测因子依次有社会—领导性（Beta=0.436）、参与（Beta=0.151）、攻击—破坏性（Beta=－0.137）、敏感—独立性（Beta=0.185）、期望（Beta=－0.136）五个因子。由此可以推断，个体中小学期间在同伴中的权威性和领导性地位以及对同伴的失败和痛苦有同情心，对同伴的成功和喜悦感到高兴的情绪反应，还有教师对学生各项活动的参与，这些将有助于个体在往后的发展中更自信，有利于形成积极的人际自我概念。与此相反，教师对学生的期望过高，超过其能力所及的范围，以及学生对同伴的攻击、破坏性行为等不利于其积极的人际自我概念的获得，体验不到积极健康的自我价值感。

特殊心理自我价值感与师生关系的三个维度和同伴关系的三个维度均有较显著的正相关关系，而在回归分析中只有社会—领导性（Beta=0.424）和参与（Beta=0.203）维度成为预测因子。可以推断，中小学期间个体在同伴中的权威性和领导性地位以及教师对学生各项活动的参与而建立的民主的良好的师生关系，会促进个体潜能的发挥和性格的锻炼，增强其能力和个性方面积极的自我概念，从而体验到更多的心理自我价值感。

特殊道德自我价值感与师生关系的支持、关心鼓励和期望维度，与同伴关系的三个维度均有较显著的正相关关系。在回归分析中，有敏感－独立性（Beta＝0.275）和支持、关心鼓励（Beta＝0.132）两个维度依次进入了回归方程，成为特殊道德自我价值感的预测因子。可以说，个体在中小学时期对同伴的失败和痛苦有同情心，对同伴的成功和喜悦感到高兴的情绪反应以及中小学教师对学生的支持、关心鼓励都有助于学生在往后的生活中会按自己的道德标准要求自己，并能得到社会的赞许，从而体验到更高的道德自我价值感。

特殊生理自我价值感与师生关系的支持、关心鼓励和参与维度以及与期望呈较显著的和显著的正相关，与同伴关系的社会－领导性和敏感—独立性也呈较显著的正相关。经回归分析，结果是社会－领导性（Beta＝0.297）和期望（Beta＝0.125）维度进入了回归方程。由此可以推断，中小学期间个体在同伴中的权威性和领导性地位以及老师对他们的期望，能促进他们树立对自己容貌、体态方面的信心，形成和发展良好的身体自我概念，体验到更积极的生理自我价值感。

特殊家庭自我价值感与师生关系的支持、关系鼓励和期望维度呈较显著的正相关，与参与维度呈显著的正相关，与社会－领导性、敏感—独立性维度呈较显著的正相关。回归分析的结果显示，有期望（Beta＝0.216）、社会－领导性（Beta＝0.109）和攻击－破坏性（Beta＝－0.106）三个维度依次进入了回归方程。这表明，中小学时期教师对学生的期望和个体在同伴中的权威性和领导性地位，即使到了大学时代仍然有明显的影响，已成为其自我概念的有机组成部分，甚至会影响到个人对家庭的理解和体会，从而对个体自我价值感有不可忽视的作用。而个体对同伴的攻击和破坏性行为，其负面作用甚至也会影响到被试对父母的情感和对家庭的体会。

社会取向的特殊自我价值感子领域：特殊人际自我价值感与师生关系的三个维度和同伴关系的社会－领导性、敏感－独立性维度都呈较显著的正相关。经回归分析，进入回归方程的维度依次为社会－领导性（Beta＝0.475）、参与（Beta＝0.180）和敏感－独立性（Beta＝－0.141）。据此可以推论，中小学期间个体在同伴中的权威性和领导性地位和教师对学生各项活动的参与而建立的民主的良好师生关系，将利于个体从团体中获得更多积极反馈，增强其在团体中的重要性和影响力，形成积极的人际自我概念，从而体验到更高的自我价值感。而对同伴的反应过于敏感，没有独立性的个体，即使是上了大学以后，在团体中也不会有理想的地位和影响力，体验不到积极的人际自我价值感。

特殊心理自我价值感与师生关系的三个维度和同伴关系的社会－领导性、敏感－独立性维度都呈较显著的正相关，在回归分析中社会－领导性（Beta=0.452）、参与（Beta=0.150）和攻击－破坏性（Beta=－0.120）依次进入了回归方程。由此可以得出结论，中小学期间个体在同伴中的权威性和领导性地位以及教师对学生各项活动的参与而建立的民主的良好师生关系，将有助于个体在社会生活中能力的发展和个性的锻炼，促使其发展良好的心理自我概念和体验更高的心理自我价值感。而个体对同伴的攻击和破坏性行为，其负面作用甚至会影响到被试对自身能力和性格方面的自我概念，也会影响心理自我价值感的体验。

特殊道德自我价值感与师生关系的三个维度和同伴关系的三个维度均呈较显著的正相关，经回归分析，进入回归方程的因子仅有社会－领导性（Beta=0.573）。这说明，中小学期间被试在同伴中的权威性和领导性地位将有助于形成遵循社会道德准则、帮助他人的行为习惯，从而得到群体的承认和认同，发展良好的道德自我概念。

特殊生理自我价值感与师生关系的三个维度和同伴关系的敏感－独立性、攻击－破坏性维度都呈较显著的正相关，与社会－领导性维度呈显著的正相关。经回归分析，进入回归方程的预测因子依次为社会－领导性（Beta=0.460）和参与（Beta=0.246）维度。据此可以推论，中小学期间个体在同伴中的权威性和领导性地位以及教师对学生各项活动的参与而建立的民主的良好师生关系，能促使学生相信自己健康的体魄能为社会作出自己应有的贡献，促进学生确立良好的身体自我概念，并对自己的体态、容貌更有信心，因此能体验更积极的身体自我价值感。

特殊家庭自我价值感与师生关系的期望维度、与同伴关系的社会－领导性、敏感－独立性维度均有较显著的正相关关系。在回归分析中，进入回归方程的预测因子依次有敏感－独立性（Beta=0.188）和期望（Beta=0.112）两个维度。据此可以推论，个体对同伴的失败和痛苦有同情心，对同伴的成功和喜悦有高兴的情绪反应，在团体中受欢迎的个体，教师也对他们给予很高的期望。因此，这些学生对自己的家庭和父母也更加认同和富有感情，能够发展积极的家庭自我概念，体验较高水平的家庭自我价值感。

（三）学校环境对蒙古族大学生自我概念发展的影响

总体上来讲，学校环境的三个维度与蒙古族大学生自我价值感诸领域的发展水平有密切的相关性。但针对自我价值感影响因素的回归分析中，学校环境的目标系统和文化氛围两个维度均未进入回归方程，不能成为其预测因子。而在相关分析中，个人取向的特殊道德自我价值感与学校环境的文化氛围维度呈显著的正相关，在针对此子领域影响因素的回归分析中，却有关系系统维度进入了回归方程，成为其预测因子。有关此结果有待进一步研究。

在此次研究中，校园环境的三个维度几乎都未能预测诸领域自我价值感，这可能与蒙古族大学生自我概念越来越稳定和成熟有关。有关此结果有待进一步研究。而父母教养方式、中小学时期的师生关系和同伴关系状况，却对个体的自我概念和自我价值感有较好的预测作用。这些结论也支持了金盛华（1996）等人的研究。

三、有待进一步研究的问题

（1）从本研究的结果看，在蒙古族大学生自我概念发展的影响因素中，大学校园环境的预测效果几乎不存在，而与个人取向的特殊道德自我价值感无显著相关性的关系系统却成为其预测因子。虽然大学生的自我概念随年级的增高而逐步的稳定和成熟，但是大学一、二年级学生，其自我概念可能尚有较大的可塑性，因此，有关上述结果的原因有待进一步深入研究。

（2）在被试抽样时，由于考虑到时间和人力等因素，把被试只分成了文科和理科两大类，未能进行更细的划分和抽样，故有必要在今后的研究中扩大样本的代表性。

（3）在研究方法上，本研究所用量表均为汉文版，采用了文化的强制公平性。本研究中的被试均有汉语讲授的课程，所接触的校园内外环境都对其汉语水平的提高形成了很好的条件，量表内容也不是很复杂，因此使用了原版的汉语量表。从编制蒙文版的量表需要上出发，将汉文版量表译成蒙文并进行修订，以确保两个版本的问卷有较高的信、效度和语言等值性等问题尚需进一步深入开展。

（4）在本研究中虽初步了解了蒙古族大学生自我概念发展的基本特征及其影响因素，并显示与以汉族大学生为被试的研究结果有一定的相似性，但在自我概念的发展及其影响因素等方面有无民族差异，尚需进一步研究证实。

四、蒙古族大学生自我概念发展特征研究的结论

（一）蒙古族大学生的自我概念存在性别差异

蒙古族男大学生在个人取向特殊人际自我价值感、社会取向特殊人际、生理自我价值感上极显著高于女生。表明蒙古族男大学生人际交往方面更自信，在团体中有更大的影响力和更高的地位，从而其人际关系领域自我概念比蒙古族女大学生更积极，能体验到更多的个人价值。另外，他们相信自己健康良好的身体能为社会做出更多贡献，在身体机能和体态容貌方面也能得到来自群体的羡慕和赞许。因此，其身体自我概念也比蒙古族女大学生积极，这些由传统文化的角色期待所致自我价值感的性别差异对蒙古族女大学生是不利的。因此，学校不仅要为学生传授系统的科学文化知识，也要注重人格教育和自我教育，培养大学生、尤其是女大学生的全面、积极健康的自我概念，促使她们自我价值感得到提高。

（二）蒙古族大学生自我概念的发展存在年级特征

蒙古族大学生自我价值感诸领域的发展水平均较高，自我概念较积极。一、二年级随年级的增高自我价值感水平也增高，三年级基本上均有所下降，四年级总体自我价值感及其各分领域有不同的发展趋势。即大学三年级是对自己重新探索，为自身重新定位的关键时期。在自我价值感的诸多领域中，只有个人取向特殊道德自我价值感、社会取向特殊心理、道德、生理自我价值感上存在显著的年级差异。这种由就业压力所致的蒙古族大学生自我价值感发展年级差异不显著的情况，应引起学校和教育界的重视。应引导大学生转变观念，使他们把就业目光不能仅局限在大中城市，而是要有一份奉献精神和开创精神，到祖国需要他们的地方去，实现自己的价值。

（三）蒙古族大学生自我概念的发展存在学科特征

蒙古族理科大学生在总体自我价值感、社会取向一般自我价值感、个人取向特殊生理自我价值感和社会取向特殊家庭自我价值感上显著高于文科大学生。而蒙古族文科大学生的个人取向特殊人际自我价值感显著高于理科大学生。有利的就业形势使蒙古族理科大学生比文科大学生在总体上更悦纳自己、尊重自己，感受到更多的个人价值。从而，他们更能感觉到对社会和家庭有所贡献和回报。而文科大学生因思想活跃，爱交流，善于

表达，因此在人际交往方面更自信，在团体中有比理科大学生更重要的影响力和地位，形成积极的人际自我概念，能体验到比理科大学生更高的人际自我价值感。所以，提高蒙古族大学生的自我价值感不仅仅是学校的任务，更需要全社会共同努力，健全教育体制，改善就业环境才是根本所在。

（四）蒙古族大学生自我概念的发展没有显著的生态文化差异

现代文化交融的大趋势，已经使蒙古族大学生自我概念体现出了更多的相似性，自我价值感没有显著的生态文化上的区别。

（五）父母教养方式对蒙古族大学生自我价值感的发展有不容忽视的作用

不同的教养方式对自我价值感的不同领域有不同的影响。从小的教养环境和教育态度，对个体自我概念的形成和发展的重要作用是必须要加以重视的一点。

（六）中小学时期师生关系和同伴关系的性质，对个体自我概念的发展有重要影响

教师对学生的支持、关心鼓励，对学生给予期望，经常与学生一起参加各项活动而建立民主、友好的师生关系，对学生良好自我概念的获得、高水平自我价值感的培养有较好的预测作用。因此，中小学教师应懂得学生心理发展的特点和需要，有意识地培养学生积极、健康的自我概念和良好的自我价值感。另外，中学时期个体在同伴中的领导性地位，对同伴情绪反应的敏感察觉并予以积极的反应，对其积极自我概念的培养和自我价值感的提高具有很好的预测作用。因此中小学要鼓励学生组织、参与更多的课外活动，锻炼自己的组织能力和领导能力，促使其获得并发展积极自我概念和健康自我价值感。

学校与学生建立友好、互信的关系系统，制定明确而合理的发展目标，提供民主、自由、开放、活跃、能够自由表达和表现的校园文化环境，与蒙古族大学生形成积极的自我概念，体验更高的自我价值感有较高的相关性。

参考文献

[1] 罗伯特·凯根著，韦子木译：《发展的自我》，浙江教育出版社 1999 年版。
[2] 简·卢文格著，韦子木译，《自我的发展》，浙江教育出版社 1999 年版。

[3] 埃利奥特·阿伦森著，郑日昌、张珠江、王利群、李文莉译：《社会性动物》，新华出版社 2002 年版。
[4] 时蓉华编著：《社会心理学》，人民出版社 1987 年版。
[5] 陈仲庚、张雨心编著：《人格心理学》，辽宁人民出版社 1986 年版。
[6] 叶澜主编，李晓文著：《学生自我发展之心理学探究》，教育科学出版社 2001 年版。
[7] 乔纳森·布朗著，陈浩莺等译，彭凯平审校：《自我》，人民邮电出版社 2004 年版。
[8] 章志光主编：《社会心理学》，人民教育出版社 1996 年版。
[9] 全国 13 所高等院校《社会心理学》编写组：《社会心理学》2003 年版。
[10] 林耀华主编：《民族学通论》，中央民族大学出版社 2003 年版。
[11] 埃里克·埃里克森著，孙名之译：《同一性：青少年与危机》，浙江教育出版社 2000 版。
[12] William Blair Gould 著，常晓玲、翟风臣、肖晓月译：《弗兰克尔：意义与人生》，轻工业出版社 2000 年版。
[13] 陈高山：《当代中国大学生自我价值感系统研究》，中国国家图书馆 1999 年版。
[14] Burns. Self—concept development and Education. Henry Ling Ltd，1982.
[15] Gerenuk. J. Theory of Self：Impasse and Evolution. In Berkowitz，L（Edr）Advances of Experimental Social Psychology（Vol. 17）Academic Press，Inc，1984.
[16] Rosenberg，M.（1986）. Self—concept from middle Childhood through adolescence. In J. Suls and A. G. Greenwald（Eds）Psychological perspectives on the self. 182—205.
[17] Harter，S.（1985）. Competence as a dimension of self—evaluation：Toward a comprehensive model of Self—worth. In R. L. Lleahy（Ed），The Development of the self. New York：Academic press. 55—121.
[18] Shavelson，R. J，Habner，J. J，& Stanton，G. C（1976）Validation of construct interpretations. Review of Educational Research. 46，407—411.
[19] Marsh，W. H，& Shavelson，R. J.（1985）. Self—concept：Its Multifaceted，hierarchical Structure. Educational Psychologist. 20，107—125.
[20] Vispoel，P. W.（1995）. Self—Concept in Artistic Domains：An extension of the Shavelson，Hubner，and Stanton（1976）Model. Journal of Educational Psychology. 87. 1. 134—153.

第十章 蒙汉民族青少年气质特征与影响因素

自从20世纪70年代以来在国内外有关气质的研究屡见不鲜。国外的托马斯和切斯（Thomas&Chess；1977，1984）、布斯和普洛明（Buss & Plomin1975，1984）、戈德史密斯与坎普斯（Goldsmith&Campos，1982）、斯特里劳（1985）、马丁（Martin，1997）、凯斯比（Caspi，1995）、赛森（Sanson，1994）等，国内的刘明和王顺兴（1989）、周胜利与姚凯南（1992）、张雨青（1994）、张劲松（1995）、陈会昌（1995）、张劲松和王玉凤（1996）、刘文（2002）、刘文与杨丽珠（2004）、夏明珠（2005）等从不同的角度对气质的生理机制、气质类型、气质的研究方法、气质发生发展方面进行研究，并且均取得了新的进展，获得了大量的很有价值的研究成果。但是对气质的可变性与发展性的关注和少数民族气质的本土化研究较少。因此，对于少数民族气质的本土化研究不仅能够丰富少数民族心理研究而且对能够更好地了解少数民族个体差异具有重要意义，并且对气质的可变性与发展性的探讨有利于气质研究领域的进一步拓展与深化。

第一节 气质概述

一、气质及其特点

在历史上关于气质的探讨由来已久。在不同的历史时期人们从不同的视角对气质的实质加以阐述。东方心理学认为气质是个性的重要组成部分，与我们平时说的“脾气”、“秉性”或“性情”相近似。在现代西方心理学中，除个别例外，实际上都把气质作为“个性”或“性格”的同义词使用。到了现代，气质已成为心理学中的一个重要概念，用来描述个体的心理特征，专指个体心理活动的不同倾向。

（一）气质的定义

作为人类与生俱来的特质的气质概念可以追溯到两千年前的希腊哲学家盖伦，他提出了四种气质类型，每一种都和一种特定的体液有关。也就是说，个体身上的哪种体液占优势，他就是哪一种气质类型。因此，血液占主导的人在气质上是多血质的；黑胆汁和抑郁质有关；黄胆汁会形成胆汁质；黏液则对应黏液质。

尽管研究者们对个体间的差异很感兴趣，但是直到20世纪中期才对气质进行了系统的大规模的实证研究。其中第一项就是托马斯、切斯及其同事进行的“纽约追踪研究”（1963，1977），这一研究产生了大量成果，影响十分广泛。这一研究对138名被试进行了从出生到成人的长期追踪，通过多种方法从父母、老师、儿童身上定期收集了大量的数据。认为气质最好被看成是一个与行为表现有关的一般术语，它和能力不同，能力和行为的内容、优劣有关。它和动机也不同，动机是指人为什么做他正在做的事。相比之下，气质则是指个体的行为方式。气质可以定义为：“使一个人的行为风格区别于他人的与生俱来的特征集合。”①

我国古代教育家和医学家也从类似气质的角度探讨过个体差异。如孔子把人分为“中行”、“狂”、“狷”三类。他认为“狂者进取，狷者有所不为”。意思是说，“狂者”一类的人，对客观事物的态度是积极的、进取的，他们“志大言大”，言行比较强烈表现于外；属于“狷者”一类的人比较拘谨，因而就“有所谨畏不为”；“中行”一类的人则介乎两者之间，是所谓“依中庸而行”的人。我国春秋战国时期的古代医学中，曾根据阴阳五行学说，把人的某些心理上的个别差异与生理解剖特点联系起来。按阴阳的强弱，分为太阴、少阴、太阳、少阳、阴阳和平五种类型，每种类型各具有不同的体质形态和气质。又根据五行法则把人分为“金形”、“木形”、“水形”、“火形”和“土形”，并各有不同的肤色、体形和气质特点。这两种分法是互相联系的，作为分类基础的阴阳与近代生理学研究的兴奋和抑制有某些类似之处。

从20世纪80年代起，我国在国外对气质研究的基础上，也开始了对我国儿童气质特点的探讨，并且对气质的实质进行过研究。

庞丽娟（1993）认为“气质是受个体生物组织所制约，不依活动目的

① H. Rudolph Schaffer著，胡清芬译：《发展心理学的关键概念》，华东师范大学出版社2008年版，第64页。

和内容为转移的典型、相对稳定的心理活动的动力特征。它主要包括以下几个方面内容：(1) 气质是关于心理活动、行为速度、强度和灵活性等方面的动力倾向性，而非个别行为特征，并不受活动目的和内容的影响；(2) 气质具有生物遗传性，是一种在出生后即表现出来，具有“天赋性”的个体特征；(3) 气质既具有稳定性又具有可变性。气质是从新生儿起就开始表现出来的一种比较稳定的个性心理特征，但它在后天生活环境和教育影响下，在一定程度上是可以变化的。”[①]

（二）气质的特点

刘文（2002）在他的博士论文中提到气质[②]是个体最早表现出来的行为差异，受生物组织制约，是个性中最稳定的方面。它具有以下特点：

(1) 气质具有生物遗传性，但从孕前、孕期开始，环境就对儿童气质的各种特质产生影响，因而在一定程度上是可以变化的。人与生物在基因编码系统的开放程度上有很大差异。科学家波普尔、生物学哲学家迈尔以及哲学人类学家蓝德曼对此都有所论及。总起来说，他们都认为：微生物、植物以及低等动物的DNA编码是特异的、封闭的，它们直接地表现在生物机体的生长发育方面；而高等动物的基因编码具有两重性，即高等动物的DNA编码有一部分是特异的、封闭的，而另一部分则是未特化的、开放的；基因中的开放性部分要通过与后天环境的相互作用才能完成编码，这种编码是不能遗传的，而特异性编码则可以遗传。人的基因编码系统中绝大部分都是开放的，需要吸收后天的信息才能最终完成编码。甚至人的那些少量的特异性本能行为，也需要在后天环境中加以锤炼。

(2) 气质是儿童个体在情绪和行为方式诸特质方面表现出来的差异。

(3) 气质的这些特质发展的稳定性在某种程度上是暂时的，在某种程度上是持久的，因而具有一定的预示性。

(4) 气质是儿童反应性和自我调节过程的个体差异的外在表现。

由于不同的使用者定义气质的领域不同，所以建立一个确定的唯一的包罗万象的气质概念几乎是不可能的[③]。大多数心理学家认为，气质是个假设的概念构建。综合所有的气质概念，我们可以发现，大家都认为气质定义的核心共同点是气质是儿童早期表现出来的受生物基础制约的行为差

---

① 庞丽娟：《婴儿心理学》，浙江教育出版社1998年版，第303页。

②③ 刘文：《3～9岁儿童气质发展及其与个性相关因素关系的研究》，辽宁师范大学博士学位论文，2002年。

异，并且在不同情境下在发展过程中是相对稳定的，它与大量的社会性交往活动相联系。气质研究的行为领域很广泛。因此作为描述个体与生俱来差异的气质内涵因其研究角度和研究课题的不同而各有所侧重。与其他心理学概念一样，目前对气质没有一个人们公认的定义，但这并没有影响我们对气质的研究。就像科学哲学家库恩（Kuhn）所认为的，在社会科学研究中，多种定义的存在并不阻碍科学的进展，只要在研究者中间存在着对一个概念的一致观点就可以了。虽然存在着多种气质概念，但大多数研究者都接受气质的操作定义[①]：气质是根源于生理基础的个体在行为趋向上的不同，它出现于生命早期，并在不同的情境和时间段内保持相对稳定。如今我国心理学界比较公认的气质定义是：气质是表现在心理活动的强度、速度、灵活性与指向性等方面的一种稳定的心理特征，即我们平时所说的脾气、秉性。首先，在心理活动的速度方面，主要表现为一个人的感知速度、注意力集中时间的长短、思维的快慢等。其次，在心理活动的强度方面，主要表现为一个人情绪的强弱、毅力的大小等。最后，在心理活动的指向性方面，主要表现为一个人是倾向于从外部世界获得新的印象，还是倾向于从内部世界获得新的印象，气质的动力特征仿佛使人的全部心理活动染上个人独特的色彩。因此，气质是不决定人是否活动，而是影响人如何活动的一种特质。

二、气质的生理机制及其气质类型的研究

气质的生理机制是比较复杂的。对于这个问题古今中外哲学家和心理学家有各种不同的学说。基于这些学说他们对人的气质进行过各种不同的分类。如：1. 气质的体液说。最早有古希腊学者恩培多克勒（Empedokles）根据人体的构造提出“四根说”。他认为人体由火根（血液）、空气根（呼吸）、水根（液体部分）、土根（固体部分）构成，“四根”配合得好，身体就会健康，并且决定有机体结构的特征。后来古希腊著名医生希波克拉底（Hippocrates）在“四根说”的基础上提出了“四液说”。他认为人体内有血液、黄胆汁、黏液和黑胆汁四种性质不同的体液。血液出自心脏（相当于火根）；黄胆汁生于肝脏（相当于空气根）；黑胆汁生于胃部（相当于土根）；黏液生于脑部（相当于水根）。他在《论人的本性》一

---

① 夏明珠：《3～5岁儿童气质的活动性特征与父母教养方式的关系研究》，辽宁师范大学硕士学位论文，2005年。

书中提到，四种体液是形成人体体质的本源，“当这些元素在复合上、力量上、体积上比例不适当，其中有一种过多或过少，或在体内孤立而不与其他元素结合时，人就感到痛苦”。这也就是说，正是这四种体液“形成了人的性质”。从希波克拉底的体液说出发罗马医生盖伦（C. Galen，公元2世纪）在生理和心理特性之外，还加进了人的道德品行，这些因素组合成13种气质类型。后来，简化为四种气质类型，即流行于今的多血质、胆汁质、黏液质和抑郁质。每一种气质类型的特点都是某种体液占优势的结果，并有特定的心理表现。盖伦还认为，人的行为方式是受到气质和周围环境的影响的。体液说虽然缺乏科学依据，但人们在日常生活中确能观察得到它所描述的四种气质类型。正因为这样，多血质、黏液质、胆汁质、抑郁质这四个名词仍然沿用到今天。

2. 康德和冯特的气质分类。德国哲学家康德（Kant，1724—1804）从血液流动的速度和温度方面的不同而对气质进行分类，他首先把气质划分为感情的气质和行动的气质，每一种气质可以与生命力的兴奋和松弛相联结而又进一步分为四种单纯的气质：多血质的人是开朗的、抑郁质的人是沉稳的、胆汁质的人是热血的、黏液质的人是冷血的。德国心理学家冯特（W·Wundt）以感情反应的强度和变化的快慢为基础，把气质分为四种：感情反应强而变化快的是胆汁质，感情反应弱而变化快的是多血质，感情反应强而变化慢的是抑郁质，感情反应弱而变化慢的是黏液质。

3. 气质的体型说。这是由德国精神病学家克瑞奇米尔（E·Kretschmer）于1925年提出的。他根据自己对精神病患者的临床观察，提出人的气质特点和其身体结构有一定的关系。他认为，不同体型的人具有不同的气质，并按人的体格把气质分为三种。即矮胖型的人，是身材矮小、肥胖、外向而容易动感情，属于躁郁性气质；瘦长型的人，是身材较高、瘦弱、不丰满、内向而孤僻，属于分裂气质；强壮型的人，是身材比较均称、比例协调、肌肉发达、精力充沛、节俭、正义感强，属于黏着气质。克瑞奇米尔认为，正常人与精神病患者只有量的差别，没有质的不同，因此不同体型的正常人在气质上也带有精神病患者的某些特征。例如，矮胖型的人具有躁狂抑郁症的特征，瘦长型的人具有精神分裂症的特征，强壮型的人具有癫痫病的特征。美国心理学家谢尔顿（W. H. Sheldon）在克瑞奇米尔理论的基础上，从1942年开始对气质与体型的关系进行了更为深入的研究，把人的体型分为内胚叶型（柔软、丰满、肥胖）、中胚叶型（肌肉骨骼发达、坚实、体态呈长方形）和外胚叶型（高大、细瘦、体质虚弱）三种主要类型。谢尔顿还发现了三种气质类型：头脑紧张型、身体紧张型和内脏紧张型，他还发现体型与气质之间有高达 0.8 左右的正相关。克瑞奇米尔和谢尔顿指出了身体特征与气质之间的关系，有其合理之处，并对后人有一定的启发作用。气质与体型之间也许存在某种相关，但一些研究表明，这种相关并不是像他们所讲的那样简单和直接。而且气质与体型相关并不能认为两者之间存在着因果关系。主要问题在于，当代科学还不能清楚地揭示身体特征对气质究竟起什么作用。一种可能是身体特征影响社会环境，而社会环境则塑造着个性。例如，一个胖娃娃，周围人都喜欢和他开玩笑，容易形成开朗、活泼等特征；一个瘦弱的孩子，不会讨人喜欢，容易养成孤僻等特征。他们过分夸大了生物因素的作用，忽视社会生活对气质的作用。克瑞奇米尔又把一切人都归入精神病患者，这显然是不正确的。

4. 气质的血型说。有些学者认为，人的气质是由不同的血型所决定的。日本古川竹二根据血型把人的气质划分为 A 型、B 型、O 型和 AB 型四种。A 型气质的人内向、保守、多疑、焦虑、感情丰富、缺乏果断性、容易灰心丧气；B 型气质的人外向、积极、善交际、感觉灵敏、轻诺言、好管闲事；O 型气质的人胆大、好胜、喜欢指挥别人、自信、意志坚强、积极进取；AB 型气质的人，兼有 A 型和 B 型的特征。日本血型人类学家能见正比古认为："血型的真正含义指的是人体的体质和气质类型。"[①]"可以更简洁地给血型作如下定义：血型就是所有生物的体质类型和气质类型。"[②]但是，许多学者认为，这种理论没有多大的科学根据。因此，气质与血型的关系问题是一个有争议而且需要进一步研究的问题。

5. 气质的激素说。由伯曼（L. Berman）等人提出。内分泌腺分泌的激素（Hormone）是由内分泌细胞分泌的高效能化学物质，与分泌腺的种类相对应而不同，其功能也各异。它们混合在血液中在体内循环，对生理和心理活动产生重大影响。以伯曼（L. Berman）等人为代表的气质的激素理论家认为，人的气质特点是由内分泌活动所决定的。他们把人分为甲状腺型、垂体型、肾上腺型、性腺型、副甲状腺型和胸腺型等类型。他认为，不同类型的人，有不同的气质特点。现代科学研究也表明：激素对人的气质确有影响。激素激活或抑制着人体的不同机能，激素过多或过少对个体的行为确有影响。例如，肾上腺特别发达的人，会表现出情绪容易激动的气质特征。生物化学测定也表明，人在恐惧时，肾上腺素分泌增加。

---

①② 能见正比古著，陶栗娴等译：《血型与性格》，北方文艺出版社 1988 年版，第 1—3 页。

但是，各个内分泌腺之间相互联系、相互制约共同组成内分泌系统，不能简单地强调一两个内分泌腺体的作用；也不能孤立地、片面地强调激素对气质的作用，因为神经系统直接或间接地控制着内分泌腺的活动，控制着激素的合成和分泌。激素也影响着神经系统的功能。人体内有两种调节机制：神经调节和体液调节。在中枢神经系统的主导作用下，通过这两种机制，影响气质的活动。

6. 气质的维量理论。托马斯（A. Thomas）和切斯（S. Chess）对气质进行了长期研究发现，新生儿1～3月就有明显、持久的气质特征，不大容易改变，一直持续到成年。托马斯等人认为应采用维量化的方法对气质进行评定，并提出了鉴别气质的9个维量：（1）活动水平，指儿童在游戏、进食、穿衣和睡眠等过程中身体活动的数量；（2）生理活动的规律性；（3）对新异刺激反应的害怕或抑制；（4）对变化的适应性；（5）对刺激的反应阈限；（6）对刺激的反应强度；（7）心境特点；（8）分心程度；（9）从事活动的持久性等。托马斯等人还根据上述标准，把儿童（主要是婴儿）分为三种类型：平易型、麻烦型和行动缓慢型。气质维量化理论的这九个方面是针对行为或活动的，直接反映了气质的动力特征，能使人们更直观地理解气质的概念。

7. 气质的活动特性说。美国心理学家巴斯（A. H. Buss）根据人们参加各种类型活动的倾向性不同，提出气质的活动特性说。他把人的气质划分为四种类型：（1）活动型：这种类型的人倾向活动，总是抢先接受新任务，精力充沛，不知疲倦。婴儿期表现为手脚不停地活动；儿童期在教室里闲坐不住；成年时有强烈的事业心。（2）社交型：这种类型的人倾向社交，渴望与他人建立亲密、友好的关系。婴儿期要求父母在他的身旁对他爱抚，孤单时会大哭大闹；儿童期容易接受教育，容易受环境影响；成年时与他人建立融洽的关系，和睦相处。（3）情绪型：这种类型的人觉醒程度和反应强度都大。婴儿期经常哭闹，儿童期容易激动；成年时喜怒无常，难以合作相处。（4）冲动型：这种类型的人易兴奋，缺乏控制能力。婴儿期等不得成人喂饭、换尿布等；儿童期注意力容易分散，常常坐立不安；成年时行动带有冲动性。气质活动特性说后来又把人的气质类型减少到了三个，即情绪型、活动型和交际型，叫EAS气质类型。一个人的反应活动的特性在气质中处于醒目的位置，用活动特性来区分人的气质，是近年来西方心理学中出现的一种新动向。

8. 杰洛姆·卡根（J. Kagan，1987）的分类。他对婴儿进行长期的追踪研究后认为，婴儿期气质结构中只有“抑制—非抑制”这一维度可以保持到青春期以后而不变，这表明只有这一维度才是划分气质类型的标准，从而他将儿童的气质划分为两种类型，抑制型和非抑制型。抑制性是一种以焦虑的形成表示对不熟悉事件的先天倾向的反应，他尤其强调儿童在面对不确定性时的最初反应。抑制型的儿童主要特征是面对陌生情境时敏感、退缩、胆小、谨慎小心、温和谦让，常有高度情绪性和低度社交性。非抑制性儿童面对不熟悉的事件时，正在进行的活动没有改变，甚至可能主动接近不熟悉的事件，他们表现得活泼、无拘无束、精力旺盛。

9. 马丁（Martin）的分类。马丁基于杰弗瑞·格雷（Jeffrey Gray）神经机制理论，对3～7岁儿童气质进行研究，把儿童气质分为抑制、活动水平、负情绪、冲动性、缺少任务坚持性五种特质，进而归纳出七种气质类型，抑制类型、高情绪性、冲动型、典型类型、沉默类型、积极类型和非抑制类型。

10. 高级神经活动类型说。俄国生理学家和心理学家巴甫洛夫（I. P. Pavlov）以实验的方法从神经动力学的水平对气质的神经生理机制进行了揭示。巴甫洛夫研究发现高级神经活动的基本过程包括兴奋过程和抑制过程。这两个过程的作用相反，但却又相互依存和转化。这两个过程有三个基本特性：神经过程的强度、平衡性和灵活性，这三种特性的独特结合构成了四种高级神经活动类型，即活泼型、安静型、兴奋型和抑制型。巴甫洛夫认为，神经系统的类型是气质的生理基础，兴奋型相当于胆汁质，活泼型相当于多血质，安静型相当于黏液质，抑制型相当于抑郁质。后来的研究表明，神经活动的类型并不总是与气质类型相吻合。神经活动的类型是气质的生理基础，气质是神经活动类型的心理表现。因此，气质特征和神经活动类型之间并不存在对应的关系。有时几种不同的气质特征依赖于同一神经过程的特性；有时一种气质特征同时依赖于神经过程的几种不同特性。这表明气质不仅仅是与高级神经活动的类型有关，而且跟别的组织有关。

11. 气质调节说。波兰心理学家斯特里劳（Jan Strelau）在巴甫洛夫学说的基础上，引入活动理论，又吸收了唤醒与激活研究的成果，从整体活动来探讨气质，提出了“气质调节理论”[①]。他认为，气质是生物进化的产物，但又受环境的影响而发生变化。气质在人的整个心理活动中，在人与环境关系中起着调节作用。他指出，气质可以在行为的能量水平和时间

① 简·斯特里劳著，阎军译：《气质心理学》，辽宁人民出版社1987年版，第15页。

特点中表现出来。反应性和活动性是两个与行为能量水平有关的气质基本维度，它们对有机体起着重要的调节作用。

12. 刘文和杨丽珠等人的研究[①]。他们主要采用聚类的方法与个案研究相结合的方法对3～9岁儿童气质类型进行研究，并提出儿童气质可以归为五种类型，即活跃型、专注型、抑制型、均衡型和敏捷型。

综上所述，国内外对气质的生理机制及气质类型的分类上有很多不同学说和气质类型的分类。通过以上综述不难发现气质不仅与大脑皮层的活动有关，而且与皮层下组织活动有关；气质不仅与神经系统的活动有关，而且与内分泌腺的活动有关。研究表明，整个人的身体组织都影响着一个人的气质。苏联心理学家罗索诺夫指出："气质的生理基础不是某个个别的生理亚系统，而是人机体的整体结构，亦即人机体的所有结构的总和。其中，高级亚系统的结构和机能特点，即中枢神经系统的结构和机能特点与其他亚系统相比较，在气质形成中更为重要"[②]。苏联心理学家波果斯洛夫斯基等人也认为："显然，影响到气质的不仅有神经系统的特性，而且还有整个个人的身体组织"。[③] 因此，不能把气质与高级神经活动类型等同起来，也不能以个体的某种生理亚系统（体液、体型、神经活动）作为气质的生理基础。但是，一般认为，高级神经活动类型与气质的关系较为直接和密切，高级神经活动类型是气质主要的生理基础，高级神经活动类型同人的气质类型具有一定的关系。

三、气质的形成与发展的研究

关于气质形成的研究主要有两个阶段。以往的研究认为气质特点是由人的内部因素造成的，突出了气质的内部的生理机制，但也承认气质的这一稳定性并非绝对的，在一定的条件下也具有可塑性。而现代心理学家虽然也强调内部因素，但也注意到了社会环境对人的气质的重要影响，并从遗传与环境的相互关系看待气质特点，认为每一个个体的气质类型都是先天和后天相互作用的结果。

当今对气质进行研究的绝大多数心理学家都承认气质的可塑性。探讨

---

① 刘文、杨丽珠、邹萍：《3～9岁儿童气质类型研究》，《心理与行为研究》，2004（2），第603—609页。

② 罗索诺夫：《气质的本质及其在人的个体属性结构中的位置》，《心理学问题》（俄文版），1985（1）。

③ 波果斯洛夫斯基著，魏庆安等译：《普通心理学》，人民出版社1979年版，第351页。

这方面最早的研究者可以说格赛尔（Gesell，1928）和舍里（Shirley，1933），他们通过长达14年对同卵双生子T和D进行的追踪研究认为气质是“个性的核心”，并且气质在某种程度上发展变化，并主要依赖于他们的社会经验[①]。此后由托马斯（Thomas）和切斯（Chess）主持的纽约纵向研究[②]（NYLS）中，归纳出九种气质维度，即活动水平、频率、趋避性、适应能力、反应阈限、反应强度、心境、注意力分散度、注意广度和持久性，每个维度在不同的年龄阶段有不同的行为表现，这也说明了气质有自己的年龄特征，气质的发展有连续性和稳定性。气质可塑性与稳定性其实质是后天因素和先天因素相互影响的问题。还有研究表明，先天因素对气质的发展有着不可忽视的作用。例如斯科特（Scott）和查尔斯（Charles）的对三种不同猎狗的研究、托马斯和切斯对231名儿童从出生到青春期的追踪研究等证明了这一点。还有卡特尔和艾森克等人对双生子的气质研究、美国D·G·Freed-man和B·keller（1963）及S·G·Vanderberg（1969）发现的同卵双生子的研究、A·M·For-gensen和E·kringlen（1978）对挪威双生子的研究、林崇德教授（1978）的研究、贺令湖与谭小娴（1983）的研究等都发现同卵双生子的被试气质相关非常显著地高于异卵双生子的被试，表明了遗传因素和内外向关系。后天因素对气质的影响方面还有巴甫洛夫的八只狗的实验研究、D·Daniels和R·Plomin在1985年对领养婴儿的研究等。最近几年的研究从纵向维度证实了气质的发展性与可塑性，例如McGrea（2000）认为基因的作用并非一成不变的，它们的变化贯穿整个一生，并对个体的成长产生影响；Kagan（1987）等人的研究发现，一个在30个月时属于极端抑制型的男孩，由于家庭教养和后天环境的影响，到5岁时转变为非抑制型；Hemphill等（2000）研究发现，与抑郁有关的气质品质（如易怒、消极应对等）与父母的惩罚、斥责、较低的积极养育水平及漠然的态度有共变倾向。[③]

可见，气质所依存的生理基础本身就是一个不断发展的系统，随其成熟，气质的性质、组织结构也将发生改变，而且社会环境、后天教养对气质的发展变化也有不可忽视的持续影响。因此，气质的发展是遗传因素和

---

① 高玉祥：《个性心理学》，北京师范大学出版社1991年版，第161—162页。

② 张玉青：《儿童气质和人格研究领域的新进展》，《心理学动态》，1997（4），第27—28页。

③ 左志宏、席居哲：《稳定性/发展性：气质研究视角的嬗变》，《心理科学》，2006（1），第249—252页。

环境因素相互作用的结果。正如林崇德教授1982年的研究所表明的“遗传因素对儿童气质的影响是很大的，但气质并不等同于遗传本身，遗传对儿童气质的影响随儿童年龄的增长而递减，环境因素对遗传因素具有改造功能，并对儿童气质的变化起着决定作用。”①

四、气质的本土化研究

从20世纪50年代开始，随着心理学的不断发展和心理学家对个体差异的关注，国内关于气质的本土化研究也取得了大量富有价值的研究成果。较早的有叶仁紫（1988）与Rothbart进行中美关于婴儿气质的跨文化研究；刘明与王顺兴（1990）等人的中国儿童青少年气质发展与教育研究；周胜利、姚凯南（1992）对我国2～3岁儿童气质的研究；杨丽珠、刘文（1994）应用斯特里劳的幼儿园儿童反应评定量表（RRS）测查了我国幼儿的气质；张雨青（1994）修订托马斯和切斯的儿童气质量表对3～6岁儿童气质的研究；张劲松（2000）对上海市1个月～12岁的儿童气质特点进行研究；王争艳、陈会昌（2002）对我国2～4岁儿童行为抑制的稳定性研究等主要是引用并修改国外对儿童气质的研究方法上进行的。② 目前，由于考虑到文化差异的影响及语言等值性、测量等值性和技能等值性方面因素，对借用外国量表很多人产生了质疑。

刘文（2002）率先制定本土化的研究工具，即编制了3～9岁儿童气质教师评定问卷，探讨了我国3～9岁儿童的气质结构、气质发展总体特点及我国3～9岁儿童的气质类型。结果表明，我国3～9岁儿童气质是一个多维整体，由五个因素组成，分别为：情绪性、活动性、反应性、社会抑制和专注性。儿童气质总体上具有年龄差异，其关键转变年龄在3～5岁。但各维度发展速度并不均衡，活动性最为稳定，没有年龄差异；情绪性在6～9岁间差异显著；反应性维度的关键年龄在3～4岁、8～9岁；社会抑制的转变年龄在8～9岁；专注性发展的转变年龄在3～4岁、8～9岁。8～9岁儿童气质类型可以划分为活跃型、专注型、抑制型、中间型和敏捷型五种。活跃型儿童表现为：精力旺盛、好动、活动量大且时间长；情绪易激动、不稳定、耐受性差；对外界的刺激包括对认知活动的反应一般；对环

---

① 杨春卿：《儿童气质研究综述》，《教育科学》1994年第4期，第43—47页。

② 夏明珠：《3～5岁儿童气质的活动性特征与父母教养方式的关系研究》，辽宁师范大学硕士学位论文，2005年。

境和人的适应性、灵活性表现一般；坚持性差，注意力分散。专注型儿童表现为：注意力持久，坚持性强，注意力不易分散；喜欢安静的活动，活动量小；情绪稳定，不易激动，耐受性强；对外界刺激的反应包括认知活动反应一般；对环境和人的适应性、灵活性一般。抑制型儿童表现为：对环境和人的适应性、灵活性较差、退缩、害羞；不喜欢大运动量的活动；情绪稳定、不易激动；对外界刺激反应包括认知活动的反应水平低；坚持性强、注意力不易分散。中间型儿童表现为：情绪基本稳定；活动强度、时间适中，对各种刺激反应一般；对环境和人的适应性、灵活性一般；注意力持久的程度中等。敏捷型儿童的表现为：对外界各种刺激的感受性强、敏锐、反应快、接受新事物快；注意力持久，易集中，不易分散；活动强度和时间适中，对环境和人适应快、灵活；情绪表现比较稳定，积极情绪占主导。①

第二节　蒙汉民族青少年气质特点及其影响因素

蒙古族作为中华民族的重要组成部分，与众多少数民族和汉族共同创造着多元民族文化，蒙古族特有的地域文化、悠久传统文化的变迁、现代文化的发展，都潜移默化地影响着蒙古民族心理的形成和发展。因此各个民族之间和本民族内，在气质特征和行为表现上都呈现出明显的差异。因缺乏少数民族青少年心理发展与特征研究而严重影响着少数民族个体的个性心理的培养和促进。此外，青少年时期是个体心理发展的重要时期，个体心理发展正处在人生的第二次“断乳期”，即“心理断乳期”。这个时期的学生自我意识增强，要求独立和自主，希望受到别人尊重，不愿让别人再把自己当成“小孩子”。对处于这样重要时期的青少年的气质特征与类型，尤其对于少数民族青少年的气质特征与类型方面的研究目前国内外较为缺乏。因此，出于这些问题，在我国众多少数民族与汉族人民共同创造的多元民族文化背景下，对心理发展特殊时期的蒙汉青少年气质有哪些特点，类型分布如何，形成和发展的影响因素是什么，各种气质类型是否有民族和地区差异等问题亟待进行深入系统的探讨。

---

① 刘文：《3～9岁儿童气质发展及其与个性相关因素关系的研究》，辽宁师范大学博士学位论文，2002年。

一、研究方法

(一) 研究对象

本研究采用分层随机取样的方法，考虑到地区、性别、年级、民族等因素的影响，分别在通辽市、锡林浩特市、呼和浩特市按照每个地区每个年级蒙汉班各一个班和蒙古国的乌兰巴托市按照每个年级一个蒙班的标准，从小学五年级、初二、高二、大二四个年级（共21个班）中随机选取1124名学生为被试。发放问卷1124份，收回后经过精心细致的筛选得到有效问卷998份，问卷有效率达到88.79%，被试的国别、地区、民族、性别、年级、生态文化上的分布情况见表10-1和表10-2。

表10-1 被试的国别、地区、民族、性别分布情况

	内蒙古地区		蒙古国	合计
	蒙古族	汉族	蒙古族	
男	268 (75.1%)	89 (24.9%)	72 (100%)	429 (43.0%)
女	369 (75.0%)	123 (25.0%)	77 (100%)	569 (57.0%)
合计	637	212	149	998

表10-2 被试的国别、年级、生态文化上的分布情况

	年级				生态文化			
	五年级	初二	高二	大二	城市	城镇	农村	牧区
内蒙古蒙古族	200	192	190	55	124	116	286	111
内蒙古汉族	63	57	54	38	99	49	63	1
蒙古国	19	48	33	49	136	0	0	13
合计	282	297	277	142	359	165	349	125

(二) 研究工具

1. 被试基本情况调查表

主要包括被试的性别、民族、年级以及家庭背景、学习情况、人际关系和生源地等变量的调查。

2. 陈会昌《气质问卷调查表》

本研究主要采用陈会昌等人根据四种气质类型学说编制的《气质问卷调查表》。该问卷由刘明、王顺兴（1990）等在中国儿童青少年气质发展与教育研究中以心理学专业的学生为被试，对此问卷信度效度做过检验。检验结果证明陈氏问卷是高度有效的（效度 r=0.86409　p<0.01）。研究者又取稳定性系数作为问卷的信度指数对被试进行复测，两次测查的积矩相关系数为 V=0.78048，证明了此问卷是可靠的。

3. 西南师范大学龚艺华编制的“父母教养方式问卷”

本研究选用了文化背景比较相近的较新的研究成果——西南师范大学教育部人文社会科学“十五”重大课题组成员龚艺华编制的“父母教养方式问卷”。该问卷内部一致性系数为 0.8743，P<0.01；分半信度为 0.7735，P<0.01。说明本问卷有较好的信度，作为测量父母教养方式的测量工具是稳定可信的。并且内容效度、构想效度、效标效度等指标均比较好，可以作为评价父母教养方式的适宜工具。

4. 研究过程及方法

首先，本研究运用访谈和简单调查事先了解了被试对气质的定义、类型、意义、作用等的认识和理解。经过访谈发现在高校学过心理学相关知识的学生以外 95%以上的学生都在混淆心理学和现实生活中的“气质”概念，不知道自己是属于哪种气质类型，不了解气质的动力特征。在中小学，对气质的这种模糊认识和理解的学生达到 98%左右，甚至教师都很模糊。

其次，针对不同民族和不同地区的被试，对研究工具进行翻译，并请相关专家鉴定后，以班级为单位利用自习或活动时间，在班主任的协助下大多数都由本人作为主试，少数的由经训练的教师和研究生作为主试，严格按照问卷调查法要求进行统一施测，当场作答，当场统一收回。

再次，问卷收回后进行编码，经过精心筛选剔出明显不认真回答的和未答完的无效问卷。最后对剩下的有效问卷采用 SPSS13.0 对数据进行分析处理，运用描述统计、单因素方差分析、x^2 检验、非参数检验、相关分析等方法分析中蒙蒙汉青少年气质类型、分布状况、影响因素等问题。

5. 测量工具的信度分析

本研究使用 Cronbach′s alpha 系数对 16PF 的同质性信度进行了检验，分别计算了量表各项人格特质维度的内部一致性系数（见表 10-3）。各项人格特质维度的项目与所属维度的内部一致性系数较高，表明该测量工具具有较好的同质性信度。

表 10-3　16 项人格特质的同质性信度

维度	乐群性	聪慧性	稳定性	恃强性	兴奋性	有恒性	敢为性	敏感性	怀疑性	幻想性	世故性	忧虑性	实验性	独立性	自律性	紧张性
Alpha	0.6203	0.5711	0.7291	0.7105	0.6068	0.6771	0.6500	0.6392	0.7433	0.7646	0.6714	0.7766	0.6639	0.6597	0.6958	7912

表 10-4　16 项人格特质之间的相关

乐群性	聪慧性	稳定性	恃强性	兴奋性	有恒性	敢为性	敏感性	怀疑性	幻想性	世故性	忧虑性	实验性	独立性	自律性	紧张性	
乐群性	1.000															
聪慧性	0.123*	1.000														
稳定性	−0.296**	−0.374**	1.000													
恃强性	0.002	−0.156**	0.227**	1.000												
兴奋性	0.369**	0.125*	−0.292**	−0.322**	1.000											
有恒性	−0.198**	−0.301**	0.317**	0.371**	−0.178**	1.000										
敢为性	−0.124*	0.155**	0.201**	0.258**	−0.260**	0.165**	1.000									
敏感性	0.156*	0.210**	−0.294**	−0.307**	0.222**	−0.215**	−0.180**	1.000								
怀疑性	0.197**	0.364**	−0.314**	−0.350**	0.183**	−0.167**	−0.211**	0.300**	1.000							
幻想性	0.248**	0.165**	−0.230**	−0.243**	0.321**	−0.259**	−0.359**	0.339**	0.395**	1.000						
世故性	0.028	0.378**	−0.319**	−0.306**	0.182**	−0.347**	−0.171**	0.286**	0.442**	0.216**	1.000					
忧虑性	0.151*	−0.128*	−0.160*	−0.221**	0.215**	−0.228**	−0.203**	0.290**	0.183**	0.132**	0.081	1.000				
实验性	−0.134*	−0.174**	0.199**	0.049	−0.139*	0.138*	0.234**	−0.175**	−0.342**	−0.089	−0.170**	−0.055	1.000			
独立性	0.034	−0.151*	0.234**	0.322**	−0.459**	0.253**	0.424**	−0.341**	−0.241**	−0.335**	−0.247**	−0.312**	0.319**	1.000		
自律性	0.221**	0.190**	−0.336**	−0.212**	0.412**	−0.397**	−0.314**	0.207**	0.417**	0.295**	0.313**	0.191**	−0.087	−0.207**	1.000	
紧张性	0.243**	0.274**	−0.371**	−0.255**	0.182**	−0.394**	−0.246**	0.377**	0.372**	.0229**	0.225**	0.372**	−0.196**	−0.218**	0.347**	1.000

注：** 表示相关系数双侧检验显著性水平：P≤0.01；* 表示相关系数双侧检验显著性水平：P≤0.05。

表10-4对人格特质维度与维度间的积差相关分析表明，除乐群性与恃强性、世故性、独立性，实验性与恃强性、幻想性、忧虑性、自律性，世故性与忧虑性之间没有表现出相关外，其余绝大部分维度间均表现为显著或非常显著的相关，说明本量表各项目对测量人格特征有较好的一致性。相关系数分布于0.124—0.459之间，表明各人格特质维度之间的相关系数较低，保持了各人格特质的独特性，这符合卡特尔编制这一量表的理论假设，可以如实测量16项人格特质。

二、中国、蒙古国蒙汉青少年气质类型分布状况

（一）不同国家地区和不同民族气质类型总体分布状况

本研究通过对998份有效问卷进行统计处理，主要了解了中国、蒙古国蒙汉青少年气质类型的总体（下指所有被试）分布，不同国家地区、不同民族和不同性别上的分布状况及其各类型在国家、地区、民族和性别上的差异状况。

1. 中国、蒙古国蒙汉青少年各气质类型分布状况

对998个被试进行统计分析得出：1. 胆汁质（以下简称“胆”）108（10.8%）人，2. 多血质（以下简称“多”）243（24.3%）人，3. 黏液质（以下简称“黏”）146（14.6%）人，4. 抑郁质（以下简称“抑”）48（4.8%）人，5. 胆汁 — 多血质（以下简称“胆多”）28（2.8%）人，6. 胆汁 — 黏液质（以下简称“胆黏”）10（1.0%）人，7. 胆汁 — 抑郁质（以下简称“胆抑”）6（0.6%）人，8. 多血 — 黏液质（以下简称“多黏”）51（5.1%）人，9. 多血 —抑郁质（以下简称“多抑”）6（0.6%）人，10. 黏液 —抑郁质（以下简称“黏抑”）9（0.9%）人，11. 胆汁—多血—黏液质（以下简称“胆多黏”）134（13.4%）人，12. 多血—黏液—抑郁质（以下简称“多黏抑”）83（8.3%）人，13. 胆汁—黏液—抑郁质（以下简称“胆黏抑”）55（5.5%）人，14. 胆汁—多血—抑郁质（以下简称“胆多抑”）57（5.7%）人，15. 胆汁—多血—黏液—抑郁质（以下简称“四种混合”）14（1.4%）人。所有被试在以上15种气质类型中分布的百分比分布图如图10-1。

图10-1显示，中蒙蒙汉青少年四种典型气质类型所占人数比例较高，占总比例的54.5%，其中多血质占的人数比例最高，占总人数比例的24.3%，约占1/4左右；两种混合型气质类型和四种混合型气质类型所占人数比例不高，分别占总人数比例的11%和1.4%，两个合起来才占

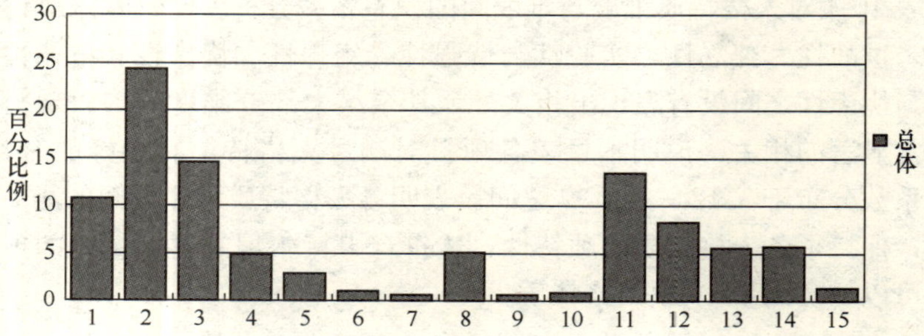

图 10-1　中蒙蒙汉青少年气质类型总体分布

12.4％；三种混合型气质类型所占人数比例不仅低于四种典型类型，而且高于两种混合型和四种混合型，占总人数比例的 32.9％。因此，可以得知中蒙蒙汉青少年中四种典型气质类型的人最多，其次是三种混合型气质类型的人，两种混合型和四种混合型气质类型的人较少。

2. 不同国家地区、不同民族青少年气质类型分布状况

为了进一步了解不同国家地区和不同民族青少年气质类型的分布是否存在差异，进行了 x^2 检验，经检验得到的结果如表 10-5 和图 10-2 所示。

表 10-5　不同国家地区和不同民族青少年在 15 种气质类型上分布的人数和比例

	蒙古国蒙古族	内蒙古蒙古族	内蒙古汉族	蒙古族*
胆（1）	17 11.4％	73 11.5％	18 8.5％	90 11.5％
多（2）	49 32.9％	140 22％	54 25.5％	189 24％
黏（3）	24 16.1％	94 14.8％	28 13.2％	118 15％
抑（4）	12 8.1％	28 4.4％	8 3.8％	40 5.1％
胆多（5）	3 2％	18 2.8％	7 3.3％	21 2.7％
胆黏（6）	0 0％	8 1.3％	2 0.9％	8 1％
胆抑（7）	2 1.3％	1 0.2％	3 1.4％	3 0.4％
多黏（8）	4 2.7％	26 4.1％	21 9.9％	30 3.8％

续表

	蒙古国蒙古族	内蒙古蒙古族	内蒙古汉族	蒙古族
多抑（9）	1 0.7%	3 0.5%	2 0.9%	4 0.5%
黏抑（10）	1 0.7%	4 0.6%	4 1.9%	5 0.6%
胆多黏（11）	15 10.1%	90 14.1%	29 13.7%	105 13.4%
多黏抑（12）	6 4%	59 9.3%	18 8.5%	65 8.3%
胆黏抑（13）	4 2.7%	45 7.1%	6 2.8%	49 6.2%
胆多抑（14）	8 5.4%	40 6.3%	9 4.2%	48 6.1%
四种混合（15）	3 2%	8 1.3%	3 1.4%	11 1.4%

* 指中国内蒙古的蒙古族和蒙古国的蒙古族。

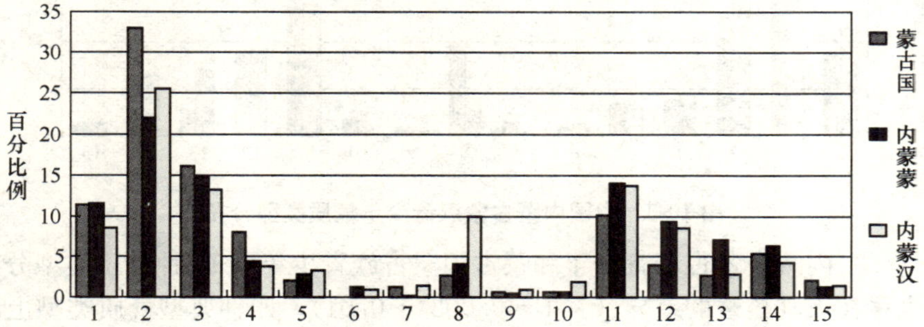

图 10-2 两个国家地区、不同民族青少年各气质类型的分布状况

从表 10-5 我们得知，整体上蒙古国、内蒙古蒙古族、内蒙古汉族和蒙古族（包括内蒙古的蒙古族和蒙古国的蒙古族）青少年在 15 种气质类型上的分布趋势跟总体分布趋势大致接近，都体现了四种典型类型和胆多黏、多黏抑、胆多抑、多黏类型上所占比例较高，其中蒙古国蒙古族青少年在四种典型类型上所占比例明显高于内蒙古蒙古族青少年、内蒙古汉族青少年和蒙古族青少年在四种典型类型上所占的 50%左右的比例，占所有气质类型的 68.5%。两种混合型的气质类型所占比例均少于四种典型类型和三种混合型，只有在内蒙古汉族青少年中多黏气质类型所占比例明显高于内蒙古蒙古族青少年、蒙古国蒙古族青少年和蒙古族青少年，占15种气质类型的9.9%。四种混合型气质类型的所占比例是最少的。还有差异检验结果显示内蒙古蒙古族青少年、内蒙古汉族青少年和蒙古国蒙古族青少年在15种气质类型的分布上存在极其显著差异（**P=0.003 < 0.01）。差异主要表现在以下几点：

（1）内蒙古蒙古族青少年和内蒙古汉族青少年在15种气质类型分布上存在显著的差异（*P=0.036 < 0.05）。胆、粘、抑三种典型气质类型上蒙古族青少年占的比例多于汉族青少年，而多血质上汉族占的比例显著多于蒙古族；两种混合气质类型上差异不大，只有多黏气质类型上汉族明显多于蒙古族；三种混合气质类型上蒙古族均比汉族多，但差异不大，只有胆黏抑上差异显著；四种混合气质类型上蒙古族和汉族占的比例几乎接近，结果见图10-3。

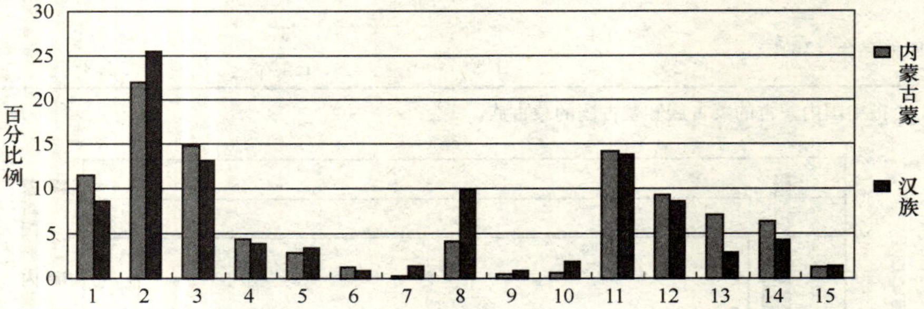

图10-3　中国内蒙古蒙汉青少年气质类型分布

（2）内蒙古蒙古族青少年和蒙古国蒙古族青少年在15种气质类型分布上也存在极其显著的差异（**P=0.002 < 0.01）。四种典型气质类型上蒙古国蒙古族青少年所占比例均多于内蒙古蒙古族青少年，尤其多血质上极其显著；两种混合气质类型上差异不大；三种混合气质类型上内蒙古蒙古族均多于蒙古国蒙古族青少年；四种混合气质类型上差异不大。这与内蒙古蒙古族青少年和内蒙古汉族青少年的分布状况是不同的。见图10-4。

（3）15种气质类型分布上中国内蒙古和蒙古国青少年之间还存在极其显著差异（**P=0.002 < 0.01）。具体差异与内蒙古蒙古族青少年和蒙古国蒙古族青少年之间的差异特征比较相近。见图10-5。

（4）蒙古族青少年（包括内蒙古和蒙古国）和汉族青少年之间也存在显著差异（**P=0.028 < 0.05）。具体差异与内蒙古蒙古族青少年和内蒙古汉族青少年之间的差异特征比较相近。见图10-6。

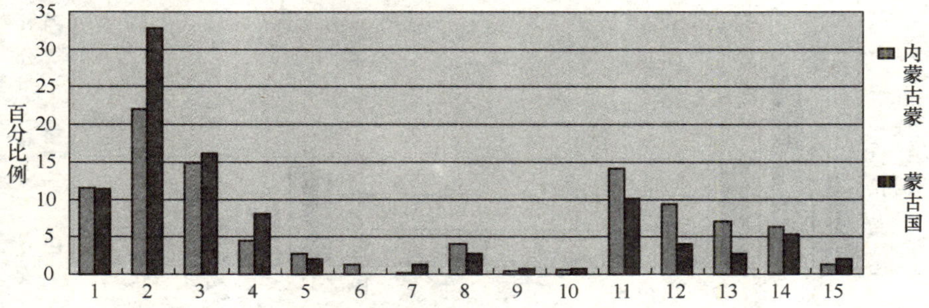

图 10-4 中国内蒙古蒙古族和蒙古国蒙古族青少年气质类型分布

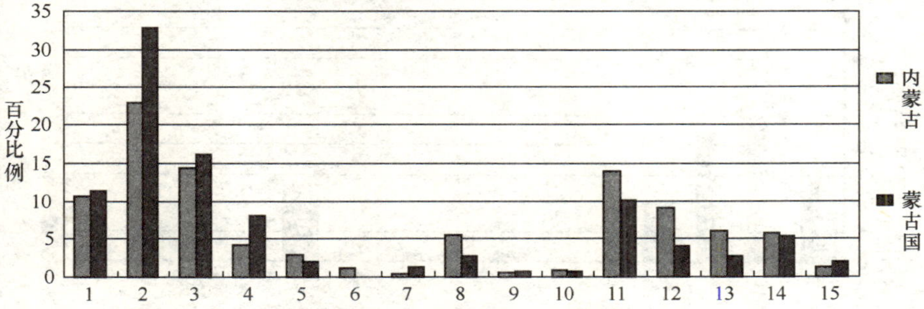

图 10-5 中国内蒙古和蒙古国青少年气质类型分布

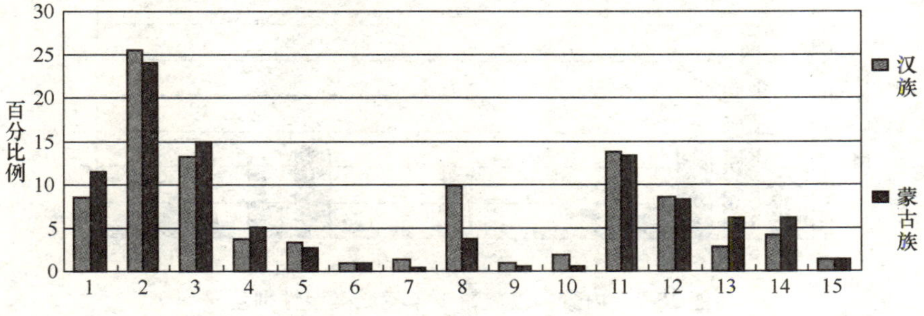

图 10-6 蒙古族和汉族青少年气质类型分布

（二）不同国家、不同地区和不同民族青少年气质类型分布的性别差异

为了考察不同国家、不同地区和不同民族青少年在各气质类型中是否存在性别差异，本研究主要对总体、蒙古国、内蒙古蒙古族和内蒙古汉族青少年测验得分进行 x^2 检验，所得到的百分比进行比较。结果如图 10-7、图 10-8、图 10-9、图 10-10 所示。

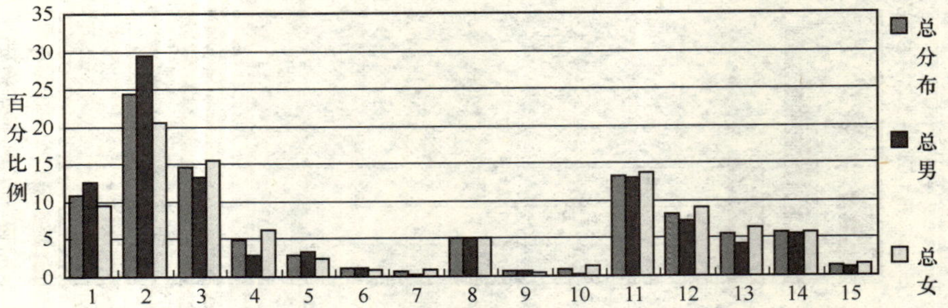

图 10-7　中蒙青少年总体上气质类型的性别差异

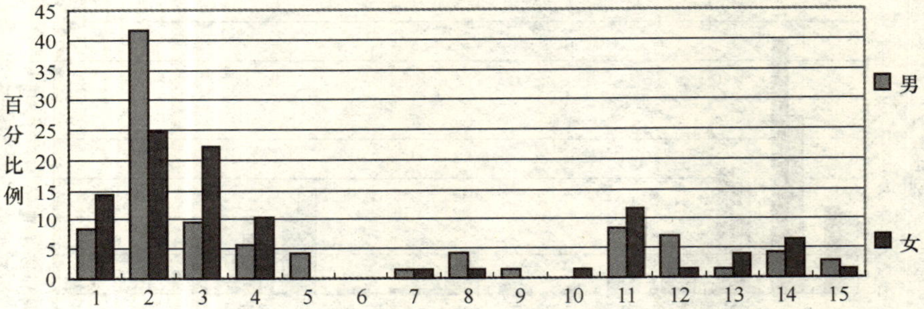

图 10-8　蒙古国蒙古族青少年气质类型性别差异

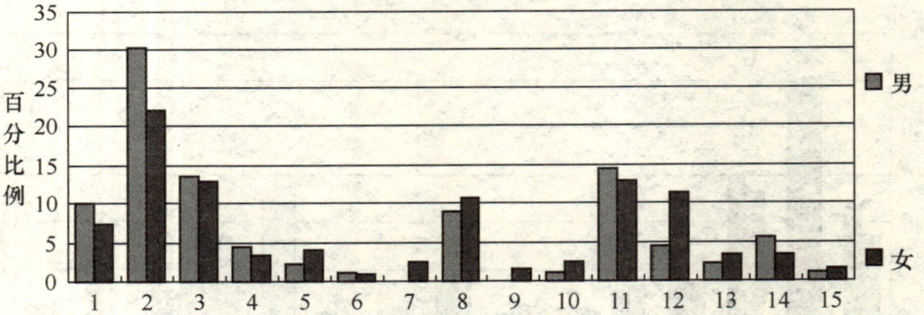

图 10-9　内蒙古汉族青少年气质类型性别差异

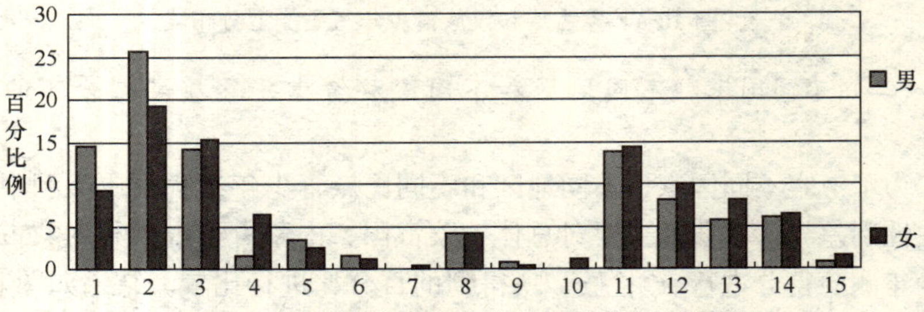

图 10-10　内蒙古蒙古族青少年气质类型性别差异

蒙古国蒙古族、内蒙古蒙古族和内蒙古汉族青少年在15种气质类型上均存在明显的性别差异，分布趋势上与总体的分布趋势较接近。总体和不同地区的男女青少年除均在四种典型类型、三种混合型中所占比重较高外还存在着显著的差异。在两种混合型和四种混合型的气质类型上所占比例均不高，只是在多血—黏液质气质类型上稍高一些。其中内蒙古蒙古族青少年在各气质类型中男女的分布趋势更接近于总体的男女分布趋势，而内蒙古汉族和蒙古国蒙古族青少年气质类型的男女分布趋势与总体男女分布趋势稍有差异。在多血质和黏液质上男女均占了较高的比重，尤其多血质上占了各气质类型比例的三分之一到一半的比重，并且不管哪个民族和地区，男性均显著高于女性，而其他类型上大致女性的比重高于男性。蒙古国青少年在胆、黏、抑三种气质类型上女性的比重明显高于男性，而且两种混合型、三种混合型、四种混合型的男女比重显著低于内蒙古地区男女青少年的比重。三种混合气质类型上内蒙古蒙古族青少年男女差异上趋于稳定，不像汉族青少年和蒙古国青少年男女差异那么大。

（三）蒙古国和内蒙古地区青少年在四种典型气质类型上的差异

为了更进一步了解蒙古国和内蒙古地区的青少年在气质类型上是否存在差异，本研究对两个国家和地区的被试在四种典型类型的得分进行独立样本t检验，其结果见表10-6。

表10-6　蒙古国和内蒙古地区青少年在典型气质类型上的均值比较

	内蒙古 n=849		蒙古国 n=149		t	p
	M	SD	M	SD		
胆汁质	5.08	7.092	7.73	6.730	−4.244***	0.000
多血质	7.43	6.825	10.28	6.776	−4.693***	0.000
黏液质	6.19	6.536	8.35	6.734	−3.709***	0.000
抑郁质	1.67	7.618	5.58	7.832	−5.761***	0.000

从表10-6可以看出，两个地区的青少年在四种典型气质类型上均存在极其显著的差异，蒙古国青少年在四种典型气质类型上均高于内蒙古青少年，尤其多血质和黏液质上更明显地高于内蒙古青少年。

通过以上分析，我们得知，中蒙蒙汉青少年气质类型分布不仅民族和性别上存在显著差异，而且同一个民族在不同国籍上也存在显著的差异。在不同地区、不同民族和不同性别的各气质类型的分布趋势与总体分布趋势接近，但在少数气质类型的分布上还存在着一些显著差异。

三、中国、蒙古国蒙汉青少年气质类型变化与发展趋势

为了进一步了解中国、蒙古国蒙汉青少年气质类型变化发展的年龄趋势，本研究对所有被试按地区和民族，在各年级的测验得分进行 x^2 检验和多个独立样本非参数检验，还对四种典型气质类型的均值做了单因素方差分析（one-way ANOVA），并做了差异显著性检验。

（一）中蒙蒙汉青少年、蒙古国、内蒙古蒙古族和汉族青少年的各气质类型的年龄差异

刘明和王顺兴（1990）等人的研究证明，年龄因素是影响人的气质类型发展变化的敏感因素。因此，本研究也为了考查中蒙蒙汉青少年各气质类型的变化是否受年龄因素的影响，对中蒙蒙汉青少年、蒙古国、内蒙古蒙古族和汉族青少年的各气质类型人数和百分比在各年龄阶段的分布是否存在差异进行了比较。经统计处理，发现年龄确实是影响气质类型变化的重要因素。

研究表明，中蒙蒙汉青少年 15 种气质类型的分布随着年龄的增长，其变化有显著的差异，与刘明和王顺兴等人的研究一致。其中，除蒙古国蒙古族青少年 15 种气质类型的分布年龄趋势没有显著的差异外，其余三个（汉族 $P=0.045<0.05$、内蒙古蒙古族 $P=0.002<0.01$、总体 $P=0.015<0.05$）均有显著差异。这表明随着年龄的增长，中蒙蒙汉青少年的气质类型也发生着明显的变化。但是不同区域、不同民族和不同性别上各种气质类型所发生的这种变化又是不同的。

表 10-7 显示，中蒙蒙汉青少年总体上多血质（$^{***}P=0.000<0.01$）、黏液质（$^{*}P=0.036<0.05$）、胆汁多血质（$^{*}P=0.017<0.05$）、胆汁黏液质（$^{*}P=0.023<0.05$）、胆汁黏液抑郁质（$^{*}P=0.026<0.05$）、四种混合型（$^{*}P=0.017<0.05$）有显著差异，即中蒙蒙汉青少年在这 6 种气质类型上有明显的变化，而其他 9 种气质类型随年龄的增长变化不大趋于稳定。这与刘明和王顺兴等人对中国儿童青少年气质的研究结果，即胆汁质、胆汁多血质、胆汁黏液质、胆汁抑郁质上随着年龄增长而发生变化的研究结果稍有差异。

内蒙古蒙古族青少年中多血质（$^{***}P=0.000<0.01$）、胆汁多血质（$^{***}P=0.001<0.01$）、胆汁黏液质（$^{*}P=0.040<0.05$）、胆汁黏液抑郁质（$^{*}P=0.048<0.05$）上有显著差异，其他 11 种类型没有因年龄的增长而发生显著变化。见表 10-8。

表 10-7　中蒙蒙汉青少年 15 中气质类型人数在各年级的百分比

	小学五年级	初二	高二	大二	显著性检验
胆（1）	36 12.8%	37 12.5%	27 9.7%	8 5.6%	0.102
多（2）	91 32.3%	42 14.1%	66 23.8%	44 31%	0.000＊＊＊
黏（3）	42 14.9%	56 18.9%	33 11.9%	15 10.6%	0.036＊
抑（4）	9 3.2%	20 6.7%	12 4.3%	7 4.9%	0.245
胆多（5）	5 1.8%	4 1.3%	11 4%	8 5.6%	0.017＊
胆黏（6）	6 2.1%	0 0%	1 0.4%	3 2.1%	0.023＊
胆抑（7）	0 0%	3 1%	2 0.7%	1 0.7%	0.453
多黏（8）	15 5.3%	19 6.4%	10 3.6%	7 4.9%	0.414
多抑（9）	0 0%	3 1%	2 0.7%	1 0.7%	0.576
黏抑（10）	4 1.4%	4 1.3%	0 0%	1 0.7%	0.274
胆多黏（11）	28 9.9%	48 16.2%	38 13.7%	20 14.1%	0.216
多黏抑（12）	17 6%	22 7.4%	29 10.5%	15 10.6%	0.181
胆黏抑（13）	8 2.8%	24 8.1%	18 6.5%	5 3.5%	0.026＊
胆多抑（14）	18 6.4%	13 4.4%	19 6.9%	7 4.9%	0.561
四种混合（15）	3 1.1%	2 7%	9 3.2%	0 0%	0.017＊
总体	282	297	277	142	0.015＊

注：＊P＜0.05；＊＊P＜0.01；＊＊＊P＜0.001。

表 10-8 内蒙古蒙古族青少年 15 中气质类型人数在各年级的百分比

	小学五年级	初二	高二	大二	显著性检验
胆（1）	30 15%	21 10.9%	19 10%	3 5.5%	0.182
多（2）	63 31.5%	23 12%	39 20.5%	15 27.3%	0.000***
黏（3）	26 13%	37 19.3%	25 13.2%	6 10.9%	0.144
抑（4）	7 3.5%	14 7.3%	6 3.2%	1 1.8%	0.124
胆多（5）	2 1%	3 1.6%	8 4.2%	5 9.1%	0.001***
胆黏（6）	6 3%	0 0%	1 0.5%	1 1.8%	0.040*
胆抑（7）	0 0%	1 0.5%	0 0%	0 0%	0.509
多黏（8）	8 4%	11 5.7%	6 3.2%	1 1.8%	0.351
多抑（9）	0 0%	2 1%	1 0.5%	0 0%	0.720
黏抑（10）	2 1%	2 1%	0 0%	0 0%	0.469
胆多黏（11）	20 10%	33 17.2%	29 15.3%	8 14.5%	0.264
多黏抑（12）	15 7.5%	17 8.9%	19 10%	8 14.5%	0.436
胆黏抑（13）	6 3%	19 9.9%	16 8.4%	4 7.3%	0.048*
胆多抑（14）	13 6.5%	8 4.2%	16 8.4%	3 5.5%	0.390
四种混合（15）	2 1%	1 0.5%	5 2.6%	0 0%	0.209
总 体	200	192	190	55	0.002***

注：*P<0.05；**P<0.01；***P<0.001。

这与刘明和王顺兴等人的中国儿童青少年在胆汁多血质、胆汁黏液质上随着年龄增长而发生变化的研究结果一致。

内蒙古汉族青少年中多血质（*** P＝0.006＜0.01）、多血黏液抑郁质（* P＝0.025＜0.05）上有显著差异，其他13种类型没有随着年龄增长而发生变化。这与以往的研究（刘明和王顺兴的研究）不一致。见表10-9。

表10-9　内蒙古汉族青少年15中气质类型人数在各年级的百分比

	小学五年级	初二	高二	大二	显著性检验
胆（1）	5 7.9%	7 12.3%	5 9.3%	1 2.6%	0.719
多（2）	24 38.1%	7 12.3%	15 27.8%	8 21.1%	0.006**
黏（3）	9 14.3%	10 17.5%	5 9.3%	4 10.5%	0.447
抑（4）	1 1.6%	3 5.3%	3 5.6%	1 2.6%	0.469
胆多（5）	3 4.8%	0 0%	2 3.7%	2 5.3%	0.271
胆黏（6）	0 0%	0 0%	0 0%	2 5.3%	1.000
胆抑（7）	0 0%	2 3.5%	1 1.9%	0 0%	0.338
多黏（8）	6 9.5%	7 12.3%	3 5.6%	5 13.2%	0.471
多抑（9）	0 0%	0 0%	1 1.9%	1 2.6%	0.329
黏抑（10）	2 3.2%	2 3.5%	0 0%	0 0%	0.397
胆多黏（11）	7 11.1%	9 15.8%	7 13%	6 15.8%	0.751
多黏抑（12）	1 1.6%	4 7%	8 14.8%	5 13.2%	0.025*
胆黏抑（13）	1 1.6%	4 7%	1 1.9%	0 0%	0.199
胆多抑（14）	3 4.8%	1 1.8%	2 3.7%	3 7.9%	0.662
四种混合（15）	1 1.6%	1 1.8%	1 1.9%	0 0%	0.994
总体	63	57	54	38	0.045*

注：*P＜0.05；**P＜0.01；***P＜0.001。

蒙古国蒙古族青少年各气质类型的分布没有随着年龄增长而发生变化，均趋于稳定。这与内蒙古蒙汉族青少年气质类型随年龄发展特点是完全不一致的。见表 10-10。

表 10-10　蒙古国蒙古族青少年 15 中气质类型人数在各年级的百分比

	小学五年级	初二	高二	大二	显著性检验
胆（1）	1 5.3%	9 18.8%	3 9.1%	4 8.2%	0.269
多（2）	4 21.1%	12 25%	12 36.4%	21 42.9%	0.178
黏（3）	7 36.8%	9 18.8%	3 9.1%	5 10.2%	0.034*
抑（4）	1 5.3%	3 6.3%	3 9.1%	5 10.2%	0.859
胆多（5）	0 0%	1 2.1%	1 3%	1 2%	0.798
胆黏（6）	0 0%	0 0%	0 0%	0 0%	1.000
胆抑（7）	0 0%	0 0%	1 3%	1 2%	0.617
多黏（8）	1 5.3%	1 2.1%	1 3%	1 2%	0.888
多抑（9）	0 0%	1 2.1%	0 0%	0 0%	0.551
黏抑（10）	0 0%	0 0%	0 0%	1 2%	0.564
胆多黏（11）	1 5.3%	6 12.5%	2 6.1%	6 12.2%	0.653
多黏抑（12）	1 5.3%	1 2.1%	2 6.1%	2 4.1%	0.827
胆黏抑（13）	1 5.3%	1 2.1%	1 3%	1 2%	0.888
胆多抑（14）	2 10.5%	4 8.3%	1 3%	1 2%	0.354
四种混合（15）	0 0%	0 0%	3 9.1%	0 0%	0.014*
总　体	19	48	33	49	0.528

注：*P<0.05；**P<0.01；***P<0.001。

从以上结果来看，中蒙蒙汉青少年气质类型的发展变化不仅有地区和民族差异，而且各种气质类型的具体变化也是各不相同的。从四种典型类型来看，内蒙古蒙汉青少年的胆汁质人数比重小学较高，其后有逐渐下降的趋势，而蒙古国青少年初中阶段占的比重较大，小学、高中、大学的比重较小；在多血质类型上内蒙古蒙古族和汉族的小学五年级上的比重均很高，初中较低，从初中开始有逐渐上升的趋势，而蒙古国小学的比重最低，从小学开始有逐年上升的趋势；黏液质上内蒙古蒙古族和汉族青少年初中的比重较高，其他阶段比较接近，并趋于稳定，而蒙古国青少年的小学的比重较高，从小学开始有逐渐下降的趋势；抑郁质上内蒙古蒙古族和汉族青少年的小学、大学的比重较低，初中、高中的比重较高，并趋于稳定，而蒙古国青少年的小学较低，从小学开始有逐渐上升的趋势。

（二）中蒙蒙汉青少年在四种典型类型上各年级中得分的平均值比较

为了更具体了解气质发展变化的情况，本研究还对四种典型类型上所有被试的得分进行了单因素方差分析，并进行了“事后多重比较”（schefee）。结果见表 10-11、表 10-12 和图 10-11。

表 10-11　中蒙蒙汉青少年在四种典型类型上各年级中得分的平均值比较

	小学五年级（n=282）		初二（n=297）		高二（n=277）		大二（n=142）		F
	M	SD	M	SD	M	SD	M	SD	
胆汁质	6.85	7.730	5.77	6.787	4.21	6.599	4.58	6.886	7.550***
多血质	9.60	7.241	7.07	6.428	6.98	6.137	7.77	7.858	9.009***
黏液质	7.57	6.850	7.48	6.275	4.63	5.995	6.04	7.127	12.706***
抑郁质	2.08	8.457	3.51	7.544	1.44	7.044	1.56	7.930	4.049**

表 10-12　中蒙蒙汉青少年在四种典型类型上各年级中得分的平均值事后比较

	平均数差异比较（Mean Difference）			
	胆汁质	多血质	黏液质	抑郁质
小学五年级～初二	1.077	2.528*	0.086	−1.430*
小学五年级～高二	2.645*	2.617*	2.939*	0.638
小学五年级～大二	2.267*	2.617*	1.525*	0.515
初二～高二	1.569*	0.089	2.853*	2.068*
初二～大二	1.190	−0.707	1.439*	1.945*
高二～大二	−0.379	0.796	−1.414*	−0.123

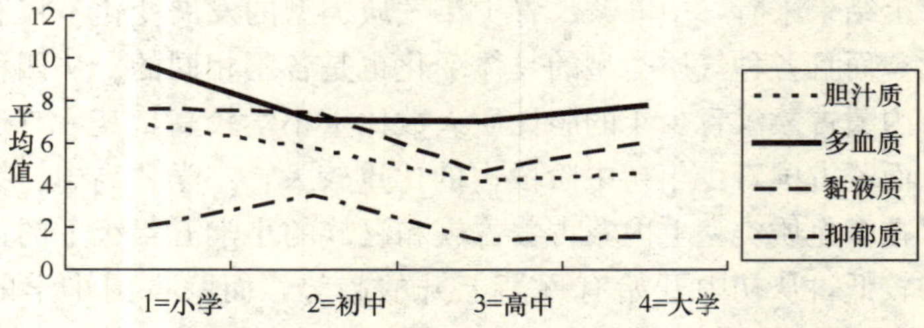

图 10-11　四种典型类型平均值曲线图

结果表明，不同年级的中蒙蒙汉青少年在胆汁质、多血质、黏液质上存在极其显著的差异，抑郁质上存在显著的差异；并在不同年级上四种典型类型的发展变化有所不同，在胆汁质的得分上小学五年级较高，其后随着年龄的增长有逐渐下降的趋势，小学五年级与初二之间平均数没有显著差异，而与高二和大二有显著差异，胆汁质在小学和初中期间变化比较稳定，从高中开始有明显的变化，但程度不大；在多血质的得分上高二阶段较低，小学五年级较高，从初二开始有逐渐上升的趋势，小学五年级与初二、高二、大二之间平均数有显著差异，初二、高二、大二之间差异不显著，多血质在各年龄段变化程度比较大，稳定性较低；在黏液质的得分上高二阶段较低，小学五年级较高，从初二开始随着年龄的增长有逐渐下降的趋势，小学五年级与初二之间平均数差异不显著，而与高二、大二之间差异显著，初二、高二、大二之间也有显著差异，但程度不大，黏液质在各年龄段变化程度不太大，较稳定；在抑郁质的得分上初二阶段较高，高二较低，随着年龄的增长有波浪式变化趋势，小学五年级与初二之间平均数差异显著，而与高二、大二之间差异不显著，初二与高二、大二之间差异显著，高二与大二之间没有显著差异，抑郁质在各年龄段变化程度不太大，较稳定。

四、几种社会因素对中蒙蒙汉青少年气质发展的影响

（一）20 个因素对气质发展影响分析

为了考察问卷中的前二十个社会变量对不同地区和不同民族青少年气质发展是否有影响，本研究分别对所有被试和内蒙古蒙古族、内蒙古汉族、蒙古国青少年分别在每种气质类型的人数及其百分比进行比较，并做了非参数检验，结果见表 10-13。

表中“1＞2＞4＞3”表示 1、2、3、4 所占的比例依次“1”的最大，

其次“2”，再次“4”，“3”是最小。“＊”、“＊＊”和“＊＊＊”分别表示$P < 0.05$、$P < 0.01$和$P < 0.001$上的显著性水平。如“（三）家庭所在地”一栏中城市青少年的多血质：＊＊ 1＞2＞4＞3 表示，也就是说家庭所在地是城市（“1”）的中蒙蒙汉青少年总体中，多血质气质类型的人所占比例显著高于家庭所在地是城镇（“2”）、农村（“3”）、牧区（“4”）的青少年中多血质气质类型的人所占的比例。

表 10-13　几种因素对中蒙蒙汉青少年气质发展的关系状况

	蒙汉青少年总体	内蒙古蒙古族	内蒙古汉族	蒙古国
（一）性别： 1. 男 2. 女	多：＊＊ 1＞2 抑：＊＊ 2＞1 黏抑：＊2＞1	胆：＊ 1＞2 抑：＊＊ 2＞1	无	多：＊ 1＞2 黏：＊ 2＞1
（二）民族 1. 蒙古族 2. 汉族	多黏：＊＊＊ 2＞1	无	无	无
（三）家庭所在地 1. 城市 2. 城镇 3. 农村 4. 牧区	多：＊＊ 1＞2＞4＞3 胆黏抑：＊＊＊ 4＞3＞2＞1 胆多抑：＊＊ 2＞3＞4＞1	多：＊＊＊ 1＞3＞2＞4 胆黏抑：＊ 4＞3＞2＞1 胆多抑：＊ 2＞3＞4＞1	无	无
（四）年级 1. 小学五年级 2. 初二 3. 高二 4. 大二	多：＊＊＊1＞4＞3＞2 黏：＊ 2＞1＞3＞4 胆多：＊ 4＞3＞1＞2 胆黏：＊ 1＞4＞3＞2 胆黏抑：＊ 2＞3＞4＞1 四种混合：＊ 1＞2＞3＞4	多：＊＊＊ 4＞3＞2＞1 胆多：＊＊＊ 4＞3＞1＞2 胆黏：＊ 1＞4＞3＞2 胆黏抑：＊ 2＞3＞4＞1	多：＊＊ 1＞3＞4＞2 胆黏：＊ 4＞3＝2＝1 多黏抑：＊ 3＞4＞2＞1	粘：＊ 1＞2＞4＞3 四种混合：＊ 3＞2＝1＝4
（五）父亲职业 1. 脑力劳动者 2. 行政干部 3. 体力劳动者 4. 下岗工人	多抑：＊1＞4＞3＞2 胆黏抑：＊ 4＞3＞2＞1 四种混合：＊＊ 2＞1＞3＞4	多抑：＊＊ 1＞2＝3＝4 胆黏抑：＊ 3＞4＞2＞1 四种混合：＊＊ 1＞4＞3＞2	无	抑：＊ 2＞3＞1＞4
（六）母亲职业 1. 脑力劳动者 2. 行政干部 3. 体力劳动者 4. 下岗工人	多：＊＊ 2＞1＞3＞4	多：＊ 2＞1＞3＞4 多抑：＊＊ 1＞2＝3＝4	无	胆：＊ 2＞4＞3＞1

续表

	蒙汉青少年总体	内蒙古蒙古族	内蒙古汉族	蒙古国
（七）父亲文化程度 1. 大学 2. 中专 3. 初中 4. 小学	多：* 2>1>3>4	多抑：* * 2>1>3>4	无	胆：* 2>4>3>1
（八）母亲文化程度 1. 大学 2. 中专 3. 初中 4. 小学	多：* 1>2>3>4 胆黏抑：* 4>3>2>1	胆多黏：* 1>2>3>4 胆黏抑：* 4>3>2>1	胆多抑：* 2>4>3>1	无
（九）父母是否离异 1. 是 2. 否	四种混合：* * 1>2	无	胆黏：* * 1>2 黏抑：* 1>2 四种混合：* 1>2	四种混合：* 1>2
（十）父母对你影响最大的是 1. 父亲 2. 母亲 3. 父母俩	胆黏抑：* * 1>3>2	抑：* 1>2>3 胆黏抑：* 3>1>2	胆黏抑：* * 1>3=2	无
（十一）是否独生子女 1. 独生子女 2. 两个子女 3. 两个以上子女	多：* 1>3>2 多黏：* 1>2>3 多黏抑：* 2>3>1	多：* 1>3>2	多黏抑：* 2>3>1	胆多抑：* 1>3>2
（十二）家庭管教 1. 不严 2. 不太严 3. 很严	多黏抑：* * * 2>1>3	多黏抑：* 2>1>3	无	胆多抑：* 1>3=2
（十三）是否三好学生 1. 从来不是 2. 一段时间是 3. 一直是	多：* 3>2>1 抑：* 1>2>3	胆抑：* * 3>2=1	胆黏：* * * 3>2=1 胆黏抑：* 3>1>2	胆：* 1>2>3 多：* * * 3>2>1
（十四）是否学生干部 1. 从来不是 2. 一段时间是 3. 一直是	四种混合：* 1>2>3	胆黏：* 1>2>3	无	四种混合：* 3>1>2
（十五）受奖惩情况 1. 受过奖励 2. 都没受过 3. 受过处分	多：* * * 1>2>3 抑：* 2>3>1 胆黏抑：* 3>2>1	多：* * 1>2>3 抑：* 3>2>1 胆黏：* 3>1>2 胆黏抑：* 3>2>1	胆多黏：* 3>2>1 四种混合：* * 3>1>2	多：* 1>2>3 多抑：* * * 3>2=1

续表

	蒙汉青少年总体	内蒙古蒙古族	内蒙古汉族	蒙古国
（十六）家庭居住状况 1. 多户集中 2. 一两户居住	无	多：＊ 1＞2	胆多：＊ 1＞2	无
（十七）家庭自然环境 1. 林区 2. 牧区 3. 农区 4. 城镇	多：＊ 4＞1＞2＞3 胆黏：＊ 3＞2＞4＞1 胆黏抑：＊＊ 2＞3＞1＞4	胆：＊＊2＞1＞3＞4 多：＊＊＊ 4＞3＞1＞2 黏：＊＊1＞3＞4＞2 胆黏抑：＊＊ 2＞3＞4＞1	无	无
（十八）家庭饮食 1. 每天奶肉食为主 2. 经常奶肉食为主 3. 偶尔奶肉食为主 4. 几乎没吃奶肉食	多：＊＊ 1＞2＞3＞4 抑：＊＊＊4＞1＞2＞3	多：＊＊＊ 1＞2＞3＞4 抑：＊＊ 4＞3＞2＞1	抑：＊＊＊ 4＞3＞1＞2	胆黏抑：＊＊＊ 4＞3＞1＞2
（十九）与同学和家庭成员的关系 1. 特别好 2. 一般 3. 不好	多：＊＊＊ 1＞2＞3 抑：＊ 2＞3＞1 多黏抑：＊＊＊ 2＞3＞1 四种混合：＊ 2＞1＞3	多：＊＊ 1＞2＞3 多黏抑：＊＊＊ 2＞1＞3 胆黏抑：＊ 3＞2＞1 胆多抑：＊ 3＞2＞1	黏：＊ 3＞1＞2 抑：＊ 2＞1＞3 多黏：＊ 1＞2＞3 胆黏抑：＊＊ 2＞1＞3	多：＊ 1＞3＞2
（二十）所属地区 1. 中国内蒙古 2. 蒙古国	多：＊＊ 2＞1 抑：＊ 2＞1 多黏抑：＊ 1＞2	无	无	无
（二十一）父母教养方式 1. 专制型 2. 信任鼓励型 3. 情感温暖型 4. 溺爱型 5. 忽视型	多：＊ 4＞5＞1＞3＞2 抑：＊＊＊ 3＞2＞1＞5＞4 胆抑： 2＞1＞4＞5＞3 多黏抑：＊ 3＞1＞5＞4＞2	抑：＊＊ 3＞2＞1＞5＞4	抑：＊ 1＞5＞2＝3＝4 胆黏：＊＊＊ 2＞1＝4＝5＝3	抑：＊＊＊3＞2＞1＞5＞4 胆多：＊ 1＞2＝3＝4＝5

从统计结果的整体来看，15种气质类型的变化发展不同程度地受到本研究中提到的几种社会变量的影响，有些气质类型受到的影响是显著的，

有些是不显著的。

中蒙蒙汉青少年总体上，多血质、抑郁质、胆黏抑、多黏抑、四种混合型等气质类型易受这几种社会变量的影响。因此，可以认为这几个气质类型的发展变化比起其他类型比较活跃。其中多血质气质类型是最活跃的一种气质类型，它易受性别、家庭所在地、年级、母亲的职业、父母文化程度、奖惩情况、与同学和家庭成员的关系所属地区等因素的影响。例如小学五年级多血质气质类型的人数显著多于其他年级，大学比高中和初中多，初中是最少的；内蒙古蒙古族青少年，胆黏抑、多血质、抑郁质等气质类型易受这几种社会变量的影响，其中胆黏抑气质类型的变化发展尤为活跃，易受年级、家庭所在地、奖惩情况、家庭自然环境等因素的影响；内蒙古汉族青少年，胆黏、胆黏抑等气质类型易受这几种社会变量的影响，其中胆黏气质类型的变化发展最为活跃，易受年级、父母是否离婚、是否三好学生等因素的影响，而且家庭所在地、父母职业、家庭自然环境等变量对汉族青少年气质类型变化上无显著差异；蒙古国青少年，胆汁质、多血质、四种混合型气质类型变化发展比较明显，易受这几种社会变量的影响。

中蒙蒙汉青少年总体上受到影响的气质类型与内蒙古蒙古族青少年受到影响的气质类型是比较接近的，而与内蒙古汉族、蒙古国青少年受到影响的气质类型稍有差异（这也许是被试量少造成的），并且不同地区和不同民族，各种社会变量的影响程度和种类也不同。具体来看受到显著影响的气质类型不仅有地区和民族的差异，而且影响因子上也有所不同，例如中蒙蒙汉青少年总体中明显受到性别因素影响的气质类型有多、抑、黏抑类型，并且多血质上男性因子的比例高于女性因子“多：＊＊ 1＞2”，抑和黏抑上均女性因子高于男性因子“抑：＊＊ 2＞1；黏抑：＊ 2＞1”，内蒙古蒙古族青少年中胆、抑类型易受性别因素的影响，并且胆汁质上男性因子比例高于女性因子“胆：＊1＞2”，抑郁质上女性因子高于男性因子“抑：＊＊2＞1”。

（二）父母教养方式对气质发展影响分析

许多研究结果表明父母教养方式对气质发展有很大的影响，因此本文就采用西南师范大学教育部人文社会科学“十五”重大课题组成员龚艺华编制的“父母教养方式问卷”对所有被试进行调查，结果如表 10-14 显示。

表 10-14 五种家庭教养方式的分布及其所占的百分比状况

	蒙汉青少年总体	内蒙古蒙古族	内蒙古汉族	蒙古国
专制型	171 17.1%	103 16.2%	32 15.1%	36 24.2%
信任鼓励型	42 4.2%	21 3.3%	9 4.2%	12 8.1%
情感温暖型	33 3.3%	21 3.3%	6 2.8%	6 4.0%
溺爱型	239 23.9%	158 24.8%	72 34.0%	9 6.0%
忽视型	513 51.4%	334 52.4%	93 43.9%	86 57.7%
合计	998	637	212	149

为了考察父母教养方式对不同地区和不同民族青少年气质发展是否有影响，本研究分别对所有被试和内蒙古蒙古族、内蒙古汉族、蒙古国青少年分别在每种气质类型的人数及其百分比进行比较，并做了非参数检验，结果见表 10-14。从表中发现，父母教养方式的五个因子对有些气质类型的形成和发展有显著影响，而对有些类型上不显著。具体来讲中蒙蒙汉青少年总体中明显受到父母教养方式因素影响的气质类型有多、抑、胆抑、多黏抑类型，并且多血质上溺爱型因子的比例高于忽视型因子，其次分别是专制型因子、情感温暖型因子和信任鼓励型因子“多：＊4＞5＞1＞3＞2”；抑郁质上情感温暖型因子的比例高于信任鼓励型因子，其次分别是专制型因子、忽视型因子和溺爱型因子“抑：＊＊＊3＞2＞1＞5＞4”；胆汁抑郁质上信任鼓励型因子的比例高于专制型因子，其次分别是溺爱型因子、忽视型因子和情感温暖型因子“胆抑：＊2＞1＞4＞5＞3”；多黏抑上情感温暖型因子的比例高于专制型因子，其次分别是忽视型因子、溺爱型因子和信任鼓励型因子“多黏抑：＊ 3＞1＞5＞4＞2”；内蒙古蒙古族青少年中只有抑郁质易受父母教养方式因素的影响，抑郁质上情感温暖型因子的比例高于信任鼓励型因子，其次分别是专制型因子、忽视型因子和溺爱型因子“抑：＊＊3＞2＞1＞5＞4”；内蒙古汉族青少年中抑、胆黏易受父母教养方式因素的影响，抑郁质上专制型因子的比例高于忽视型因子，情感温暖型因子、信任鼓励型因子、溺爱型因子的影响程度均低于专制型因子和忽视型因子，并相互间差异不大“抑：＊1＞5＞2＝3＝4”，胆黏类型上信任鼓励型因子的比例均高于其余四个因子，并且其余四个因子之间差异不大“胆粘：＊＊＊2＞1＝4＝5＝3”；蒙古国青少年中抑、胆多易受父

母教养方式因素的影响，抑郁质上情感温暖型因子的比例高于信任鼓励型因子，其次分别是专制型因子、忽视型因子和溺爱型因子“抑：＊＊＊3＞2＞1＞5＞4”，胆多上专制型因子的比例均高于其余四个因子，并且其余四个因子之间差异不大“胆多：＊1＞2＝3＝4＝5”。

综上所述，我们不难发现父母教养方式对气质类型发展的影响特征与上述二十个因素影响气质类型发展的特征比较相似。

第三节　蒙汉民族青少年气质发展特点及影响因素分析

一、中蒙蒙汉青少年气质类型分布特征分析

（一）总体、不同地区和不同民族的气质类型分布特征

本研究表明，中蒙蒙汉青少年气质类型的分布特征主要有以下几个方面：

1. 中蒙蒙汉青少年气质类型分布具有稳定性

总体（所有被试）分布与内蒙古蒙古族、内蒙古汉族和蒙古族（包括内蒙古的蒙古族和蒙古国的蒙古族）、蒙古国青少年在15种气质类型上的分布趋势大体上一致，都体现了四种典型类型（胆、多、黏、抑）和胆多黏、多黏抑、胆多抑、多黏类型上所占的比例较高，四种典型类型所占的百分比均一半以上。两种混合型的气质类型所占的比例均少于四种典型类型和三种混合型，四种混合型气质类型所占的比例是最少的。也就是说无论是不同民族、不同地区青少年，其气质类型分布之状况，均大致与总体分布相似。这与刘明、王顺兴（1990）研究结论基本一致。这是由于气质是有机体，主要是生物决定的，一般不受个人活动的目的、动机、内容的影响，在不同性质的活动中，一个人的气质往往表现出相对稳定的特点。此外还表现在人生的不同时期内，个体的气质特点相对稳定。并且目前所得到的研究结果都证明了气质具有较强的稳定性，本研究从跨文化的视角再次验证了这一结果。

2. 中蒙蒙汉青少年气质类型分布的独特性

内蒙古蒙古族、内蒙古汉族和蒙古国青少年气质类型分布总体上比较一致之外，各自还具有自己的独特性。概括起来主要有以下几点：

①蒙古国青少年中四种典型类型上所占比例明显高于内蒙古蒙古族、内蒙古汉族青少年50％左右的比例，占所有气质类型的68.5％。

②内蒙古蒙古族青少年中三种混合型气质类型的人比起蒙古国和内蒙古汉族青少年要多。在 15 种气质类型中占 36.8%，而蒙古国青少年占 22.2%，内蒙古汉族青少年占 29.2%。

3. 中蒙蒙汉青少年气质类型分布的差异性

不同地区和不同民族青少年在 15 种气质类型分布趋势上虽然比较接近，但不同国家地区和不同民族气质类型分布上存在显著差异。

①不仅中蒙蒙汉青少年总体上存在显著差异（** $P=0.003<0.01$），而且不同国家地区和不同民族之间也有显著差异，即内蒙古蒙古族、汉族青少年之间存在差异（* $P=0.036<0.05$），内蒙古蒙古族和蒙古国蒙古族之间也存在差异（** $P=0.002<0.01$）。

②研究还表明了不同地区和不同民族青少年在 15 种气质类型的人数比例上均多血质气质类型所占的百分比显著高于其他类型，占所有类型的 1/5～1/3 以上的比例。这与刘明、王顺兴（1990）等人的所有类型中黏液质类型所占的比例较高的研究结论不一致。出现这种结果笔者认为主要是社会民族文化的发展与教育方式的转变有关。上世纪八九十年代之前人们经历了各种不同的历史事件，改革开放刚刚开始，文化教育相对落后，因此那个年代的人们表现出急躁、容易冲动、直率、热情、稳重、安静、情绪不外露、善于忍耐等黏液质和胆汁质的行为特征；而改革开放以后，随着国际交流和国际合作扩大，文化教育事业迅速发展，人们的知识经验前所未有地提高，国内开始接触到心理学的最新研究成果和最新的心理学知识，从而提高了人们的自我意识和经验，使人们在行为表现上更加热情、好动、反应迅速、喜欢与人交往等多血质的特征。

③不同地区和民族上两种混合型的 6 种气质类型中胆多、多黏占的比例较高，其中内蒙古汉族在多黏气质类型上所占的比例明显高于其他地区和民族，占所有气质类型的 9.9%。这与刘明、王顺兴（1990）的 6 种混合气质类型的人数，均为胆汁多血质最多的研究结论稍有差别。

这些差异是有许多因素造成的，其中主要的因素便是地域和民族文化。蒙古族是典型的牧业文化，是经历了几千年由狩猎文化到游牧文化再到狩猎兼畜牧、畜牧兼农业的演变才凝聚而成的，特定的生存环境，要求他们具备勇敢勤劳的品质，广袤的生存空间，又赋予了蒙古族人民广阔的胸襟，培育了代代勤劳勇敢、乐观直率的蒙古族人民，他们崇尚英雄、尊老爱幼、热情好客、淳朴剽悍、讲究礼仪，处处反射出浓郁的草原生活气息。但同时较为封闭的自给自足的牧业经济使得他们的生产方式较为落后，对自然气候与生态环境的依赖较重，对外界的现代文化和科技了解不够，这一方面使他们的气质特征没有浓重的世故气息，同时也使他们对其他文化的了解甚少，思想较为保守封闭。而汉族是典型的农业文化，繁衍几千年的传统农业生产方式和农业文化以土地作为最基本的生存要素和最主要的支柱中心，围绕土地形成了重视家庭观念、团结、孝顺、安于现状、血脉相承的典型的保守的农业文化气质特征。

（二）中蒙蒙汉青少年在各气质类型分布上的性别特征

不同地区和不同民族青少年在各气质类型分布上均存在性别差异。四种典型类型中内蒙古蒙古族和内蒙古汉族青少年在胆汁质、多血质上男生均显著高于女生，黏液质、抑郁质上男女接近持平或女生略高于男生。出现这种差异研究者认为主要有以下几个方面的原因：首先，遗传因素的影响。生物学理论的研究者认为两性在遗传、解剖以及激素上的不同导致他们性别的差异。最早持这种观点的代表人物就是弗洛伊德。在他看来，男女不同的心理状态、行为模式都是由不同的生理解剖特点决定的，即男女是天生不同的[①]。因此男性在行为上倾向活动、有力、刚健，在胆汁质、多血质上占的比例就高于女生；而女性则倾向于温柔、安静，在黏液质、抑郁质上占的比重略高于男生。其次，社会化的影响。儿童从一生下来就开始了从生物的人发展成社会的人这样一个过程。通过这一过程，儿童在周围环境的影响下，逐渐学会适应社会的要求。社会对男女提出了不同的行为要求，儿童生活的主要环境，即家庭、幼儿园和学校中的父母和教师对儿童都赋予了文化所规定的不同的性别对待。在中国的传统家庭中，父母更倾向于强调女孩的安静、稳重、不张扬，强调男孩勇敢、活跃、敢于探索、追求成就，这样不同的对待方式在一定程度上限制了女孩活跃、积极的行为，从而使女孩在行为上更容易变得安静、有依赖性、稳重、行动迟缓而不强烈、多愁善感。在学校教育中，教师也会根据儿童的性别给予不同的对待。再次，文化差异。民族传统文化、地域生产生活方式等因素对于人格的形成和发展有着深层影响。这种文化差异遗传基因的方式影响下一代。M. 米德在研究了三个原始部落的性别与气质后，指出性别角色及其差异是特定文化的产物。我们认为特定的生存环境、特定的文化、家庭教育方式、民族传统规范、学校教育倾向等因素从不同角度以不同程度

---

① 朱智贤主编：《中国儿童青少年心理发展与教育》，中国卓越出版公司 1990 年版，第 377—382 页。

渗入个体的内化系统而贯穿于个体的整个成长历程，并因性别的不同而表现出不同性别群体的人格特征差异。

蒙古国青少年四种典型气质类型分布的性别差异中胆汁质、黏液质、抑郁质上女生均高于男生，多血质上男生显著高于女生。这与内蒙古蒙古族和内蒙古汉族青少年四种典型气质类型分布的性别特征有很大的差异。出现这种结果笔者认为：（1）因研究条件的不足，蒙古国被试量较少。（2）蒙古国是开放性的国家，国际交流频繁，容易受到外来文化的冲击，并且从传统的蒙古族历史来看，蒙古族家庭中大男子主义思想比较严重，蒙古族的家庭教育往往是以父亲的教诲为宗旨，在家庭中一般父亲比母亲更说了算。

二、中蒙蒙汉青少年气质类型的发展性分析

研究表明总体上中蒙蒙汉青少年 15 种气质类型的分布随着年龄的增长，其变化有显著的差异，即具有发展性，而且这种发展变化特点是相对的。不同民族和不同地区也有所不同。总体上中蒙蒙汉青少年在不同年级之间多、黏、胆多、胆黏、胆黏抑、四种混合型气质类型有显著差异，亦中蒙蒙汉青少年中这 6 种气质类型的变化是较敏感的，而其他 9 种气质类型随年龄的增长变化不大；内蒙古蒙古族青少年在不同年级之间多、胆多、胆黏、胆黏抑气质类型有显著差异，即这四种气质类型随年龄的发展有明显的变化，其他 11 种气质类型随年龄的发展变化不大；内蒙古汉族青少年中多、多黏抑气质类型比较显著；蒙古国青少年中各气质类型的变化没有显著特点。

对气质的发展性方面保加利亚皮罗夫等人的研究表明，在 5 岁至 7 岁这一年龄阶段的儿童中，神经活动兴奋型 7 岁多于 5 岁的儿童。随着年龄增长，神经活动的平衡性增加，兴奋型下降。到了青年期兴奋型又重新增多。青年期结束，兴奋型人数再次下降。由此可见，兴奋型随儿童年龄发展，似乎出现一个“U”型。

刘明、王顺兴（1990）等研究了气质发展变化的年龄趋势。他们的研究表明：随着年龄增长，儿童青少年的气质类型亦发生变化。但各种气质类型的变化是不同的。其中，胆汁质可以认为是对年龄变量比较敏感的气质类型，抑郁质可以认为是对年龄变量十分迟钝的气质类型。该项研究还表明：各种气质类型的具体变化情况也是不同的。他们对各年级 4 种较典型的气质类型得分（平均分）进行比较，黏液质问题的得分从小学 3 年级

到5年级到初中2年级逐渐减少，初中2年级得分最低，以后又逐渐回升，到大学阶段得分最高。多血质问题的得分，小学3年级最低，以后显著上升，初中2年级得分最高，以后又逐渐下降。胆汁质问题的得分，小学3年级和5年级较高，随年龄增长，其得分有下降趋势，高中2年级和大学阶段，其得分显著低于小学5年级和3年级。抑郁质问题的得分则普遍较低，其中小学3年级较高．大学阶段得分最低。这与本研究结果比较接近，但还有不一致的地方。如本研究表明，多血质可以认为是对年龄变量比较敏感的气质类型，这可以从不同地区和不同民族气质类型发展变化的分析上得以证明。这可能一方面与社会发展和时代的变迁有关。另一方面实践证明一个人随着年龄的增加，气质也有所变化，大约青少年时期很多人都表现出多血质和胆汁质的特征，就是平常人们所说的“血气方刚”。因此，可以认为中蒙蒙汉青少年气质类型的发展变化具有相对发展性。

三、中蒙蒙汉青少年气质的可塑性分析

研究表明，中蒙蒙汉青少年气质类型的变化不同程度地受社会、环境因素的影响。其中，有些气质类型不易受社会变量的影响而发生改变，如胆、黏、黏抑、胆抑、胆多黏等；而有些气质类型则较易受社会变量的影响而发生变化，如多血质、抑郁质、胆黏抑、多黏抑等易受社会变量的影响而发生变化。这也在地区和民族上有所不同。社会变量对气质的影响又是有限的，即是说，某一具体社会变量，仅显著影响某种或某几种气质类型的变化，而对另一些气质类型的影响则不显著。

从表10-13得知，性别变量上中蒙蒙汉青少年、内蒙古蒙古族、内蒙古汉族、蒙古国青少年均在多血质、胆汁质上有显著差异，并且男生占的比例高于女生，抑郁质、黏液质上女生占的比例显著高于男生。出现这种差异虽然有遗传作用，但这几个类型上笔者认为主要还是由社会环境因素起较大作用，如中国的社会文化主张“阳刚阴柔”，总是希望男孩子是刚毅的，而把温柔看作女孩子的美德，男女儿童又大多用社会期待的东西来塑造自己。而且蒙古族的男孩子从小开始骑马和驾驭马，并练习在马上飞跑和射箭，锻炼敏捷和勇猛的素质，形成了好强、独立、积极、固执的人格特点。此外，蒙古族传统的家庭惯例是以男性的支配权为主，女子则承担料理家庭、教育子女的责任，传统的蒙古族妇女具有勤劳质朴的高尚美德，她们终日操劳，照顾公婆、丈夫、儿女，还有繁重的劳动。蒙古族女孩子从小就以母亲为榜样，继承了顺从、谦恭、依赖性较强、聪明勤劳、

乐观开朗的人格特点。这就造成了男性儿童青少年中胆、多气质类型的人数多，女性儿童青少年中抑、黏气质类型的人数多的状况；统计结果还表明中蒙蒙汉青少年多血质类型上易受家庭所在地的影响，并且城市、城镇的比重均高于牧区和农区，这表明城市有利的文化教育环境对孩子的热情、好动、善于交际、精力充沛等心理特征的形成更加有利；父母职业和文化这些社会变量上高文化程度和从事脑力劳动父母的子女，属于多、多抑类型的人显著多于低文化程度和体力劳动父母的子女，胆黏抑类型易受低文化程度的父母的影响；父母离异对四种混合型气质类型的形成有较高的影响；独生子女中多血质的和多血黏液的人显著高于非独生子女；而多黏抑类型的人有显著低于非独生子女中相同气质类型的人；此外，是否三好学生、学生干部和受过奖惩上，一直是三好学生、学生干部、受过奖对多血质气质类型的形成和发展有积极作用，从来不是三好学生、学生干部、受过奖对抑、胆黏抑、四种混合气质类型的形成和发展有积极作用；家庭多户集中居住和一两户分散居住对各气质类型的形成和发展影响不大；饮食状况上多吃奶食品和肉食品对多血质气质类型的形成和发展有积极作用，几乎不吃和很少吃奶食品和肉食品对抑、胆黏抑气质类型的形成和发展有积极作用；家庭成员和同学的关系上特别好对于多血质气质类型的形成和发展有积极作用，一般和不好对抑、多黏抑、四种混合型气质类型的形成和发展有积极作用；父母教养方式上溺爱型和忽视型因子对多血质气质类型的形成和发展有积极作用，而情感鼓励型和专制型对抑、多黏抑气质类型的形成和发展有积极作用，而信任鼓励型对胆抑气质类型的形成和发展有积极作用。

从对社会变量对气质类型影响的考察中，可以看到青少年的气质类型显著地受着社会环境因素的影响。但是，任何一种社会变量对青少年气质类型的影响又都是有限的。考察说明，任何气质类型的人都可以成为三好学生，都可以成为学生干部，都可以争取受到奖励，都可以达到学业优秀。即使某些气质类型的儿童青少年在某些方面表现出明显差异，这也绝不是“命中注定”而无法改变的。因为环境可以塑造气质，气质亦会影响环境，如在考察“学业成绩”和气质类型的关系中，所得的结果是：15 种气质类型的青少年在学习成绩优劣上不存在显著差异。只有两种类型（多、抑）上有差异。这些差异之所以会存在，不仅由学生气质特点本身所造成（如抑郁质的学生，在应付困难情景时，常引起活动效率下降），同时也是青少年和环境双向作用的结果。对于不是三好学生和学生干部的人，通过良好的教育，在某种程度上是可以改变的。

四、结论

通过研究中蒙蒙汉青少年气质类型及其影响因素，得到以下结论：

1. 中蒙蒙汉青少年气质类型的分布具有不均衡性和相对稳定性。不同民族和不同国家地区蒙汉青少年在15种气质类型分布基本一致，各气质类型所占的比例不同。15种气质类型中，典型的四种类型和三种混合型占主要地位，特别是多血质占的比例较高，尤其蒙古国青少年占的比例更高。

2. 中蒙蒙汉青少年气质类型在不同国家地区、不同民族、不同性别和不同年龄上均存在显著的差异。性别差异上四种典型气质类型中内蒙古蒙古族、内蒙古汉族青少年均在胆汁质、多血质、黏液质上男生高于女生，并且多血质占的比例大而性别差异也大。蒙古国青少年中只有多血质上男生的比率高于女生，其他胆、黏、抑上均女生高于男生。

3. 不同民族、不同地区青少年的各气质类型中，有的对社会变量较为敏感，有的较为稳定。多血质气质类型是对社会变量极为敏感的一种类型。蒙古国青少年气质更趋于稳定，不易受社会变量的影响而发生变化。

4. 蒙古族青少年中典型和三种混合型气质类型的人占的比例显著高于汉族。

参考文献

[1] 朱智贤主编：《中国儿童青少年心理发展与教育》，中国卓越出版公司 1990 年版。
[2] 高玉祥：《个性心理学》，北京师范大学出版社 1991 年版。
[3] [美国]罗伯特·F·墨菲著，王卓君等译：《文化与社会人类学引论》，商务印书馆 1994 年版。
[5] 庞丽娟：《婴儿心理学》，浙江教育出版社 1998 年版。
[6] 简·斯特里劳著，阎军译：《气质心理学》，辽宁人民出版社 1987 年。
[7] 波果斯洛夫斯基著，魏庆安等译：《普通心理学》，人民出版社 1979 年版。
[8] 罗索诺夫：《气质的本质及其在人的个体属性结构中的位置》，《心理学问题》(俄文版)，1985(1)。
[9] H. Rudolph Schaffer 著，胡清芬译：《发展心理学的关键概念》，华东师大出版社 2008 年版。
[10] 关树文：《个性发展心理学》，内蒙古大学出版社 2002 年版。

[11] 左志宏、席居哲：《稳定性/发展性：气质研究视角的嬗变》，《心理科学》，2006(1)。
[12] 刘文、杨丽珠、邹萍：《3～9岁儿童气质类型研究》，《心理与行为研究》，2004(2)。
[13] 张玉青：《儿童气质和人格研究领域的新进展》，《心理学动态》，1997(4)。
[14] 杨春卿：《儿童气质研究综述》，《教育科学》，1994(4)。

第十一章　蒙古族大学生自我同一性发展特征研究

人的本质是一切社会关系的总和，使人成为社会人的关键在于个体的社会化。人一生的社会化是一个连续的过程，而且，每个阶段都有各自独特的发展课题。青年期社会化的主要课题就在于自我同一性的确立，这一确立过程是和一定的社会文化条件紧密相连的，不同社会历史文化背景下个体的成长都具有鲜明的时代印记。所以对同一性课题的考察就具有常论常新的社会意义。现代教育体制下，大学阶段是个体从青年期向成年期过渡的重要时期，是个体的人生转折点。大学阶段个体将面临学业、择偶、就业等各方面的问题，对自我也有一个新的定位和认识。这一时期正是埃里克森所说的自我同一性确立的重要时期。本章详细阐述了蒙古族大学生的自我同一性的发展特征及其相关因素。

第一节　自我同一性的理论研究

一、自我同一性概念的理论研究

（一）自我同一性概念的理论基础

自我同一性是美国哈佛大学著名心理学家埃里克森人格理论中提出的一个重要理论概念。埃里克森是一位精神分析医生，作为其人格理论核心概念的自我同一性是在其临床实践中提出的。上世纪 60 年代后期，他将自己 20 年来所写的有关同一性的文章做了整理和修订，汇编成书，即 1968 年出版的《自我同一性：青少年与危机》。他在该书的引论中概述了自我同一性是如何提出的，他说，“如果我没有记错，‘同一性危机’这个词是在第二次世界大战期间的齐昂山退伍军人健康诊所，为了一种特殊的临床目的首次使用的。"①

自我同一性的概念虽然起源于精神分析的理论中，但又是对精神分析的超越。埃里克森不同意弗洛伊德的泛生物学观点，批评弗洛伊德忽视了社会文化因素在人格发展过程中的作用。埃里克森在其理论中把精神分析中的生物本能的动力学和社会环境联系起来，更强调社会因素与人格发展的关系，认为人格的形成不仅取决于童年时期，而且将持续人的一生。认为人格的发展是一个经历着许多阶段的过程。因为其理论中所指的冲突产生与个人以外的环境有关，故又称其理论为"心理社会性发展理论"。

在心理社会发展理论中，埃里克森将自我同一性视为个体发展的终生的过程，是生物的、心理的、社会的三方面因素相互作用的统一体，将自我同一性概念划为一系列包含两相对立的发展危机的阶段。根据生物发展渐成论原则，埃里克森将个体从出生到临终的生命周期划为八个发展阶段。② 每个阶段都有独特的发展课题，他称之为"心理－社会的危机"。形成自我同一性正是第五阶段的主要课题。

（二）自我同一性概念的研究

自我同一性概念自提出 40 多年间，被广泛使用于心理学的各个领域中，涉及社会心理学、人格心理学、发展心理学、教育心理学、咨询心理学、文化心理学等，它的重要性已被广泛认可。但"自我同一性"的含义也很广泛，埃里克森本人也认为它是个捉摸不定的名词，在埃里克森之后也有很多的学者对其进行了研究。

1. 埃里克森对自我同一性的解释

在第二次世界大战期间的齐昂山退伍军人健康诊所里，埃里克森看到，"大多数病人，既不曾患有弹震症，也不是装病者，而是在战争的紧急状态中失去了个人同一性和历史连续性之感。他们失去的是对自己的中枢的控制。就精神分析的图式而言，这种控制只有自我的'内部机构'能为之负责。所以我才说失去了'自我同一性'"。③ 自我同一性概念在病理学范畴内的最初含义就这样产生了。后来他才将这个概念推广到病理学之外，用于解释人的心理社会发展、青少年问题、妇女社会地位和种族等社会问题，使"自我同一性"的含义不断丰富起来。

---

①③ ［美］埃里克・H・埃里克森著，孙名之译：《同一性：青少年与危机》，浙江教育出版社 1998 年版，第 2、3、10、11、84 页。

② 赫根汉著，冯增俊译：《人格心理学导论》，海南人民出版社 1986 年版，第 155—171 页。

纵观埃里克森不同时期的著作，他对自我同一性解释也不同，总的概括为以下两个方面：

（1）就同一性的意识方面来说，他根据两种同时观察，一是对自己在时间上的自身一致性和连续性的直接觉知，一是对别人对自己的一致性和连续性认可的同时觉知。从主观的方面以同一感来界定同一性，“一种熟悉自身的感觉，一种知道个人未来生活目标的感觉，一种从他人信赖的人们中获得所期待的认可的内在自信”。① 为了界定同一性，埃里克森强调同一感的三个重要的组成要素：连续性（Continuity）、一贯性（Consistency）和一致性（Sameness）。指出这三种要素构成了基本的同一感。这就是说，其一，人必须体验到内部一致性，才能保证行动和决定不是任意的，获得确定一致的价值观、原则和社会期望，进而指导和规范着一个人的行为；其二，内部一致感是跨时间连续的，即过去的行动和对将来的希望被体验为与现在的自我相关；其三，同一性在社会关系和角色中体现，社会关系和角色支持证实整合、连续的同一性。②

（2）自我与环境的统一。

环境是自我所处的客观存在，包括自然环境和社会环境，这里主要指的是后者。自我与环境的统一，这是从社会文化历史的角度来考察自我同一性的概念。“实际上，从发展的观点来看，以前的环境永远存在于我们的心中，并且既然我们生活在一个把现在变成‘以前’的继续不断的过程中，我们就永远也不会作为一个从未有过环境的人去迎合任何环境。那么，为了掌握同一性，一个方法学上的前提应当是复杂得足以把环境包括在内的精神分析；另一个前提则可能是在精神分析上复杂化了的社会心理学。”③ 埃里克森指出，“在讨论同一性时，我们不能把个人的生长和社会的变化分割开来，我们也不能（正如我在《青年路德》一书中表明的那样）把个人生命中的同一性危机和历史发展的现代危机分裂开来，因为这两方面是相互制约的，而且是真正彼此联系着的。”④

---

① G. R. Adams：Adolescent Identity Formation，London，Sage Publications，1992：9.

② Kit Welchman. Erik Erikson：His Life，Work and Singificance［M］. Philadelphia：Open Univeisity Press，2000：50.

③ ［美］埃里克・H・埃里克森著，孙名之译：《同一性：青少年与危机》，浙江教育出版社1998年版，第2、3、10、11、84页。

④ ［美］埃里克・H・埃里克森著，孙名之译：《同一性：青少年与危机》，浙江教育出版社1998年版，第2、3、10、11、84页。

2. 玛西亚（Marcia）的自我同一性概念

继埃里克森对自我同一性的研究之后，又有许多学者对这一领域进行了深入的探讨，他们从不同角度对自我同一性的含义加以界定。针对埃里克森早期著作而首先提出"同一性状态"理论的玛西亚从心理动力和心理社会两方面考虑为同一性提供了一个简明的定义：同一性是一种经过深思熟虑而形成的自我结构，是对自己的动机、能力、信仰和成长史等方面内化了的自我结构组织。[①] 这一结构发展得越好，个人就越能觉察到自己的独特性及与他人的共同性，越了解自己的优缺点，进而能在这世界上开创出自己的道路；这一结构发展得越不好，个人就越搞不清楚自己与他人的异同，越要依靠外在的评价（Marcia，1980）。玛西亚的定义强调同一性的结构是动态的而非静态的，是一种发展变化的结构。

综合上述自我同一性概念的研究可以看到，"自我"是自我同一性得以诞生的母体，也是自我同一性得以形成的根基。基于这种理解，从个体主体性角度出发，以自我为核心探讨自我同一性概念，将其理解为：自我同一性是自我在内外因素的共同影响和作用下，通过区分、校正、组织和监控个体与环境的关系，整合各种信息，调整和平衡自身内外的矛盾，使自身达到完善、连续、一致、和谐状态的一种自我特性。

其次，从动态方面来考察，同一性是个体与世界互动的结构或框架，这一结构在遇到新的经历和信息时不断地进行同化与顺应，这样自我同一性才能得以发展。自我同一性是一种选择何种经验对自我是重要的及如何整合这些经验的结构。

二、自我同一性的实证研究

（一）自我同一性的研究方法

埃里克森的自我同一性理论产生许多研究，不少的学者着手进行实证性的研究以验证其假设，迄今为止已发展出较为丰富的研究方法，其中最受研究者青睐的主要有三种：[②]（1）用形容词或简短语句做自我描述的Q分类法（Q－Sort），即要求被试就主试所给予的形容词或叙述句，加以分类并按等级排列，使之能代表适合于自己的程度。采用这种方法的学者一

---

① Marcia JE：Development and Validation of Ego Identity Status. Journal of Personality and Social Psychology［M］. 1966，3：551—558.

② 江南发：《青少年自我统合教育》，台北：复文图书出版社，第155页。

般把自我同一性看做是角色的一致性，并得出了较为一致的研究结果，显示出自我同一性与角色一致性具有显著的相关，但是这种方法无法测量同一性的复杂结构。（2）半结构性晤谈法（Semi－structured interview），即透过试探性的问题及非指导式的晤谈技术来探索受访者对某些特定领域的情感、见解及观念。其中应用最为广泛的是玛西亚发展出来的同一性状态晤谈法，根据埃里克森理论中青少年所面临的危机，玛西亚选取职业取向和价值理念作为研究范围，他认为对职业的考虑和价值观的辨识是青少年心理的核心。他采用两个心理维度：探索和投入，作为确定青少年处在某种同一性状态的主要变量。（3）自陈量表法（Self－report questionnaires exploration and commitment），由于自陈量表法或纸笔式测验的实施和记分比晤谈法方便和客观，省时省力，因此应用最为广泛。

应用以上的方法，国内尤其是国外对自我同一性的实证研究取得了相当丰硕的成果，研究主要涉及同一性状态和影响同一性发展因素等方面。

（二）自我同一性状态——自我同一性的操作性定义

1. 玛西亚是自我同一性研究的集大成者，首先对同一性状态进行了研究

根据他对自我同一性的研究，给出了自我同一性的操作性定义。① 他采用探索和投入两个心理维度，作为确定个体处在某种同一性状态的主要变量。自我同一性是个体进行各种可能的探索，并产生个性感以及个体在社会中的角色经验跨时间一致感和为实现自己的选择及自我理想而进行的投入。探索是指在达到同一性不同方面时的挣扎奋斗或对自己的主动质问和迷惑不解，当个人生活中的重要计划、价值和信念受到置疑和检验时，主动去做决定的时期所感受到的焦虑或困惑心态。比如对职业、理想、社会角色、政治信仰、价值观的选择；投入是指为了能够认识自己、实现自我而对以上方面做出坚定的决定，并全身心地投入到实现目标的活动中。玛西亚以同一性形成过程中不同的探索和投入的行为特征，提出了四种自我同一性的状态：②

（1）成就型同一性。指对生活中的重要问题进行主动解决，积极探索，做出自己的决定，并将探索期采纳的各种选择整合起来，全力投入

① Marcia JE，AS Waterman，Matteson DR er al. Ego－identity：the handbook of psychosocial research［C］. New York：Open University Press，1993：1－21，42－45，34，31，53－54.

② Marcia JE：Development and Validation of Ego Identity Status. Journal of Personality and Social Psychology［M］. 1966，3：551－558.

其中。

（2）延缓型同一性。通常被认为是同一性发展的一个阶段而非一种解决方法。处于延缓中的个体进行着积极的探索，可以从无数的可能性中对个人的职业、价值、人际关系等方面做出选择，朝着投入的方向而努力，但没有达到最后的决断性投入。

（3）排他型同一性。处于这种状态的个体对同一性的探索提前结束。他们未经历对同一性的探索，就对一定的目标、价值观、信念等表现出高水平的投入。对有的个体来说提前结束是发展的起点，从这里开始，探索继续进行，然而作为一种同一性的解决方法，玛西亚认为它是一种较低级的状态。处于这种状态的个体通常只采纳来自父母的唯一一套价值观和目标体系。

（4）弥散型同一性。最低级的发展状态。处于此状态的个体对自己的探索是肤浅的或根本没有过对自己的探索，同时缺乏对明确的价值观和目标的投入。

2. Waterman 的自我同一性发展模型

在玛西亚自我同一性状态发展模型的基础上，Waterman 认为应关注青年同一性发展的各领域的模式，并提出了理论上适应于每一领域的复杂的发展模型，见图 11-1。① 他认为最初在儿童期每个人在所有的潜在的同一性领域中都可能为弥散型同一性，在某些领域，有的人开始探索可能的同一性选择时，则从弥散型转为延缓型同一性；而在另外一些领域没有进行探索和评价就接受了一些观点，从弥散型同一性转向排他型，尤其是在家庭和社会传统的目标、价值观和信念的影响下，促进了个体对这一模式的采用；另外，个体在没有认真地解决特定的同一性问题或那些目前还不重要的领域的问题时，仍处于弥散型同一性。由此可以看出不仅要对个体的整体同一性发展状态进行考察，同时还要考察不同领域中同一性的发展状态。

玛西亚认为自我同一性的形成是人格发展的重要事件，它发生于青年后期，标志着儿童期的结束和成年期的开始，大学阶段正处于这一时期。七个关于大学生自我同一性发展的纵向研究（Adams&Fitch，1982；Costa&Campos，1988；Dellas&Jernigan，1987；Kroger，1988；

① Marcia JE，As Waterman，Matteson DR er al. Ego－identity：the handbook of psychosocial research［C］. New York：Open University Press，1993：1－21，42－45，34，31，53－54.

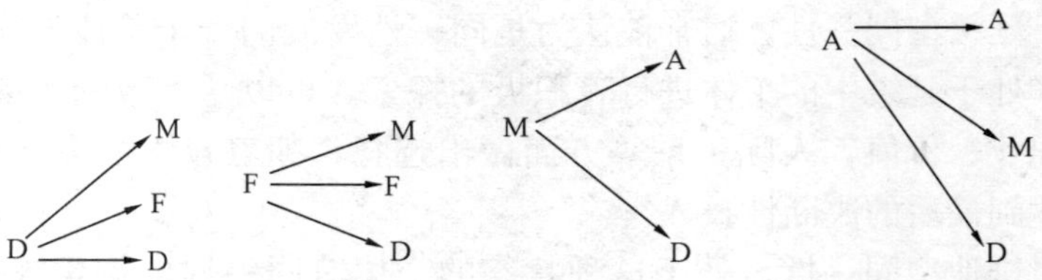

图 11-1 Waterman 自我同一性发展模型

注：D：弥散型同一性 F：排他型同一性 M：延缓型同一性 A：成就型同一性

Kroger&Haslett，1987；Waterman et al，1974；Goldman，1976）得出一致的结论，认为有 50%的大学生的自我同一性状态从一年级至四年级发生了改变，一般都转向高级的状态。① 张春兴、黄淑芬（1982）以台湾大学和辅仁大学一至四年级学生为对象的研究结果也显示达到成就型同一性的学生人数有随年级而增加的趋势。② Meilman（1978）、Archer（1982）以 12 岁至 24 岁的学生为对象研究最初的同一性形成的年龄界线，发现大量的成就型和延缓型同一性状态的学生出现在 18 岁，并随着年龄增加，而排他型和弥散型学生人数相应减少，较低的同一性状态到较高的同一性状态的显著性转变的年龄阶段为 21—22 岁。③ Marcia（1980）、Waterman（1985，1993）认为高中阶段自我同一性的渐进发展趋势较小，而在大学阶段这种发展趋势则较大。④这些研究结果都说明自我同一性的最大收获发生在大学时期。

（三）大学生自我同一性发展特征的研究

国内外学者进行了大量的关于大学生自我同一性发展特征的研究。

1. 最初的研究主要是针对总的同一性状态的发展而展开的

研究中的七项关于大学生同一性发展的纵向研究得出一致的结论是，延缓型为最不稳定的同一性状态：多数在大学阶段的后期转变为成就型。大约有 50%的同一性状态从一年级至高年级发生了转变，而转变的方向一般是从低的同一性状态到高的同一性状态。使用纸笔测验的横断研究也得出了同样的结果。⑤ Meeus & Wim（1996）考察了从 1966 年至 1993 年研究

①③④⑤ Marcia JE，As Waterman，Matteson DR er al. Ego—identity：the handbook of psychosocial research［C］. New York：Open University Press，1993：1—21，42—45，34，31，53—54.

② 张春兴著：《教育心理学三化取向的理论与实践》，浙江教育出版社 1998 年版，第 136 页。

自我同一性发展趋势的文献，发现较为一致的研究结论，即总的同一性状态的发展趋势为渐进增强。[①] 郭金山（2002）考察了我国以汉族为主体的大学生的自我同一性发展，发现存在明显的年级特点。[②]

随着对自我同一性研究的深入，Waterman（1985）首先提出应分领域考察自我同一性的发展趋势，认为同一性决定在各个生活领域中被做出，个体并不在所有的领域同时形成同一性。Archer（1989）也认为如果仅考察自我同一性总的模型会限制对自我同一性形成的理解，而应该考察各领域自我同一性的形成及各领域自我同一性间的相互关系。Adams&Fitch（1982）、Waterman et al（1971，1976）、Waterman&Goldman（1976）的纵向研究，[③]使用自我同一性访谈考察了大学生在职业选择、宗教信仰和政治观点三个领域的同一性发展。研究发现，职业发展领域成就型同一性状态的人数随年级增高而增加，延缓性和弥散型同一性状态的人数则降低；在宗教信仰领域排他型同一性状态的学生人数随年级降低，弥散型同一性状态的学生人数则增加；在政治观点领域，有超过一半的学生没有明确的信念并且没有形成固定投入的努力，表明很多学生对政治的兴趣很低。这三个研究提供了同一性状态的稳定性与领域有关的证据。郭金山（2002）的研究也表明大学生自我同一性发展与领域相关，在意识形态领域大学生较为关注职业领域，其次为人生观领域，而对政治和信仰问题兴趣最低；在人际关系领域，大学生对友谊交往领域较为关注，对性别角色和活动关注程度相对较低。[④]

2. 关于大学生自我同一性发展的研究中，另一个重要方面是性别差异

自我同一性发展中是否存在性别差异的问题是十分复杂的，包括自我同一性状态的性别差异、同一性形成过程中探索和投入的相对重要性以及在各领域和总的同一性上的性别差异。对这些问题的研究在不同阶段有不同的结论，上世纪70年代强调自我同一性发展有许多性别差异，对大学生而言，男生更可能形成成就型同一性，女生更可能形成排他型同一性，尤其是在职业、宗教信仰、政治观点等意识领域，探索对男生更重要，而投入对女生更重要。到80年代，自我同一性发展的研究结果，与强调性别差异相比，则更强调两性的相似性（Archer，1992；Josselson，1982；

---

① Meeus，Wim. Study on Identity Development in Adolescence：An Overview of Research and Some New Data [J] . Journal of Youth and Adolescence，1996，25（5）：569—598.

②③④ 郭金山：《同一性的自我追求——大学生自我同一性研究》，国家图书馆2002年版，第132、68页。

Steinberg，1989；Waterman，1982）。对大学生而言，两性的自我同一性状态分布相似，同一性探索对两性都重要，人际关系问题对女生同一性形成重要，并不意味着对男生不重要，而职业、宗教信仰、政治观点对两性都重要。80年代以后仍然有支持自我同一性发展存在性别差异的研究。如Adams&Jones（1983），Harter（1990），Patterson，Sochting&Marcia（1992）仍强调人际关系对女性自我同一性发展重要而意识形态领域对男性更重要，对同一性与亲密感的发展顺序也存在性别差异。Ellen Pastorino et al.（1997）对210名大学生在职业、宗教信仰、政治观点、交往、性别角色和友谊等六个领域中考察大学生自我同一性发展的性别差异，认为自我同一性研究文献常以总的同一性发展来考察自我同一性发展的性别差异，掩盖了各领域自我同一性发展的性别差异，认为应该研究人际关系和意识形态以及总的同一性领域上的性别差异，他的研究发现，在具体领域上，政治、宗教信仰、性别角色、交往上存在差异，而将领域合并后则没有性别差异，因此，他认为有些性别差异可能存在于具体的内容领域中。

综上所述，考察大学生自我同一性发展的趋势及特征至少要从年级、领域和性别几方面进行比较。

（四）大学生自我同一性发展的影响因素研究

埃里克森（1968）自我同一性理论强调自我同一性形成的生物过程、心理过程和社会过程的相互关系。实际上，自我同一性形成与发展过程就是个体与社会相互制约、相互作用的过程，反映了个体对社会环境的适应。对于大学生这样一个特殊的群体，社会环境因素主要集中于学校环境、家庭环境的研究，个体内在因素主要集中于认知方式的研究。

1. 社会环境因素

（1）学校环境

社会生活条件对大学生的作用主要是通过有组织、有目的、有计划的教育来体现的，而教育的内容和要求集中反映了社会的要求，因此，学校环境是社会环境中影响大学生自我同一性发展的主要因素之一。同时，大学环境给学生提供了各种各样的经验，激发大学生对自我同一性选择的思考和探索。

Adams（1983）考察了大学院系的心理环境对大学生自我同一性状态发展的影响，他发现强调学生学业发展的院系的成就型和排他型状态的学生较多，强调学生社会意识发展的院系促进了学生自我同一性的发展；相反没有鼓励学生社会意识的院系的学生可能倒退到不成熟的自我同一性状态。同样，Costa & Lampos（1986）研究葡萄牙大学生三年的同一性发展变化，发现法学和人文学科院系的学生有更高的同一性，工程和医学院系的学生多为排他型同一性。他们认为这是由于前者给学生提供了更多的讨论机会，后者强调机械记忆的原因。[①] Astin（1993）的研究发现师生关系、学生的投入和学校对学生群体的投入是影响大学生自我同一性发展关键的学校变量。Adams et al（2000）研究了大学生对大学教育环境的自我知觉与同一性发展的关系，从大学的关系系统、学校强调学生发展的方向考察学校环境，通过因素分析确立了大学环境的两个维度：强调智能和支持性的学校环境、强调批判和分析的学校环境。最终发现这两种学校环境与成就型同一性状态呈正相关，与弥散型同一性状态呈负相关。

（2）父母教养方式

家庭是构成社会的基本单位，是一个人最早接触的，并且终生密切联系的重要环境。而父母则是对个体成长影响最直接的人。所以，在青年心理社会发展过程中，父母教养方式无疑起着十分重要的作用，它是在家庭生活中发生的，以亲子关系为中心，以培养身心健康和合格社会成员为目标的最主要的活动。

各种自我同一性状态个体的家庭特征是：排他型同一性状态的个体与父母有最亲密的关系，认为父母是慈爱的，家庭是以孩子为中心的并鼓励与家庭价值观保持一致；弥散型同一性状态的个体与家庭疏远，认为父母冷淡、消极被动、拒绝倾向而且不具理解性；成就型和延缓型同一性状态的个体认为家庭是支持和鼓励性的，也具有批判性，但延缓型的个体与家庭有冲突，对家庭有一种矛盾情绪，一旦他们同一性危机得到成功解决，则会与家庭保持和谐。在父母变量方面，父母间教养方式的差异可能有助于子女同一性发展。Baumeister（1986）从临床及心理分析的文献得出结论，他认为对父母正反感情的并存有助于同一性危机的解决。因为对父母负面的感情能够引起对他们价值观的批判，而父母正面的影响可以提供给青少年为追寻同一性而进行奋斗时所需要的内在源泉。父亲与儿子的互动对儿子的同一性发展重要，所有的家庭互动对女儿的同一性发展都重要。张青方（1998）的研究发现父母的教养方式对青少年同一性发展有影响，

---

① Marcia JE，As Waterman，Matteson DR er al. Ego－identity：the handbook of psychosocial research［C］. New York：Open University Press，1993：1－21，42－45，34，31，53－54.

父母对子女投入的情感温暖、理解越多，青少年的心理社会发展越好，同一性危机水平越低。① Adams et al.（2000）研究家庭环境与大学生自我同一性发展的关系，从家庭表达性和亲密性来考察大学生自我同一性与家庭环境的关系，发现民主性的家庭环境与成就型同一性状态呈正相关，与弥散型同一性状态呈负相关。

良好的教养方式有利于个体自我同一性的形成，而不良的教养方式则一定程度上阻碍自我同一性的形成，导致此危机的消极解决结果。因此，研究父母教养方式对大学生自我同一性发展的影响有重要的实践意义。

2. 个体内在因素—认知方式

认知方式，又称认知风格，是指个体在组织和加工信息中所具有的个性化的和一贯的方式（Tennant，1988）。② 人的认知方式对人的各种心理活动具有普遍影响。

心理学工作者针对自我同一性与各种认知方式的关系进行了研究。Kirby（1977）发现排他型同一性状态的学生认知简单，而弥散型则更复杂。Reker（1979）发现，处于不稳定的延缓型、弥散性同一性状态的大学生比处于稳定的成就型同一性状态的大学生有更复杂的认知系统。Waterman（1974）、Shain&Farber（1989）发现成就型、延缓型同一性状态的大学生更具思考型的认知方式，而排他型、弥散型同一性状态的大学生则更具冲动型认知方式。③

场依存－场独立认知方式是由威特金（1964）提出的，是一种影响较为广泛的认知方式。区分了人们在加工信息过程中存在的两种相对的认知方式。他将场依存－场独立性看做是“心理分化”这个更广泛的概念的整体的一部分。心理分化的一个方面就表现为自我与非我的分裂，即作为个人意识、情感和需要核心的自我与外界环境及他人分离开来，我是我，他是他，自我有一定的自主性，其行为活动就较少受环境和他人的支配，较多由自我来指导；相反，心理未分化或分化程度低则表示自我与非我的界

---

① 张青方：《青少年心理社会发展与其父母教养方式的相关研究》，《青年研究》1998 第 5 期，第 11 页。

② Tennant M. Psychology and Adult Learning［M］. London：Rontledge，1988：100. 转引自：李浩然、刘海燕：《认知风格结构模型的发展》，《心理学动态》，2000，8（3），第 45 页。

③ 郭金山：《同一性的自我追求——大学生自我同一性研究》，国家图书馆 2002 年版，第 65—66 页。

限不明确，自我与外界环境及他人有更多的连接，更易于受环境及他人的左右。而场认知方式则是自我与非我分化程度高低在认知方面的体现。

自我与非我分化程度高的个体属于场独立性的认知方式，即个体在信息加工时较多以内在自我为参照，较少以外在环境为参照；而自我与非我分化程度低的个体则更多地以外在参照为信息加工的依据。场认知方式有以下几个特征：[①]

（1）场认知方式是过程变量，而不是内容变量；

（2）场认知方式在认知过程中具有普遍性；

（3）个体的场认知方式具有跨时间的稳定性（威特金，1977）；

（4）场认知方式具有价值中性。

由于认知方式广泛的影响个体的各种心理活动，所以也必将影响自我同一性的形成。

三、蒙古族大学生自我同一性发展特征研究的目的和内容

（一）蒙古族大学生自我同一性发展特征研究的目的

1. 自我同一性对个体健康人格形成的重要性

埃里克森（1958，1963，1968）在对自我统一性的讨论中，明确地提出了自我同一性的整合和动力的功能。它能提供过去、现在、将来的主观一致感和连续感，提供组织和整合不同行为的框架，为社会比较提供基础，给个体明确的价值观、目标和信念以及生活的方向、目的和意义。

Adams 和 Gullotta（1989）认为同一性具有以下主要功能：[②]

（1）提供了解个体是谁的构造及“我是谁”的问题的本质；

（2）透过显示的结构提供意义和方向的机制或自我结构；

（3）使个体能够根据不同的途径从事选择，提供个体控制感或自由意志感；

（4）提供个体统合或协调价值、信念或承诺之间的一致性；

（5）使个体能够实现其潜能，即提供个体的未来目标感。

如果不能形成自我同一性，则不能整合一个人的过去、现在和将来，导致个体的无目标感和无意义感，可能处于弥散型同一性状态，甚至出现

---

① 谢斯俊：《关于场依存性问题的研究概况》，载《认知方式——一个人格维度的实验研究》，北京师范大学出版社 1988 年版，第 4—6 页。

② 江南发：《青少年自我统合教育》，台北：复文图书出版社，第 99—101 页。

行为障碍，严重妨碍个体人格的健康发展。所以，自我同一性的寻求与发展是现代文明社会中个人的重要发展任务，在个体一生的发展过程中它发挥着重要的作用。

2. 大学生正处于自我同一性形成的关键时期

根据埃里克森自我同一性理论，自我同一性是青年期面临的特定的发展性危机，成功地解决这一危机，则会增强自我的力量；反之，不成功的解决则会导致同一性的扩散，影响人格的健康发展及自身的适应能力，并会影响到以后各阶段的发展危机的解决。玛西亚认为自我同一性的形成是人格发展的重要事件，它发生于青年期后期，标志着儿童期的结束和成年期的开始。现在的教育体制下，大学阶段正处于这一时期。另据陈秉华（1994）的文献总结，在下列几种情况下，会威胁到一个人自我同一性的形成，使同一性混乱，从而产生同一性危机。①

（1）个人的生理状况急速改变（进入青春期、生病等），或是进入不同的身心发展阶段（例如由青少年向成人转变），带来自我发展的新任务；

（2）重要的人际关系产生破裂或变化，或是原有的亲密关系及社会支持的消失或削弱（例如与亲人分离或是重要的亲人亡故）；

（3）由在一个习惯了的社会文化中跨入另一个不同的社会文化中，但不能被两边的团体完全接纳与认同；

（4）快速的社会变迁。

上述四种情况在大学生身上或多或少有所体现，因而容易产生迷茫困惑。近年来随着我国高等教育的发展，使大学生群体不断扩大，大学生人格的健康发展日益得到教育界、心理学界的关注。对自我同一性这一重要发展课题更应给予重视。

3. 蒙古族有自己独特、完整的民族文化

对少数民族青少年同一性的研究发现，那些不能把本民族文化与主流文化调和的个体容易产生同一性混乱。Berlin（1986）在对土著美洲人研究的基础上总结出以下影响少数民族青少年同一性形成的因素：缺少成功地完成同一性任务的成人榜样；有限的探索机会；不成功的早期发展。少数民族青少年同一性提前结束的人较多，缺乏探索是提前结束者的特点，因为种族偏见、歧视和事实上的不平等等原因，少数民族青少年在同一性

---

① 黄希庭、郑涌：《当代中国大学生心理特点与教育》，上海教育出版社 1999 年版，第 277 页。

形成过程中探索机会受到限制。

蒙古族是一个历史悠久，文化积淀丰厚，语言文字发达并有自己较集中的聚居区的少数民族。虽然由于长期以来蒙汉两民族文化的不断融合，其本民族文化受到汉族主流文化的影响，但仍较完整地保留着自己独特的文化底蕴和民族特点。同时，由于生存的自然环境的差异，使蒙古民族的生产方式区别为纯牧业地区、纯农业地区、半农半牧地区及城镇地区。这些特点鲜明的民族文化及生态文化必将影响蒙古族大学生自我同一性的发展。这方面的研究目前尚属空白。

（二）蒙古族大学生自我同一性发展特征研究的内容及假设

1. 蒙古族大学生自我同一性发展特征研究的内容

（1）试图通过对蒙古族大学生自我同一性的研究，揭示蒙古族大学生自我同一性发展趋势及特征；

（2）初步探讨蒙古族大学生自我同一性发展的影响因素。

希望通过对蒙古族大学生自我同一性的研究，不仅丰富这一领域的实证研究，同时也推进针对自我同一性这一重要课题的本土化研究，从而为少数民族大学生人格的健康发展及心理教育工作提供理论和实践指导，使这一领域工作的开展更具有针对性和有效性。

2. 蒙古族大学生自我同一性发展特征研究的假设

（1）蒙古族大学生自我同一性发展存在性别差异；

（2）蒙古族大学生自我同一性发展存在年级差异；

（3）蒙古族大学生自我同一性发展存在学科差异；

（4）蒙古族大学生自我同一性发展存在生态文化差异；

（5）蒙古族大学生自我同一性发展受学校环境、父母教养方式及个体的场认知方式的影响。

第二节　蒙古族大学生自我同一性发展特征的研究

一、研究被试的选取

采用随机整群抽样的方法，分别在内蒙古大学、内蒙古师范大学、内蒙古农业大学蒙语授课的一、二、三、四年级蒙古族大学生中，抽取被试625名。问卷收回后，进行仔细筛选，剔除无效问卷后，保留有效问卷553份，有效率为88.48%。被试在性别、年级、学科、生源地区上的分布情况见表 11-1。

表 11-1 553 名蒙古族大学生在性别、年级、学科、生源地区上的分布

年　级		一年级（人）	二年级（人）	三年级（人）	四年级（人）	合计（人）
性别	男	64	80	39	48	231
	女	71	105	76	70	322
总计		135	185	115	118	553
学科		文科		理科		合计
人数		194		359		553
生源地区	纯牧业地区	纯农业地区	半农半牧地区	城镇地区	其他地区	合计
人数	62	66	272	148	5	553

二、研究工具的选取

（一）《大学生自我同一性状态量表》

本量表由郭金山 2002 年以中国大学生为被试进行了修订。大学生自我同一性状态量表各维度的 Cronbach α 系数在 0.5701－0.8270 之间，各项目与所属维度的相关系数在 0.311—0.688 之间，表明该量表具有较好的内部一致性。

（二）《学校环境自我知觉调查问卷》

采用郭金山在研究大学生学校环境的自我知觉与自我同一性发展的关系所采用的《学校环境自我知觉调查问卷》，将问卷确定为三个维度：① 即关系系统维度、目标导向维度和文化氛围维度。该问卷各维度的 Cronbach α 系数在 0.5699－0.6662 之间，项目与所属维度的相关系数在 0.362－0.734 之间，表明该问卷具有较好的内部一致性。

（三）《父母教养方式评价量表》

《父母教养方式评价量表》是由瑞典 Umea 大学精神医学系 C. Perris

① 郭金山：《同一性的自我追求——大学生自我同一性研究》，国家图书馆 2002 年版，第 134 页。

等人 1980 年编制，经我国岳冬梅等修订的。量表由 6 个父亲教养方式和 5 个母亲教养方式维度构成。该量表各维度的 Cronbach α 系数在 0.3869－0.8273 之间，各项目与所属维度的相关系数在 0.184－0.731 之间，表明该量表具有较好的内部一致性。

（四）《认知方式图形测验》

采用北京师范大学心理系 1981 年修订的《认知方式图形测验》（CS-FT）手册。该测验包括三个部分，第一部分供练习之用，第二、三部分是正式测验部分。测验时配以秒表计时。

（五）研究程序

将量表装订成册，进行分班分次团体施测，采用汉语问卷，蒙、汉双语主试，事先经过指导、学习并掌握了有关施测程序和规则。所有数据采用 SPSS FOR WINDOWS 11.0 软件包进行管理和统计分析。

三、研究结果

（一）蒙古族大学生自我同一性发展特征

本研究按三个层面来呈现蒙古族大学生自我同一性与性别、年级、学科、生态文化等变量之间的关系。第一层面为总的自我同一性；第二层面为意识形态分领域和人际关系分领域的自我同一性；第三层面为意识形态分领域中职业、宗教信仰、政治观点、人生观和人际关系分领域中业余活动、交往方式、性别角色、友谊共八个子领域的自我同一性。从而较为深入、全面地揭示蒙古族大学生自我同一性的发展特征。四种同一性状态分别为：ACH—成就型同一性，MOR—延缓型同一性，FOR—排他型同一性，DIF—弥散型同一性。

1. 蒙古族大学生自我同一性发展的性别特征

采用 T 检验考察蒙古族大学生自我同一性诸领域的性别差异，结果见表 11-2，表中的统计数据表明：

对于总的自我同一性层面：在成就型同一性上，男生极显著高于女生；在延缓型同一性上，男生较显著高于女生；在排他型和弥散型同一性上不存在明显的性别差异。

对于第二层面：两个分领域中自我同一性的性别差异情况与总的自我同一性层面相似。在意识形态分领域中，成就型同一性和延缓型同一性上，男生显著高于女生；排他型和弥散型同一性上无显著性别差异。在人际关系分领域中，成就型同一性方面男生极显著高于女生；延缓型同一性上，男生较显著高于女生；而排他型和弥散型同一性上男女生不存在显著差异。

表 11-2　蒙古族大学生自我同一性性别差异 T 检验分析表

领　域	男 N=231 人		女 N=322 人		T
	M	SD	M	SD	
成就型	61.03	10.91	57.50	10.11	3.909***
延缓型	59.08	10.22	56.07	10.63	3.343**
排他型	45.08	11.16	44.60	11.13	0.502
弥散型	50.41	11.08	50.75	10.06	−0.380
意识形态成就型	30.48	6.13	29.28	5.96	2.312*
意识形态延缓型	29.11	5.39	27.88	5.61	2.577**
意识形态排他型	23.02	6.18	22.92	6.09	0.200
意识形态弥散型	26.65	6.59	26.69	6.11	−0.085
人际关系成就型	30.55	6.14	28.23	5.65	4.592***
人际关系延缓型	29.97	6.06	28.18	6.12	3.402**
人际关系排他型	22.06	6.05	21.68	6.18	0.713
人际关系弥散型	23.76	6.24	24.06	5.92	−0.569
职业成就型	7.83	2.22	7.34	2.24	2.549*
职业延缓型	8.50	2.01	8.4	2.02	0.300
职业排他型	5.02	2.28	4.78	2.16	1.255
职业弥散型	6.55	2.40	6.66	2.46	−0.512
信仰成就型	6.50	2.55	6.09	2.51	1.867
信仰延缓型	5.97	2.37	5.62	2.28	1.738
信仰排他型	5.68	2.10	5.89	2.23	−1.122
信仰弥散型	7.60	2.78	7.24	2.66	1.529
政治成就型	8.60	2.05	8.39	2.09	1.179
政治延缓型	6.42	2.25	5.94	1.97	2.592*
政治排他型	6.38	2.06	6.64	2.10	−1.431
政治弥散型	6.81	2.53	7.28	2.26	−2.325*
人生观成就型	7.55	2.11	7.46	2.05	0.519
人生观延缓型	8.25	2.28	7.87	2.19	1.980*
人生观排他型	5.94	2.02	5.60	2.08	1.887
人生观弥散型	5.70	2.26	5.52	1.97	0.993
业余活动成就型	8.20	2.20	7.59	2.02	3.369***
业余活动延缓型	7.43	2.24	6.95	2.31	2.415*

续表

领　域	男 N=231 人		女 N=322 人		T
	M	SD	M	SD	
业余活动排他型	4.68	1.94	4.48	1.91	1.196
业余活动弥散型	7.21	2.29	7.21	2.16	0.034
交往方式成就型	7.88	2.21	7.26	2.09	3.328**
交往方式延缓型	7.93	2.15	7.32	2.24	3.212**
交往方式排他型	5.69	2.17	5.55	2.14	0.760
交往方式弥散型	5.76	2.45	6.20	2.37	−2.142*
性别角色成就型	6.80	2.46	6.31	2.27	2.474*
性别角色延缓型	6.61	2.41	6.09	2.34	2.511*
性别角色排他型	5.85	2.15	5.72	1.99	0.719
性别角色弥散型	6.02	2.18	6.25	2.32	−1.182
友谊成就型	7.67	2.12	7.06	2.14	3.272**
友谊延缓型	8.00	2.36	7.81	2.34	0.945
友谊排他型	5.84	2.24	5.93	2.18	−0.475
友谊弥散型	4.77	2.38	4.40	2.21	1.887

注：*差异显著水平 p≤0.05　**差异显著水平 p≤0.01　***差异显著水平 p≤0.001；以下相同。

对于第三层面：对于职业子领域，在成就型同一性上男生显著高于女生，其他三个同一性状态上未见显著性别差异；在宗教信仰子领域中没有明显性别差异；在政治子领域中，延缓型和弥散型同一性上存在显著性别差异，在延缓型上男生显著高于女生，弥散型同一性上女生高于男生，而成就型和排他型同一性上无显著性别差异；对于人生观子领域，只有在延缓型同一性上男生显著高于女生，在其他同一性状态上均无明显性别差异。在业余活动方面，成就型同一性上男生较显著高于女生，延缓型同一性上男生显著高于女生，而排他型和弥散型同一性上男女生间不存在明显性别差异；交往方式子领域中，只在排他型同一性上不存在性别差异，其他状态均有显著差异，在成就型和延缓型同一性上男生高于女生，在弥散型同一性上，女生高于男生；性别角色方面，在成就型和延缓型同一性上男生均显著高于女生，在排他型和弥散型同一性上不存在显著性别差异；对于友谊子领域，只在成就型同一性上男生较显著高于女生，其他同一性状态均无明显性别差异存在。

（二）蒙古族大学生自我同一性发展的年级特征

1. 蒙古族大学生自我同一性状态年级分布

首先分析并呈现在总的自我同一性及意识形态分领域和人际关系分领

域的四种自我同一性状态在年级上的分布状况，结果见表 11-3：

表 11-3 蒙古族大学生自我同一性状态年级分布

年级	人数(N)	自我同一性状态	意识形态分领域		人际关系分领域		总的自我同一性	
			频数(f)	比例(%)	频数(f)	比例(%)	频数(f)	比例(%)
一年级	135	弥散型	23	17.0	18	13.3	20	14.8
		排他型	14	10.4	14	10.4	13	9.6
		延缓型	86	63.7	94	69.6	92	68.1
		成功型	12	8.9	9	6.7	10	7.4
二年级	185	弥散型	33	17.8	25	13.5	28	15.1
		排他型	19	10.3	12	6.5	19	10.3
		延缓型	118	63.8	137	74.1	130	70.3
		成功型	15	8.1	11	5.9	8	4.3
三年级	115	弥散型	8	7.0	20	17.4	7	6.1
		排他型	15	13.0	4	3.5	10	8.7
		延缓型	76	66.1	77	67.0	80	69.6
		成功型	16	13.9	14	12.2	18	15.7
四年级	118	弥散型	16	13.6	15	12.7	18	15.3
		排他型	20	16.9	23	19.5	23	19.5
		延缓型	69	58.5	70	59.3	66	55.9
		成功型	13	11.0	10	8.5	11	9.3

由表 11-3 可知，蒙古族大学生自我同一性状态中，成就型同一性占 4.3%—15.7%，延缓型同一性占 55.9%—70.3%，排他型同一性占 8.7%—19.5%，弥散型同一性占 6.1%—15.3%；在意识形态分领域中，弥散型同一性占 7.0%—17.8%，排他型同一性占 10.3%—16.9%，延缓型同一性占 58.5%—66.1%，成就型同一性占 8.1%—13.9%；在人际关系分领域中，弥散型同一性占 12.7%—17.4%，排他型同一性占 3.5%—19.5%，延缓型同一性占 59.3%—74.1%，成就型同一性占 5.9%—12.2%。

由蒙古族大学生自我同一性状态的年级分布图 11-1 可以看出各同一性状态在年级上的分布状况：

弥散型同一性状态在总的同一性和意识形态分领域上的分布相似，即一年级到二年级比例上升，到三年级下降，四年级又有所上升；在人际关系分领域，一年级到二年级上升，从二年级到四年级呈下降趋势。

排他型同一性状态在总的自我同一性和意识形态分领域的分布情况相

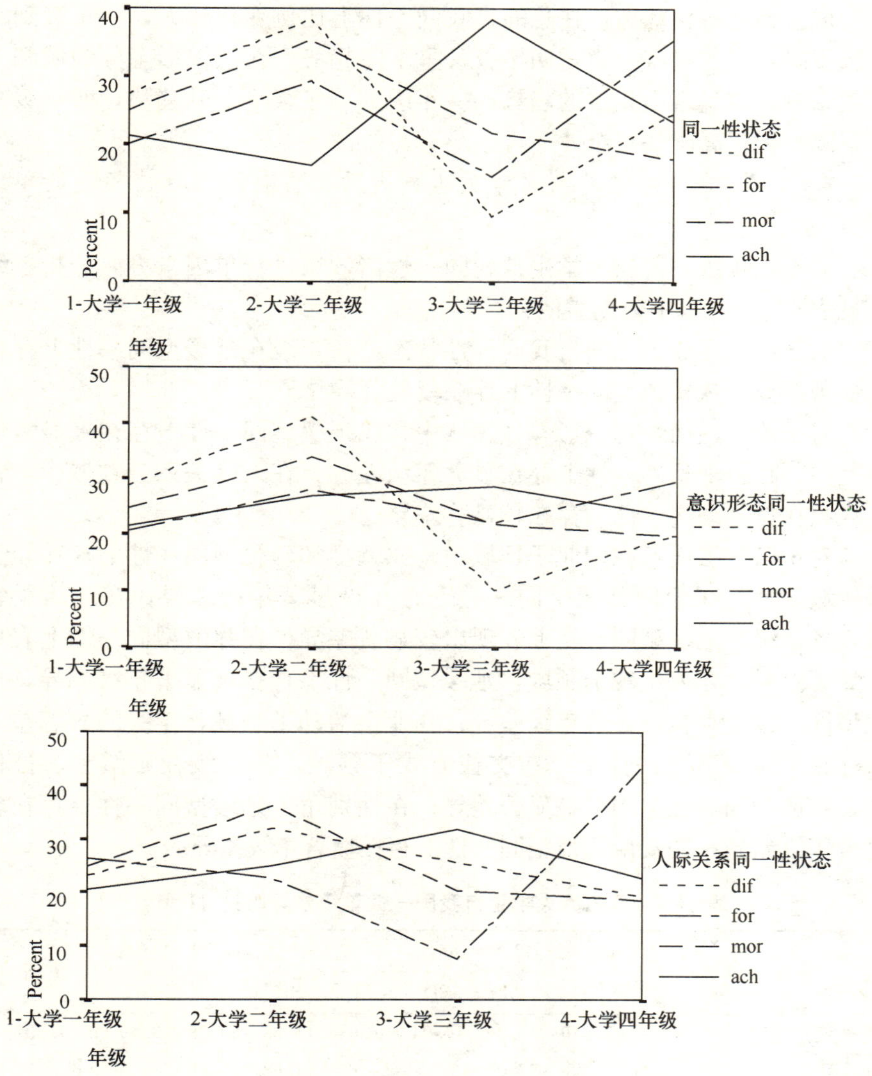

图 11-2　蒙古族大学生自我同一性状态的年级分布图

似，一年级到二年级比例上升，到三年级下降，四年级又回升；在人际关系分领域，一年级到三年级呈下降趋势，四年级上升。

延缓型同一性状态，在总的自我同一性和意识形态分领域、人际关系分领域的分布相似，呈现一年级到二年级比例上升，从二年级到四年级呈下降趋势。

成就型同一性状态，在总的自我同一性上比例变化较大，一年级到二年级下降，三年级有突增，四年级又呈下降趋势；在意识形态分领域和人际关系分领域呈现出相似的趋势，一年级到三年级呈上升趋势，四年级有所下降，但仍高于一年级。

2. 采用单因素方差分析考察蒙古族大学生自我同一性诸领域的年级差异

对不同年级蒙古族大学生自我同一性诸领域进行单因素方差分析，结果见表 11－4，表中数据表明：

对于第一层面：总的自我同一性状态，各年级在延缓型同一性上存在极显著差异；在排他型同一性上存在较显著差异。

对于第二层面：意识形态分领域中，在延缓型同一性上存在极显著年级差异，在排他型同一性上存在显著年级差异；在人际关系分领域中，各年级只在排他型同一性上存在较显著差异。

对于第三层面：在职业子领域中，成就型和延缓型同一性上存在较显著年级差异；在信仰延缓型同一性上存在极显著年级差异；在政治子领域，各年级在延缓型同一性上表现出较显著差异，在弥散型同一性上表现出显著差异；在人生观子领域，延缓型同一性上存在极显著年级差异，排他型同一性上存在较显著年级差异；在业余活动子领域，年级的显著差异只存在于排他型同一性上；在交往方式子领域，各年级在延缓型、排他型、弥散型同一性上均存在显著差异；在性别角色延缓型同一性上存在较显著年级差异；在友谊排他型同一性上存在显著年级差异。

表 11-4　蒙古族大学生自我同一性年级差异比较（F 值）

领域	G1 N=135 人		G2 N=185 人		G3 N=115 人		G4 N=118 人		F 值
	M	SD	M	SD	M	SD	M	SD	
成就型	59.37	11.19	58.09	10.04	58.44	11.63	60.38	9.49	1.297
延缓型	60.38	9.73	57.05	9.99	54.64	11.88	56.74	10.25	6.596***
排他型	44.17	11.80	45.33	9.83	42.27	11.32	47.08	11.63	3.975**
弥散型	50.33	11.01	51.79	10.96	49.31	9.75	50.22	11.09	1.460
意识形态成就型	29.99	6.56	29.45	5.61	29.50	6.82	30.32	5.27	0.629
意识形态延缓型	30.32	5.38	28.57	5.06	26.51	6.08	27.69	5.19	11.159***
意识形态排他型	22.07	6.03	23.47	5.48	22.12	6.61	23.94	6.51	3.142*
意识形态弥散型	26.65	6.69	27.28	6.17	25.63	5.94	26.70	6.33	1.629
人际关系成就型	29.38	6.02	28.63	5.97	28.94	6.35	30.06	5.45	1.499

续表

领域	G1 N=135人		G2 N=185人		G3 N=115人		G4 N=118人		F值
	M	SD	M	SD	M	SD	M	SD	
人际关系延缓型	30.06	5.81	28.48	5.96	28.13	6.76	29.05	6.18	2.520
人际关系排他型	22.09	6.71	21.86	5.45	20.16	5.93	23.14	6.29	4.868**
人际关系弥散型	23.68	6.43	24.51	5.70	23.68	6.16	23.52	6.04	0.887
职业成就型	7.33	2.25	7.25	2.14	7.63	2.58	8.14	1.92	4.375**
职业延缓型	8.90	2.04	8.55	1.89	7.94	2.12	8.35	1.97	5.097**
职业排他型	4.70	2.11	4.82	1.98	4.69	2.44	5.36	2.42	2.457
职业弥散型	6.69	2.54	6.89	2.32	6.23	2.47	6.45	2.41	2.023
信仰成就型	6.40	2.59	6.48	2.36	5.89	2.65	6.11	2.58	1.518
信仰延缓型	6.12	2.57	6.07	2.14	5.08	2.24	5.52	2.22	5.975***
信仰排他型	5.72	2.36	5.83	1.99	5.55	2.15	6.06	2.26	1.141
信仰弥散型	7.36	2.72	7.20	2.73	7.19	2.70	7.87	2.64	1.746
政治成就型	8.85	2.17	8.36	2.03	8.25	2.21	8.44	1.83	2.114
政治延缓型	6.61	2.11	6.10	1.91	5.64	2.33	6.11	2.07	4.508**
政治排他型	6.34	2.21	6.77	1.93	6.36	2.26	6.52	1.96	1.449
政治弥散型	7.12	2.50	7.43	2.28	6.87	2.36	6.64	2.34	3.031*
人生观成就型	7.40	2.33	7.35	2.03	7.72	2.06	7.62	1.81	0.967
人生观延缓型	8.68	2.12	7.87	2.12	7.80	2.44	7.71	2.19	5.425***
人生观排他型	5.30	1.78	6.04	2.16	5.51	2.07	5.99	2.08	4.534**
人生观弥散型	5.46	2.22	5.75	2.15	5.33	1.93	5.73	1.98	1.266
业余活动成就型	7.92	2.12	7.82	1.99	7.71	2.23	7.90	2.19	0.252
业余活动延缓型	7.55	2.37	7.14	2.10	6.92	2.50	6.93	2.19	2.165
业余活动排他型	4.54	2.09	4.55	1.84	4.16	1.75	4.96	1.94	3.412*
业余活动弥散型	7.23	2.25	7.24	2.13	7.19	2.36	7.11	2.15	0.089
交往方式成就型	7.65	2.29	7.40	2.02	7.26	2.31	7.78	2.02	1.471
交往方式延缓型	8.00	2.35	7.55	2.11	7.21	2.21	7.44	2.19	2.798*
交往方式排他型	5.73	2.22	5.60	1.98	5.14	2.23	5.92	2.18	2.782*
交往方式弥散型	5.61	2.38	6.38	2.38	6.10	2.53	5.80	2.29	3.062*
性别角色成就型	6.37	2.48	6.38	2.35	6.47	2.49	6.89	1.93	1.420
性别角色延缓型	6.16	2.41	5.98	2.36	6.26	2.50	7.00	2.12	4.682**
性别角色排他型	5.73	2.17	5.87	1.85	5.38	2.07	6.03	2.16	2.181
性别角色弥散型	6.40	2.38	6.28	2.20	5.97	2.40	5.83	2.01	1.774
友谊成就型	7.43	2.28	7.01	2.09	7.47	2.17	7.47	2.02	1.783
友谊延缓型	8.34	2.38	7.79	2.21	7.72	2.51	7.66	2.30	2.319

续表

领域	G1 N=135 人		G2 N=185 人		G3 N=115 人		G4 N=118 人		F 值
	M	SD	M	SD	M	SD	M	SD	
友谊排他型	6.08	2.23	5.83	2.09	5.46	2.32	6.22	2.16	2.732*
友谊弥散型	4.422	2.41	4.60	2.21	4.40	2.26	4.75	2.29	0.627

G1：一年级　G2：二年级　G3：三年级　G4：四年级。

对存在年级差异的自我同一性个别领域进行多重比较（表 11-5）可知：

对于第一层面：总的自我同一性状态中，排他型同一性在二年级显著高于三年级，四年级显著高于一年级，比较显著高于三年级，一年级与二年级、三年级间不存在显著差异，从平均数差异看，一年级到二年级有增加的趋势，到三年级有显著降低，到四年级则有比较显著的上升趋势；延缓型同一性在一年级极显著高于三年级，而较显著高于二年级和四年级，其他年级间不存在显著差异，从平均数差异看，一年级、二年级、三年级呈下降趋势，四年级较三年级有回升趋势。

对于第二层面：在意识形态分领域，排他型同一性在四年级显著高于一年级和三年级，在二年级显著高于一年级，其他年级之间无显著差异，从平均数差异看，一年级到二年级有显著增加，到三年级有所下降，四年级又有显著上升；延缓型同一性在一年级极显著高于三年级和四年级，较显著高于二年级，二年级较显著高于三年级，从平均数差异看，一年级到二年级有较显著降低，三年级有极显著的下降，到四年级有所回升。在人际关系分领域，排他型同一性在三年级显著低于一年级和二年级，极显著低于四年级，从平均数差异看，一年级到二年级下降，到三年级有显著下降，但四年级却有极其显著的上升。

对于第三层面：在职业子领域中，延缓型同一性在一年级极显著高于三年级，显著高于四年级，二年级显著高于三年级；成就型同一性在四年级较显著高于一年级和二年级。在宗教信仰同一性中，延缓型同一性在三年级极显著低于一年级和二年级，而四年级显著低于一年级和二年级。在政治子领域中，弥散型同一性在二年级显著高于三年级，较显著高于四年级；延缓型同一性在一年级显著高于二年级，极显著高于三年级。在人生观子领域中，排他型同一性在一年级较显著低于二年级和四年级，二年级显著高于三年级；延缓型同一性在一年级较显著高于其他三个年级。在业余活动子领域中，排他型同一性中，四年级较显著地高于三年级。在交往方式子领域中，弥散型同一性在二年级较显著高于一年级，显著地高于四年级；排他型同一性，三年级显著低于一年级，较显著低于四年级；延缓型同一性在一年级较显著高于三年级，显著高于四年级。在性别角色子领域中，延缓型同一性在四年级与其他年级间均有显著的差异，显著高于三年级，较显著高于一年级，极显著高于二年级。在友谊子领域中，排他型同一性在三年级显著低于一年级，较显著低于四年级。

表 11-5　不同年级蒙古族大学生自我同一性各因子的平均数差异（LSD）检验

领　域	平均数差异（Mean difference）					
	G1－G2	G1－G3	G1－G4	G2－G3	G2－G4	G3－G4
排他型	－1.1618	1.8951	－2.9114*	3.0569*	－1.7496	－4.8065**
延缓型	3.3311**	5.7417***	3.6394**	2.4106	0.3083	－2.1023
意识形态排他型	－1.4016*	－0.0477	－1.8666*	1.3539	－0.4650	－1.8189*
意识形态延缓型	1.7475**	3.8129***	2.6310***	2.0653**	0.8835	－1.1819
人际关心排他型	0.2398	1.9427*	－1.0448	1.7029*	－1.2846	－2.9875***
职业延缓型	0.3524	0.9646***	0.5562*	0.6122*	0.2039	－0.4083
职业成就型	0.0793	－0.3014	－0.8107**	－0.3807	－0.8900**	－0.5093
信仰延缓型	0.0557	1.0390***	0.6005*	0.9833***	0.5448*	－0.4385
政治弥散型	－0.3119	0.2477	0.4819	0.5596*	0.7938**	0.2342
政治延缓型	0.5067*	0.9713***	0.5046	0.4646	－0.0021	－0.4667
人生观排他型	－0.7449**	－0.2093	－0.6878**	0.5356*	0.0571	－0.4785
人生观延缓型	0.8085**	0.8728**	0.9696**	0.0670	0.1638	0.0968
业余活动排他型	－0.0032	0.3829	－0.4180	0.3861	－0.4148	－0.8009**
交往方式弥散型	－0.7690**	－0.4895	－0.1903	0.2794	0.5758*	0.2993
交往方式排他型	0.1333	－0.5855*	－0.1904	0.4522	－0.3237	－0.7759**
交往方式延缓型	0.4486	0.7826**	0.5508*	0.3340	0.1022	－0.2318
性别角色延缓型	0.1738	－0.1066	－0.8370**	－0.2804	－1.0108***	－0.7304*
友谊排他型	0.2436	0.6206*	－0.1389	0.3770	－0.3825	－0.7595**

注：G1：一年级　G2：二年级　G3：三年级　G4：四年级。

图 11-3—11-5 是蒙古族大学生总的自我同一性及分领域的年级发展趋势图，从中可以看出：

总的自我同一性及意识形态、人际关系分领域同一性的发展有相似之处。成就型同一性处于相对最高位置，排他型同一性位置相对最低，延缓型同一性状态在成就型之下，弥散型同一性次之，而且各领域相同的同一性状态发展趋势相似。成就型同一性呈现从一年级到二年级平缓下降，三年级开始出现上升趋势；延缓型同一性从一年级到三年级呈下降之势，到四年级回升；排他型同一性在总的自我同一性和意识形态分领域，一年级到二年级上升，三年级有所下降，四年级又回升，而人际关系分领域中，一年级到三年级呈下降趋势，四年级上升；弥散型同一性在总的自我同一性和意识形态分领域中，呈现一年级到二年级上升，三年级下降，四年级又有所回升，在人际关系分领域，一年级到二年级上升，之后呈下降趋势。

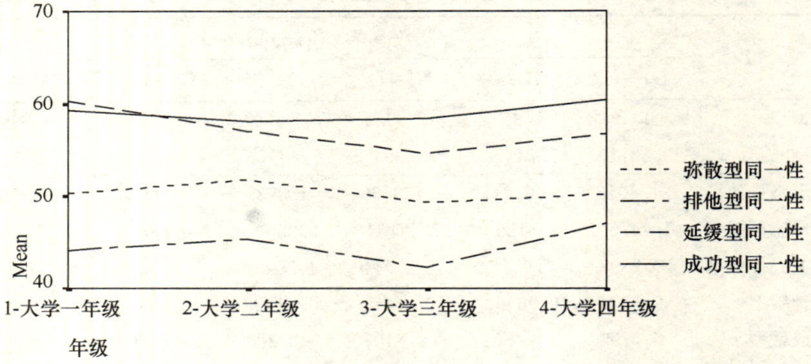

图 11-3　蒙古族大学生总的自我同一性年级发展趋势

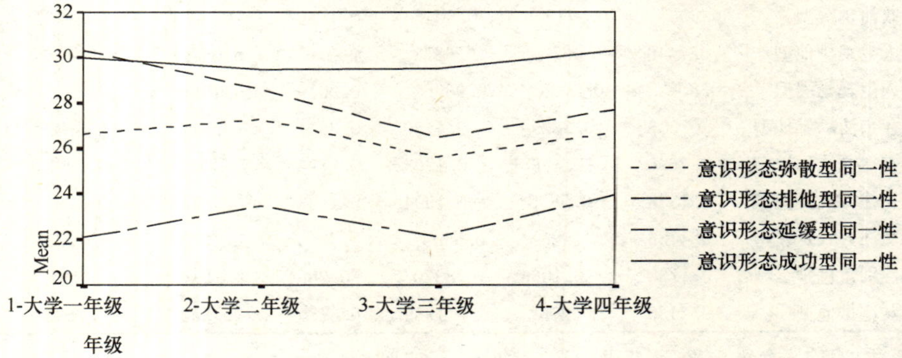

图 11-4　蒙古族大学生意识形态分领域自我同一性年级发展趋势

对于各子领域自我同一性的发展趋势，按同一性状态将各子领域的发展趋势图呈现如图 11-6—11-7：

对于职业、信仰、政治和人生观的弥散型同一性状态，它们的位置从低到高依次为：人生观、职业、政治观点、宗教信仰；人生观和职业弥散型同一性都在二年级、三年级发生转折；政治弥散型同一性一年级到二年

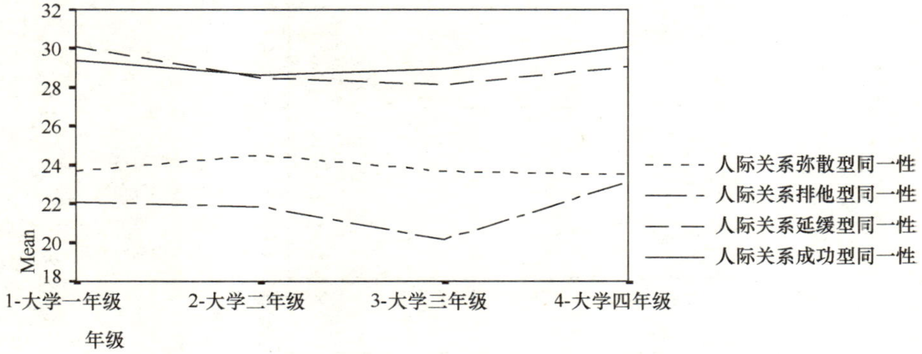

图 11-5　蒙古族大学生人际关系分领域自我同一性年级发展趋势

级有所上升，之后则呈下降趋势；信仰弥散型同一性一到三年级呈下降趋势，四年级有较大上升趋势。对于排他型同一性状态，政治排他型同一性位置最高，人生观与信仰位置相近，职业排他型同一性位置最低；职业排他型同一性状态从一年级到三年级有起伏，在四年级有较大上升；政治、人生观排他型同一性的发展趋势相似，在年级发展上有较大起伏。对于延缓型同一性状态，职业和人生观处于相对较高的位置，而信仰和政治观点处于相对较低位置；职业、政治、信仰延缓型同一性一到三年级呈下降趋势，在四年级时上升；人生观延缓型同一性随年级升高呈下降趋势，尤其在二年级到四年级变化很小。对于成就型同一性状态，政治成就型同一性处于相对最高位置，一年级到三年级呈下降趋势，四年级略有上升；信仰成就型同一性处于相对最低位置。

对于业余活动、交往方式、性别角色和友谊弥散型同一性状态的发展，业余活动弥散型同一性处于相对最高位置，随年级升高变化较小；交往方式与性别角色弥散型同一性位置接近，处于相对中间，性别角色弥散型同一性随年级发展呈现持续下降趋势，而交往方式弥散型同一性二年级有较大上升，之后呈现下降趋势；友谊弥散型同一性处于最低位置，随年级升高变化平缓，在二年级和三年级有转折。对于排他型同一性状态的发展，友谊和交往方式排他型同一性呈现出相似的发展趋势，均为从一到三年级为下降趋势，在三年级发生转折；性别角色排他型同一性在二年级、三年级出现转折；业余活动一年级、二年级相对稳定，三年级下降，四年级有较大上升，并处于相对最低位置。对于延缓型同一性的发展，各领域发展曲线所处相对位置从低到高依次为：性别角色、业余活动、交往方式、友谊延缓型同一性；友谊和业余活动延缓型同一性呈现下降趋势，并

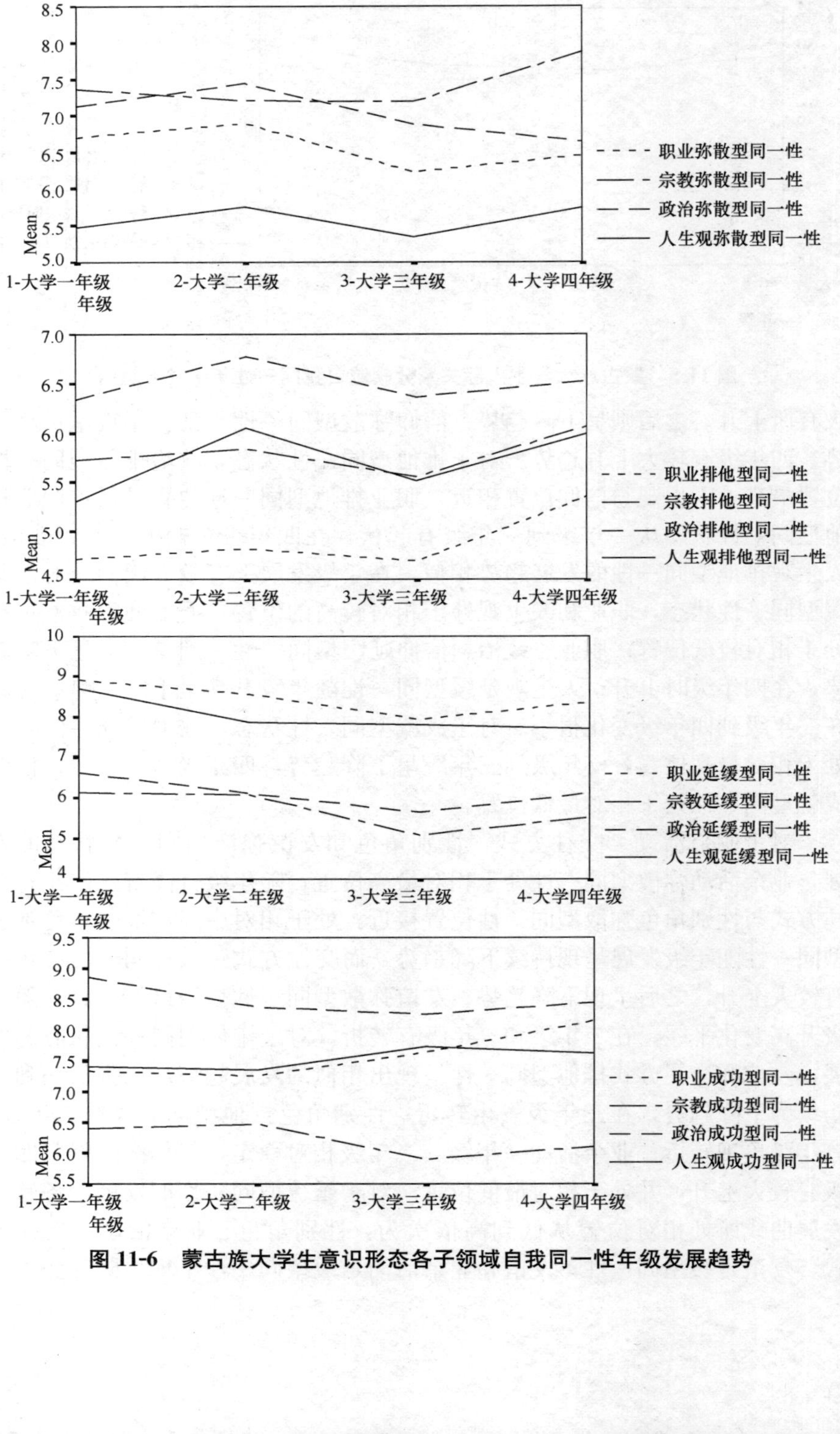

图 11-6　蒙古族大学生意识形态各子领域自我同一性年级发展趋势

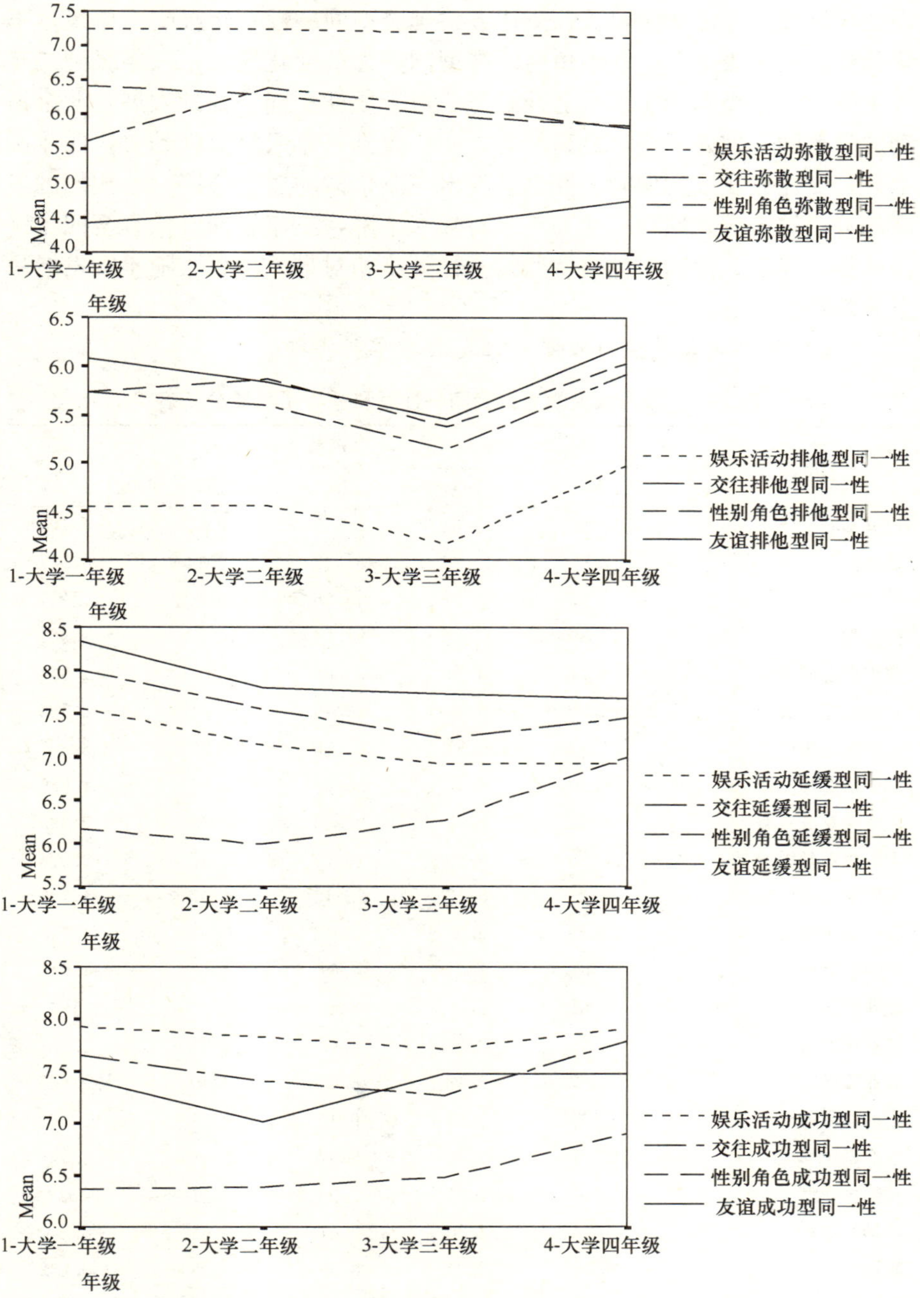

图 11-7　蒙古族大学生人际关系各子领域自我同一性年级发展趋势

在二年级到四年级变化较缓；交往方式延缓型同一性一年级到三年级呈下降趋势，四年级上升；性别角色延缓型同一性的变化较大，一年级到二年级下降，二年级到四年级呈上升趋势。对于成就型同一性的发展，业余活动成就型同一性处于相对最高位置，一年级到三年级呈下降趋势，四年级上升；交往方式成就型同一性也呈现出与业余活动成就型同一性相似的发展趋势；友谊成就型同一性二年级有较大下降，三年级回升，直至四年级保持相对稳定；性别角色成就型同一性处于相对最低位置，随年级发展呈上升趋势。

（三）蒙古族大学生自我同一性发展的学科特征

表 11-6　蒙古族大学生自我同一性学科差异 T 检验分析表

领　域	文科 N＝194 人		理科 N＝359 人		T 值
	M	SD	M	SD	
成就型	58.26	11.61	59.35	9.97	−1.104
延缓型	57.08	11.33	57.42	10.14	−0.347
排他型	43.17	11.38	45.66	10.90	−2.527*
弥散型	49.39	10.72	51.23	10.32	−1.964
意识形态成就型	29.21	6.74	30.09	5.62	−1.545
意识形态延缓型	28.20	6.02	28.49	5.27	−0.580
意识形态排他型	21.93	6.31	23.50	5.95	−2.893**
意识形态弥散型	26.10	6.40	26.97	6.24	−1.539
人际关系成就型	29.05	6.29	29.26	5.79	−0.395
人际关系延缓型	28.88	6.53	28.73	5.97	−0.074
人际关系排他型	21.23	6.17	22.16	6.07	−1.700
人际关系弥散型	23.29	6.07	24.16	6.02	−1.798
职业成就型	7.40	2.37	7.62	2.17	−1.042
职业延缓型	8.48	2.09	8.46	1.97	0.154
职业排他型	4.72	2.22	4.96	2.21	−1.172
职业弥散型	6.54	2.48	6.65	2.40	−0.460
信仰成就型	5.90	2.51	6.45	2.53	−2.408*
信仰延缓型	5.56	2.44	5.87	2.25	−1.497
信仰排他型	5.54	2.11	5.94	2.21	−2.023*
信仰弥散型	7.32	2.80	7.41	2.66	−0.340
政治成就型	8.45	2.24	8.49	1.98	−0.232
政治延缓型	6.08	2.17	6.17	2.08	−0.477
政治排他型	6.21	2.15	6.70	2.03	−2.653**

续表

领　域	文科 N=194 人		理科 N=359 人		T 值
	M	SD	M	SD	
政治弥散型	6.70	2.31	7.28	2.40	−2.736**
人生观成就型	7.45	2.19	7.53	2.01	−0.451
人生观延缓型	8.08	2.39	7.99	2.14	0.416
人生观排他型	5.45	2.11	5.90	2.01	−2.484*
人生观弥散型	5.53	2.20	5.63	2.04	−0.555
业余活动成就型	7.74	2.12	7.90	2.11	−0.834
业余活动延缓型	7.14	2.47	7.16	2.19	−0.096
业余活动排他型	4.41	2.02	4.64	1.87	−1.362
业余活动弥散型	7.13	2.24	7.24	2.19	−0.550
交往方式成就型	7.49	2.56	7.53	2.10	−0.235
交往方式延缓型	7.63	2.22	7.54	2.22	0.461
交往方式排他型	5.59	2.20	5.62	2.12	−0.160
交往方式弥散型	5.77	2.33	6.14	2.44	−1.732
性别角色成就型	6.39	2.41	6.58	2.29	−0.925
性别角色延缓型	6.23	2.54	6.35	2.30	−0.518
性别角色排他型	5.44	2.11	5.95	2.00	−2.816**
性别角色弥散型	6.10	2.32	6.18	2.22	−0.426
友谊成就型	7.43	2.18	7.25	2.13	0.967
友谊延缓型	7.89	2.44	7.89	2.30	0.004
友谊排他型	5.80	2.15	5.95	2.23	−0.756
友谊弥散型	4.29	2.23	4.69	2.31	−1.976*

对蒙古族大学生自我同一性诸领域在学科上的差异进行 T 检验，结果如表 11-6。

对于自我同一性的第一层面——总的自我同一性：在排他型同一性上，理科大学生显著高于文科大学生，在其他同一性上不存在显著学科差异。

对于第二层面：在意识形态分领域上的学科差异与总的同一性层面相似，理科大学生在排他型同一性上较显著高于文科大学生，其他同一性上不存在显著学科差异；在人际关系分领域各同一性均不存在明显的学科差异。

对于第三层面：在职业子领域上没有显著学科差异；在信仰子领域

中，排他型同一性上理科大学生显著高于文科大学生；政治观点方面，在排他型同一性和弥散型同一性上理科大学生较显著高于文科大学生；在人生观方面，排他型同一性上，理科大学生显著高于文科大学生；在业余活动和交往方式子领域上均不存在显著学科差异；在性别角色方面，排他型同一性上理科大学生较显著高于文科大学生；在友谊同一性中，弥散型同一性上理科大学生明显高于文科大学生。

（四）蒙古族大学生自我同一性发展的生态文化特征

表 11-7 是蒙古族大学生自我同一性诸领域在生态文化上的单因素方差分析结果。数据表明，在总的自我同一性及意识形态、人际关系分领域中的各同一性状态上均不存在显著的生态文化差异；各生态文化在政治成就型和弥散型同一性、交往方式成就型同一性、友谊延缓型同一性四个状态上存在显著的差异。

对存在生态文化差异的个别领域的同一性进行多重比较分析，见表 11-8，由表中数据可知：政治成就型同一性状态在半农半牧地区较显著高于城镇地区；政治弥散型同一性状态在城镇地区较显著高于纯牧业地区和半农半牧地区；交往方式成就型同一性在纯农业地区较显著低于半农半牧和城镇地区，显著低于纯牧业地区；友谊延缓型同一性中，纯农业地区显著高于城镇地区，半农半牧地区较显著高于城镇地区。

表 11-7　蒙古族大学生自我同一性生态文化差异比较（F 值）

领　域	D1　N=62 人		D2　N=66 人		D3　N=272 人		D4　N=148 人		F 值
	M	SD	M	SD	M	SD	M	SD	
成就型	58.54	10.69	57.63	9.13	59.64	10.66	58.54	11.08	0.645
延缓型	57.24	10.87	56.95	10.15	58.19	10.24	55.93	11.19	1.212
排他型	42.71	11.19	45.34	9.51	5.36	11.02	44.28	11.91	0.877
弥散型	50.01	11.28	52.10	8.59	49.79	10.73	51.58	10.42	1.120
意识形态成就型	29.24	6.28	29.77	5.31	30.17	6.07	9.25	6.27	0.720
意识形态延缓型	28.37	5.72	28.54	5.14	28.59	5.40	27.97	5.89	0.390
意识形态排他型	22.09	6.46	23.25	5.80	23.06	5.92	22.93	6.54	0.374
意识形态弥散型	26.88	6.76	27.10	5.46	26.07	6.20	27.46	6.54	1.298
人际关系成就型	29.30	6.08	27.86	5.15	29.47	6.00	29.28	6.17	1.187
人际关系延缓型	28.87	6.19	28.40	5.71	29.59	5.99	27.95	6.63	1.905
人际关系排他型	20.61	5.71	22.09	4.87	22.29	6.19	21.34	6.54	1.346
人际关系弥散型	23.12	6.18	25.00	5.78	23.71	6.16	24.12	5.90	0.934
职业成就型	7.56	2.28	7.57	2.28	7.63	2.08	7.30	2.50	0.932

续表

领　域	D1　N=62人		D2　N=66人		D3　N=272人		D4　N=148人		F值
	M	SD	M	SD	M	SD	M	SD	
职业延缓型	8.72	2.09	8.54	1.99	8.37	1.91	8.54	2.15	1.339
职业排他型	4.62	2.39	5.27	2.32	4.90	2.13	4.75	2.27	0.854
职业弥散型	6.79	2.47	6.45	2.25	6.56	2.39	6.72	2.57	0.468
信仰成就型	5.56	2.73	6.59	2.39	6.34	2.43	6.22	2.69	1.589
信仰延缓型	5.38	2.47	5.50	2.20	5.90	2.29	5.78	2.35	0.875
信仰排他型	5.59	2.46	5.81	2.08	5.94	2.18	5.59	2.09	0.819
信仰弥散型	7.75	2.72	7.65	2.73	7.25	2.56	7.36	2.93	0.670
政治成就型	8.56	1.95	8.34	1.98	8.71	1.89	8.08	2.39	2.408*
政治延缓型	5.95	2.36	6.34	1.60	6.23	2.12	5.91	2.18	0.924
政治排他型	6.38	2.16	6.43	1.81	6.49	1.97	6.69	2.35	0.359
政治弥散型	6.62	2.67	7.27	2.21	6.81	2.24	7.63	2.47	3.713**
人生观成就型	7.54	2.14	7.25	1.81	7.48	2.08	7.64	2.15	0.435
人生观延缓型	8.38	1.90	8.15	2.03	8.08	2.28	7.70	2.33	1.244
人生观排他型	5.48	2.09	5.72	2.00	5.72	2.00	5.89	2.20	0.464
人生观弥散型	5.70	2.43	5.72	1.71	5.44	2.15	5.74	2.01	0.691
业余活动成就型	7.72	2.47	7.86	1.83	7.82	2.06	7.95	2.15	0.351
业余活动延缓型	7.11	2.16	7.03	2.09	7.36	2.23	6.86	2.49	1.335
业余活动排他型	4.48	2.17	4.42	1.63	4.75	1.92	4.27	1.90	1.668
业余活动弥散型	7.03	2.47	7.27	1.93	7.20	2.22	7.25	2.22	0.167
交往方式成就型	7.72	2.22	6.75	1.78	7.61	2.16	7.61	2.22	2.503*
交往方式延缓型	7.63	2.33	7.31	1.98	7.73	2.21	7.36	2.29	1.014
交往方式排他型	5.56	2.28	5.71	1.91	5.69	2.11	5.41	2.24	0.441
交往方式弥散型	5.91	2.34	6.25	2.57	5.80	2.44	6.33	2.29	1.390
性别角色成就型	6.75	2.14	5.98	2.14	6.58	2.37	6.54	2.43	1.371
性别角色延缓型	6.40	2.25	5.86	2.46	6.38	2.21	6.30	2.71	0.678
性别角色排他型	5.10	2.07	5.95	1.54	5.81	2.11	5.85	2.07	2.081
性别角色弥散型	5.59	2.18	6.63	2.04	6.09	2.21	6.29	2.41	1.936
友谊成就型	7.09	2.09	7.25	2.00	7.45	2.05	7.16	2.39	0.620
友谊延缓型	7.72	2.43	8.19	2.13	8.10	2.32	7.42	2.43	2.407*
友谊排他型	5.46	1.91	6.00	2.08	6.02	2.20	5.79	2.36	0.947
友谊弥散型	4.58	2.19	4.83	2.15	4.61	2.30	4.23	2.32	1.659

注：D1：纯牧业地区　D2：纯农业地区　D3：半农半牧地区　D4：城镇地区

表 11-8　不同生态文化蒙古族大学生自我同一性各因子的平均数差异（LSD）检验

领　域	Mean	difference				
	D1—D2	D1—D3	D1—D4	D2—D3	D2—D4	D3—D4
政治弥散型	—0.6437	—0.1835	—1.0061**	0.4602	—0.3624	—0.8226**
政治成就型	0.2160	—0.1487	0.4834	—0.3648	0.2674	0.6322**
交往方式成就型	0.9682*	0.1118	0.1109	—0.8564**	—0.8573**	—0.0009
友谊延缓型	—0.4712	—0.3771	0.3001	0.0940	0.7713*	0.6773**

注：D1：纯牧业地区　D2：纯农业地区　D3：半农半牧地区　D4：城镇地区

（五）蒙古族大学生自我同一性诸领域在性别、年级变量上的多变量方差分析

结果见表 11-9：

表 11-9　不同性别、年级蒙古族大学生在自我同一性诸领域上多变量方差分析表（F 值）

	成就型	延缓型	排他型	弥散型	意识成就型	意识延缓型	意识排他型	意识弥散型	人际成就型
性别	14.801***	7.093**	0.024	0.625	5.333*	3.757	0.003	0.312	20.037***
年级	1.100	5.584**	4.168**	1.839	0.479	9.649***	3.524*	1.994	1.339
性别×年级	1.573	2.448	0.438	0.773	1.364	1.539	0.662	0.838	1.116

	人际延缓型	人际排他型	人际弥散型	职业成就型	职业延缓型	职业排他型	职业弥散型	信仰成就型	信仰延缓型
性别	7.853**	0.052	0.619	7.982**	0.015	1.568	0.724	2.967	1.53
年级	1.964	4.577**	1.016	4.531**	3.938**	2.639*	2.42	1.088	5.093**
性别×年级	2.633*	0.522	0.346	0.683	2.067	0.315	0.5	0.48	1.264

	信仰排他型	信仰弥散型	政治成就型	政治延缓型	政治排他型	政治弥散型	人生观成就型	人生观延缓型	人生观排他型
性别	1.41	1.712	0.865	4.609*	2.18	7.006**	0.447	2.084	2.543
年级	1.324	1.652	1.591	3.885**	1.529	3.731*	1.271	5.275**	5.226**
性别×年级	0.374	0.226	0.965	0.548	0.126	1.944	2.101	0.675	1.361

续表

	人生观弥散型	活动成就型	活动延缓型	活动排他型	活动弥散型	交往成就型	交往延缓型	交往排他型	交往弥散型
性别	0.346	11.424**	4.052*	0.573	0.022	11.473**	8.895**	0.284	5.472*
年级	1.743	0.068	1.721	2.968*	0.131	0.987	2.058	2.538	3.263*
性别×年级	1.134	0.581	1.858	1.779	0.205	0.926	1.088	0.021	1.023
	性别成就型	性别延缓型	性别排他型	性别弥散型	友谊成就型	友谊延缓型	友谊排他型	友谊弥散型	
性别	5.178*	5.818*	0.118	1.329	9.497**	0.007	0.752	2.696	
年级	1.413	4.132**	2.525	1.638	1.748	2.837*	2.411	0.821	
性别×年级	1.83	0.761	2.359	0.485	0.773	3.861**	0.579	0.659	

注：×表示交互作用。

第一层面：即总的自我同一性，性别在成就型同一性和延缓型同一性上的主效应达到显著水平；年级在延缓型、排他型同一性上的主效应达到显著水平；性别和年级之间的交互作用在四种同一性状态上均不显著。

第二层面：对于意识形态分领域，性别只在成就型同一性上的主效应达到显著水平；年级在延缓型同一性和排他型同一性上的主效应达到显著水平；性别和年级的交互作用均不显著。

对于人际关系分领域，性别在成就型和延缓型同一性上的主效应达到显著水平；年级则只在排他型同一性上的主效应达到显著水平；性别和年级之间的交互作用只在延缓型同一性上显著。

第三层面：对于职业子领域，性别只在成就型同一性上的主效应达到显著水平，年级在成就型、排他型和延缓型同一性上的主效应均达到显著，性别与年级间的交互作用均不显著；对于信仰子领域，性别在各同一性状态上的主效应均不显著，年级只在延缓型同一性上的主效应达到显著水平，性别和年级间的交互作用均不显著；对于政治子领域，性别和年级在延缓型、弥散型同一性上的主效应达到显著水平，二者的交互作用均未达到显著水平；对于人生观子领域，性别在各同一性状态上的主效应均不显著，年级在延缓型、排他型同一性上的主效应达到显著水平，性别与年级间的交互作用均不显著。

对于业余活动子领域，性别在成就型和延缓型同一性的主效应达到显著水平，年级则只在排他型同一性上的主效应达到显著水平，二者的交互作用均不显著；对于交往方式子领域，性别在成就型、延缓型、弥散型同一性上的主效应达到显著水平；年级只在弥散型同一性上的主效应达到显著，性别与年级间的交互作用均不显著；对于性别角色子领域，性别在成就型和延缓型同一性上的主效应达到显著水平，年级在延缓型同一性上的主效应达到显著，性别与年级的交互作用均不显著；对于友谊子领域，性别只在成就型同一性上的主效应达到显著，年级在延缓型同一性上达到显著水平，性别与年级间的交互作用只在延缓型同一性上达到显著水平。

由自我同一性的多变量方差分析表明，性别和年级之间的共同作用对人际关系延缓型和友谊延缓型同一性的影响达到显著水平。以下是对交互作用进一步的简单效应比较分析，结果见表 11-10—11-13：

根据数据分析发现：（1）对于人际关系延缓型同一性状态，在女生群体中，一年级的大学生较显著高于二年级大学生，而男生群体中没有显著的年级差异；对于友谊延缓型同一性状态，在男生群体中，一年级学生显著高于四年级学生，女生群体则不存在年级差异。（2）在大学一年级学生中，人际关系延缓型和友谊延缓型同一性均无显著的性别差异。（3）在大学二年级的学生中，对于人际关系延缓型同一性，男生极显著地高于女生；对友谊延缓型同一性，男生较显著高于女生。（4）在三、四年级学生中，人际关系与友谊延缓型同一性均无显著的性别差异存在。

表 11-10　性别与年级在人际关系延缓型同一性的平均数计算表

年级 性别	一年级	二年级	三年级	四年级
男生	30.3594(64)	30.4125(80)	29.6410(39)	29.0000(48)
女生	29.7887(71)	27.0000(105)	27.3553(76)	29.0857(70)

表 11-11　性别与年级在人际关系延缓型同一性的简单效应分析表

变异来源		SS	df	MS	F	事后比较
性别：	在一年级	10.961	1	10.961	0.323	
	在二年级	528.753	1	528.753	16.123***	男生＞女生
	在三年级	134.661	1	134.661	2.996	
	在四年级	0.209	1	0.209	0.005	
年级：	在男生	74.748	3	24.916	0.674	
	在女生	438.819	3	146.273	3.988**	一年级＞二年级

表 11-12　性别与年级在友谊延缓型同一性的平均数计算表

性别＼年级	一年级	二年级	三年级	四年级
男生	8.4063(64)	8.3750(80)	7.5385(39)	7.2292(48)
女生	8.2817(71)	7.3524(105)	7.8158(76)	7.9714(70)

表 11-13　性别与年级在友谊延缓型同一性的简单效应分析表

变异来源		SS	df	MS	F	事后比较
性别：	在一年级	0.522	1	0.522	0.091	
	在二年级	47.483	1	47.483	10.19**	男生>女生
	在三年级	1.982	1	1.982	0.311	
	在四年级	15.688	1	15.688	2.991	
年级：	在男生	58.637	3	19.546	3.636*	一年级>四年级
	在女生	39.587	3	13.196	2.440	

四、蒙古族大学生自我同一性发展的影响因素分析

（一）蒙古族大学生自我同一性与认知方式、学校环境、父母教养方式之间的相关分析

553 名蒙古族大学生在四个量表或问卷上的总体测查结果见表 11-14。

在这一结果的基础上，进行总的自我同一性和意识形态、人际关系分领域不同自我同一性状态与认知方式、学校环境、父母教养方式各维度的相关分析，结果如表 8—15。

从相关数据表可以看出，对于第一层面——总的自我同一性：学校环境与成就型、延缓型、排他型同一性均呈极显著的正相关，与弥散型同一性呈较显著的负相关；学校环境的各维度中，关系系统、目标导向与学校环境相似，与弥散型同一性呈显著的负相关，与其他三个同一性状态呈正相关；文化氛围与弥散型同一性相关不显著，与其他三个状态呈较显著或极显著的正相关。对于父母教养方式的父亲维度中，情感温暖、理解与弥散型同一性呈显著的负相关，与成就型同一性呈显著的正相关；偏爱被试，拒绝、否认，惩罚、严厉与各同一性状态无明显相关；过度保护与排他型同一性呈显著的正相关。对于父母教养方式的母亲维度中，情感温暖、理解与弥散型同一性呈显著负相关，与成就型同一性呈较显著正相关；过分干涉、保护与排他型和成就型同一性呈显著正相关；其他三个维

度与所有的四种同一性状态均无显著相关。

表 11-14 蒙古族大学生在自我同一性状态、学校环境、父母养育方式、认知方式量表上测试的描述统计结果

	成就型	延缓型	排他型	弥散型	意识成就型
平均数（M）	58.96	57.30	44.79	50.59	29.78
标准差（SD）	10.58	10.57	11.13	10.49	6.05

	意识延缓型	意识排他型	意识弥散型	人际成就型	人际延缓型
平均数（M）	28.39	22.95	26.66	29.19	28.91
标准差（SD）	5.54	6.12	6.31	5.97	6.17

	人际排他型	人际弥散型	场认知方式	学校环境	关系系统
平均数（M）	21.84	23.92	9.56	55.81	18.39
标准差（SD）	6.12	6.05	5.59	8.97	3.86

	目标导向	文化氛围	父亲：情感温暖、理解	父亲：惩罚、严厉	父亲：过分干涉
平均数（M）	23.07	14.35	51.01	17.29	19.62
标准差（SD）	4.16	2.85	8.29	4.64	3.55

	父亲：偏爱被试	父亲：拒绝、否认	父亲：过度保护	母亲：情感温暖、理解	母亲：过分干涉、保护
平均数（M）	9.71	8.63	10.57	54.56	33.59
标准差（SD）	2.87	2.80	2.24	8.19	5.55

母亲：拒绝、否认	母亲：惩罚、严厉	母亲：偏爱被试
平均数（M）	11.90	12.02	9.98
标准差（SD）	3.86	3.50	3.51

对于第二层面：在意识形态分领域，弥散型同一性与母亲情感温暖、理解，母亲过分干涉、保护以及目标导向呈显著负相关；意识形态排他型同一性与父亲过分干涉，过度保护两个维度呈较显著正相关，与母亲过分干涉、保护呈显著负相关，与学校环境及其三个维度均呈显著或极显著正相关；意识形态延缓型同一性与学校环境及其三个维度均呈较显著或极显著正相关，与父母教养方式各维度未见显著相关；意识形态成就型同一性与母亲的情感温暖、理解呈显著正相关，与学校环境及其目标导向、文化氛围维度呈极显著正相关。

表 11-15 自我同一性状态诸因子与场认知方式、学校环境、父母教养方式的相关矩阵

同一性	父亲						母亲					场认知方式	学校环境	关系系统	目标导向	文化氛围
	情感温暖理解	惩罚严厉	过分干涉	偏爱被试	拒绝否认	过度保护	情感温暖理解	过分保护过分干涉	拒绝否认	惩罚严厉	偏爱被试					
弥散型	−0.085*	−0.019	−0.045	0.018	−0.007	0.043	−0.113*	−0.072	0.008	0.003	−0.043	0.005	−0.128**	−0.098*	−0.129**	−0.082
排他型	−0.009	0.027	0.115**	0.042	−0.003	0.089*	−0.031	0.105*	0.026	0.026	0.051	0.005	0.179***	0.125**	0.175***	0.140**
延缓型	−0.02	0.038	−0.006	0.015	0.052	0.021	−0.004	0.048	0.057	0.029	0.009	0.063	0.191***	0.135**	0.161***	0.181***
成就型	0.085*	0.014	0.076	−0.029	0.037	0.006	0.120**	0.086*	0.002	−0.012	−0.045	−0.010	0.168***	0.086*	0.149***	0.195***
意识弥散型	−0.069	−0.027	−0.047	−0.012	−0.017	−0.013	−0.093*	−0.104*	−0.022	−0.025	−0.059	0.026	−0.062	−0.05	−0.086*	−0.001
意识排他型	−0.010	0.050	0.112**	0.012	0.020	0.113**	−0.042	−0.095*	0.055	0.061	0.046	0.014	0.154***	0.099*	0.154***	0.125**
意识延缓型	−0.041	−0.018	−0.054	0.057	0.006	−0.021	−0.028	0.005	0.013	−0.005	−0.025	−0.056	0.159***	0.111**	0.154***	0.124**
意识成就型	0.066	0.019	0.066	−0.028	0.016	−0.004	0.110*	0.076	−0.008	0.022	0.070	0.001	0.154***	0.07	0.164***	0.151***
人际弥散型	−0.075	−0.005	−0.029	0.019	0.005	0.089*	−0.100*	−0.017	0.036	0.032	−0.013	−0.019	−0.158***	−0.117**	−0.134**	−0.141**
人际排他型	−0.006	0.000	0.098*	0.020	−0.025	0.050	−0.013	0.096*	−0.007	−0.014	0.046	−0.005	0.172***	0.128**	0.164***	0.129**
人际延缓型	0.003	0.083	0.039	0.030	0.083	0.055	0.019	0.077	0.085*	0.053	0.039	−0.058	0.184***	0.132**	0.138**	0.199***
人际成就型	0.083	0.006	0.068	−0.023	0.050	0.014	0.101*	0.075	0.011	−0.043	0.010	−0.019	0.141**	0.081	0.098*	0.192***

在人际关系分领域中，弥散型同一性与父亲的过度保护呈显著正相关，与母亲情感温暖、理解呈显著负相关，与学校环境及其各维度呈极显著或较显著负相关；排他型同一性与父亲过分干涉，母亲过分干涉、保护呈显著正相关，与学校环境及其各维度呈极显著或较显著正相关；延缓型同一性与母亲拒绝、否认呈显著正相关，与学校环境及其各维度呈极显著或较显著正相关；成就型同一性与母亲情感温暖、理解呈显著正相关，与学校环境呈较显著正相关，与目标导向呈显著正相关，与文化氛围呈极显著正相关。

认知方式与总的同一性及意识形态、人际关系分领域的四种同一性状态均无显著的相关。

（二）蒙古族大学生自我同一性影响因素的多元线性回归分析

分别以自我同一性在总的同一性、意识形态分领域、人际关系分领域的四种同一性状态上的得分为因变量，将认知方式、学校环境的三个维度、父母教养方式的十一个维度为自变量，进行多元逐步回归，结果见表11-16—11-27：

表 11-16　成功型同一性影响因素的多元逐步回归分析结果

	R	R2	F	Beta	t
文化氛围	0.213	0.046	23.775***	0.204	4.672***
母亲：情感温暖、理解	0.244	0.060	15.747***	0.119	2.723**

表 11-17　延缓型同一性影响因素的多元逐步回归分析结果

	R	R2	F	Beta	t
文化氛围	0.202	0.041	21.113***	0.157	3.292**
关系系统	0.226	0.051	13.338***	0.111	2.319*

表 11-18　排他型同一性影响因素的多元逐步回归分析结果

	R	R2	F	Beta	t
目标导向	0.169	0.028	14.578***	0.172	3.912***
父亲：过分干涉	0.200	0.040	10.364***	0.108	2.450*

表 11-19　弥散型同一性影响因素的多元逐步回归分析结果

	R	R2	F	Beta	t
母亲：情感温暖、理解	0.125	0.016	7.916**	−0.115	−2.590*
目标导向	0.169	0.029	7.336**	−0.115	−2.582*

表 11-20　意识成功型同一性影响因素的多元逐步回归分析结果

	R	R2	F	Beta	t
文化氛围	0.163	0.027	13.617***	0.157	3.569***
父亲：情感温暖、理解	0.195	0.038	9.834***	0.107	2.432*

表 11-21　意识延缓型同一性影响因素的多元逐步回归分析结果

	R	R2	F	Beta	t
目标导向	0.164	0.027	13.798***	0.164	3.715***

表 11-22　意识排他型同一性影响因素的多元逐步回归分析结果

	R	R2	F	Beta	t
目标导向	0.143	0.020	10.348**	0.144	3.259**
父亲：过度保护	0.179	0.032	8.251***	0.109	2.459*

表 11-23　意识弥散型同一性影响因素的多元逐步回归分析结果

	R	R2	F	Beta	t
母亲：过分干涉、保护	0.113	0.013	6.461*	−0.113	−2.542*

表 11-24　人际关系成功型同一性影响因素的多元逐步回归分析结果

	R	R2	F	Beta	t
文化氛围	0.213	0.045	23.627***	0.211	4.837***
母亲：情感温暖、理解	0.237	0.056	14.813***	0.124	2.789**
父亲：拒绝、否认	0.255	0.065	11.491***	0.096	2.152*

表 11-25　人际关系延缓型同一性影响因素的多元逐步回归分析结果

	R	R2	F	Beta	t
文化氛围	0.226	0.051	26.740***	0.189	3.997***
母亲：过分干涉、保护	0.245	0.060	15.888***	0.105	2.406*
关系系统	0.262	0.069	12.167***	0.101	2.122*

表 11-26　人际关系排他型同一性影响因素的多元逐步回归分析结果

	R	R2	F	Beta	t
目标导向	0.163	0.027	13.611***	0.166	3.761***
父亲：过分干涉	0.185	0.034	8.844***	0.088	1.999*

表 11-27 人际关系弥散型同一性影响因素的多元逐步回归分析结果

	R	R2	F	Beta	t
文化氛围	0.141	0.020	10.106**	−0.129	−2.939**
母亲：情感温暖、理解	0.179	0.032	8.265***	−0.164	−3.482**
父亲：过度保护	0.200	0.040	6.894***	0.140	2.872**
父亲：惩罚、严厉	0.228	0.052	6.770***	−0.124	−2.468*

如表所示，十五个预测变量预测效标变量总的成就型同一性得分时，进入回归方程的变量是文化氛围和母亲的情感温暖、理解；预测总的延缓型同一性得分的变量是文化氛围和关系系统；预测总的排他型同一性得分的变量是目标导向和父亲的过分干涉；预测总的弥散型同一性得分的变量是母亲的情感温暖、理解和目标导向。预测意识形态成就型同一性得分的变量是文化氛围和父亲的情感温暖、理解；预测意识形态延缓型同一性得分的变量只有目标导向；预测意识形态排他型同一性得分的变量是目标导向和父亲的过度保护；预测意识形态弥散型同一性得分的变量只有母亲的过分干涉、保护。预测人际关系成就型同一性得分的变量是文化氛围，母亲的情感温暖、理解和父亲的拒绝、否认；预测人际关系延缓型同一性得分的变量是文化氛围，母亲的过分干涉、保护和关系系统；预测人际关系排他型同一性得分的变量是目标导向和父亲的过分干涉；预测人际关系弥散型同一性得分的变量是文化氛围，母亲的情感温暖、理解，父亲的过度保护和父亲的惩罚、严厉。

第三节 蒙古族大学生自我同一性发展研究的分析与结论

一、蒙古族大学生自我同一性发展的特征

（一）蒙古族大学生自我同一性发展的性别特征

本研究发现，对于蒙古族大学生总的自我同一性状态，在成就型同一性状态上，男生极显著优于女生；在延缓型同一性状态上，男生较显著优于女生；在排他型和弥散型同一性状态上，男生与女生相当。而且，男生与女生的这种性别差异不受年级的影响。

我们认为对同一性性别差异的考察应该深入到具体的子领域、意识形态和人际关系分领域以及总的自我同一性上的性别差异，否则会影响自我同一性性别差异研究结论的一致性 。因此，本研究进一步讨论了意识形态领域和人际关系领域以及下属多个子领域的自我同一性的性别特征。研究发现意识形态领域，男生在成就型同一性状态上显著地优于女生，在延缓型同一性状态上得分也高于女生，对于排他型和弥散型同一性状态则不存在性别差异，这种状态不受年级发展的影响；在人际关系领域，性别差异特点与意识形态领域相似，只是在延缓型同一性状态上的差异受年级发展的影响，二年级表现得极为明显。

对于意识形态领域中的宗教信仰同一性没有性别差异；职业成功型同一性男生显著优于女生；政治延缓型同一性男生显著高于女生；政治弥散型同一性女生显著高于男生；人生观延缓型同一性男生显著高于女生。对于人际关系领域中的业余活动成功型同一性男生较显著高于女生，延缓型同一性男生显著高于女生，这一差异不受年级发展的影响；交往方式成功型同一性男生较显著优于女生，延缓型同一性男生明显高于女生，弥散型同一性则相反；性别角色成功型男生显著优于女生，延缓型同一性男生得分也高于女生，且不受年级发展的影响；友谊成功型同一性男生较显著优于女生，其他状态无显著的性别差异，但友谊延缓型同一性受年级发展影响，在二年级男生明显高于女生。可以看到，蒙古族大学生自我同一性存在较大的性别差异，而且，性别差异在各领域中不同证实了前述 Acher (1985)、Waterman (1985) 等的研究结论。总体而言，男生更多地处于延缓型同一性状态，也更可能形成成就型自我同一性状态。而女生在某些领域更可能处于弥散型自我同一性状态。也就是说，男生倾向于达成成熟、高级的同一性状态，女生则可能形成不成熟、低级的同一性状态。对于自我同一性性别差异产生的原因，国内外很多心理学工作者进行了研究。Marcia (1980) 研究发现，在对自我同一性的探索中，女生没有得到和男生同样程度的社会支持。Howard (1975) 和 Orlofsky (1978) 研究表明，成就型和延缓型同一性的男女青年都有较高的成就动机。然而，对于处于排他型与弥散型同一性的男性个体经历很多冲突，但对于女性，处于成功型与延缓型同一性的个体存在很大的成功恐惧。这表明女性在成功的努力中经历相当多的冲突。Archer (1985) 研究发现虽然男女青年同样关注事业与家庭的关系问题，但对女性有更大的影响，而且在自我同一性形成过程中，女性比男性面对的任务更复杂，因为女性要在不同的社会定位中寻求平衡。Josselson（1988）指出，女性自我同一性的建构并不是在个体自主之上进行的，而是立足于与他人相联系的背景之中。20世纪80年代后，对于女性拥有自己的观点和追求高学历及专业目标社会予以了比以前较多的支持。然而，传统的性别歧视现象在现代还依然存在，而且在两性社会化过程中也存在显著差异，家庭和社会环境及其所形成的性别角色的刻板观念对女性的消极影响以及学校教育中的性别偏差都阻碍着女大学生自我同一性的形成。

本研究显示蒙古族男女大学生自我同一性也存在一定的相似形，在宗教信仰领域不存在性别差异；在政治观点和人生观成就型同一性上不存在性别差异，这表明同一性的探索对男女大学生同样重要。

（二）蒙古族大学生自我同一性发展的年级特征

从蒙古族大学生自我同一性状态年级分布表11-3可以看出总的自我同一性状态发展呈现如下趋势：成就型同一性状态各年级所占比例从一年级（7.4%）到二年级（4.3%）减少，三年级（15.7%）明显增加，四年级（9.3%）又有所下降但高于一、二年级；弥散型同一性的发展正好与成就型同一性相反，从一年级（14.8%）到二年级（15.1%）增加，三年级（6.1%）明显下降，四年级（15.3%）又有大幅回升；延缓型同一性在各年级四种同一性状态中所占比例最多（55.9%—70.3%），其平均数呈现从一年级到三年级下降趋势，到四年级有所回升；排他型同一性的趋势和弥散型同一性相似，从一年级（9.6%）到二年级（10.3%）上升，三年级（8.7%）下降，四年级（19.5%）大幅上升。这一结果显示蒙古族大学生自我同一性发展具有明显的年级特征，呈现高—低—高—低的“之”字形发展趋势。

从蒙古族大学生自我同一性状态的年级分布图11-2可以看出，无论在总的自我同一性，还是意识形态及人际关系分领域中，处于延缓型同一性状态的二年级大学生的比例最高，这一结果说明二年级是蒙古族大学生在大学阶段进行自我同一性探索最积极的时期；三年级的蒙古族大学生在总的自我同一性及人际关系、意识形态分领域的成就型同一性状态中所占的比例最大，而且处于延缓型同一性状态的比例最小，这一结果说明三年级可能是蒙古族大学生自我同一性发展、成熟的高峰期。

从以各领域不同自我同一性状态得分的平均数为指标的蒙古族大学生自我同一性年级发展趋势图11-3—11-5表明，在总的自我同一性、意识形态分领域及人际关系分领域中，成就型同一性得分在四年级最高，二年级和三年级相对较低，增长趋势也较缓，由此可以推论，二年级和三年级形成的成就型同一性没有四年级达到的成就型同一性稳定、成熟；而总的自我同一性、意识形态分领域及人际关系分领域的延缓型同一性在一年级的得分最高，四年级次之，三年级最低。这一结果表明，一年级大学生处于最高的同一性危机之中，而四年级大学生处于较高的同一性危机之中，三年级大学生的同一性危机最低。

究其原因，大学一年级时由于刚入学，周围一切都是新的，学生的注意力主要集中在外部环境上，如离开家庭、新的生活学习方式、新的人际关系、地域文化的碰撞，等等。对于大部分蒙古族大学生，来自牧区、农区和半农半牧地区，上大学之前所处的文化环境相对单一，而大学一般都位于城市，现在身处城市之中，一方面需要保持本民族的认同和归属感，一方面又为适应更纷繁复杂的文化刺激与更具挑战性的竞争环境而不断调整自己以适应新的环境。因此，由相对单一的生活环境迈入多元文化环境，致使蒙古族大学生可能不仅是对新环境的适应，而且要完成一个新的社会化的过程。处于此种境况下的一年级蒙古族大学生自然会出现较多的同一性危机。二年级时经过一年的大学生活对外部环境的新鲜感降低，开始将目光投向自我的整合以更好地适应各种转变，经过二年级的危机，大学生对周围的环境已适应，开始思考自己、认识自己、明确自己的发展方向和奋斗目标。三年级时，大学生的生活、学习方式及各种人际关系相对稳定，是经过探索获取丰富经验的时期，确立了较为明确的发展方向，对自己的认识也有了明显的提高，所以在三年级时处于成就型同一性状态的人数显著增多，而处于弥散型同一性状态的人数显著减少。

但是，本研究结果发现到四年级后成就型同一性减少，而弥散型和排他型同一性比例明显增加。郭金山（2002）的研究表明，对生活目的和价值观问题的探索大多集中在四年级。这可能是由于四年级的大学生面临着职业选择、进一步求学、准备进入成人社会，他们在一个新的层面探索和选择中检验自己，思索自己将要成为什么样的人以及自己将来在社会中的位置。对于大部分蒙古族大学生，在他们家乡父老的心目中，都是最有出息的强者，是“飞出山窝里的金凤凰”，当然，他们自己也有一种光宗耀祖的自豪感和做人上人的优越感，为了永远保持这份良好的感觉，很多蒙古族大学生想毕业后留在城市中工作，成就一番事业，实现人生价值，转变命运回报父母和家庭。但是，就业制度的改革，高等教育的逐渐大众化，以及随之而来的大学的扩招，使大学生在城市中已不是“天之骄子”，不再是"皇帝的女儿不愁嫁"了，他们完全被推向双向选择的就业市场。于是，对未来职业的思考就变成了一件非常现实而严酷的事情。因为蒙古族大学生语言及其他方面的限制，在就业中可选择的地区和从事的行业范围较小，理想和现实的冲突困惑着他们。另一方面，很多蒙古族大学生在中学阶段没学外语或只开设初级的日语，所以外语基础较差，这也使进一步考研求学的愿望不易实现。这些无法回避的现实再次给他们的自我同一性带来了挑战，使部分蒙古族大学生重新进入同一性危机。部分大学生可能接受师长、父母的观点指导，形成排他型同一性，也有部分大学生出现发展性倒退，进入弥散型同一性。

由蒙古族大学生自我同一性在各年级的不同特点，可以推论，大学一年级是面临较多同一性危机的时期；二年级为自我同一性探索的关键时期；三年级是自我同一性发展、成熟的高峰时期；四年级时面对新的危机，已形成的自我同一性将受到新的考验。

从研究的结果还可以看出，蒙古族大学生在自我同一性的第二层面，意识形态弥散型同一性状态（M=26.6637）的位置高于人际关系弥散型同一性状态（M=23.9222），并且发展趋势也不相同，意识形态领域在二年级上升，三年级下降，在人际关系领域从二年级到四年级呈下降趋势。

对于八个子领域的自我同一性的发展（图 11-6、11-7）则呈现出更多的差异。结合职业、信仰、政治和人生观四个子领域在四种同一性状态上的相对位置，可以看出蒙古族大学生对于职业发展探索得最多、最为关注，在四年级形成较多的职业成就型同一性；对于政治和信仰，蒙古族大学生探索和关注的程度较低，形成弥散型和排他型同一性较多，尤其是信仰成就型同一性较少；对人生观的关注也较多，形成较高的成就型同一性。结合业余活动、交往方式、性别角色和友谊四个子领域在四种同一性状态上的相对位置，可以看出，蒙古族大学生对友谊和交往方式最为关注，并进行积极探索，形成较高的友谊成就型同一性和交往成就型同一性，尤其友谊弥散型同一性较低；对性别角色关注程度最低，所以形成较低的成就型同一性和较高的弥散型同一性；对于业余活动也较为关注，介于交往方式和性别角色之间；这说明友谊和交往方式问题是蒙古族大学生人际关系发展的重要问题。

本研究揭示的蒙古族大学生自我同一性发展的高－低－高－低的"之"字形趋势，验证了 Waterman 关于自我同一性状态发展的模型。说明同一性危机的成功解决，形成成就型同一性并不意味着同一性发展的最终完成，反映了自我同一性发展过程的阶段性、持续性和各子领域的不平衡性。

（三）蒙古族大学生自我同一性发展的学科特征

从蒙古族大学生自我同一性诸领域学科差异 T 检验分析表 11-6 可以看出：

对于信仰成就型同一性状态理科大学生显著高于文科大学生；政治和友谊弥散型同一性上，理科大学生显著高于文科大学生；值得注意的是，总的自我同一性、意识形态领域及信仰、政治观点、人生观、性别角色排他型同一性状态上，理科大学生显著高于文科大学生。

本研究由于各专业被试数量差距较大，故只将其分为文、理两类，在进行学科分类时，将法律专业和艺术专业划入文科，而将医学划入了理科。上述的研究结果与考斯塔和凯佩斯（Costa&Campos，1986）的研究结果有一致之处，他们发现不同专业大学生的自我同一性存在差异，法律和艺术专业有更多的大学生处在较高的同一性状态，而工程和医学专业大学生有更多的人处于早期闭合状态。对自我同一性的这种学科差异，可能与不同专业的培养目标有关，这有待进一步的研究。

（四）蒙古族大学生自我同一性发展的生态文化特征

本研究发现，在总的延缓型同一性状态、意识形态及人际关系分领域的各同一性状态上均不存在明显的生态文化差异，这可能由于以下两方面的原因：

1. 随着现代科学技术的迅猛发展，特别是广播、电视的普及，使信息跨越地域空间快速而畅通的传播，大大加强了各区域的联系和相互了解；而市场经济的建设，交通运输网络的发达，不同地域互通有无，经济合作加强，使得地域生态文化不再单一。

2. 蒙古族大学生大部分来自牧区、农区及半农半牧地区，这些地区的高等教育普及程度还很低，经过严格选拔上大学的人还是少数，可能使蒙古族大学生这一群体的内部差异较小，导致在总的自我同一性、意识形态及人际关系分领域同一性的发展上不存在显著的生态文化差异。

另一方面，本研究也发现，在个别子领域，蒙古族大学生的自我同一性发展存在显著的生态文化差异。这表现在三个子领域中：半农半牧地区大学生在政治成就型同一性上高于城镇地区大学生，而城镇地区大学生在政治弥散型同一性上较显著高于纯牧区和半农半牧地区大学生；城镇地区大学生在友谊延缓型同一性上较纯牧业地区、纯农业地区及半农半牧地区大学生都低；纯农业地区大学生在交往方式成就型同一性上较其他地区都低。这一结果表明生态文化对不同领域自我同一性发展的影响可能不同。

二、蒙古族大学生自我同一性发展的影响因素

（一）学校环境对自我同一性的影响

通过本研究可以看出，良好的学校环境能够促进蒙古族大学生自我同一性的发展。说明学校要为学生提供良好的关系系统，加强学生间相互支持、沟通、交流以及教师对学生的关注和支持，给学生一个民主、开放、自由表达的空间，鼓励大学生对社会事务的关注，倡导批判、探索、创新的精神，营造良好的校园文化氛围，以促进大学生的发展。

（二）父母教养方式对自我同一性的影响

通过本研究可以发现，父母教养方式对蒙古族大学生自我同一性的发展有重要的作用。其中，父亲与母亲所起的作用并不相同，母亲的情感温暖、理解的缺失更可能导致各领域自我同一性的弥散；而父亲的过分干涉、保护可能使蒙古族大学生自我同一性处于早期闭合状态。

（三）场认知方式与自我同一性的关系

本研究的结果表明，蒙古族大学生场认知方式与自我同一性诸领域均无显著的相关。这一结果没有验证本研究的假设，其中的原因有待进一步探讨。

三、有待进一步研究的问题

（1）本研究使用的量表和问卷均为汉文版，配以蒙汉双语主试，这是考虑到作为被试的蒙古族大学生在校均有汉语讲授的课程，对汉语的理解能力较强。若为了达到严格的科学测验要求，在理论上应将汉语版问卷、量表译为蒙古文使用，进行往返翻译，并进行修订，以确保两种版本量表、问卷有较高的语言等值性。对此，本研究有所欠缺，以待后续研究有所改进。

（2）由于本研究只采用了问卷测量的方法，研究方法比较单一，使得大多研究结果停留在描述与解释的阶段，难以深入探讨影响蒙古族大学生自我同一性发展的内在机制，以待后续进一步研究 。

（3）由于取样时，被试量在专业方面悬殊，只将学科分为文科和理科，未能细致深入地探讨专业分化在蒙古族大学生自我同一性发展中的作用，这有待进一步研究。

(4) 研究结果显示自我同一性的个别子领域中存在生态文化的差异，关于生态文化是如何影响蒙古族大学生自我同一性的发展以及作用机制还有待进一步研究。

(5) 研究结果中发现，蒙古族大学生的场认知方式与自我同一性的关系，与以往的有关研究结果不一致，其原因有待深入的探讨。

(6) 针对各领域自我同一性的多元回归中，多元测定系数 R^2 并不高，有待在进一步研究中进行深入而广泛的探讨。

(7) 虽然本研究的结果显示，蒙古族大学生自我同一性的发展特征与已有的以汉族为主体的大学生的发展特征相似，但在自我同一性的发展上是否存在民族的差异，这是一个值得进一步研究的课题。

四、蒙古族大学生自我同一性发展研究的结论

（一）蒙古族大学生自我同一性发展存在明显的性别特征

男大学生在成就型同一性状态上极显著优于女大学生；在延缓型同一性状态上的得分，男大学生较显著高于女大学生；排他型同一性和弥散型同一性上不存在性别差异。这表明男大学生更关注自我同一性问题，更可能形成成就型同一性。同时，本研究也进一步证实了男女大学生自我同一性的性别差异与不同领域相关的结论。

（二）蒙古族大学生自我同一性发展呈现明显的年级特征

自我同一性呈现高－低－高－低的“之”字形的年级发展，说明同一性危机的成功解决，形成成就型同一性并不意味着同一性发展的完成，反映了自我同一性发展过程的持续性、长期性和复杂性。一年级面临最多的危机，二年级是同一性探索的关键期，三年级是同一性成熟的高峰期，四年级重新面临同一性危机，在更高层次上达到自我同一性的整合。

（三）蒙古族大学生自我同一性发展与领域相关，存在着一定的差异

在意识形态领域，蒙古族大学生较为关注职业，其次为人生观，对政治和信仰问题兴趣较低；在人际关系领域，蒙古族大学生对友谊和交往方式最为关注，其次是业余活动，对性别角色关注最少。这一结论对促进蒙古族大学生自我同一性的形成和发展有重要的借鉴意义。

（四）蒙古族大学生自我同一性主要处于延缓型同一性状态

这也进一步证明大学阶段是青年心理发展合法延缓期，同时说明只有经过积极的探索，才能形成成熟的自我同一性。这一结论也启示心理和教育工作者应对培养和促进蒙古族大学生自我同一性形成和发展予以关注。

（五）蒙古族大学生自我同一性发展存在学科特征

大多领域的排他型同一性状态的得分，理科蒙古族大学生显著高于文科蒙古族大学生，理科有更多大学生的自我同一性处于早期闭合状态。这一结果提醒学校教育工作者在实现专业教育目标的同时应关注蒙古族大学生自我同一性的发展。

（六）蒙古族大学生自我同一性发展只在个别子领域存在生态文化的差异

这一结果表明生态文化对不同领域自我同一性发展的影响可能不同。

（七）学校环境对蒙古族大学生自我同一性发展有影响

建立同学间、师生间互帮互助、沟通良好的关系系统，设立明确的发展目标，鼓励学生关注社会事务，倡导批判、探索和创新精神，营造开放、自由、活泼向上的校园文化氛围，都有助于促进蒙古族大学生自我同一性向成熟、高级的状态发展；学校为大学生设定的目标不明确或是一味强调目标的接受，不鼓励大学生自我反思、探索自我，可能促使蒙古族大学生形成排他型或弥散型同一性。

（八）父母教养方式对蒙古族大学生自我同一性的发展有不可忽视的作用

父母教养方式的不同侧面对蒙古族大学生自我同一性不同领域的影响也不同；父亲和母亲在蒙古族大学生自我同一性发展中的作用并不相同，母亲的情感温暖、理解的缺失更可能导致自我同一性各领域的弥散，而父亲的过度保护可能使蒙古族大学生自我同一性处于早期闭合状态。这一结论提醒家长在关注孩子成长中，不仅要为其提供一个和睦的家庭环境，还要在家庭教育中注意父亲和母亲的不同角色，使孩子的自我同一性向更高级的状态发展。

参考文献

[1] 〔美〕埃里克·H·埃里克森著，孙名之译：《同一性：青少年与危机》，浙江教育出版社 2000 年版。

[2] 张日升：《青年心理学》，北京师范大学出版社 1997 年版。

[3] 〔美〕简·卢文格著，韦子木译：《自我心理学》，浙江教育出版社 1998 年版。

[4] 〔美〕罗伯特·凯根著，韦子木译：《发展的自我》，浙江教育出版社 1999 年版。

[5] 舒华著：《心理与教育研究中的多因素实验设计》，北京师范大学出版社 2000 年版。

[6]　郑雪主编：《人格心理学》，暨南大学出版社 2001 年版。
[7]　谢斯俊、张厚粲主编：《认知方式——一个人格维度的实验研究》，北京师范大学出版社 1988 年版。
[8]　[美]詹姆斯·O·卢格著，陈德民、周国强、罗汉等译：《人生发展心理学》，1996。
[9]　〔美〕Jerry ·M·Burger 著，陈会昌等译：《人格心理学》，中国轻工业出版社 2000 年版。
[10]　周晓虹著：《现代社会心理学》，上海人民出版社 1997 年版。
[11]　张世富主编：《民族心理学》，山东教育出版社 1996 年版。
[12]　张青方：《青少年心理社会发展与其父母教养方式的相关研究》，《青年研究》1998 年第 5 期。
[13]　张日升：《青少年的发展课题与自我同一性》，《河北大学学报》(哲学社会科学版)，2001，26(1)。
[14]　张日升：《同一性与青年期同一性地位的研究》，《心理科学》，2000，23(4)。
[15]　查明华：《大学生自我同一性研究综述》，《文山师专学报》，2000，12(2)。
[16]　吴长开：《论青年心理发展的动力系统》，《西南师范大学学报》(哲学社会科学版)，1994 年第 4 期。
[17]　刘国权：《论"自我同一性"》，《松辽学刊》(社会科学版)1995 年第 2 期。
[18]　刘慧莹：《埃里克森自我同一性理论的文化解析》，《社会科学辑刊》2002 年第 3 期。
[19]　王振宇著：《儿童心理发展理论》，华东师范大学出版社 2000 年版。
[20]　〔英〕姚新中：《自我建构与同一性——儒家的自我与一些西方自我观念之比较》，《哲学译丛》1999 年。

第十二章　蒙古族大学生的人格特征研究

我国众多少数民族与汉族人民共同创造了多元民族文化，各具特色的民族传统与地域文化赋予各民族不同的人格特点。内蒙古自治区作为蒙古族聚居地，其悠久的蒙古族文化、复杂多样的地形地貌特征、典型的草原生态文化类型、现代农林牧多种生产方式共存以及现代城市化文化运动影响的痕迹无不为蒙古族民族心理发展增添了独特的氛围，因此了解与揭示蒙古族民族心理发展特点将为增进民族理解、加强民族团结提供一个心理平台，也为促进蒙古族民族教育工作提供参考依据。作为跨世纪的莘莘学子，蒙古族大学生特定的年龄特点使他们一方面表现出生理与心理特征的稳定性，另一方面他们的人格特征也体现出巨大的可塑性与预测性。因此，了解蒙古族大学生的人格发展状况，探讨影响人格发展的可能因素，为我国高等教育发展提供参考性的主体资料，也为民族人格教育体系的完善提供依据，指导蒙古族大学生发展健全人格、完善自我，具有深远的意义。

第一节　人格及其影响因素概述

人格概念的内涵、人格形成与发展的影响因素历来是心理学家关注的焦点，本研究将对人格以及影响人格形成与发展的因素的理论研究进行详细综述。

一、人格的概念及影响因素研究

（一）人格的概念界定

众多心理学家（G. Allport，1937，1961；陈仲庚，张雨新，1986；J. M. Burger，2000；郑雪，2001）从不同文化背景、不同理论基点出发对人格的内涵进行探讨与诠释，使人格的含义表现出多维的特点，如面具化的人格与真实性的人格；整合性的人格与独特性的人格；适应性的人格与道德化的人格。这些对人格概念的多义性分解为我们深入理解人格本质提供了多维通道，但同时也为构建统一的人格概念体系并运用这一概念体系研究人格差异与人格成因造成了一定的模糊性，因此有必要对人格的定义做出明确界定。

比较而言，我国心理学者郑雪（2001）对人格的定义较为符合现代人格心理学的研究取向：人格是个体在遗传素质的基础上，通过与后天环境的相互作用而形成的相对稳定的和独特的心理行为模式。这一定义体现了人格的特殊性、稳定性、适应性及整合性的特点，能够较为完整地概括人格的本质与内涵。

人格的具体成分较为复杂，主要表现为一定的个性心理特征如气质、性格等方面。也有研究者将认知风格和自我调控等也纳入人格成分。因此，人格是一个包括元人格成分即自我调控系统在内的气质、性格等个性心理特征的综合体。

（二）关于影响人格形成与发展因素的理论研究

以往研究关于影响人格形成与发展的因素的探讨，归纳起来主要突出了以下几种因素：

1. 生物遗传因素

早期人格理论强调人格的生物遗传性，以精神分析学派的先导S. Freud（1964）为代表，强调生物遗传、早期经验与动力特性对人格形成的重要性，认为人格是多种力量相互作用的动力系统。Freud先后将人格划分为意识、前意识、无意识和伊底、自我、超我的动力结构，他认为人格与行为本质上决定于无意识冲突和本能（即内驱力），人格形成的关键时期是生命的最初五年，并取决于俄狄浦斯情结的解决程度。

现代生物学取向的人格心理学家，则侧重于研究神经生理和基因对人格的影响，并取得了一些新进展①。R. D. Hare（1970）在对脑病变患者的研究中发现，病人的人格和行为与病前大相径庭；对变态人格者的脑电反应研究中发现，其大脑皮层细胞成熟不完全，发育迟缓，影响大脑的正常活动，而且这些人的双亲也有类似的异常脑电活动。另有研究发现某些神

① 叶海燕：《人格研究的生物学取向述评》，《南京师范大学学报》（社会科学版）1999年第6期。

经传导物质和激素会影响人的情绪与人格，如多巴胺和人的外倾、冲动性以及感觉寻求密切相关，会使人趋向奖励信息，对新环境进行探索（C. R. Cloninger，1987）；H. G. Pope（1994）发现去甲肾上腺素可以调节唤起机制，并发现信号唤醒大脑皮层处理紧急情境；他还发现男性体内的血浆睾酮的含量与攻击和暴力行为密切联系。H. J. Eysenck（1967）非常重视生物基础对于人格的重要性，他提出了著名的人格特质三因素模型，即内外倾、神经质、精神质，以此为核心，形成了人格层次理论。Marvin Zucherman（1994）以生理基础、行为和人格特质三个层次为核心，将人格特质看做是行为机制和生化物质活动的综合体，他提出了人格心理生物模型，认为影响人格的最基本的生理物质是激素和神经传导物质，这些物质的变化会作用于人们的行为表现，进而影响到人格。另外，基因是决定个体生理特征的最基本单位，人格的基因研究也取得了一些新进展。A. H. Buss（1975）的一项寄养儿童和双生子研究显示：遗传变量对于人格的形成具有非常大的影响。D. T. Lykken（1982）对分开抚养的同卵双生子进行研究，结果发现："凡是与身体或生理有关的基本特性，受遗传的影响较大，而属于较为复杂的特性，受环境的影响较大"[①]。另一项研究R. Plomin&C. S. Bergeman（1991）结果表明：社会经济地位、家庭藏书量都具有遗传性；他们又对成人抚养双生子的行为进行研究，发现：情感型、有教养、有组织、可控制的家庭环境尤其可以遗传和影响下一代。

2. 环境因素

通常认为广义的环境因素包括行为环境、心理环境、自然地理环境、家庭环境、社会环境等多种变量，这些变量相互包容，相互依存，共同影响个体的行为与人格。

早期行为主义者对环境与人格的关系持绝对的观点，J. B. Watson（1920）认为每个人因各自所处的不同环境而对一定的刺激形成各自独特的反应方式，这种条件反射式的反应，发展成了不同的人格。在他看来，人格就是个体习惯系统的最终产物。Watson 极端地相信控制下的环境能够塑造出任何需要的人与人格类型。与他观点极为相似的是 B. F. Skinna（1974），认为人的任何行为都只是对环境的一种惯常性的被动反应形式，即强化的操作性条件反射，行为的改变完全由外部环境所决定。

---

① 叶海燕：《人格研究的生物学取向述评》，《南京师范大学学报》（社会科学版），1999 年第 6 期。

新行为主义者 A. Bandura（1986）则认识到个人因素、环境因素与行为三者间的交互作用，认为人不是被动接受外界刺激的，人的内部认知如思维、信念、期望等与奖励、惩罚等外部环境因素相互作用共同影响行为的发生。他的独特之处在于为人格加入了认知变量，并提出行为与人格可以通过观察学习而习得，结合不同的个体就形成各自独特的行为模式。J. B. Rotter（1982）也持类似观点，强调知觉、期望、价值观等变量对于特定情境下行为的产生至关重要，认为人的行为潜能由泛化的期望值与强化程度的大小而定，人格这种稳定的行为模式是由稳定化了的期望和特定反应被强化的可能性的大小而决定，并因二者的程度与大小表现出不同的人格差异。

罗洛·梅则认为健康人格是个人实现同社会的整合后形成的，也就是指人格与社会的相互作用最终整合成了完整的人格，他承认客观外在环境的存在，强调人际关系、社会关系、文化对人格发展有重要影响。

也有研究者不仅重视个体生长的外在环境，也意识到心理环境对人格发展的意义，如 C. R. Rogers（1959）认为形成自我发展良好的自我即机能完善者要求一个无条件积极看待的成长环境，这种环境不仅指外界的生存环境，也包括良好的心理环境。

除此之外，研究者也非常关注自然地理环境对人的行为与心理的制约与影响。有研究者认为人在适应与改造自然环境的过程中，人格也会相应地形成某些特征，例如山地、平原、湖海地区的居民会各自形成具有显著差异的行为模式，另外他认为突发性的自然灾难如世纪大洪荒、大地震、大瘟疫等等，由于其危及人的生存，可能引起人的整个心理状态的改变，中世纪的黑死病就曾导致欧洲活着的人群普遍出现精神崩溃的症状。

家庭环境对人格形成与发展的影响历来受到多数研究者的重视，A. Adler、K. Horney（1966）、H. S. Sullivan（1953）[①] 等虽然反对 Freud 的人格本能决定说，但大都强调家庭环境和童年经验对人格发展的重要作用，如父母教育方式、出生顺序等，Adler 认为溺爱和忽视会导致成年后的人格问题；头生儿和末生儿因为家庭成员的溺爱得失而发展为问题儿童的比例较大。

---

① Jerry M. Burger 著，陈会昌译：《人格心理学》，中国轻工业出版社 2000 年版，第 73—76、86—92 页。

E. 弗洛姆（E. Fromm）① 将社会化定义为："社会化诱导社会的成员去做那些要想使社会正常延续就必须做的事"，是"使社会和文化得以延续的手段"。弗洛姆认为人格是气质和性格的整合，核心是性格，他把性格分为个人性格和社会性格，人的性格主要由社会性格决定，社会性格又决定于社会经济体系，体现着个人与社会之间的相互作用②。研究者认为个体经历的社会化进程对人格形成与发展具有重要作用，社会化的影响主要体现在宏观的社会文化层次上和微观的个体生活情境的层次上。前者是人格形成与发展的宏观背景，包括一定的社会物质生活条件、社会制度、价值观念、行为规范、道德准则、风俗习惯等等。个体在社会化或文化濡化的过程中形成人格的共性的一面，如基本人格、民族性格等；后者是人格形成与发展的微观机制，包括社会生活中的人际关系，家庭生活中的地位、亲子关系、父母抚养方式等。另外人格也是制约社会行为的一个重要变量。

人格的社会化是贯穿于人的终身课题，E. Erikson（1963）提出的心理发展八阶段理论，将人一生的社会化历程分为婴儿期、童年期、学前期、学龄期、青春期、成年早期、成年期、老年期八个阶段，每一阶段都存在一对冲突和一种危机以及一种克服危机的方式，对危机的解决反映出个体社会化过程中的矛盾与冲突，并将确定后来人格发展的方向。

研究者将个体社会化的概念推广到民族社会化，认为民族社会化"是指在特定的民族群体中，个体通过与群体的相互作用，适应并吸收民族的文化传统，形成民族意识，成为一个合格的民族群体成员的过程"，只有通过民族社会化才能把本民族的每一个成员都培养成具有共同民族心理特征的人；在民族社会化过程中，家庭教育、学校教育、社会教育、习俗、宗教、社会组织具有重要作用。

3. 文化因素

文化虽然无所不在，但人们对于文化的理解、界定和运用的含糊性却是众所周知的。经对几种典型文化定义（C. 恩伯、M. 恩伯，1988；马凌诺斯基，2002；司马云杰，2001；林耀华 1997）的分析总结，我们认为广义的文化是指人类在社会历史实践过程中所创造的物质成果和精神成果的总和。大多数学者都把文化同人的基本生存方式联系起来，"文化是任何

---

① 张世富：《民族心理学》，山东教育出版社 1996 年版，第 141—142、148—158 页。

② 高觉敷：《西方心理学的新发展》，人民教育出版社 1987 年版，第 380—381 页。

社会的全部生活方式"[①]；"文化是历史地凝结成的、普遍的、相对稳定的生存方式或生活样法，它不是经济和政治之外的一个独立的存在领域，而是内在于政治、经济和人的一切活动领域之中的内在的机理或活动图式"[②]，把文化视为历史与社会发展的重要内涵。在结构上，文化通常分为物质文化与精神文化，前者包括劳动工具和人类为满足衣食住行等多种需要而创造出来的一切物质产品，后者包括思维、语言、知识，以及哲学、科学、伦理、道德、教育、法律、制度、风俗习惯、宗教、文学艺术等。

对于文化与人格的关系，文化人类学家和心理学家对文化都颇为关注。F. Boas（1938）提出文化决定论，认为人类不同的行为模式不是由其生物特性决定的，而是由各自独特的文化背景决定的。本尼迪克特和米德也持同样观点，认为[③]人类文化是人格的无限扩展，文化对人格具有塑造作用。A. Karkiner（1939）和 R. Linton（1936）则提出文化与人格交互作用的理论，他们认为文化塑造了"基本人格类型"或"基本人格结构"，以此影响个体人格，个体则通过基本人格类型或结构赋予的投射系统，以各自不同的方式赋予文化以现实意义，这样，文化与人格就构成了交互作用的关系。其中的文化因素特别强调社会的初级制度对个体的早期经验的影响即一定社会模式化的教养方式对基本人格结构形成起决定性的作用。另外霍妮（K. Horney）、沙利文（H. S. Sullivan）、弗洛姆（E. Fromm）等精神分析社会文化学派的代表人物都非常重视社会和文化因素对人的心理和行为的影响。

当代跨文化心理学家贝利（J. W. Berry，1976）提出了生态、文化与行为的理论模式[④]。他认为生态力量是文化与行为的原推动力和模塑因素，生态变量限制、强迫和滋养文化形式，而文化形式转而模塑行为。这一理论模式的结构由生态因素、传统文化、传统行为三部分组成。生态因素是指人类机体与其生存环境相互联系、相互制约、相互作用的总和，包括气温、雨量、季节气候变化、地形、地貌、矿产、土壤以及动植物资源等生存环境因素，由生存环境制约的生产方式和食物贮存等经济可能性，以及由生存环境因素和经济可能性制约的居住模式和人口规模和分布。传统文化包括家庭和社会组织结构、生产资料所有制和产品分配形式、劳动分

① C. 恩伯、M. 恩伯：《文化的变异》，辽宁人民出版社 1988 年版，第 22—48 页。
② 衣俊卿：《文化哲学》，云南人民出版社 2001 年版，第 6 页。
③ 林耀华：《民族学通论》，中央民族大学出版社 1997 年版，第 128—130 页。
④ 郑雪：《跨文化智力心理学研究》，广州出版社 1994 年版，第 201—209 页。

工、政治制度、育儿方式和社会化模式、宗教语言和文学艺术、生活方式和各种意识形态等。传统行为包括一个民族传统的认知或智力特点、情感和意志特征以及自我意识、价值观、各种态度等。贝利认为生态、文化、行为三者的关系只有制约性和或然性的意义，而没有决定性和必然性的含义，他把生态和文化变量作为自变量、把行为变量作为因变量。另外贝利还论述了外部文化、文化交流和行为变化的关系，认为传统文化与现代文化的接触和交流导致文化融入过程，这一过程使人的心理和行为发生种种改变，这些变化又使人适应或不适应变化了的生态和文化环境。

我国台湾心理学家杨国枢（1986）也提出了中国人性格发生和改变的生态文化相互作用的模式，系统阐述了中国人性格在中国的生态文化环境中的形成，以及在现代化的影响下所发生的改变①。与贝利的上述模式有异曲同工之处。

4. 认知因素

认知一般指知觉、注意、记忆、思维和语言等心理现象，是个体接受、贮存和运用信息的内部心理机制②。广义认知包括自然认知和社会认知，前者主要是对自然物质和自然因素的认识，后者则是对人与社会因素的认知，涉及社会知觉、社会价值、价值的选择、情感和态度以及文化模式等方面的问题，且比前者更倾向于在人格结构内，知、情、意几方面的整体性信息加工，表现出个体的人格特征③。

Witkin（1940）、Gagan et al（1964）、Das et al（1975）从不同角度将认知方式分为场依存性—场独立性、冲动—沉思、同时性—继时性，研究结果均表明认知方式会因个体的差异而表现出人格差异。④

G. A. Kelly（1955）则特别强调认知结构对人格的形成和发展的重要作用，重视个体对世界的独特的见解，把人格看作是一种对事物的观点和思想⑤；他提出每个人都是“科学家”，都具有一种类似于科学家的解释和预测事件的个体建构，由于个体建构系统以及建构形式的个体差异而形成人格的差异。在 W. Mischel（1973，1979）的人格认知模型中，则提出了认知—情感单元的概念，他认为人的人格系统中包含若干如网状连接的认

---

① 郑雪：《跨文化智力心理学研究》，广州出版社 1994 年版，第 201—209 页。

② 车文博：《西方心理学史》，浙江教育出版社 1998 年版，第 580 页。

③ 方俊明：《认知心理学与人格教育》，陕西师范大学出版社 1990 年版，第 346—348 页。

④ 彭聃龄：《普通心理学》，北京师范大学出版社 2001 年版，第 425—452 页。

⑤ 郑雪：《人格心理学》，暨南大学出版社 2001 年版，第 322 页。

知—情感单元（心理表象），在特定情况下，一种情境特征与几种认知—情感单元或几种情境特征与一种认知—情感单元发生交互作用，都会引起相联结的其他认知—情感单元之间的互动，并且由于心理表象因人而异，产生不同的行为模式，表现为人格差异。

5. 民族心理因素

民族具有共同语言、共同地域、共同经济生活和表现于共同文化上的共同心理素质的基本特征，同一民族由于历史演化、社会文化、生态环境、生产方式等独特性形成独具特色的民族共同心理素质，并使民族内部成员产生归属感和认同感，个体人格心理反映民族共同心理特征，二者是个性与共性的关系[①]。

国内民族心理学研究者将个性心理特征作为民族共同心理素质的一种重要表现形式和内容，研究者认为，民族共同心理素质是一个民族的社会经济、历史传统、生活方式以及地理环境的特点在该民族精神面貌上的反映。其特征为通过本民族的语言、文学艺术、社会风尚、生活风俗、宗教信仰以及对祖国和人民的热爱、对乡土的眷恋，表现出自己的爱好、兴趣、能力、气质、性格、情操和民族自豪感。还有研究者认为民族共同心理素质在内部关系中主要寓于民族真理结构的心理过程和个性心理特征之中。民族共同文化心理素质本身具有独立、全民、稳固的特性，其内容包括风俗习惯、文学艺术、民族性格及民族自我意识。

同时研究者也注意到文化、民族心理素质、民族性格之间的关系，有研究者提出文化作为民族心理“物质化”的一个最重要领域，不但能够反映民族心理素质、民族性格，而且有助于它们的形成和发展。

西方研究者则更重视民族认同的研究。J. Carla（1998）把民族认同定义为“个体对本民族的信念和态度，是对其民族身份的承认”，积极的民族认同会增强民族成员的内聚力，消极的民族认同则易产生民族悲观情绪。J. S. Phinnery 等（1990）提出了少数民族青少年的民族认同发展模型，认为个体将经过三个阶段发展才能获得积极的民族认同，这三个阶段为：弥散的民族认同阶段、个体的民族意识崛起、个体接受自己文化和身份不利的地位，最终产生民族归属感。后来 J. E. Helms（1996）又提出了有色人种的民族认同发展模型，认为有色人种认同发展包括对内化了的社会种族刻板印象的克服以及对消极的自我概念与我族概念的克服。拉等

---

① 张世富：《民族心理学》，山东教育出版社 1996 年版，第 141—142、148—158。

(1997)、A. John 等（2000）研究表明，民族认同与个体的自我概念、自尊、成就动机等成正相关，且民族认同态度积极的个体，其内控的可能性较大。另一项（L. Marie 等，2000）对少数民族成员的民族认同与自我认同的关系的考察发现，个体的民族认同冲突可以预测其自我认同危机，个体积极的民族认同一旦内化则有利于民族认同冲突的解决，而且这可以预测个体内部定向的自我认同危机和外部定向的自我认同危机的解决。

6. 个体其他心理因素

A. H. Maslow（1967）强调动机、需要、价值等对人格发展的重要意义，他提出著名的“需要层次理论”，认为人只有历经基本需要的满足、实现高级需要，才能最终达到自我的实现，形成健康完善的人格。

我国有研究者注意到相对于人格的其他心理因素对人格发展的影响，如认知水平、情绪体验方式、意志品质、需要层次、动机水平、兴趣、信仰、理想、价值观、世界观等，并且认为价值观、世界观、理想等是调节人格模式至关重要的因素。

在承认人格的形成受多种因素控制的基础上，有研究者认为存在一种个体选择活动，成为多种因素对人格产生影响的关键的中介机制，个体的主体能动性和心理状态、文化背景、生活经验等赋予个体的影响与压力成为这种选择机制发生的动力，个体由选择而形成人格，并使其具有稳定性，但人的选择会由于不断变化的外界刺激而动态变化，因此人格也相应表现为稳定性和变化性的统一。

二、关于不同民族大学生人格特征的实证研究

我国是一个多民族国家，每个民族特有的历史文化、民族传统、地域生态环境、宗教信仰、风俗习惯等都对本民族成员人格的形成与发展产生重要的影响，因此对不同民族人格研究的了解将有助于我们在比较的基础上分析蒙古族大学生人格发展的影响因素，为研究的持续化提供依据。

一项对苗族文化与苗族主体心理结构的研究指出，苗族主体心理经过主体内化及社会化，形成由智力因素如感觉、知觉、记忆、思维及想象和非智力因素如需要、动机、情感、意志、气质及性格组成的心理结构，并且这种心理结构长期深受以农耕为基础的苗族文化的影响，表现出特有的优良心理素质及一些不良的心理素质。

另一项关于土家、苗、汉大学生人格特征的比较研究中，分析了居住于湘西的三个民族大学生表现出的人格特征的差异，着重指出自然居住环

境、民族文化与传统以及历史与社会文化背景是差异产生的主要原因。

有研究采用卡特尔16PF对彝族双语教育两类模式的大学生的人格特征进行比较研究，结果发现两类模式大学生的人格特征60%是相同的，两类模式大学生的人格特征存在性别差异，研究者认为不同的生活环境特别是不同的教育背景是造成这种差异的重要因素。

一项对我国少数民族中人数最少的民族基诺族102名成人和学生的性格特征的初步研究指出，基诺族表现出的性格特征与其特定的社会文化与历史背景有密切关系。基诺族聚居在几乎与世隔绝的西双版纳密林中，以集体打猎采集为生，偶尔种植一些山地作物。中华人民共和国成立前还处于原始公社的社会形态，生产方式落后。因此集体生产生活的方式成为基诺族人获得食物、抵御灾害的保证，并形成了重视集体、强调平均、平静和谐的文化价值观。这种地域生态环境背景、生产方式、价值观念也因此造就了基诺族人服从传统、忠于集体、知足常乐，依赖性强的人格特征。

文荻莫、田江（1990）对回、汉族大学生人格特征的比较研究，陶远岑、刘萍（1990）对藏、回、土、汉各族大学生人格特征的比较研究，朱燕（1992）对藏、汉族大学生人格特征的比较研究等都采用卡特尔16PF对不同民族大学生的人格特征进行调查、比较，不同程度地揭示了各民族大学生的主要人格特点。研究者基本认为是各民族在社会文化、地域生态环境、民俗与宗教以及教育条件与程度等方面存在的差异影响了大学生人格的形成与发展。

三、关于蒙古族大学生人格特征及其他相关的蒙古族民族心理研究

国内研究者从不同研究角度出发，对蒙古族大学生人格特征状况进行了实证研究。

一项对蒙汉大学生的人格特征的比较研究显示，蒙汉大学生在16PF的八项人格因素上呈现出极显著差异，蒙古族大学生在稳定性、有恒性、兴奋性、敢为性方面的分值极显著高于汉族大学生，在聪慧性、敏感性、幻想性、独立性方面的分值极显著低于汉族大学生。蒙古族大学生反映出对人热情、乐于助人、活泼开朗；在行动上表现为充满魄力、维护团结、冒险敢为、遇事果断、不瞻前顾后，但有时做事不考虑后果，甚至鲁莽行事；在学习与人交往中不掩饰、不畏缩，有敢作敢为的精神；因受情感的左右有时可能粗心大意，忽略细节；在价值观方面，有明显的是非善恶的

价值取向；对朋友真诚、坦荡，在选择朋友时受情感影响较大。研究者认为蒙汉大学生人格特点的差异受自然生长环境、家庭教育、传统文化、经济发展水平、语言和社会习俗等不同程度的影响。

另有研究①运用卡特尔 16PF 对蒙古族大学生所做的人格特征研究结果显示，蒙古族大学生主要人格特征表现为：活泼、愉快；知己知彼、合乎成规；自律严谨；自尊心强，做事有始有终、尽职尽责；长于形象思维，抽象思维能力较弱；情绪较为稳定，但也往往感情用事，缺乏恒心和耐心。

另一项关于蒙汉大学生心理健康的跨文化比较研究结果显示：来自牧区和农村的蒙汉大学生比来自城市的蒙汉大学生存在更多的心理问题。他们认为不同的民族文化背景是形成蒙汉大学生心理健康状况和人格特征差异的主要原因。

有蒙古族民族学家指出，蒙古族牧业家庭教育实质上是以劳动教育、习俗教育为中心的生存教育。民族观、家族观教育、宗教习俗教育是牧区青少年走向社会、适应社会，并维持和谐的社会、家庭生活的必要前提。研究者提出民族学校教育应重视牧区蒙古族学生的心理特点，使学生多接触大自然，多关心学生从牧业家庭生活走向学校生活过渡时期的心态及适应能力。

第二节　蒙古族大学生人格特征研究

一、问题的提出

通过上文对人格及人格成因的文献综述和对蒙古族大学生人格特征及相关研究状况的考察，可以看出：

（一）影响人格形成与发展的各因素并非孤立地发挥作用，因素与因素之间具有非常密切的关系

如对于遗传与环境的关系，多数研究者认为遗传与环境并非各自孤立地对人格产生影响，人格的发展是二者交互作用的结果。如遗传因子的可变性与环境因素的可遗传性，使得人格成为环境和遗传交互作用的产物

① 时蓉华、刘毅：《中国民族心理学概论》，甘肃民族出版社 1993 年版，第 143 页。

(R. B. Cattell，1974)[①]。对于社会认知和文化模式的关系，有研究者认为，文化模式是社会认知系统中的重要组成部分，是某一民族在长期历史演变中形成的语言、思维方式、价值习惯、行为观念等多方面的因素，社会认知则深受文化历史传统中形成的文化模式、文化结构的影响，而不是一种孤立于个体系统之中的信息加工。

（二）目前我国对少数民族大学生人格特征的研究表现出以下几个特点

1. 已有研究多集中于不同民族大学生人格特征的比较研究，通过对不同民族大学生人格及次元人格特点的比较分析，揭示出不同民族大学生的人格特征在某方面的显著差异；

2. 通过对少数民族大学生人格特征状况的对比分析进一步探讨影响少数民族大学生稳定人格特征形成的因素，如研究者指出各民族的自然地理环境、生活方式、风俗习惯、宗教信仰、道德思想、文化教育等因素影响少数民族大学生人格的形成与发展，而且少数民族地区的教育文化背景对民族大学生的人格特征尤其具有主导作用。

3. 通过对人格特征与其他相关心理因素的比较研究，探讨人格因素与其他心理因素之间的关系，为大学生人格教育以及综合心理素质教育提供参考依据。一项对大学生人际信任与人格特征的相关研究结果表明大学生的人际信任与人格因素存在显著的相关性，并反映出一定的人格类型和个人的专业成就性，个人的人际信任度与心理健康呈显著正相关。另一项关于大学生学业成绩与人格特征的相关研究指出，人格因素是影响大学生学业成绩的一个重要方面，研究结果显示乐群性、兴奋性、有恒性、敢为性、忧虑性和紧张性等因素与学业成绩之间存在密切的相关性。

综上所述，人格的形成与发展受到多种影响因素的交互作用，本研究基于已有研究对蒙古族大学生人格特征的比较和影响因素的探讨，以及相关研究的论述，集中地对蒙古族的人格特征及其成因进行比较以及深入探讨。

二、研究方法及过程

（一）被试取样

本研究随机选取内蒙古师范大学（师范大学）蒙文系和内蒙古大学

---

① 叶海燕：《人格研究的生物学取向述评》，《南京师范大学学报》（社会科学版）1999 年第 6 期。

（综合大学）蒙文系大一、大二、大三、大四四个年级每个年级各一个班的蒙古族大学生为被试，所有班级均为蒙语授课班，共计 270 名，男女基本各半，所获问卷经仔细筛选，确认有效问卷为 256 份。

表 12-1　被试分布情况

	师范类大学				综合类大学				n
	一年级	二年级	三年级	四年级	一年级	二年级	三年级	四年级	
男	13	13	12	15	17	16	18	16	120
女	21	18	17	14	18	15	15	18	136
n	34	31	29	29	35	31	33	34	256

被试年龄大多分布在 18—25 岁（250 人，97.7%），只有 6 人在 18 岁以下。来自于内蒙古自治区各个地区，本研究将被试家庭住址所在地作为来源地，参考内蒙古地区不同的社会区域及经济行为方式将来源地划分为城市、郊区、农村、牧区、农牧结合区、林区、农林牧结合区 7 类区域。被试来源分布见表 12-2：

表 12-2　被试来源分布

来源地	城市	郊区	农村	牧区	农牧区	林区	农林牧结合区	n
n	28	21	57	63	56	0	31	256
%	10.9	8.2	22.3	24.6	21.9	0	12.1	100

（二）研究工具

本研究主要采用华东师范大学祝蓓里、戴忠恒等修订的《卡特尔 16 种人格因素测量表（修订本）》（简称 16PF）。

（三）研究程序

首先使用量表对全体被试采取集体无记名施测，被试一般都能在 45—60 分钟内完成所有项目。测试结果经套用卡氏 16PF 模版，得到 16 项人格因素的原始分，运用 SPSS11.0 统计软件将原始分数转化为标准分数进行 F 检验，并对显示出差异的项目再进行 T 检验及其他统计处理。

三、蒙古族大学生人格特征

（一）蒙古族大学生的总体人格特征

依 27%的统计比例将蒙古族大学生在各维度的分值分为高、中、低三个组，T 检验结果显示组间差异均为显著（$P<0.05$）。

表 12-3　蒙古族大学生 16PF 测试结果

维度	M	S	高分组		中分组		低分组	
	n=256		n	%	n	%	n	%
乐群性	12.08	1.119	150	58.59	0	0	106	41.41
聪慧性	9.17	1.179	77	30.08	173	67.58	6	2.34
稳定性	14.62	1.655	82	32.03	51	19.92	123	48.05
恃强性	11.29	2.192	86	33.59	153	59.77	17	6.64
兴奋性	11.55	1.649	83	32.42	134	52.34	39	15.23
有恒性	11.86	1.497	93	36.33	113	44.14	50	19.53
敢为性	10.49	1.824	88	34.38	74	28.91	94	36.72
敏感性	11.72	1.782	100	39.06	128	50.00	28	10.94
怀疑性	10.05	1.270	78	30.47	169	66.02	9	3.52
幻想性	12.21	1.893	87	33.98	109	42.58	60	23.44
世故性	8.81	1.427	96	37.50	70	27.34	90	35.16
忧虑性	13.04	2.553	77	30.08	137	53.52	42	16.41
实验性	13.49	929	120	46.88	0	0	136	53.13
独立性	10.30	1.198	122	47.66	0	0	134	52.34
自律性	10.93	1.642	111	43.36	36	14.06	109	42.58
紧张性	12.06	1.557	107	41.80	53	20.70	96	37.50

从表 12-3 蒙古族大学生的 16PF 测试结果可以看出，蒙古族大学生的人格特征表现出较高的乐群性、自律性和紧张性，在稳定性、实验性、独立性维度的分值较低，敢为性和世故性的三组得分较为平均，这两个维度的特征表现得不很明显，其余八个维度得分值均集中在中分组，但总体来看八个维度的分值都偏高。

（二）师范大学和综合大学蒙古族大学生人格特征的比较

表 12-4 师范大学和综合大学蒙古族大学生
16PF 测试结果及显著性检验

维 度	师范大学（n=123）		综合大学（n=133）		t
	M	S	M	S	
乐群性 A	13.00	1.094	12.61	1.114	2.831**
聪慧性 B	8.76	0.790	9.55	1.345	−5.740***
稳定性 C	15.04	1.381	14.23	1.791	4.095***
恃强性 E	11.40	2.183	11.20	2.204	0.739
兴奋性 F	11.90	1.141	11.22	1.955	3.451***
有恒性 G	12.47	0.961	11.29	1.672	7.020***
敢为性 H	10.11	1.629	10.85	1.925	−3.325***
敏感性 I	12.12	1.740	11.35	1.745	3.560***
怀疑性 L	9.89	0.851	10.20	1.549	−1.999*
幻想性 M	12.54	1.690	11.89	2.020	2.800**
世故性 N	8.70	1.336	8.92	1.503	−1.223
忧虑性 O	14.47	2.477	11.71	1.796	10.155***
实验性 Q1	13.37	0.772	13.59	1.045	−1.925
独立性 Q2	10.55	1.243	10.07	1.109	3.300***
自律性 Q3	10.64	1.761	11.20	1.481	−2.746**
紧张性 Q4	12.28	1.217	11.86	1.797	2.200*

注：* 表示相关系数双侧检验显著性水平：$P \leqslant 0.05$，

** 表示相关系数双侧检验显著性水平：$P \leqslant 0.01$，

*** 表示相关系数双侧检验显著性水平：$P \leqslant 0.001$，以下各表相同。

从表 12-4 可以看出，除恃强性、世故性、实验性外，两类大学的蒙古族大学生在其余十三个人格特征维度上都存在显著差异。其中，师范大学蒙古族大学生分别在紧张性维度上得分显著高于综合大学，乐群性、幻想性两个维度得分非常显著优于综合大学，稳定性、兴奋性、有恒性、敏感性、忧虑性、独立性六个维度得分极显著高于综合大学。综合大学蒙古族大学生怀疑性维度得分显著高于师范大学，自律性维度得分非常显著高于师范大学，聪慧性、敢为性两个维度的得分极显著高于师范大学。

（三）蒙古族大学生人格特征的性别差异

表 12-5　蒙古族男女大学生 16PF 测试结果及显著性检验

维　度	男生（n=120）		女生（n=136）		t
	M	S	M	S	M
乐群性 A	12.47	1.122	13.09	1.036	−4.607***
聪慧性 B	8.95	1.003	9.37	1.287	−2.913**
稳定性 C	15.77	1.128	13.60	1.357	13.766***
恃强性 E	13.24	1.408	9.57	0.986	23.839***
兴奋性 F	10.19	1.154	12.74	0.943	−19.206***
有恒性 G	13.02	0.788	10.83	1.196	17.446***
敢为性 H	12.09	1.069	9.08	0.997	23.312***
敏感性 I	10.16	0.860	13.10	1.128	−23.580***
怀疑性 L	9.32	0.700	10.68	1.321	−10.451***
幻想性 M	10.48	0.978	13.74	0.952	−26.983***
世故性 N	8.36	1.358	9.21	1.368	−5.005***
忧虑性 O	11.26	1.713	14.60	2.109	−13.991***
实验性 Q1	13.63	0.889	13.37	0.949	2.230*
独立性 Q2	10.84	0.879	9.82	1.241	7.640***
自律性 Q3	9.73	0.950	11.99	1.374	−15.101***
紧张性 Q4	10.87	1.084	13.11	1.080	−16.561***

注：*：$P \leqslant 0.05$

**：$P \leqslant 0.01$

***：$P \leqslant 0.001$

如表 12-5 所示，蒙古族男女大学生在卡特尔 16PF 的所有维度的得分上均表现出显著差异。蒙古族男大学生实验性得分显著高于女大学生，稳定性、恃强性、有恒性、敢为性、独立性五个维度的得分极显著高于女大学生。蒙古族女大学生聪慧性维度的得分显著高于男大学生，在乐群性、兴奋性、敏感性、怀疑性、幻想性、世故性、忧虑性、自律性、紧张性九个维度上的得分都极显著高于男大学生。

（四）蒙古族大学生人格特征的年级差异

表 12-6　不同年级蒙古族大学生 16PF 测试结果及显著性检验

维　度	一年级(n=69)		二年级(n=62)		三年级(n=62)		四年级(n=63)		F
	M	S	M	S	M	S	M	S	
乐群性 A	12.51	1.066	13.00	1.173	12.92	1.121	12.79	1.080	2.512
聪慧性 B	8.75	0.961	9.02	0.799	8.87	0.839	10.08	1.495	21.068***
稳定性 C	15.13	1.571	14.79	1.590	14.39	1.383	14.11	1.885	5.029**
恃强性 E	10.61	2.081	11.50	2.380	11.52	2.345	11.62	1.818	3.185*
兴奋性 F	12.09	1.721	11.53	1.607	11.32	1.772	11.19	1.342	3.966**
有恒性 G	11.88	1.491	11.89	1.516	11.68	1.523	11.97	1.481	0.426
敢为性 H	9.97	1.749	10.35	1.527	10.37	1.804	11.32	1.950	6.826***
敏感性 I	11.83	1.645	11.81	1.469	11.32	1.998	11.90	1.957	1.390
怀疑性 L	9.54	0.867	9.84	1.089	10.16	1.119	10.70	1.623	11.155***
幻想性 M	12.51	1.549	12.44	1.695	12.00	2.225	11.86	2.023	1.862
世故性 N	8.23	1.238	8.60	1.408	8.94	1.481	9.54	1.268	11.063***
忧虑性 O	14.58	2.746	12.81	2.172	12.35	2.403	12.24	2.100	13.934***
实验性 Q1	13.83	0.890	13.65	0.770	13.29	0.894	13.16	1.003	7.792***
独立性 Q2	9.67	1.233	10.00	1.255	10.71	0.965	10.89	0.845	18.323***
自律性 Q3	10.23	1.840	11.23	1.453	11.31	1.433	11.05	1.580	6.401***
紧张性 Q4	11.90	1.238	11.81	1.424	11.63	1.462	12.90	1.784	9.408***

注：*：$P \leqslant 0.05$

**：$P \leqslant 0.01$

***：$P \leqslant 0.001$

表 12-7　蒙古族大学生 16PF 的年级差异的变异数同质性检验

人格维度	乐群性	聪慧性	稳定性	恃强性	兴奋性	有恒性	敢为性	敏感性	怀疑性	幻想性	世故性	忧虑性	实验性	独立性	自律性	紧张性
Levene 统计量	0.028	16.280	2.089	3.722	2.047	0.107	2.162	5.007	12.994	8.825	1.593	4.197	0.561	4.604	3.713	3.887
df1	3	3	3	3	3	3	3	3	3	3	3	3	3	3	3	3
df2	252	252	252	252	252	252	252	252	252	252	252	252	252	252	252	252
Sig	0.994	0.000	0.102	0.012	0.108	0.956	0.093	0.002	0.000	0.000	0.191	0.006	0.641	0.004	0.012	0.010

表 12-8　不同年级蒙古族大学生 16PF 人格特征之平均数差异分析表

	组　别 (I—J)		平均数的差异		组　别 (I—J)		平均数的差异
聪	1	4	−1.33***	稳	1	4	1.02**
慧	2	4	−1.06***	定			
性	3	4	−1.21***	性			
B				C			
	组　别 (I—J)		平均数的差异		组　别 (I—J)		平均数的差异
兴	1	4	0.90*	敢	1	4	−1.35***
奋				为	2	4	−0.96*
性				性	3	4	−0.95*
F				H			
	组　别 (I—J)		平均数的差异		组　别 (I—J)		平均数的差异
怀	1	3	−0.63*	世	1	3	−0.70*
疑	1	4	−1.16***	故	1	4	−1.31***
性	2	4	−0.86***	性	2	4	−0.94**
L				N			
	组　别 (I—J)		平均数的差异		组　别 (I—J)		平均数的差异
忧	1	2	1.77***	实	1	3	0.54**
虑	1	3	2.22***	验	1	4	0.67***
性	1	4	2.34***	性	2	4	0.49*
O				Q1			
	组　别 (I—J)		平均数的差异		组　别 (I—J)		平均数的差异
独	1	3	−1.04***	自	1	2	−0.99**
立	1	4	−1.22***	律	1	3	−1.07**
性	2	3	−0.71**	性	1	4	−0.82*
Q2	2	4	−0.89***	Q3			

续表

	组　别 (I—J)		平均数的差异	组　别 (I—J)	平均数的差异
紧	1	4	−1.01**		
张	2	4	−1.10***		
性	3	4	−1.28***		
Q4					

注：*：$P \leqslant 0.05$

**：$P \leqslant 0.01$

***：$P \leqslant 0.001$，1 表示一年级；2 表示二年级；3 表示三年级；4 表示四年级。

表 12-6 蒙古族大学生 16PF 测试结果和显著性检验显示，除乐群性、有恒性、敏感性、幻想性四个维度没有年级差异外，其余十二个维度均表现显著差异，聪慧性、敢为性、怀疑性、世故性、忧虑性、实验性、独立性、自律性、紧张性九个维度都表现为极显著差异。那么，究竟四个年级的具体差异情况如何，是哪些组间差异影响了维度的总体差异，则需要进行变异数同质性检验和事后多重比较检验继续深入分析。

表 12-7 的变异数同质性检验表明，本检验未违反变异数同质性假定，因此可以采用 Scheffe 法进行事后多重比较检验，分析 F 值达到显著的各维度具体组间平均数差异。

经表 12-8 对蒙古族大学生 16PF 人格特征的年级平均数差异分析表明，聪慧性的年级差异主要表现为四年级同其余三个年级的极显著差异，四年级的分值均极显著高于其余三个年级，其余三个年级之间未发现有显著差异。

恃强性的 F 值虽然表现出显著差异（$P<0.05$），但经 Scheffe 法事后多重检验未发现组间有显著差异存在，这可能是由于 Scheffe 法的保守性所致，也可能是系统误差导致的结果。

稳定性的年级差异表现为一年级和四年级之间的显著差异，一年级的分值显著高于四年级（$P<0.01$），二、三年级未表现出组间差异，也未与一、四年级间表现出显著差异（$P>0.05$）。

兴奋性的年级差异也表现为一、四年级的组间差异，一年级的分值显著高于四年级（$P<0.05$）（另有一部分差异未能检验出来），未发现有其余组间显著差异存在。

敢为性的年级差异表现为四年级同其余三个年级的差异，分值分别极显著高于一年级（$P<0.001$）、显著高于二年级和三年级（$P<0.05$）。

怀疑性的年级差异除了表现为一年级同三、四年级，还表现为二年级和四年级的显著差异，分别为：三年级的分值显著高于一年级（$P<0.05$）、四年级的分值极显著高于一年级和二年级（$P<0.001$）。

世故性的年级差异也表现为一、三年级，一、四年级，二、四年级的组间显著差异，三年级的分值显著高于一年级（$P<0.05$），四年级的分值极显著高于一年级（$P<0.001$）、非常显著高于二年级（$P<0.01$）。

忧虑性的年级差异则表现为一年级同其余三个年级的显著差异，一年级的分值均极显著高于二、三、四年级（$P<0.001$）。

实验性的年级差异表现为一、三，一、四，二、四的组间显著差异，一年级的分值非常显著高于三年级（$P<0.01$）、极显著高于四年级（$P<0.001$），二年级的分值显著高于四年级（$P<0.05$）。

独立性的年级差异表现为三年级的分值极显著高于一年级 $P<0.001$）、非常显著高于二年级（$P<0.01$），四年级的分值极显著高于一、二年级（$P<0.001$）。

自律性的年级差异表现为一年级同其余三个年级的差异，二、三年级的分值非常显著高于一年级 $P<0.01$），四年级的分值显著高于一年级（$P<0.05$）。

紧张性的年级差异则表现为四年级的分值非常显著高于一年级（$P<0.01$）、极显著高于二、三年级（$P<0.001$）。

（五）不同来源地蒙古族大学生人格特征的比较

表 12-9　不同来源地的蒙古族大学生 16PF 测试结果及显著性检验

人格维度	城市 (n=28)		郊区 (n=21)		农村 (n=57)		牧区 (n=63)		农牧结合区 (n=56)		农林牧结合区 (n=31)	
F	M	S	M	S	M	S	M	S	M	S	M	S
乐群性 A	13.04	1.071	12.90	1.091	11.77	0.682	13.79	1.003	12.66	0.793	12.61	0.715
32.741***												
聪慧性 B	10.29	0.976	9.43	0.870	9.05	1.288	8.86	1.162	8.96	1.044	9.23	1.023
7.397***												
稳定性 C	14.46	1.895	14.62	1.687	15.19	1.922	14.49	1.575	14.34	1.392	14.45	1.312
1.911												
恃强性 E	11.25	1.898	10.76	1.972	10.19	1.837	12.46	2.564	11.21	1.776	11.48	1.981
7.634***												

续表

人格维度	城市（n=28）		郊区（n=21）		农村（n=57）		牧区（n=63）		农牧结合区（n=56）		农林牧结合区（n=31）		F
	M	S	M	S	M	S	M	S	M	S	M	S	
兴奋性 F	11.36	1.446	11.67	1.983	11.35	1.716	11.71	1.698	11.71	1.498	11.35	0.582	1.664
有恒性 G	11.96	1.688	11.81	1.436	11.60	1.510	11.78	1.288	12.04	1.452	12.10	0.728	1.814
敢为性 H	10.79	1.397	10.24	1.729	9.86	1.856	10.78	1.773	10.45	1.953	11.06	1.788	2.604*
敏感性 I	11.64	1.890	12.19	1.914	12.12	2.164	11.24	1.341	11.82	1.738	11.52	1.525	1.961
怀疑性 L	10.11	1.524	10.19	1.250	10.23	1.035	9.87	1.276	10.02	1.183	9.97	0.559	1.581
幻想性 M	12.04	1.774	12.52	1.806	12.02	1.885	12.16	2.010	12.57	1.934	11.94	0.825	1.769
世故性 N	9.57	1.200	9.14	1.526	9.12	1.337	7.81	1.424	9.21	1.057	8.65	1.279	11.521***
忧虑性 O	12.54	2.333	13.71	2.667	13.93	2.902	12.27	2.194	13.29	2.357	12.48	2.488	3.616**
实验性 Q1	13.96	1.170	13.62	0.921	13.40	0.997	13.43	0.856	13.46	0.808	13.29	0.824	2.031
独立性 Q2	10.25	1.266	10.10	1.411	9.91	1.229	10.59	1.159	10.29	1.124	10.65	0.950	2.652*
自律性 Q3	11.25	1.624	11.00	2.000	10.93	1.668	10.87	1.709	10.95	1.507	10.71	0.343	1.532
紧张性 Q4	12.04	1.710	12.33	1.623	12.26	1.458	11.83	1.642	12.02	1.555	12.06	0.615	1.413

注：*：$P \leqslant 0.05$

**：$P \leqslant 0.01$

***：$P \leqslant 0.001$

同样对不同来源地的蒙古族大学生 16PF 测试表现出的差异进行变异同质性检验，结果表明未违反变异数同质性假定，因此同样采用 Scheffe 法进行事后多重比较检验，分析 F 值达到显著的各维度具体组间平均数差异。

表 12-10　不同来源地的蒙古族大学生 16PF 人格特征之平均数差异分析表

	组别 (I—J)		平均数的差异		组别 (I—J)		平均数的差异
乐	3	1	−1.26***		4	1	0.76*
群	3	2	−1.13***		4	2	0.89**
性	3	4	−2.02***		4	3	2.02***
A	3	5	−0.89***		4	5	1.13***
	3	7	−0.84**		4	7	1.18***
	组别 (I—J)		平均数的差异		组别 (I—J)		平均数的差异
聪	1	3	1.23***	恃	3	4	−2.27***
慧	1	4	1.43***	强			
性	1	5	1.32***	性			
B	1	7	1.06*	E			
	组别 (I—J)		平均数的差异		组别 (I—J)		平均数的差异
世	1	4	1.76***	忧	3	4	1.66*
故	2	4	1.33**	虑			
性	3	4	1.31***	性			
N	5	4	1.40***	O			

注：*：$P \leqslant 0.05$
**：$P \leqslant 0.01$
***：$P \leqslant 0.001$。
1 表示城市；2 表示郊区；3 表示农村；4 表示牧区；5 表示农牧结合区；7 农林牧结合区。

表 12-9 和表 12-10 表明不同来源地的蒙古族大学生在乐群性、聪慧性、恃强性、敢为性、世故性、忧虑性、独立性七个维度上存在显著差异，另外九个维度没有发现显著差异。

经 Scheffe 法多重事后比较检验后，看出乐群性的显著差异主要反映在农村和牧区来的学生与其余来源地学生的组间差异，具体表现为来源地为农村的学生的分值均非常显著或极显著低于所有其他来源地的学生的分值，牧区的学生的分值均显著、非常显著或极显著高于所有其他来源地的学生的分值。

聪慧性则表现为来自城市的学生的分值显著或极显著高于来自农村、牧区、农牧结合区、农林牧结合区的学生的分值，来自城市的学生与来自农村的学生的聪慧性分值未表现出显著差异。

恃强性的组间差异主要是来自农村与牧区的学生的分值之间的差异，牧区来源地的分值极显著高于农村来源地的分值。

世故性的显著差异表现为来自牧区的学生的分值非常显著或极显著地低于来自城市、郊区、农村和农牧结合区的学生的分值。

忧虑性的显著差异一部分表现为来自农村的学生的分值显著高于来自牧区的学生的分值，另一部分差异由于 Scheffe 方法的保守性而没有检验出来。

另外敢为性和独立性的组间差异也由于 Scheffe 方法的保守性没有检验出来。

（六）与蒙古族大学生人格发展密切相关的因素的分析

蒙古族大学生回答测试的“基本情况”的第六个问题“你认为对你人格形成产生最深刻影响的人或事件是”的结果统计如表 12-11：

表 12-11　蒙古族大学生选择影响事件的人数和百分比

选项	1	2	3	4	5	6	n
N	176	32	15	0	18	15	256
%	68.8	12.5	5.9	0	7.0	5.9	100

注：1 表示“你的父母、亲戚或发生在家庭生活中的事件”；2 表示“你的老师或发生在学校学习生活中的事件”；3 表示“同学、朋友、网友或发生在与同学、朋友、网友交往中的事件”；4 表示“宗教、风俗习惯等”；5 表示“书籍、广播、影视、互联网等”；6 表示“社会公众人物、明星或发生在你参与的社会活动中的事件”。

表 12-12　不同群体选择影响事件的百分比的 Chi-正方形检验

主体	总体	学校	性别	年级	来源地
χ^2	384.117***	9.258	2.296	14.094	27.173

注：***：$P\leqslant 0.001$

从表 12-11 可以看出，蒙古族大学生自认为对自己的人格形成产生最深刻影响的人或事件依百分比排列，影响最大的是父母、亲戚或发生在家庭生活中的事件（176 人，68.8%），其次是老师或发生在学校学习生活中的事件（32 人，12.5%），然后是书籍、广播、影视、互联网等社会媒介（18 人，7.0%），友伴以及发生在与友伴交往之间的事件和社会公众人物、明星或所参与的社会活动中的事件占同样比例（15 人，5.9%），排在第四，没有学生选择宗教和风俗习惯的影响。

在随后进行的对不同群体选择影响人与事件的百分比的卡方检验表明，蒙古族大学生选择影响人格的因素的百分比不存在学校、性别、年级和不同来源地的显著差异，但总体对选择影响人格的因素存在显著差异（$P<0.001$）。

第三节　蒙古族大学生人格特征成因分析

一、蒙古族大学生的基本人格特征及成因分析

蒙古族大学生表现出独特而鲜明的人格特点，不同的群体之间的人格特征也表现出显著的差异，下面分别对上述结果与分析展开进一步的成因探讨。

（一）*蒙古族大学生的总体人格特征*

蒙古族大学生的人格特征总体来说表现为高乐群性，性格开朗、热情、外向；自律严谨；情绪起伏较大，容易激动，易被紧张情境困扰；思想比较保守，尊重传统观念与行为标准；独立性较低，依赖性强，易随群附和。

同时从调查中了解到蒙古族大学生自认为对自己的人格形成产生最深刻影响的人或事件是父母、亲戚或发生在家庭生活中的事件（176 人，68.8%），虽然也有老师、学校、友伴、媒介、社会活动等的影响，但所占的比例相对较低。这从一定程度上反映出家庭教育以及民族传统文化对蒙古族大学生人格特征的形成构成了最基本的影响力。

每一个民族都有自己独特的价值理念、道德标准、行为模式和处事态度，具有自己独特的民族气质以及独特的情绪表达方式，同时特定的生存环境也锤炼出独特的民族适应能力和行为的可塑性。蒙古民族拥有辉煌的历史，是一个优秀的草原民族，勤劳、勇敢、智慧等适应猎、牧、农多种经济生产类型的民族品质从小就渗透到蒙古族孩子的思想意识中，对人热情，开朗坦率，人际交往氛围简单坦诚而安全。蒙古民族也具有深厚的血统观念、家族观念，由于地理生存环境较为封闭，客观上也促使蒙古族人民更加注重家庭的和谐观念，尊崇传统文化。这些观念深深地渗透到蒙古族的家庭教育中，反映在人格特征上也显得较为保守，顾恋家园，依赖性

较强。

除了基本的民族传统与家庭教育的影响外，蒙古族所处的特殊文化环境也潜移默化地影响着蒙古族大学生的人格成长。就拿蒙古族大学生从小就必需面对的语言文化障碍来说，他们的生存环境要求他们必须掌握除母语之外的第二语言，并达到流利的人际交往的标准，这个问题可能不仅仅是成长中必需面对的一个生存变量，也可能成为困扰他们一生的文化变量，因为，接踵而来的汉族文化、现代文化、西方文化等的冲击，使他们不可能眷守着单纯的民族文化而能够和谐地生存。语言这个概念，不单具有普通的沟通功能，凭借语言交流思想，同时也体现在凭借语言交流彼此间的感情，这种思想的交流和感情的交流的不可分割性，归因于人的认识过程和感情过程的不可分割性（周晓虹，1997）。因此可以说，当两个蒙古族大学生在一个公开场合使用自己的民族语言大声交流时，这种伴随语言沟通与交流的感情色彩无形中表露出一定的心理倾向性，为交谈的双方建构起了一个微型的交流带和文化圈，也无形中把交谈双方相对于周围环境而隔离起来，一方面，这种沟通强化了双方对所属群体的认同感与亲近感，同时也对周围的人与环境形成一种无形的交流障碍。当然这是任何少数民族语言交流在主流文化语言氛围中必然存在的现象，因此，怎样最大限度地避免语言沟通带来的封闭性与负面影响，完善在多元文化环境中的人际交往能力，就成为蒙古族大学生需要面对的最基本也是最重要的人格成长课题。

另外，个体的内化与选择能力更加不能忽视。蒙古族大学生生活在多种变量共同作用的多元文化环境中，生活方式的多样化和不断更新的现代文化都要求思维方式的不断转变以适应瞬息万变的信息冲击。无论多少种影响，终归是在个体内化的过程中实现的，社会、环境、文化赋予了个体内化的模式，同时个体也以一种将文化溶解后的崭新而独特的行为反应模式回应环境、文化以及各种社会变量，最终整合成为一个具有鲜明人格特征与选择能力的个体，这种内循环发生在每一个人的身上，只是因不同的生存条件和文化因素而以各具特点的外在形式表现出来。蒙古族大学生一方面需要保持自己的民族认同与归属感，一方面又为适应更纷繁复杂的文化刺激与更具挑战性的竞争环境而不断调整自己的选择倾向与适应状态，这是一种矛盾却又不完全对立的心理状态。

（二）不同类型大学蒙古族大学生人格特征的差异

对师范大学和综合大学蒙古族大学生人格特征的 16PF 测试结果表明，

两类学校在人格特征的十三个维度上存在显著差异。师范大学的蒙古族大学生的人格特征表现得更为外向乐群、轻松开朗、富于幻想、情绪较为稳定；做事容易感情用事，但能够有始有终，不马虎，独立性强；但由于比较敏感，易为琐事忧虑烦恼，情绪容易紧张、激动。综合大学的蒙古族大学生的人格特征则表现出更强的自律性，做事较为严谨、审慎、低调，而且一旦决定就勇往直前，具有充分的自信；他们知识涉猎范围较广，聪明，有才华，善于抽象思维；个性也比较随和，容易相处。

上述结果在某种程度上反射出师范学校和综合大学不同的学校特色和学习情境。师范大学的教育目的是培养合格的教育工作者，一种亲切、随和、富于感情色彩的教育形象被寓于师范大学的教育教学内容和过程中，因此师范大学的大学生的人格特征表现得较为外向，感情色彩较浓。另外，师范大学大学生的就业渠道较为固定，对于并不太明显的就业压力也表现得较为轻松。同时由于刺激的多样化，使得师范大学大学生的人格特征更具情绪化，易激动、兴奋、紧张、烦恼。比较之下，综合大学的大学生则迫于沉重的学业与就业压力，不得不将精力主要放在尽量多而精的掌握知识，更加自律严谨，学业的反馈同时也提升了自己的自信程度；性格较为沉稳、平静；考虑问题也比较理智，注重现实。

（三）蒙古族大学生人格的性别特征

家庭教育方式、民族传统文化、地域生产生活方式、社会化因素等对于人格的深层影响会通过性别角色的不同而投射出来。性别角色是由于人们的性别不同而产生的符合于一定社会期望的品质特征，包括男女两性所持的不同态度、人格特征和社会行为模式①。性别角色的发展是人们依据自己的“性”特征获得特定文化中的性别角色特征的过程，它构成了人的社会化过程中一个十分重要并延续终身的内容。弗洛伊德（Freud）则认为男女两性的不同心理特征是由各自与生俱来的生理解剖结构决定的。M.米德在研究了三个原始部落的性别与气质后，指出性别角色及其差异是特定文化的产物。我们认为特定的生存环境、特定的文化、家庭教育方式、民族传统规范、学校教育倾向等因素从不同角度以不同程度渗入个体的内化系统而贯穿于个体的整个成长历程，并因性别的不同而表现出不同性别群体的人格特征差异。

研究测试结果表明，蒙古族男女大学生在卡特尔 16PF 的所有维度上

① 周晓虹：《现代社会心理学》，上海人民出版社 1997 年版，第 154、389 页。

都存在显著差异，蒙古族男大学生如表 12-5 所示，蒙古族男女大学生在卡特尔 16PF 的所有维度的得分上均表现出显著差异。蒙古族男大学生实验性、稳定性、恃强性、有恒性、敢为性、独立性维度的分值显著高于蒙古族女大学生；蒙古族女大学生的聪慧性、乐群性、兴奋性、敏感性、怀疑性、幻想性、世故性、忧虑性、自律性、紧张性的分值则显著高于蒙古族男大学生。在人格特征上表现为蒙古族男大学生情绪较为稳定，能理智面对现实，处理问题比较冷静、成熟，力求妥善；做事能够持续有恒、尽职尽责，想好了就做，当机立断，少有顾虑；思想自由，不拘泥于现实；性格好强、固执，独立积极；性情直率，易与人相处；但有时自控能力较低，容易与人发生冲突而不能照顾到大多数人的感受。相比之下，蒙古族女大学生则表现得更为聪明、热情、乐群，富于幻想；谦逊顺从、依赖性强、随遇而安；自律严谨；做事易胆怯，缺乏自信，较为敏感，容易感情用事；情绪容易激动起伏，易被紧张和忧虑情绪困扰。

究其原因，蒙古族大学生从小生长在具有强烈民族特色的环境中，远古的蒙古族是一个狩猎和游牧的民族，辉煌的历史和伟大的历史人物赋予了蒙古族崇尚英雄主义的信念，承继成吉思汗重于培养勇敢、机智、剽悍、顽强精神的传统，当代蒙古族的家庭教育中仍然继续传递着这样的信念。民族精神与英雄主义教育是蒙古族民族家教的主要内容，讲古代英雄故事，赞扬英雄人物，讥讽怯懦的人，鼓励孩子参加竞技等，父母等家庭教育者将所崇尚的民族精神和道德附于种种形式的活动和意识形态各领域中。因此蒙古族的男孩子从小就在这样的气氛中受到熏陶和濡染，很小的时候就开始骑马和驾驭马，并练习在马上飞跑和射箭，锻炼敏捷和勇猛的素质，因此形成了好强、独立、积极、固执的人格特点。另外，蒙古族传统的家庭惯例是以男性的支配权为主，女子则承担料理家庭、教育子女的责任，传统的蒙古族妇女具有勤劳质朴的高尚美德，她们终日操劳，照顾公婆、丈夫、儿女，还要承担繁重的劳动。因此，蒙古族女孩子从小就以母亲为榜样，继承了顺从、谦恭、依赖性较强、聪明勤劳、乐观开朗的人格特点。

（四）蒙古族大学生人格的年级特征

蒙古族大学生 16PF 的人格特征表现出一定的年级差异。一年级比二、三、四年级的蒙古族大学生表现出较高的忧虑性；二、三、四年级比一年级的蒙古族大学生表现出较高的自律性；一年级比四年级的学生具有较高的稳定性、兴奋性和实验性，一年级的实验性得分显著高于三年级，二年级实验性的得分也显著高于四年级；四年级在聪慧性、敢为性、紧张性上的分值显著高于其他三个年级；三年级在怀疑性、世故性、独立性上的分值显著高于一年级，独立性的分值显著高于二年级；四年级在怀疑性、世故性、独立性上的分值显著高于一、二年级。乐群性、有恒性、敏感性和幻想性四个维度未表现出显著的年级差异。

学习生活环境变化的压力、个体对知识的掌握程度以及个体对外界影响因素的内化程度是蒙古族大学生反映在年级差异上的人格差异的直接影响因素。

蒙古族学生结束中学生活，迈入大学校门，离开土生土长的熟悉环境，面临陌生的集体生活与崭新的学习环境，所经历的适应过程必然触及深层的心理状态并影响到人格特征的调整。有研究者（郑一筠，1995）认为少数民族大学生入学后不仅会经历语言交际、衣食住行、生活习俗、汉语掌握程度等表面差异上的适应，最重要的是背离本民族文化社会背景的思维形式和情感表达方式引起的不适应、原有价值观念及行为导向与新环境中新要求引起的不适应、个人原有的宗教信仰与周围人的不一致引起的不适应，以及由此带来的文化冲突的心理体验等一系列的根本差异；这些差异促使学生的心理发生一个重大的变迁以适应突然变化了的环境，这种突然的变迁会对学生个人的心理、感受和行为产生较强的冲击，前两个方面的不适应可以经过不断地交往、尝试和习得而逐步得到解决，后三个方面却复杂得多，思维方式、情感表达方式、价值观念、行为准则、宗教信仰等都具有相对的稳固性，不是轻易就能更改的。

为了适应入学后的种种新情境，蒙古族大学生就可能经历一个调整期，会突出表现为忧虑、抑郁、烦恼等情绪状态，如果仅仅属于生活习惯、语言交际等表层方面的不适应，经过一段时间的调整，一旦融入正常的大学生活，不良的情绪就会减轻甚而消失。如果是属于思维方式、意识领域等深层的不适应，久而久之，忧郁等不良的情绪就可能渗入到人格结构层次中去，内化为大学生人格特征的一部分。这也就是一年级蒙古族大学生表现出高忧虑性的原因所在。同时由于低年级同学学习任务比较轻松，除了适应方面的问题，其他压力比较少，他们比高年级的同学表现出一定的稳定性，比较轻松、兴奋、随遇而安，依赖性强，坦白、直率，乐于接受新事物，思想自由而且激进；但行动易于随心而行，欠缺较高的自我约束力，不能顾全大体，而且由于知识掌握较为零碎，学识较低，抽象思维能力也比较弱，思想独立性不是很高。相对而言，三、四年级的高年级同学经过一定时间的学习，学校教育与社会教育多种行为规范一定程度的内化，使得知识掌握较为系统化，抽象思考能力提高，能独立考虑处理问题，比较自立，敢作敢为，有充分的自信，自律性也较强，善于约束自己的行为；但有时也因疑心较重、精于世故、审慎而错失抉择的良机；同时，高年级大学生因不同情境而滋生的必需面对的不同压力与问题也反映在人格特征的调整上。如高年级学生所面临的就业压力，一部分同学因不愿意回到自己土生土长的农村或牧区而四处奔波，希望在城市找到自己的一席之地而挣扎困扰，一部分同学则面临毕业后与恋人的分离而感情激动难以心绪平静，还有一部分同学为继续深造而昼夜苦读，准备考试，心理状态较为紧张。因此高年级大学生会表现出较为明显的紧张性、独立性、聪慧性、世故性和怀疑性等较为成人化的人格特征。

（五）不同来源地的蒙古族大学生人格特征的差异

不同来源地的蒙古族大学生的人格特征的差异集中表现在乐群性、聪慧性、恃强性、世故性、忧虑性几个维度上。来自城市的蒙古族大学生在聪慧性上表现出较大的优势，这与生长在城市的学生从小接触的丰富的教育文化环境有关，他们在父母、老师的精心培养和教育下，在多种书籍、影视、网络等现代化学习媒介的刺激下，在前沿科学文化的哺育下成长，不必承担任何家庭劳动和负担，知识的涉猎范围广而深，思维方式多样化，因此比生长在教育环境相对不如的地区的学生表现得更聪明，富有才识。居住在郊区的学生实际生存条件与城市相差无几，因而与来自城市的学生的聪慧性没有显著差异。

其余几个维度则体现出来自牧区的蒙古族大学生的鲜明人格特征，他们表现出比其他来源地的学生更高的乐群性和较低的世故性。而来自农村的蒙古族大学生则比来自其他地区的学生表现出较低的乐群性，与来自牧区的学生相比具有较高的忧虑性和较低的恃强性。这都与他们生长的环境和社会化过程的影响密切相关。蒙古族典型的牧业文化，是经历了几千年由狩猎文化到游牧文化再到狩猎兼畜牧、畜牧兼农业的演变才凝聚而成的，特定的生存环境，要求他们具备勇敢勤劳的品质，广袤的生存空间，又赋予了蒙古族人民广阔的胸襟，培育了代代勤劳勇敢、乐观直率的蒙古族人民，他们崇尚英雄、尊老爱幼、热情好客、淳朴剽悍、讲究礼仪，处处反射出浓郁的草原生活气息。但同时较为封闭的自给自足的牧业经济使得他们的生产方式较为落后，对自然气候与生态环境的依赖较重，对外界的现代文化和科技了解不够，这一方面使他们的人格特征没有浓重的世故气息，同时也使他们对其他文化的了解甚少，思想较为保守封闭。

二、基本结论

本研究初步得出如下基本结论：

1. 蒙古族大学生的人格特征总体来说表现为高乐群性，性格开朗、热情、外向；自律严谨；情绪起伏较大，容易激动，易被紧张情境困扰；思想比较保守，尊重传统观念与行为标准；独立性较低，依赖性强，易随群附和。

2. 蒙古族男女大学生在卡特尔 16PF 的所有维度的得分上均表现出显著差异。蒙古族男大学生实验性得分显著高于女大学生，稳定性、恃强性、有恒性、敢为性、独立性五个维度的得分极显著高于女大学生。蒙古族女大学生聪慧性维度的得分显著高于男大学生，在乐群性、兴奋性、敏感性、怀疑性、幻想性、世故性、忧虑性、自律性、紧张性九个维度上的得分都极显著高于男大学生。

3. 大学生赖以成长的家庭、社会生活环境和生产方式影响人格的形成和发展。蒙古族大学生自认为对自己的人格形成产生最深刻影响的人或事件依百分比排列，影响最大的是父母、亲戚或发生在家庭生活中的事件；其次是老师或发生在学校学习生活中的事件；没有学生选择宗教和风俗习惯的影响。

参考文献

[1] Jerry M. Burger 著，陈会昌译：《人格心理学》，中国轻工业出版社 2000 年版。
[2] 时蓉华、刘毅：《中国民族心理学概论》，甘肃民族出版社 1993 年版。
[3] 张世富：《民族心理学》，山东教育出版社 1996 年版。
[4] 郑雪：《人格心理学》，暨南大学出版社 2007 年版。
[5] 陈仲庚、张雨新编著：《人格心理学》，辽宁人民出版社 1986 年版。
[6] 衣俊卿：《文化哲学》，云南人民出版社 2001 年版。
[7] 林耀华：《民族学通论》，中央民族大学出版社 1997 年版。
[8] 郑雪：《跨文化智力心理学研究》，广州出版社 1994 年版。
[9] [美]L·A·珀文著，周榕等译：《人格科学》，华东师范大学出版社 2001 年版。
[10] C. 恩伯、M. 恩伯：《文化的变异》，辽宁人民出版社 1988 年版。

第十三章　回顾与展望

人是个性与社会性的对立统一体，个性使人与人不同，社会性又使生活在同一社会或同一阶层里的人的基本社会行为、价值观念往往是趋于一致的。儿童个性的形成和社会性发展是在社会化过程中实现的，个性与社会性是紧密联系、相互促进的。自 20 世纪 80 年代以来，关于儿童个性和社会性发展的研究越来越多，成为发展心理学的一个重要研究领域。理论、研究、测评和应用构成了发展心理学相互联系且密不可分的四个方面，也是这一领域众多心理学家的工作任务和目标。本章将简要回顾儿童个性与社会性发展研究的几个重要专题；然后，将对这一学科领域的研究趋势和未来走向进行概括的描述和讨论。

第一节　儿童个性与社会性发展的专题化研究

一、儿童亲社会行为的研究

从动机方面讲，亲社会行为或利他行为应该是考虑他人从自己的帮助中分享到积极的后果。目前受到心理学家赞同的划分方法是罗森汉提出的，他认为亲社会行为可以分为两类，一类是自发的亲社会行为，即动机是关心别人的亲社会行为；另一类是常规的亲社会行为，即期望得到自身的好处，或避免被人批评自己而做的善意行为。

关于亲社会行为的理论解释有许多种，其中最有影响的是认知发展理论。认知发展理论认为儿童的亲社会行为经历了皮亚杰提出的三个阶段，第一阶段是前运算阶段，儿童处于相对自我中心阶段，他们关于亲社会问题的思考通常都是为自我服务的、享乐主义的，在帮助他人时也会考虑到是否能给自己带来好处。第二阶段是具体运算阶段，儿童学会了角色扮演，这时移情和同情起到了重要作用，儿童开始依据别人的合理需要产生亲社会行为。第三阶段是形式运算阶段，儿童理解并尊重亲社会行为规则，一旦违背就会产生愧疚感或自我谴责，所以行为更多地指向亲社会行为接受者的利益。

关于亲社会行为的研究主要包括以下几方面：第一，亲社会行为的起源问题。上世纪 80 年代以后的一系列研究（莱维尔 Levitt，1989；亚罗等人，1983）认为，在儿童未受到任何社会教育时，他们已经显现出了类似成人亲社会行为的举动。第二，亲社会行为的年龄差异。尽管利他行为在 3 岁以前会出现，但行为的产生原因可能是由于家长的示意或同伴的请求或同伴的威胁等，而自发的利他行为如合作、分享等要到 3—6 岁才会出现；儿童的分享意愿到 6—12 岁时会迅速增长。有研究（Pearl，1985；潘得森，1983）表明随着儿童年龄的增长他们越来越愿意分享。然而并不是所有的亲社会行为都随着年龄增长，有研究（亚罗，1983；斯太勃等人）表明有两种亲社会行为即显示同情心的行为和与他人合作的意愿没有随年龄增长。第三，认知对亲社会行为的影响。儿童认知技能的发展对亲社会行为有重要作用，其中有两种认知能力即角色扮演能力和道德判断能力对亲社会行为的作用较为明显，角色扮演能力较高的，亲社会行为倾向也较高，二者的联系随着年龄的增长越来越密切（Underwood，Moore，1983）。第四，移情对亲社会行为的影响。移情是一种体验他人情绪情感的能力。有研究（Hoffman，1981）认为移情会逐渐转变成儿童亲社会行为的重要动机；也有研究（昂特伍德，摩尔，1982）认为在年幼儿童身上移情和亲社会行为的相关非常少，从青少年期到成年期，两者的相关较高。还有研究（Barnett，1982）表明，如果儿童想的是个人的不幸，那么移情能力的高低不能预测他们的亲社会行为，只有在想到他人的不幸时，移情能力的高低才与亲社会行为有关。

二、儿童依恋的研究

依恋是儿童早期生活中的最重要的社会关系，标志着个体社会性发展的开始。依恋概念的最早提出者是鲍尔贝（J. Bowlby，1969），他认为依恋是婴儿与看护者之间的一种亲密的情感联系，婴儿主要通过吸吮、拥抱、抚摸、对视、微笑甚至哭叫等一系列行为逐渐对看护者形成依恋。依恋具有以下特点：依恋具有选择性，儿童倾向于选择能够激起特定情感与行为，满足自己身心安全需要的个体；依恋者寻求与依恋对象身体上的接触和亲近，从而获得一种安全感；依恋受到干扰或破坏后依恋双方尤其是依恋者会产生焦虑不安的情绪；依恋双方具有某种行为与情感的和谐性。

许多理论提供了对依恋的解释，精神分析理论和习性学家都强调喂食情境对依恋发展的重要影响，但哈罗和齐默曼（Harlow & Zimmerman，1959）通过“替代母亲”的研究表明，当小猴害怕时往往会去拥抱柔软的猴妈妈而不是提供食物的金属妈妈，婴儿可能会依恋那些给他们“接触性安慰”的人。学习理论认为把依恋看成是一种双向过程，认为依恋是儿童与看护者之间能带来满足的相互作用长期发展的结果，突出了依恋现象的社会本质。近期较为有影响的是社会生物学的“亲情投资理论”，该理论认为母亲为生养孩子做出的牺牲是巨大的，付出的代价是相当高的，因此她们在婴儿抚养上就会投入更多的时间和精力，从而不至于自己白费心血，因此母亲和婴儿之间容易形成依恋。

关于儿童依恋的研究主要包括以下几个方面：第一，依恋的类型。恩斯沃斯（Ainsworth，1973）等人运用“陌生情境法”测定了婴儿与母亲之间的关系，认为儿童依恋可以分为安全型、回避型和拒绝型三种类型，不同类型表现出不同的依恋特征，安全型的儿童表现出自信、合作、安全的人际特征；回避型的儿童表现出退缩、冷淡、疏远的人际特征；拒绝型则表现出过分依赖和过分愤怒的相互矛盾的人际特征。后来的梅因等人（Main & Solomn，1986）经研究发现还有第四种类型——无组织或无定向型依恋。第二，依恋类型的稳定性。从依恋在时间维度上的稳定性看，同类型的依恋在几个月内保持相对不变（Waters，1977）；从依恋在强度维度上的稳定性看，具体依恋形成后，依恋强度的月际变化表现出中等强度的稳定性，但不能对几个月后的依恋强度做出推测（Shaffer，1997）。如果婴儿的生活环境发生较大的变化，其家庭情境由安全转为紧张，那么他们的依恋也会发生由安全型依恋转为焦虑型，如果家庭情境由紧张转为轻松，那么他们的依恋会向更加安全型转化（Thomposon 等，1982）。可见依恋有一定的可塑性。第三，依恋对象。婴儿不仅对母亲发生依恋，而且也会对包括父亲在内的其他许多人发生依恋。婴儿在出生后第一年的后期对父亲表现出的依恋与对母亲的依恋一样多（Lamb，1977）。父亲和婴儿的游戏一般是身体上的活动，而母亲更多的是语言上的刺激，喜欢和婴儿进行一些比较简单方便的游戏（Power & Parke，1982）。在应激情境中或者在一个不熟悉的环境中，婴儿会明显地倾向于母亲而不是父亲（Lamb，1977）。第四，依恋的长期影响。许多心理学家认为早期依恋的安全性奠定了未来的心理安全基础。在个性特征方面，安全型的儿童能更自由轻松地探索周围的环境，表现出较强的自信（Cassidy，1986）。在社会交往中，安全型的儿童在活动中易表现出热情、友好，合作性和适应能力较强（Main，1983）。在托儿所对新的看护者形成安全依恋的儿童在学龄早期会表现出较强的适应性和良好的行为品质（Marcus，1991）。但我们不能因此就夸大依恋的影响力，正如有研究指出依恋对儿童心理发展确实有一定的影响，“但不能由此确定早期依恋关系直接决定儿童以后问题解决的成败”（Maccoby，1980）。依恋对儿童心理发展的影响还需要我们辩证地看待。第五，依恋的影响因素。儿童依恋的发展会受到儿童的生理状况、气质特征、智力发展等内在因素的影响，同时还会受到父母教养方式、家庭结构、家庭氛围、社会文化等外在因素的影响。

三、儿童的同伴关系研究

同伴关系是年龄相同或相近的儿童在交往过程中发展起来的一种相互协作的关系，包括同伴接纳和友谊。“同伴关系在儿童青少年的发展和社会适应中起着重要作用”（邹泓，1998）。

关于同伴关系的作用的理论代表人物是皮亚杰和沙利文。皮亚杰（Piaget，1932）认为，正是产生于同伴关系中的合作与感情共鸣使儿童获得了关于社会的更广阔的认知视野。在儿童与同伴交往中出现的冲突将导致社会观点采择能力的发展并促进社会交流所需技能的获得。沙利文（Sullivan，1953）也提出同伴关系在青年初期具有重要作用，同伴关系促进了个体对合作与竞争的社会规则的理解以及对服从与支配的社会角色的理解。沙利文在阐述友谊的功能时，也认为友谊促进了人际敏感性的发展并为以后恋爱、婚姻和亲子关系的建立提供了原型。[①]

关于儿童同伴关系的研究主要包括以下几个方面：第一，同伴关系类型的测量方法。虽然不同的研究者采用的分类标准存在差异，但所采用的测量方法主要是社会测量法。社会测量法分提名法和量表评定法。这一测量技术目前已成为这一领域的标准化方法。第二，同伴关系的类型。依据同伴关系一般把儿童分为受欢迎的儿童、被拒绝的儿童、被忽视的儿童和一般的儿童，其中研究最多的是受欢迎的儿童、被拒绝的儿童和被忽视的儿童（Schaffer，1997）。第三，儿童的友谊。友谊是同伴关系研究的热点，它是指同伴中相互亲近的特殊关系。目前对儿童友谊概念的研究，友

---

① 张文新著：《儿童社会性发展》，北京师范大学出版社 1999 年版，第 137 页。

谊关系和友谊特性的认知，友谊的功能是研究较多的。第四，影响儿童同伴关系的因素。影响儿童同伴关系的因素主要包括个体生理因素、家庭因素、行为特征和社会认知等，目前研究比较多的是儿童的情感状态，比如儿童的孤独感、抑郁感等对同伴关系的影响。

四、儿童自我的研究

自我是难以把握的概念，它很难定义、很难描述、很难研究，因此它对于不同人也意味着不同的含义。正如勒温（1992）曾经指出的，自我可以看作是一种灵魂、一种潜在的基质、一种活动、一种解释性的假设、一种认知结构、一种言语活动、一种经历、一种过程和一种规范的获得。因此，我们从研究过程中深刻地认识到，自我绝不是一个简单的、单一的概念，而是一个多重结构、具有多种不同功能的复杂概念。换句话说，它是一个系统，在发展的过程中，所有个体都需要建构起来的关于自己是谁以及自己如何适应社会的多层面理论。这种建构是以自我意识为核心的连续同一性为基础的。自我又是一个由多种成分构成的动力系统，一般认为自我由知、情、意三方面构成，“知”包括自我感觉、自我概念等；“情”包括自我感受、自尊等；“意”包括自我控制、自我调节等。

威廉·詹姆斯（William James，1890）是关于自我研究的早期倡导者。詹姆斯最重要的思想之一是他所提出的自我结构。他认为，存在两个方面的自我，这两个方面正是我们理解自我概念的关键。这两个自我分别叫做“主体的我”和“客体的我”。

“主体的我”是一种主观的自我，自我作为知晓者思考、感觉，以一种纯主观的方式来组织和解释经验，并且意识到自己的与众不同以及时间上的个体一致性。

“客体的我”是一种客观的自我，自我作为知晓者，是当我们思考自身时知觉的对象，并且表达了我们用个人品质及年龄、性别和民族等类别来定义我们自己的方式。詹姆斯进一步提出，客体自我包含三个成分，按照等级顺序排列分别是精神自我、社会自我和物质自我。

物质我即与周围物质客体相伴随的躯体我；社会我即关于他人对自己的看法的认识；精神我即监控自我内在情感和思想的自我。后来许多心理学家都开始关注这一领域的研究，谢福尔森（Shavelson，1976）提出了关于自我概念的多侧面等级结构模型图，其顶端是一般自我概念，下面包括学业自我概念、社会自我概念、情感自我概念和身体自我概念。

关于儿童自我的研究主要包括以下几个方面：第一，自我概念的动力性。自我概念能引发、解释、组织、调节内心及人际的行为和活动。自我概念包括关于你自己的特质、动机、价值以及能力的信念、你的理想自我、可能自我以及对你自己的积极或消极的评价以及别人如何看待你等（Brown，1998；McGuire，1988）。第二，自尊和自我表现。一个人的自尊是对自我的概括性评价。自尊对思维、情绪和行为都会产生强烈的影响。大多数人都会尽力维护自尊，以及保持自我概念的完整性（Steele，1988）。人们会采取各种形式的自我提高，也会采取适当的自我妨碍。自尊也经常被叫做自我价值（self－worth），有时会与自我概念混淆。自尊可以定义为——当回答“我好吗”这样的问题时，个体赋予自我品质的价值，因而也与个体体验到的关于他们自己个人品质的价值和能力有关。这种体验或感觉是真实自我与理想自我之间矛盾的产物，这种矛盾就是个体已经成为的人和他想要成为的人之间的差别。总之，自尊是和心理健康联系在一起的：中度到高度的自尊与满足、快乐密切相关；低水平的自尊则会带来抑郁、焦虑和失调（Hartery，1998）。第三，自我调控。自我调控是指在没有外部监控的情况下，个体维持行为以达到目的的过程。有关的研究主要有自我调控的机制、言语对自我调控的作用、自我调控的发展阶段和特征等。第四，自我同一性。自我同一性是埃里克森心理发展理论中的核心概念。所谓自我同一性是一种关于自己是谁，自己的社会地位，将来准备成为什么样的人以及如何努力实现理想自我等一系列感觉，它强调自我意识的连续性、稳定性和完整性。青少年时期的主要心理发展任务是解决“同一性对同一性混乱”的危机，克服同一性混乱而获得同一感。所以关于青少年自我同一性的研究较多。

根据哈蒂和马奇（1996）的论述，今后的研究应把重点放在以下五个方面：

1. 弄清楚自我层次的低等级成分与高等级成分之间的关系。

2. 研究人们对于自我的概念是如何影响他们的生活的，以及他们自尊的提高是如何对他们的生活质量产生影响的。

3. 探明社会和文化因素对自我系统的影响，包括与性别相关的因素。

4. 对有关“自我”的术语进行分类，纠正当今由于这个词的广泛使用而带来的混淆。

5. 对用来评价自我各种不同方面的大量工具进行筛选，使测量工具更加有效。

第二节 儿童个性与社会性发展的研究趋势

一、在研究方法上呈现综合化趋向

19 世纪 30 年代以前，儿童个性与社会性的主要研究方法是观察法，研究者对幼儿园和学校里的儿童进行行为观察，然后对这些行为或事件进行总结性描述，这种研究方法一直延续至今。随着对儿童个性与社会性发展的影响因素的研究工作的开展，涉及对看护者的访谈，访谈法得以发展。问卷法和实验室实验法在目前研究中也运用得越来越广泛，发挥着重要的作用。但这些研究方法各有优势和弊端，所以研究者们要想对某一问题进行全面深入的研究必须多种方法相配合，对不同方法所得的结果进行相互比较和验证，以提高研究结果的可靠性。另外，儿童个性与社会性发展是一个相对复杂的过程，影响因素相互制约，因而研究方法的综合化可以进一步揭示发展背后的原因或影响因素。

二、强调儿童在社会化过程中的主动性

曾经在较长的一段时间内，人们更多地关注客观环境对儿童社会化中的作用。然而，现在人们意识到，儿童不是社会化的被动接受者，他们能够对自己的发展过程施加重要的影响，在儿童与社会化动因之间存在着双向影响。换句话说，儿童以自己的理解和经验、以自己的方式建构环境中的各种信息，以不断构建独一无二的自我。

三、更加注重利用现代化技术手段

随着现代科学技术的发展，一些电子计算机系统和各种专门的仪器被大量地应用到儿童个性与社会性发展研究中，电子计算机在刺激呈现、模拟过程和结果处理方面都具有明显的优势，现代化技术可以贯穿于整个研究过程，从而能够更加迅速准确地记录和分析研究资料。同时通过一些大型统计软件，研究者可以进行多元统计分析，在未来的研究中还将运用更多的新的多变量的统计方法，这些统计技术都为人们有效地解释儿童个性与社会性发展的过程与机制起到了重要的推动作用。

四、在研究工作上呈现生态化趋向

生态化主要是探讨个体在自然生活条件下或接近自然生活条件下的行为，探讨个体在与环境的相互作用中形成的行为模式或行为机制，在这种情境下得到的研究结论能较为广泛地应用于各种不同的生活情境中。儿童的心理活动是受内外多种因素影响的整体，因此儿童心理研究的生态化趋势，有利于充分展示个体与环境的相互作用以及在自然状态下儿童个性与社会性发展的状况。

五、在研究课题上呈现整合化趋向

由于受系统理论的影响，当前的研究者认为，进行研究时不仅要考察单个因素的影响，同时还要考虑到儿童与不同动因之间的关系，比如在考察儿童社会性发展与母亲的关系时，同时还要考虑到儿童与父亲的关系、儿童与父母的关系以及母亲与父亲的关系等。当前研究的整合化趋向还表现在研究者开始关注儿童社会化的各个场所之间的关系和相互影响。研究者从分别考察儿童与家庭、学校及同伴关系的传统研究发展到考虑他们之间的联系和区别。这种研究趋向能更好地说明儿童在不同社会化环境中的发展是相互影响的，在一种情境下发生的事件可能会对儿童在其他情境中的发展产生影响。

六、跨文化研究越来越受到重视

文化是影响儿童个性与社会性发展的重要因素。跨文化心理学研究主要是考察不同的种族文化和地区文化中的个体和群体的心理机能和行为的一致性和差异性，并探讨个体和文化之间的相互影响的机制。

从上世纪 80 年代以来，跨文化心理学的研究得到了长足发展，据有人统计，从 1978 到 2003 年的 25 年中，跨文化研究出版物的数量急剧上升（从 557 到 1398）。在这段时间内跨文化心理学（根据在 Psyclnfo[①] 中的检索结果）研究出版物在整个心理学研究中的比例也呈现出随时间增长的趋势。其原因可归结于两个不同的因素：第一个因素，是该领域科学研究的巨大进展。视错觉的跨文化研究向人们鲜明地展示了用理论模型来解释这些跨文化的差异外文化对知觉的普遍影响。类似的，还有对场独立性和守

---

① 一个种类比较齐全的心理学专业数据库——编者注。

恒的跨文化研究。这些研究发现了明显的文化差异，并且有力证明了西方的研究数据和理论忽视了文化因素的影响。第二个因素，是人口迁移和全球化的发展趋势。跨文化的碰撞变得越来越常见，学习空间也变得多元化。简而言之，社会中遇到了新的问题，这些问题成为跨文化心理学中研究的课题。

但跨文化心理学研究中也存在着偏差或不足，有人提出，跨文化心理学研究主要的不足在于该领域在概念上存在偏差。首先由于对跨文化差异的关注，导致人们对跨文化相似性的忽视。跨文化心理学在平衡相似性和差异研究方面存在严重不足。第二个偏差主要源于主流心理学：迄今为止，跨文化心理学无法成功地解决个体和文化二元论的问题。人们似乎难以发展理论并进行实验研究来解决个体和文化因素的相互作用问题。另外，从研究的主题变化上看，跨文化心理学早前的研究相对更关注知觉和认知方面的主题（如皮亚杰的守恒、视错觉和认知风格），但是现在更关注社会领域的问题。并且，现在的研究者更少进行探索性的研究，相反进行更多的假设检验型的研究，并且主要采用观察和自我报告的方式收集数据资料。

总之，跨文化心理学需要在跨文化的差异和一致性之间进行权衡，并关注个体和文化的相互影响。在已有的研究中，跨文化心理学更倾向于心理因素。许多跨文化研究在心理学方面做得非常好，而在文化方面略显不足。将个体和文化因素在一个理论模型中进行探讨是跨文化心理学进一步发展遇到的主要挑战。

参考文献

[1] 林崇德：《发展心理学》，人民教育出版社 2009 年版。
[2] 张文新：《儿童社会性发展》，北京师范大学出版社 1999 年版。
[3] 郑淑杰主编：《儿童社会性发展》，内蒙古人民出版社 2005 年版。
[4] [英]H. Rudolph Schaffer 著，胡清芬等译：《发展心理学的关键概念》，华东师范大学出版社 2008 年版。
[5] 荆其诚主编：《当代国际心理科学进展》，华东师范大学出版社 2006 年版。
[6] 林崇德：《发展心理学的现状与展望》，《北京师范大学学报》（社会科学版）1998(01)。
[7] 钟鑫琪、静进：《儿童依恋的研究现状》，《中国儿童保健》杂志 2007，15(1)。
[8] 张林、李玉婵：《依恋对儿童社会性发展的影响与启示》，《重庆教育学院学报》

2010(02)。

[9]　周燕：《我国学前儿童社会性发展研究中存在的问题》，《学前教育研究》1998(02)。

[10]　宁雪华、花蓉、胡义青：《国内关于同伴关系对儿童社会性发展影响研究的进展》，《江西教育科研》2007(0：6)。

[11]　解翠玲：《儿童社会性发展与教育研究综述》，《内蒙古师范大学学报》(教育科学版)2001(05)。